深入Rust标准库

必备的Rust语言高级指南

任成珺　王晓娜　韩龙　编著

電子工業出版社
Publishing House of Electronics Industry
北京•BEIJING

内 容 简 介

本书深入分析了 Rust 标准库的源代码，并厘清了分析 Rust 标准库源代码的脉络。全书共 14 章。第 1 章对 Rust 标准库体系进行了概述性介绍；第 2 章分析了 Rust 的一些独特性；第 3～8 章分析了 CORE 库与 ALLOC 库，这两个库可用于编写操作系统内核与用户态应用程序；第 9～13 章分析了 STD 库，STD 库仅用于编写用户态应用程序；第 14 章对异步编程进行了简单分析。

本书试图以标准库的源代码为基础分析 Rust 的一些最本质的内容，从而加快程序员掌握 Rust 的进程。Rust 标准库也是 Rust 编码技巧、程序设计、架构设计的“结晶”，因此，本书大量篇幅集中在对这些内容的分析上。

图书在版编目（CIP）数据

深入 Rust 标准库：必备的 Rust 语言高级指南 / 任成珺等编著. —北京：电子工业出版社，2024.4

ISBN 978-7-121-47586-3

Ⅰ. ①深… Ⅱ. ①任… Ⅲ. ①程序语言－程序设计－指南 Ⅳ. ①TP312-62

中国国家版本馆 CIP 数据核字（2024）第 063372 号

责任编辑：董　英
印　　刷：三河市良远印务有限公司
装　　订：三河市良远印务有限公司
出版发行：电子工业出版社
　　　　　北京市海淀区万寿路 173 信箱　　邮编：100036
开　　本：787×980　1/16　印张：28　字数：577 千字
版　　次：2024 年 4 月第 1 版
印　　次：2024 年 6 月第 2 次印刷
定　　价：118.00 元

凡所购买电子工业出版社图书有缺损问题，请向购买书店调换。若书店售缺，请与本社发行部联系，联系及邮购电话：（010）88254888，88258888。

质量投诉请发邮件至 zlts@phei.com.cn，盗版侵权举报请发邮件至 dbqq@phei.com.cn。

本书咨询联系方式：faq@phei.com.cn。

前　言

我对 Rust 的兴趣始于一个新闻：Linux Torvalds 有意向将 Rust 作为 Linux Kernel 的开发语言（Linux Kernel 6.1 已经正式被纳入 Rust）。开始学习 Rust 后，我便立刻意识到它对所有程序员的巨大价值。Rust 是较理想的编程语言，使用它开发的程序在执行效率上不输于其他任何高级编程语言。同时，Rust 是一门内存安全的语言，具有极高的生产力（掌握它之后），其语法会自然导出良好的程序设计与架构。Rust 的缺点也是显而易见的，相比于其他语言，它明显需要程序员花费更多的时间入门，这是因为 Rust 把程序世界的许多奥秘放在了入门阶段。

本书目的

本书试图通过对 Rust 标准库源代码系统的分析，帮助读者理解标准库所定义的类型、函数，缩短读者在 Rust 入门阶段所花费的时间。

熟练掌握一门编程语言的最佳途径就是深入分析、学习、理解优秀的代码。Rust 标准库源代码正是最理想的素材。

Rust 标准库具有完善的注释，但这些注释的目的是作为标准库的指南，缺乏系统性及一些语言语法性质的内容，这促使了本书的诞生。

本书疏理了标准库源代码的脉络以便读者学习及研究，避免读者在学习 Rust 时陷入一团混乱中。本书对标准库源代码中与所有权、生命周期、内存安全相关的部分着重进行了注释分析，以加快读者对这 3 个概念的理解。本书还对每一个标准库数据类型背后的需求及解决方案思路进行了探讨，并针对 Rust 的某些设计理念、设计架构、设计思路进行了重点说明，以便读者理解 Rust 程序设计的思维和习惯。

目标读者

本书不适合初学编程的读者。本书的最佳学习对象是资深的、掌握了 Rust 初步语法的 C/C++程序员。本书也适合已经对 Rust 基础语法比较熟悉的，希望对 Rust 有更深了解的，尤其是希望进行操作系统内核编程或通用框架编程的程序员。对于资深的 Java、Python、Go 程序员，可以将本书作为与其他编程语言相比较的一个参考。

阅读本书之前，读者应该已经学习过官方教程《Rust 权威指南》。本书不是标准库参考手册，如需要参考手册，请见 Rust 标准库官方文档。

内容脉络

本书按如下脉络对 Rust 标准库进行分析。

Rust 标准库的目录结构展示了其精细的模块化设计。CORE 库、ALLOC 库、STD 库的分工明晰且内聚，而 Rust 标准库的概述包含了这些内容。

Rust 具有一些自身的特征，包括泛型、内存安全框架、安全封装类型、解封装等，本书总结了这些特征。

程序员精通 C 语言的标志是能熟练地使用指针。Rust 的裸指针是学习 Rust 最基础、最核心的知识点之一。本书将以裸指针为代表的内存模块作为代码分析的起点，*const T、*mut T、MaybeUninit<T>、ManuallyDrop<T>有助于读者理解所有权、生命周期、借用等，它们是非常重要的数据类型，只有理解了这些类型，才能攻克 Rust 的难点。Rust 提供了开放的接口以便程序员自行设计动态内存的申请与释放机制，并使标准库所有的动态内存都可以基于此机制。

通过对标量类型、切片类型、元组类型等基本类型的分析，就能看到 Rust 的基本类型可以利用特征语法无限扩展自身的行为，这展现了 Rust 更有表现力的语法功能。本书对基本类型做了分析。

Option<T>、Result<T,E>等类型完全由标准库定义，而不是由编译器支持的 Rust 基本类型定义，这一点可以从本书的源代码分析中发现。

Marker Trait 通常由编译器实现，也是较难理解的语言特征。因此，本书对 Marker Trait 进行了详细的阐述。

标准库除了加、减、乘、除及位运算，还包括下标运算、范围运算、Try 运算等，所有运算符都可以重载，且可以跨越类型重载，运算符重载揭示了 Rust 的很多编码奥秘及技巧。

Iterator 闭包是函数式编程的基础构架，Iterator 适配器构成了函数式编程的基础设施，标准库完整地实现了这些内容，并且几乎为每个类型都实现了迭代器，尽可能为函数式编程做好准备。本书分析了所有基本类型的 Iterator 实现。

Cell<T>、RefCell<T>、Pin<T>、Lazy<T>代码阐释了在 Rust 的基础语法下，如何创造性地解决问题。

Rust 标准库其他智能指针类型的堆内存申请及释放基本都由 Box<T>、RawVec<T>这两个类型负责。

Rc<T>、Arc<T>是一个杰作，系统级的程序员会仅因为这两个类型而喜欢上 Rust。

Vec<T>、VecDeque<T>、LinkList<T>等智能指针类型都可用于实现经典的数据结构示例。

标准库对不同操作系统的适配能让程序员不必像使用 C/C++那样重复耗费精力编写代码，节省了编程时间，提高了工作效率。

Future、Poll、Waker 与 Context 揭示了异步编程最基础的思考和实现。

本书约定

本书的代码分析遵循了人们的阅读习惯，在代码中插入了中文注释，以便读者理解相关代码。

由于编著者写作水平有限，书中难免存在疏漏与不足之处，恳请广大读者给予批评、指正。

任成珺

2024 年 3 月 1 日

读者服务

微信扫码回复：47586

加入本书读者交流群，与作者互动

获取【百场业界大咖直播合集】（持续更新），仅需 1 元

目　录

第1章 Rust 标准库体系概述

Rust 被设计为能编写操作系统（OS）内核的系统级编程语言，使用静态编译，不采用 GC（Garbage Collection）机制。Rust 具备现代编程语言的高效率语法，且开发的应用程序具有类似 C 语言的性能，并在代码编译阶段就能保证内存安全、并发安全、分支安全等安全性。

现代编程语言通常集成标准库。编程语言的众多关键特性都由标准库实现。采用 GC 机制的现代编程语言如 Java 和 Python，主要用于编写用户态程序。它们的标准库只需要支持用户态模型即可。因为是系统级编程语言，所以 Rust 的标准库要支持 OS 内核编程与用户态编程两种模型。同为系统级编程语言的 C 语言解决这个问题的方法是只提供用户态模型的标准库，OS 内核的库由各 OS 自行实现。

Rust 的现代编程语言特性决定了其标准库无法把 OS 内核编程与用户态编程区分成完全独立的两部分，所以只能更细致地进行组件设计。Rust 的标准库主要包括 3 个组件：语言核心库——CORE 库、智能指针库——ALLOC 库、用户态——STD 库。

Rust 的标准库的调用关系如图 1-1 所示。

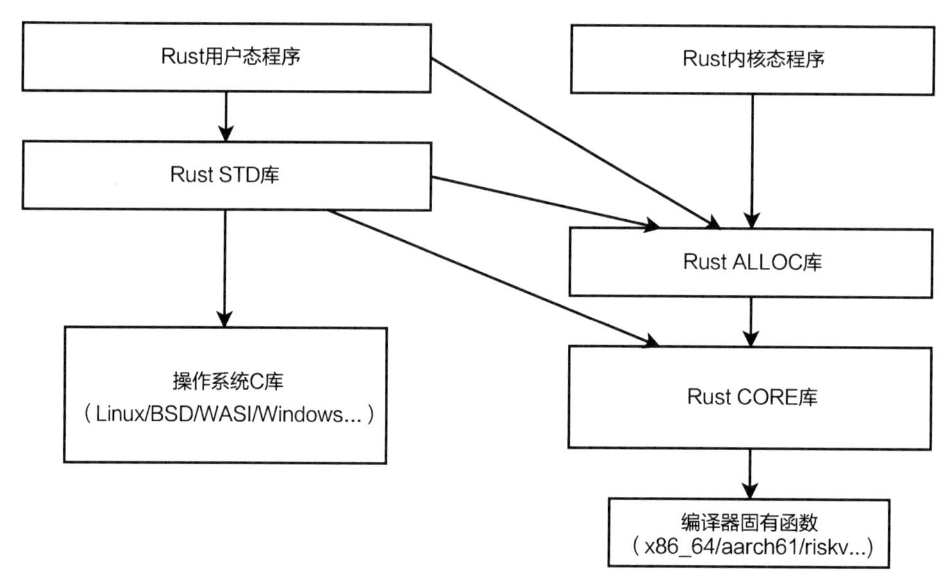

图 1-1　Rust 的标准库的调用关系

1.1　CORE 库

CORE 库可用于 OS 内核编程与用户态编程，是与硬件 CPU 架构无关的可移植库，主要内容如下。

（1）编译器内置固有（intrinsic）函数。

编译器包括内存操作函数、数学函数、位操作函数、原子变量操作函数等。这些函数通常与 CPU 硬件架构紧密相关，且一般需要使用汇编代码来提供最佳性能。固有函数是由编译器实现的，提供给程序调用的函数，并实现了对不同 CPU 架构的适配。

（2）基本特征（Trait）。

CORE 库的基本特征包括运算符（OPS）Trait、编译器 Marker Trait、迭代器（Iterator）Trait、类型转换 Trait 等。

（3）Option/Result 类型。

Option/Result 不是编译器的内嵌类型，与其他类型相比，也毫无特别之处，但它们通常被认为是 Rust 中不可或缺的语法组成部分。

（4）基本数据类型。

CORE 库的基本数据类型包括整数类型、浮点类型、布尔类型、字符类型和单元类型，重点对这些类型实现基本特征及一些特有函数。例如，字符类型实现了 Unicode 及 ASCII 不同编码的处理函数；整数类型及浮点类型实现了数学函数及字节序变换函数。

（5）数组、切片及 Range 类型。

CORE 库的数组、切片及 Range 类型包括对这些类型实现基本特征及一些特有函数。

（6）内存操作。

CORE 库的内存操作包括 alloc 模块、mem 模块、ptr 模块。Rust 中 90%的不安全（unsafe）语法都可归结到这 3 个模块，它们也是本书内容讲解的起点。

（7）字符串及格式化。

CORE 库的字符串及格式化包括对字符串类型实现基本特征及一些特有函数。在这些实现中，格式化需要重点关注。

（8）内部可变性类型。

CORE 库的内部可变性类型包括 UnSafeCell<T>、Cell<T>、RefCell<T>等，同样对这些类型实现基本特征及一些特有函数。

（9）其他。

CORE 库的其他内容包括 FFI、时间、异步库等。

1.2　ALLOC 库

ALLOC 库的所有类型都基于堆内存，包括智能指针类型、集合类型、容器类型。这些类型与为这些类型实现的函数和 Trait 组成了 ALLOC 库的主体。ALLOC 库仅依赖于 CORE

库。ALLOC 库适用于 OS 内核编程与用户态编程。

ALLOC 库的主要内容如下。

（1）内存申请与释放：Allocator Trait 及其实现者 Global 单元类型。

（2）基础智能指针类型：Box<T>、Rc<T>。

（3）动态数组智能指针类型：RawVec<T>、Vec<T>。

（4）字符串智能指针类型：String。

（5）并发安全基础智能指针类型：Arc<T>。

（6）集合类型：LinkList<T>、VecQueue<T>、BTreeSet<T>、BTreeMap<T>等。

1.3 STD 库

STD 库建立在 OS 的系统调用（SYSCALL）基础上，只适用于用户态编程。STD 库最主要的工作是针对 OS 资源设计 Rust 的类型、Trait 及函数。

STD 库的主要内容如下。

（1）对 CORE 库及 ALLOC 库的内容进行映射。

（2）实现进程管理与进程间通信。

（3）实现线程管理、线程间临界区/互斥锁、消息通信及其他线程相关内容。

（4）实现文件、目录及 OS 环境。

（5）实现输入、输出。

（6）实现网络通信。

1.4 回顾

Rust 标准库的构成组件被开发者精细设计，这是由 Rust 的设计目标和现代编程语言的特征决定的。在这些组件中，CORE 库是基础，ALLOC 库及 STD 库都是基于 CORE 库的。Rust 完美地实现了对各种 CPU 架构及 OS 平台的兼容。

第2章

Rust 特征小议

2.1 泛型小议

Rust 是一门以泛型为基础的语言。其他语言不使用泛型也不会影响编程，泛型仅是这些语言的强大语法工具之一；而在 Rust 中，即使是“1+1”这样简单的表达式也需要泛型支持，泛型与语法共生。

2.1.1 基于泛型的函数及 Trait

在 Rust 中，用户可以直接对泛型定义函数和 Trait，这是 Rust 与其他语言的泛型语法的最大不同之处。

示例代码如下：

```
//T:?Sized 是所有类型的，不带约束的 T 实际上是 T:Sized。如下代码针对所有类型实现了 Borrow Trait
impl<T: ?Sized> Borrow<T> for T {
    fn borrow(&self) -> &T { self  }
}
```

直接对泛型定义函数和 Trait，能形成以下几个 Rust 的独特优势。

（1）具备更好的抽象和更清晰的逻辑，更易形成良好架构。

（2）代码更直观，也更简化及内聚，模块性更好。

（3）具备更好的可扩展性。

（4）能更好地支持函数式编程。

2.1.2 泛型约束的层次

Rust 的泛型约束形成了一种从一般到特殊的层次结构，类似于对象的基类与子类关系。

（1）基层泛型：T: ?Sized 约束定义全部类型，包括内存大小固定类型及内存大小不固定类型。

（2）一级子层泛型：内存大小固定类型 T、裸指针类型* const T/* mut T、切片类型[T]、数组类型[T;N]、引用类型&T/&mut T、Trait 约束类型 T:trait、泛型元组(T, U…)、泛型复合类型 struct <T>/enum <T>/union<T>及具体类型 u8/u16/i8/bool/f32/&str/String。

（3）二级子层泛型：对一级子层泛型赋以具体类型，如* const u8、[i32]等；或者将一级子层中的 T 再做子层的具化，如* const [T]、[* const T]、&(* const T)、struct <T:trait>等。

二级子层泛型可以继续递归形成新的子层，但从分析的角度来看意义不大。如果一个函数或 Trait 已经在基层泛型实现，则也在一级子层泛型及二级子层泛型实现。

示例代码如下：

```
//针对所有内存固定大小类型的 Option()函数
impl <T> Option<T> {…}
//针对由内存固定大小类型(T,U)组成的元组类型的 Option()函数。(T,U)类型既是内存固定大小类型，
//又是内存固定大小类型的子层泛型
impl<T, U> Option<(T, U)> {…}
```

类似的实现示例代码如下：

```
impl <T:?Sized> *const T {…}
impl <T:?Sized> *const [T] {…}    //*const[T]是*const T 的子层泛型

impl <T:?Sized> *mut T{ …}
impl <T:?Sized> *mut [T] {…}      //*mut[T]是* mut T 的子层泛型
```

当在代码中需要实现一个新的 Trait 时，应养成利用泛型进行设计的习惯。为泛型实现 Trait 或函数，Rust 这种语言特征能引发更良好的程序设计。

（1）强制使用泛型，需要在设计时考虑适配所有类型，这样才能具有良好的可扩展性。

（2）使用泛型约束，要求必须抽象出接口关系才能进行代码实现，这样才能产生更多的思考和更好的模块设计。

2.2 Rust 内存安全杂述

Rust 是一门内存安全语言，但 Rust 的编译器仅提供了有限的安全特性。

1．明确的安全特性

（1）变量必须初始化之后才能使用。

（2）引用必须是内存对齐的，引用指向的变量必须已经初始化。

（3）模块成员默认为私有，结构成员对模块外代码默认为私有。

（4）严格的类型及类型无效值。

（5）基本类型都满足 Copy、Send、Sync 等 Auto Trait。

（6）线程间转移变量必须支持 Send，线程间共享变量必须支持 Sync。

（7）if 及 match 必须覆盖所有分支条件。

2．明确的不安全特性

（1）裸指针解引用。

（2）支持所有 FFI（调用 C 语言函数）调用、unsafe 固有函数调用。

（3）对类型产生无效类型值。

（4）嵌入式汇编使用。

3. 为安全提供的语法工具

（1）编译器提供的特性包括所有权、生命周期、自动调用 Drop Trait。

（2）自动解引用。

编译器提供的以上特性仅是实现内存安全的基础设施。程序员需要依靠这些基础设施来构建整个程序的安全基座，而 Rust 标准库就是最重要的安全基座。Rust 标准库中的常用类型及函数构成其外部接口，这些外部接口（没有 unsafe 定义）承诺保证内存安全。如果程序仅基于 Rust 标准库的外部接口实现，则完全不必考虑内存安全问题。但是，如果 Rust 标准库外部接口无法满足程序需求，则新定义类型、函数的内存安全需要由开发者负责。在当前 Rust 生态还不完善的情况下，这几乎是大型系统开发者必然要面对的。

Rust 标准库的源代码揭示了 Rust 安全基座的构造秘密。事实上，保证外部接口的内存安全是 Rust 标准库的主要工作内容之一。

Rust 的内存安全是指编译器提供基础设施，而程序员利用基础设施创建内存安全的类型和函数，保证使用这些类型和函数的程序在编译阶段就能发现内存安全的 Bug，或者在运行阶段出现内存安全问题时，能在第一现场退出程序，帮助开发者快速、准确地定位内存安全的 Bug。

Rust 标准库的源代码包括大量的内存不安全源代码。这些内存不安全源代码的安全性是由 Rust 标准库的开发者保证的。

总而言之，Rust 的内存安全本质上是由一批高水平程序员实现的语言框架。

以下是 Rust 标准库安全性的模式。

针对某一特定场景下的安全问题，定义一个专用的安全封装类型。

- Option<T>是解决值不存在的安全封装类型。
- Rc<T>是一块内存被一个线程多处引用的安全封装类型。
- Arc<T>是一块内存被多个线程多处引用的安全封装类型。
- Box<T>是堆内存的安全封装类型。
- Mutex<T>是线程间临界区的安全封装类型。

安全封装类型变量封装了代码真正感兴趣的变量（内部变量），并拥有其所有权。外部代码只能通过安全封装类型提供的 Trait 和函数对内部变量进行读/写访问。这些 Trait 和函数能够保证访问的内存安全性。

安全封装类型通过实现 Drop Trait 来完成内部变量需要的清理操作。例如，释放堆内存、关闭文件描述符等。

为了使程序能更方便地访问内部变量，定义了与安全封装类型配合的借用/可变借用封装类型。借用封装类型变量能够封装内部变量的借用变量，可变借用封装类型变量能够封装内部变量的可变借用变量。例如，Ref<T>/RefMut<T>是与 RefCell<T>配合的借用/可变借用封装类型。

借用/可变借用封装类型变量通过调用安全封装类型变量的构造函数来创建，不同的安全封装类型提供的构造函数命名有所不同，如 RefCell<T>的 borrow()函数、borrow_mut()函数，Rc<T>的 clone()函数，Mutex<T>的 lock()函数等。这些函数通常包含了内存安全的关键实现代码，如 RefCell<T>的 borrow_mut()函数实现内部变量可变借用的生命周期安全。

借用/可变借用封装类型实现保证安全的 deref()函数及 deref_mut()函数，以返回内部变量的引用或可变引用。借助 Rust 的自动解引用语法，通常可将借用/可变借用封装类型变量作为内部变量的引用。

为借用/可变借用封装类型实现 Drop Trait，以完成清理工作，如减少计数、释放锁等，实现安全的闭环。

安全封装类型涉及的内容如图 2-1 所示。

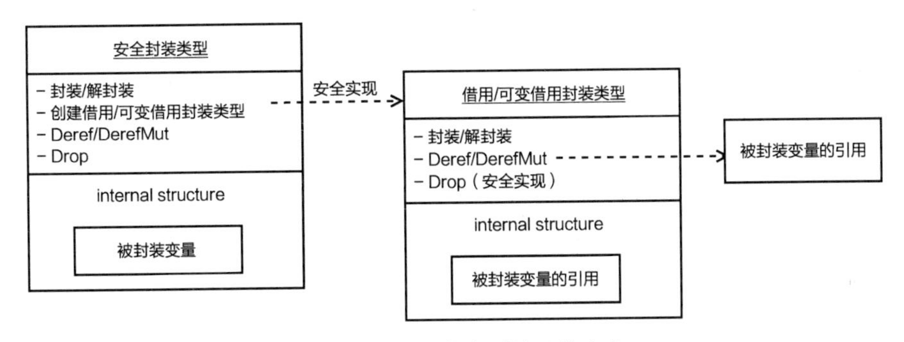

图 2-1 安全封装类型涉及的内容

Rust 内存安全的承载实体就是如上所述的安全封装类型、借用/可变借用封装类型及它们的函数。可以说，每一个安全封装类型都是程序员用泪水和汗水换来的成果。我们从后文标准库的源代码分析中可以熟悉 Rust 的安全性。

2.3 获取封装类型变量的内部变量

代码真正要操作的是内部变量。标准库实现多种方案以简化获取内部变量的代码，以便让开发者获得更好的编程体验。本节将简单讨论这些方案。

2.3.1 使用“?”运算符解封装

实现 Try Trait 的封装类型，可以使用“?”运算符进行解封装并完成异常处理。示例代码如下：

```
let a = Some(4);
assert_eq!(a?, 4);
let b = Ok(4);
assert_eq!(b?, 4);
```

2.3.2 函数调用+自动解引用

实现 Deref/DerefMut Trait 的封装类型，利用 Rust 的自动解引用语法，可以在不解封装的情况下调用内部变量的函数。示例代码如下：

```
let mut x = ManuallyDrop::new(String::from("Hello World!"));
x.truncate(6);  //实际上是 x.deref_mut().truncate(6)
assert_eq!(*x, "Hello");
```

在以上代码中，编译器在分析“.”符号时自动增加对 ManuallyDrop::deref_mut()函数的调用，从而简化了代码。但这样会增加 Rust 初学者理解代码的负担。

2.3.3 采用闭包

当无法利用自动解引用的封装类型时，可以采用闭包以函数式编程的方式简化代码。示例代码如下：

```
let maybe_some_string = Some(String::from("Hello, World!"));
//Option::map()函数是初学者需要熟练掌握的工具
let maybe_some_len = maybe_some_string.map(|s| s.len());
```

安全封装类型可以实现一些半标准化的常用函数，这些函数可以将闭包作为参数。示例代码如下：

```
pub trait Iterator {
    fn map<B, F>(self, f: F) -> Map<Self, F>{…}
    fn zip<U>(self, other: U) -> Zip<Self, U::IntoIter>{…}
    fn filter<P>(self, predicate: P) -> Filter<Self, P>{…}
}
impl <T> Option<T> {
    pub const fn map<U, F>(self, f: F) -> Option<U>{…}
    pub const fn filter<P>(self, predicate: P) -> Self{…}
    pub const fn and_then<U, F>(self, f: F) -> Option<U>{…}
    pub const fn zip<U>(self, other: Option<U>) -> Option<(T, U)>{…}
}
impl <T,E> Result<T,E>{
```

```
    pub fn map<U, F: FnOnce(T) -> U>(self, op: F) -> Result<U, E> {…}
    pub fn and_then<U, F: FnOnce(T) -> Result<U, E>>(self, op: F) -> Result<U, E>
{…}
}
impl <T> Ref<T> {
    pub fn map<U: ?Sized, F>(orig: Ref<'b, T>, f: F) -> Ref<'b, U>{…}
}
```

如果读者需要实现自己的安全封装类型，就应该考虑实现这些半标准化的函数，提升代码的易使用性及易理解性。

2.3.4　获取引用

对于指针相关及其他智能指针类型，标准库定义了用于获取内部变量的裸指针及引用的标准函数。例如：

```
as_ptr(self)->* const T;              //获取智能指针内部变量的裸指针
as_mut_ptr(self)->* mut T;            //获取智能指针内部变量的可变裸指针
as_ref<'a>(&self)->&'a T              //获取智能指针内部变量的引用
as_mut<'a>(&mut self)->&'a mut T      //获取智能指针内部变量的可变引用
```

实现以上 4 个函数的示例代码如下：

```
impl <T> Rc<T> {
    pub fn as_ptr(this: &Self) -> *const T {
        let ptr: *mut RcBox<T> = NonNull::as_ptr(this.ptr);
        unsafe { ptr::addr_of_mut!((*ptr).value) }
    }
}
impl <T> Vec<T> {
    pub fn as_mut_ptr(&mut self) -> *mut T {
        let ptr = self.buf.ptr();
        unsafe {   assume(!ptr.is_null());  }
        ptr
    }
}
```

2.3.5　获取所有权

程序有时需要将内部变量的所有权从安全封装类型变量中转移出来，但又不能将安全封装类型变量消费掉。一个典型场景是从数组中将某成员的所有权转移出数组，在成员类型没有实现 Copy Trait 的情况下，无法用简单的语法满足这个需求。标准库定义了两个应对此需求的标准函数——take()及 replace()。以 Option<T>类型来分析 take()函数及 replace()函数，示例代码如下：

```
impl <T> Option<T> {
    //使用 take()函数将内部变量的内存内容替换成默认值，
    //并将原内存内容及所有权转移到返回的 Option<T>变量中
    pub const fn take(&mut self) -> Option<T> {
        mem::replace(self, None)
    }
    //使用 replace()函数将内部变量的内存内容替换成新的 value，
    //并将原内存内容转移到返回的 Option<T>变量中
    pub const fn replace(&mut self, value: T) -> Option<T> {
        mem::replace(self, Some(value))
    }
}
```

标准库的很多类型实现了 take()函数及 replace()函数，以便在不适合用“=”进行所有权转移的场景中，用内存浅拷贝的方式获取变量的所有权。这两个函数通常是内存安全的。

2.4 回顾

本章主要针对 Rust 一些通用的、与其他编程语言不同的特征进行分析，主要包括泛型的基础地位、内存安全、安全封装类型的使用等。

第 3 章

内存操作

内存模块主要包括直接对内存操作的类型及它们实现的 Trait 及函数。内存模块的源代码路径如下（源代码根目录为 rust-lang/rust，后文同）：

```
/library/core/src/alloc/*.*
/library/core/src/ptr/*.*
/library/core/src/mem/*.*
/library/core/src/intrinsic.rs
/library/alloc/src/alloc.rs
```

所有权、生命周期、借用的源头都可以归结到内存操作。因此，对内存操作的彻底掌握基本上等同于对所有权、生命周期、借用的透彻理解。Rust 与 C 语言相同，对内存提供了最根本的控制，即可以在代码中编写专属的内存管理系统，并将内存管理系统与语言类型系统相关联，在内存块与语言类型之间进行自由的转换。对于 GC 类语言来说（如 Java、Python、JS、Go 等），内存管理是编译器的任务，这就导致大部分程序员对内存管理缺乏经验，所以对 Rust 内存安全相关的所有权、生命周期等缺乏实践认知。相对于 C 语言，Rust 的内存块与语言类型相互转换的细节非常复杂，这种复杂性易引起 C 语言程序员的反感。

本章将试图通过对标准库内存模块的代码分析，列出 Rust 内存操作的本质。

从内存角度考察一个变量，每个变量都具备统一的参数，这些参数如下。

（1）变量的首地址是一个 usize 类型的数值。

（2）变量类型占用的内存块大小。

（3）变量类型内存字节对齐的基数。

（4）变量类型的成员内存顺序。

在 Rust 中，变量类型的成员内存顺序与编译优化不可分割。因此，变量类型的成员内存顺序及布局完全由编译器控制。这与 C 语言不同，C 语言中的变量类型的成员内存顺序与内存布局完全由代码决定，不能被编译器优化。C 语言代码经常利用这种对内存布局的控制力实现面对对象的语法继承。

与 C 语言相同的是，Rust 具备直接将内存块转换成某一类型变量的功能。该功能是 Rust 系统级编程及高性能的基石之一（实际上，这一功能也是面向对象语言的底层基础），直接将内存块转换成某一类型变量使得代码可以绕过编译器的类型系统检查，从而导致某些类型系统检查时所发现的 Bug 也被绕过。在 C 语言中，这些 Bug 很可能在系统运行很久之后才能产生程序异常，以及产生排错的极高成本。

GC 类语言为了内存安全没有支持上述功能，但付出了牺牲性能及灵活性的代价，因此，这类语言不适合编写 OS 内核。Rust 采用了更好的方案，在支持上述功能的同时明确标识使用这一功能的代码为 unsafe 代码。只要小心控制 unsafe 代码的范围，配合整体的内存安全设计，内存安全 Bug 就可以在第一现场被发现，从而极大地减少了代码错误的数量，降低了排错的成本。

初学 Rust 的程序员容易对 unsafe 代码产生排斥感，但 unsafe 代码是 Rust 不可分割的部分，一个好的 Rust 程序员绝不是仅编写 unsafe 代码，而是能够准确地把握好 unsafe 代码使用的合适场合及合适范围，必要时必须使用，但绝不滥用。

标准库内存相关模块主要包括以下内容。

（1）编译器提供的内存操作固有函数。

（2）内存块与类型系统的结合点：裸指针*const T、*mut T。

（3）裸指针的封装结构：NonNull<T>、Unique<T>。

（4）未初始化内存块的处理：MaybeUninit<T>、ManuallyDrop<T>。

（5）堆内存的申请及释放。

3.1　裸指针——不安全的根源

裸指针*const T、*mut T 能将内存块和类型系统相连接。裸指针代表一个内存块，指示了内存块首地址、大小、对齐等属性及后文提到的元数据。但是，裸指针不能保证其代表的内存块是安全和有效的。

与*const T、*mut T 不同，&T、&mut T 能保证其指向的内存块是安全和有效的，即&T、&mut T 能满足内存块首地址内存对齐且已经完成初始化的需求。&T、&mut T 是与某一特定的内存块绑定的，不能通过数学计算更改指向的内存块，只能用于读/写绑定的内存块。

代码对内存块更复杂的操作主要通过*const T、*mut T 实现。这些操作主要包括以下内容。

（1）将 usize 类型字面量强制转换成某类型的裸指针变量，这使得以此字面量为首地址的内存块被转换为相应类型的变量。对此变量进行读/写是内存的不安全操作。

（2）在不同类型的裸指针变量之间进行强制转换，实质上实现了裸指针所指变量的类型被强制转换。对这一转换得到的类型变量进行读/写是内存的不安全操作。

（3）申请堆内存操作可以返回 u8 类型裸指针*const u8。

（4）对内存块按字节设置值，如清零或设置一个魔术数。

（5）在某些情况下，内存块拷贝是必需的高性能方案。

（6）利用裸指针偏移计算可以获取新的内存块，如数组访问、切片访问、字符串字节操作、文件缓存操作等都需要使用裸指针偏移计算。

（7）当调用 C 语言中的函数时，需要将裸指针作为函数参数。

Rust 的裸指针类型与 C 语言的指针类型不同。C 语言的指针类型本质上是 usize 类型，其类型取值是内存块首地址。Rust 的裸指针采用了比较复杂的复合类型，这是为了满足类型系统的内存安全需求，并兼顾内存使用效率和方便性。

3.1.1 裸指针具体实现

*const T、*mut T 类型结构体由两部分组成，第一部分是内存块首地址，第二部分是对这个内存块首地址的约束性描述——元数据。此类型相关的源代码分析如下：

```
//从下面结构体定义可见，裸指针本质就是 PtrComponents<T>
pub(crate) union PtrRepr<T: ?Sized> {
    pub(crate) const_ptr: *const T,
    pub(crate) mut_ptr: *mut T,
    pub(crate) components: PtrComponents<T>,
}
pub(crate) struct PtrComponents<T: ?Sized> {
    pub(crate) data_address: *const(), //*const()保证 data_address 部分是一个数值
    //元数据都需要实现 Pointee Trait
    pub(crate) metadata: <T as Pointee>::Metadata,
}
//下面 Pointee 的定义展示了一个 Rust 的语法技巧，即 Trait 可以只用来定义关联类型
pub trait Pointee {
    type Metadata: Copy + Send + Sync + Ord + Hash + Unpin;
}
//利用已有 Trait 定义新的 Trait
//瘦指针类型用于实现 Thin Trait，即元数据类型为空的 Pointee Trait
pub trait Thin = Pointee<Metadata = ()>;
```

元数据的规则如下。

- 对于内存大小固定类型（实现了 Sized Trait）的裸指针称为瘦指针（Thin Pointer）。它的元数据类型是空元组()，即没有元数据（Rust 中的数组也是内存大小固定类型的，运行时对数组下标合法性检测的算法是看下标成员的内存是否已经越过了数组的内存边界）。
- 对于动态大小类型（dst 类型）的裸指针称为胖指针（Fat Pointer 或 Wide Pointer）。它的元数据类型规则如下。
    - 对于复合类型，如果最后一个成员是 dst 类型（结构中的其他成员不允许为 dst 类型），则元数据为此 dst 类型的元数据。
    - 对于 str 类型，元数据类型是 usize，元数据值是按字节计算的长度值。
    - 对于[T]切片类型，元数据类型是 usize，元数据值是切片成员的数量。
    - 对于 Trait 对象，如 dyn SomeTrait，元数据是[DynMetadata<Self>]（例如，DynMetadata<dyn SomeTrait>）。

随着 Rust 的发展，有可能会根据需要引入新的元数据类型。

在标准库中，不存在为不同类型的裸指针实现 Pointee Trait 的代码，因为编译器为不同类型的裸指针实现了 Pointee Trait。

为了分析元数据类型，从 Rust 编译器开源项目摘录的源代码如下：

```
pub fn ptr_metadata_ty(&'tcx self, tcx: TyCtxt<'tcx>) -> Ty<'tcx> {
    // FIXME: should this normalize?
    let tail = tcx.struct_tail_without_normalization(self);
    match tail.kind() {
        ty::Infer(ty::IntVar(_) | ty::FloatVar(_))  //固定大小类型
        | ty::Uint(_) | ty::Int(_) | ty::Bool | ty::Float(_)
        | ty::FnDef(..) | ty::FnPtr(_) | ty::RawPtr(..)
        | ty::Char | ty::Ref(..) | ty::Generator(..)
        | ty::GeneratorWitness(..) | ty::Array(..)
        | ty::Closure(..) | ty::Never | ty::Error(_)
        | ty::Foreign(..) | ty::Adt(..)
          //对于内存固定大小类型，元数据是单元类型 tcx.types.unit，即为空
        | ty::Tuple(..) => tcx.types.unit,

        //对于字符串和切片类型，元数据为长度 tcx.types.usize，是类型长度
        ty::Str | ty::Slice(_) => tcx.types.usize,

        //对于 dyn Trait 类型，元数据从具体的 DynMetadata 获取
        ty::Dynamic(..) => {
            let dyn_metadata = tcx.lang_items().dyn_metadata().unwrap();
            tcx.type_of(dyn_metadata).subst(tcx, &[tail.into()])
        },
        //以下类型没有元数据
        ty::Projection(_) | ty::Param(_) | ty::Opaque(..)
        | ty::Infer(ty::TyVar(_)) | ty::Bound(..)
        | ty::Placeholder(..) | ty::Infer(ty::FreshTy(_)
        | ty::FreshIntTy(_) | ty::FreshFloatTy(_)) => {
            bug!("'ptr_metadata_ty' applied to unexpected type: {:?}", tail)
        }
    }
}
```

以上源代码中的中文注释比较清晰地说明了编译器对每一个类型的裸指针都实现了 Pointee Trait 元数据的获取。

针对 Trait 对象类型的裸指针定义的元数据类型最为复杂，对其源代码的分析如下：

```
//dyn Trait 裸指针的元数据类型结构体定义如下。此元数据类型变量会被用于获取 dyn Trait 的函数
pub struct DynMetadata<Dyn: ?Sized> {
    vtable_ptr: &'static VTable, //堆内存中的 VTable 类型变量的引用

    //PhantomData 与具体变量的联系在初始化时由编译器自行推断完成，
    //PhantomData 提醒编译器本类型变量的 drop()函数会调用隐藏 Dyn 类型成员变量的 drop()函数，
    //标识结构体对隐藏 Dyn 类型成员的所有权关系
    phantom: crate::marker::PhantomData<Dyn>,
```

```
}
//此类型包含了 Trait 的函数指针列表
struct VTable {
    drop_in_place: fn(*mut ()),        //Trait 对象的 drop() 函数
    size_of: usize,                    //Trait 对象的内存大小
    align_of: usize,                   //Trait 对象的内存对齐
}//函数指针列表在 align_of 相邻的内存中
```

复合类型的裸指针的元数据与它的最后一个成员类型的裸指针的元数据相同。在这种情况下，可以对复合类型最后一个成员的裸指针仅修改地址成员而得到复合类型的裸指针。

3.1.2 固有模块裸指针关联函数

固有（intrinsic）模块通常只有函数定义而没有函数实现，这些函数由编译器实现。固有模块定义的裸指针关联函数通常仅由标准库的内存（mem）模块和指针（ptr）模块调用。

固有模块定义了与释放变量资源的相关函数，对其源代码的分析如下：

```
//此函数被调用后，编译器在变量的生命周期终止时，会“遗忘”对变量的 drop() 函数的自动调用
intrinsics::forget<T:Sized?> (_:T)
//此函数被调用后，会触发编译器调用指针所指变量的 drop() 函数，对同一裸指针调用此函数超过两次，
//会导致未定义错误
intrinsics::drop_in_place<T:Sized?>(to_drop: *mut T),
//此函数用于判断 T 类型变量在生命周期终止时是否需要调用 drop() 函数，实现 Copy Trait 的类型会返回 false
intrinsics::needs_drop<T>()->bool,
```

固有模块定义了类型转换的相关函数，对其源代码的分析如下：

```
//此函数用于将 T 类型转换为 U 类型，T 类型的内存布局与 U 类型的内存布局应该相同
intrinsics::transmute<T,U>(e:T)->U
```

固有模块定义了指针偏移的相关函数，对其源代码的分析如下：

```
//此函数用于返回 dst+sizeof(T)*offset
intrinsics::offset<T>(dst: *const T, offset: usize)->*const T
//此函数用于返回 (ptr-base)/sizeof(T)
intrinsics::ptr_offset_from<T>(ptr: *const T, base: *const T) -> isize
```

固有模块定义了内存拷贝的相关函数，对其源代码的分析如下：

```
//此函数用于实现内存拷贝，参数 src 和 dst 所指变量内存可重叠。调用者要保证参数 src 和 dst 不能为 NULL，
//并且满足内存对齐要求。
//如果参数 src 和 dst 已经被初始化，则此函数被调用后，参数 src 指向的变量所有权会出现双份，
//而参数 dst 指向的变量所有权会消失。
//调用此函数的代码必须处理这种情况以保证内存安全。
//参数中的 count 代表 sizeof(T)*count 的字节内存大小
```

```
intrinsics::copy<T>(src:*const T, dst: *mut T, count:usize)
//此函数用于实现内存拷贝，参数 src 和 dst 所指变量内存应该保证不重叠，其他与上面函数完全相同
intrinsics::copy_no_overlapping<T>(src:*const T, dst: *mut T, count:usize)
//此函数用于实现内存赋值，如果参数 dst 所指变量内存已经被初始化，
//则调用此函数可能导致参数 dst 指向的变量所有权消失
intrinsics::write_bytes(dst: *mut T, val:u9, count:usize)
```

固有模块定义了获取类型内存属性的相关函数，对其源代码的分析如下：

```
intrinsics::size_of<T>()->usize           //此函数用于返回类型内存占用空间大小，单位为字节
intrinsics::min_align_of<T>()->usize      //此函数用于返回类型内存对齐大小，单位为字节
//此函数用裸指针变量获取类型内存占用空间，单位为字节
intrinsics::size_of_val<T>(_:*const T)->usize
//此函数用裸指针变量获取类型内存对齐大小，单位为字节
intrinsics::min_align_of_val<T>(_: *const T)->usize
```

形如 volatile_xxxx()的函数应用于不需要编译器对代码做内存优化的场景，通常对硬件寄存器操作的代码需要禁止优化，对其源代码的分析如下：

```
//此函数用于读取内存或寄存器，参数 src 需要满足 T 类型的内存对齐要求
intrinsics::volatile_load<T>(src: *const T) -> T
//此函数用于写入内存或寄存器，参数 dst 需要满足内存对齐要求
intrinsics::volatile_store<T>(dst: *mut T, val: T)
//此函数的参数 src 无须满足内存对齐要求
intrinsics::unaligned_volatile_load<T>(src: *const T) -> T
//此函数的参数 dst 无须满足内存对齐要求
intrinsics::unaligned_volatile_store<T>(dst: *mut T, val: T)
```

固有模块定义了获取内存块比较的相关函数，对其源代码的分析如下：

```
intrinsics::raw_eq<T>(a: &T, b: &T) -> bool//此函数用于实现内存内容比较
//此函数用于判断两个指针是否相等
pub fn ptr_guaranteed_eq<T>(ptr: *const T, other: *const T) -> bool
//此函数用于判断两个指针是否不相等
pub fn ptr_guaranteed_ne<T>(ptr: *const T, other: *const T) -> bool
```

3.1.3　裸指针操作

通过代码可以将变量引用直接强制转换为裸指针变量，示例代码如下：

```
&T as *const T;
&mut T as * mut T;
```

通过代码可以将 usize 的数值直接强制转换为裸指针变量，示例代码如下：

```
let  a: usize = 0xf000000000000000;
unsafe { a as * const i32 };
```

操作硬件寄存器的代码通常需要将一个地址数值转换为某一类型的裸指针。

除了使用强制类型转换方式构造裸指针变量，标准库的 ptr 模块还提供了若干构造裸指针变量的函数，对其源代码的分析如下：

```
//此函数用于构造 0 值的*const T，也可以使用 0 as *const T 来实现，
//但使用 null()函数会有更清晰的语义
ptr::null<T>() -> *const T
ptr::null_mut<T>()->*mut T //除类型外，其他同上

//此函数用于将一个数值转换为不可变裸指针，函数名称明示裸指针是无效的。
//例如，当类型保证 4 字节内存对齐时，此类型裸指针地址的最后两位是 0，所以可将最后两位利用起来，
//如标识状态
ptr::invalid<T>(addr:usize)->*const T
ptr::invalid_mut<T>(addr:usize)->*mut T  //此函数用于将一个数值转换为无效可变裸指针
//此函数用内存地址和元数据构造不可变裸指针
ptr::from_raw_parts<T:   ?Sized>(data_address:   *const   (),metadata:   <T   as
Pointee>::Metadata) -> *const T
//此函数用内存地址和元数据构造可变裸指针
pub const fn from_raw_parts<T: ?Sized>(
    data_address: *const (),
    metadata: <T as Pointee>::Metadata,
) -> *const T {
    //以下代码可以确认 *const T 实质就是 PtrRepr 类型结构体
    unsafe { PtrRepr { components: PtrComponents { data_address, metadata } }. const_ptr }
}
//此函数用切片第一个成员裸指针及切片长度构造切片类型裸指针，当调用代码时应该保证内存安全
pub const fn slice_from_raw_parts<T>(data: *const T, len: usize) -> *const [T] {
    //data.cast()函数用于先将*const T 转换为 *const()函数，
    //再应用 from_raw_parts()函数形成切片类型裸指针
    from_raw_parts(data.cast(), len)
}
```

slice_from_raw_parts()函数的一个典型应用场景是程序申请堆内存：代码调用底层函数申请堆内存，底层函数返回内存块首地址*const u8 及以字节计数的大小。随后调用 slice_from_raw_parts()函数，用这两个值构造*const [u8]，用一个裸指针变量包含内存块首地址及内存块大小的信息。

裸指针的一大用途就是实现内存块的类型转换，用于此操作的函数如下：

```
//此函数等价于 self as *const U，可用于支持函数式编程的链式调用
*const T::cast<U>(self) -> *const U
*mut T::cast<U>(self)->*mut U //此函数等价于 self as *mut U，针对可变裸指针类型
```

程序调用 cast()函数后，如果要对转换后的裸指针解引用，就必须保证 T 类型的内存布局与 U 类型的内存布局完全一致。但是，如果仅将转换后的裸指针做数值应用，就没有此

限制。此函数返回的裸指针类型通常由编译器自行推断，这会给初学者带来一些分析上的苦恼。

在 Rust 中，90%的 unsafe 代码的根源就是将裸指针转换为引用。裸指针是没有生命周期的类型，而引用则必须绑定生命周期，将裸指针转换为引用必然会创造一个生命周期。这个生命周期由绑定返回值的变量决定。调用代码要保证创造的生命周期符合内存安全原则，编译器此时无能为力。用于将裸指针转换为引用的函数如下：

```
//此函数用于将裸指针转换为引用，因为*const T可能为零，所以需要转换为Option<&'a T>类型
*const T::as_ref<'a>(self) -> Option<&'a T>
*mut T::as_ref<'a>(self)->Option<&'a T>        //此函数用于将可变裸指针转换为不可变引用
*mut T::as_mut<'a>(self)->Option<&'a mut T>  //此函数用于将可变裸指针转换为可变引用
```

从切片类型的裸指针获取切片第一个成员的裸指针的函数如下：

```
//此函数用于将切片类型的裸指针转换为切片第一个成员的裸指针
ptr::*const [T]::as_ptr(self) -> *const T
//此函数用于将切片类型的可变裸指针转换为切片第一个成员的可变裸指针
ptr::*mut [T]::as_mut_ptr(self) -> *mut T
```

获取裸指针内部属性的函数如下：

```
//此函数用于获取不可变裸指针的首地址及元数据
ptr::*const T::to_raw_parts(self) -> (*const (), <T as super::Pointee>::Metadata)
//此函数用于获取可变裸指针的首地址及元数据
ptr::*mut T::to_raw_parts(self)->(*const (), <T as super::Pointee>::Metadata)
ptr::*const T::is_null(self)->bool          //此函数用于判断裸指针地址成员是否为0
ptr::*mut T::is_null(self)->bool
ptr::*const [T]:: len(self) -> usize        //此函数用于获取切片类型长度
ptr:: *mut [T]:: len(self) -> usize
```

程序可以通过对当前裸指针的内存地址做偏移来获取序列中其他变量的裸指针。对裸指针做偏移计算的函数如下：

```
//以下函数都是对 intrinsic 同名函数的封装，
//此函数用于获取 self 偏移 count 个 T 类型内存大小后的裸指针
ptr::*const T::offset(self, count:isize)->*const T
//此函数用于获取用溢出回绕方式计算偏移后的裸指针
ptr::*const T::wrapping_offset(self, count: isize) -> *const T
//此函数用于计算两个裸指针间有多少个 T 类型内存大小
ptr::*const T::offset_from(self, origin: *const T) -> isize
//此函数用于获取 self 偏移 count 后的可变裸指针
ptr::*mut T::offset(self, count:isize)->*mut T
//此函数用于获取溢出回绕方式计算偏移后的裸指针
ptr::*mut T::wrapping_offset(self, count: isize) -> *mut T
//此函数用于计算两个裸指针的偏移值
ptr::*mut T::offset_from(self, origin: *mut T) -> isize
```

```
//以下函数采用了更直观的函数名
ptr::*const T::add(self, count: usize) -> Self
ptr::*const T::wraping_add(self, count: usize)->Self
ptr::*const T::sub(self, count:usize) -> Self
ptr::*const T::wrapping_sub(self, count:usize) -> Self
ptr::*mut T::add(self, count: usize) -> Self
ptr::*mut T::wraping_add(self, count: usize)->Self
ptr::*mut T::sub(self, count:usize) -> Self
ptr::*mut T::wrapping_sub(self, count:usize) -> Self
```

程序还可以直接对裸指针的地址部分进行赋值，这属于极度危险的操作，相关函数如下：

```
//该函数仅对裸指针结构体的 address 成员赋值，当两个裸指针元数据相同时，
//使用此函数可以完成裸指针类型转换
pub fn set_ptr_value(mut self, val: *const u8) -> Self {
    //以下代码因为只修改 PtrComponent.address，所以不能直接用“=”将 val 赋值给 self。
    //采取的方案是取 self 的可变引用，将此引用转换为裸指针的裸指针
    let thin = &mut self as *mut *const T as *mut *const u8;
    //以下的赋值只是改变了 address 的值，对于胖指针，此赋值并没有改变胖指针的元数据，
    //这是毫无安全性的操作
    unsafe { *thin = val };
    self
}
```

ptr 模块对其他裸指针函数的分析如下：

```
//此函数是对 intrinsic 模块同名函数的封装
ptr::drop_in_place<T: ?Sized>(to_drop: *mut T)
//此函数用于返回裸指针的元数据，如切片裸指针可以利用此函数获取切片长度
ptr::metadata<T: ?Sized>(ptr: *const T) -> <T as Pointee>::Metadata
//此函数用于比较两个裸指针，既比较内存地址，又比较元数据
ptr::eq<T>(a: *const T, b: *const T)->bool
```

ptr 模块中函数的大部分逻辑都比较简单，很多就是对固有函数的直接调用。

3.1.4 裸指针番外

引用类型&T、&mut T 的安全要求如下。

（1）引用指向的内存地址必须满足类型&T 的内存对齐要求。

（2）引用指向的内存内容必须已经被初始化。

一个违背上述规则的示例代码如下：

```
#[repr(packed)]  //repr (packed) 指明复合类型按 1 字节大小进行内存对齐
```

```
struct RefTest {a:u9, b:u16, c:u32}
fn main() {
    let test = RefTest{a:2, b:2, c:3};
    let ref2 = &test.b //代码编译时会有告警，因为 test.b 内存字节位于奇数，无法用于借用
}
```

当编译以上代码时，编译器出现的告警如下：

```
 |
10 | let ref1 = &test.b;
  |            ^^^^^^^
  |
  = note: '#[warn(unaligned_references)]' on by default
  = warning: this was previously accepted by the compiler but is being phased out;
it will become a hard error in a future release!
  = note: for more information, see issue #82524
  = note: fields of packed structs are not properly aligned, and creating a
misaligned reference is undefined behavior (even if that reference is never
dereferenced)
  = help: copy the field contents to a local variable, or replace the reference
with a raw pointer and use 'read_unaligned'/'write_unaligned' (loads and stores
via '*p' must be properly aligned even when using raw pointers)
```

编译器给出了内存地址没有对齐的告警。

3.2　MaybeUninit<T>——未初始化变量方案

编译器要求代码必须初始化变量后才能操作变量，否则代码无法通过编译，但是代码总有需要操作未初始化变量的情况。例如：

（1）申请的堆内存块，这是未初始化的内存。

（2）需要定义一个新的泛型变量，并且不合适用转移所有权的“=”进行初始化赋值。

（3）需要定义一个新的变量，但希望初始化之前就能使用其引用。

（4）定义一个数组，但无法在定义时对数组成员初始化。

以上这些情况，未初始化内存块都已经绑定了变量，需要对变量进行操作以完成对内存块的初始化。Rust 标准库定义了封装类型 MaybeUninit<T>来实现对未初始化变量的操作。

3.2.1　MaybeUninit<T>定义

MaybeUninit<T>定义的代码如下：

```
#[repr(transparent)]
pub union MaybeUninit<T> {
    uninit: (),  //此成员用于未初始化变量时赋值，以满足编译器要求
    //value 成员功能：第一，确定内存大小；第二，未初始化时保证编译器不会调用变量的 drop()函数；
    //第三，提供内存写入函数以初始化内存
    value: ManuallyDrop<T>,
}
```

属性 repr(transparent)表示复合类型变量在内存中等价于内部成员变量，通常用于 union 类型或仅有一个成员的封装类型。

因此 MaybeUninit<T>的内存布局与 ManuallyDrop<T>的内存布局相同。因为 ManuallyDrop <T>与内部变量类型 T 的内存布局相同，所以从内存角度来看，MaybeUninit<T>类型与 T 类型完全相同。

借助 MaybeUninit<T>，代码可以在变量未初始化时便对其做某些操作，并能通过编译器编译。

3.2.2 ManuallyDrop<T>定义

代码用 ManuallyDrop<T>提示编译器，当变量的生命周期终止时，不会自动调用变量的 drop()函数。ManuallyDrop<T>的用途之一是封装未初始化变量，规避未初始化变量的 drop()函数被调用，从而触发 drop()函数调用链，造成对未初始化内容的访问，并导致未定义行为（UB：undefined behavior）。ManuallyDrop<T>定义的代码如下：

```
[repr(transparent)]
pub struct ManuallyDrop<T: ?Sized> {
   value: T, //当 ManuallyDrop 变量的生命周期终止时，
             //不会触发编译器调用 value 的 drop()函数以释放资源
}
```

研究一个类型，应该分析此类型的构造函数及析构函数操作，ManuallyDrop<T>的构造函数及析构函数的源代码分析如下：

```
impl <T> ManuallyDrop<T> {
   //关联函数 new()用于构造 ManuallyDrop 变量，当调用 new()函数时，参数 value 已经被初始化，
   //后继代码需要保证 value 的资源被正确处理，否则 new()函数可能导致资源泄漏
   pub const fn new(value: T) -> ManuallyDrop<T> {
        //将 value 的所有权转移到结构体后，编译器不会在 value 的生命周期终止时调用 drop()函数
        ManuallyDrop { value }
   }
   //此关联函数消费了 ManuallyDrop<T>，并将内部变量及所有权返回
   pub const fn into_inner(slot: ManuallyDrop<T>) -> T {
       slot.value  //将内部变量的所有权转移到返回值
```

```
    }
    //关联函数 drop()会触发调用内部变量的 drop()函数来释放资源。
    //此关联函数的典型应用场景是内部变量已经完成初始化，但希望在不解封装的情况下释放资源
    pub drop(slot: &mut ManuallyDrop<T>)
    //关联函数 take()在不解封装的情况下用于获取内部变量的所有权
    pub unsafe fn take(slot: &mut ManuallyDrop<T>) -> T {
        //复制内部变量,连同所有权一起返回,后继不能再调用 into_inner()函数,否则会出现双份所有权,
        //导致 UB（未定义行为）
        unsafe { ptr::read(&slot.value) }
    }
```

对于封装类型，解引用函数及自动解引用操作使得封装类型变量与内部变量在很多代码中可以被视作同一个变量。ManuallyDrop<T>封装类型的解引用函数的源代码分析如下：

```
impl<T:Sized?> Deref for ManuallyDrop<T> {
    //返回内部变量的引用，配合自动解引用，可以简化调用内部变量函数的代码
    fn deref(&self) -> &T {  &self.value  }
}
ManuallyDrop<T>::deref_mut(&mut self)-> & mut T //代码略，返回内部包装变量的可变引用
```

初学者需要牢记封装类型变量与内部变量可以被视为同一个变量，这样才能快速理解代码。示例代码如下：

```
let mut x = ManuallyDrop::new(String::from("Hello World!"));
// 此时会自动调用 deref_mut()函数，在调用该函数时，可以将 x 直接认为是 String 变量
x.truncate(6);
assert_eq!(*x, "Hello"); // 但对 x 的调用不会再发生
```

3.2.3　MaybeUninit<T>构造函数

关联函数 uninit()可以被视为一种申请栈内存的方案。基于 union 语法的内存布局，通过此函数巧妙地在栈上获取一个未初始化的内存块，内存块的大小是 T 类型的内存空间大小。此函数非常值得关注，当代码需要在栈空间定义一个未初始化变量时，应该在第一时间想到 MaybeUninit::uninit()函数。对此函数源代码的分析如下：

```
impl<T> MaybeUninit<T> {
    pub const fn uninit() -> MaybeUninit<T> {
        MaybeUninit { uninit: () } //返回值的内存布局与 T 类型的内存布局完全一致
    }
```

new()函数使用已初始化变量构造 MaybeUninit<T>变量。因为传入 new()函数的 val 变量已经被初始化，却又要构造未初始化类型 MaybeUninit<T>，语义上出现了一些矛盾。在调用 new()函数后，需要正确处理内部变量的资源释放，否则 new()函数可能导致内存泄漏。对此函数源代码的分析如下：

```
    pub const fn new(val: T) -> MaybeUninit<T> {
        //因为 val 变量已经初始化，所以后继要保证 val 变量被正确释放
        MaybeUninit { value: ManuallyDrop::new(val) }
    }
    //关联函数 zeroed()用于创建内存块清零的 MaybeUninit<T>变量
    pub fn zeroed() -> MaybeUninit<T> {
        let mut u = MaybeUninit::<T>::uninit();
        //给内存块清零必须使用 ptr::write_bytes
        unsafe { u.as_mut_ptr().write_bytes(0u8, 1); }
        u
    }
```

3.2.4 MaybeUninit<T>初始化函数

通常调用 write()函数对 MaybeUninit<T>的内部变量进行初始化赋值。对此函数源代码的分析如下：

```
    //此函数返回的&mut T 的生命周期短于 self 的生命周期
    pub const fn write(&mut self, val: T) -> &mut T {
        //以下代码的赋值操作会使*self 原有 MybeUninit<T>变量的生命周期终止，
        //但不会调用内部变量的 drop()函数。
        //如果*self 内部变量已经被初始化，就可能造成内存泄漏。
        //所以下面代码中隐含的*self 内部变量必须是未初始化的，
        //或者 T 类型变量不需要调用 drop()函数释放占用资源
        *self = MaybeUninit::new(val);
        //初始化后可以调用 assume_init_mut()函数返回可变引用
        unsafe { self.assume_init_mut() }
    }
```

使用 write()函数完成对内部变量赋值后，还需要调用 MaybeUninit<T>的解封装函数，从而完成全部的初始化过程。如果没调用 MaybeUninit<T>的解封装函数，就可能会导致资源泄漏。标准的解封装函数是 assume_init()，此函数用于消费 MaybeUninit<T>变量，并将内部变量的所有权转移到返回变量。对此函数源代码的分析如下：

```
pub const unsafe fn assume_init(self) -> T {   //调用代码必须保证 self 已经被初始化
    unsafe {
        intrinsics::assert_inhabited::<T>();
        //消费 self 及 self.value，返回内部变量及所有权
        ManuallyDrop::into_inner(self.value)
    }
}
```

assume_init_read()函数在不消费 self 的情况下用于获取内部变量的所有权。调用 assume_init_read()函数后，代码不能再对 self 调用其他 assume_init_xxx()函数，否则会出现

双份所有权，触发对同一变量重复调用 drop()函数，导致未定义行为。对此函数源代码的分析如下：

```
pub const unsafe fn assume_init_read(&self) -> T {
    unsafe {
        intrinsics::assert_inhabited::<T>();
        self.as_ptr().read() //跟踪 read，会发现到最后调用 ptr::read()函数
    }
}
//ptr::read()函数用于完成变量复制。调用此函数后，
//参数 src 所指变量的所有权已经转移到函数返回，
//所以调用此函数的前提是，后继代码保证参数 src 所指变量不能调用 drop()函数。
//通常参数 src 所指变量被 ManallyDrop 封装，或者后继代码调用 forget()函数并将其作为参数。
//对于非 Copy Trait 类型，let xxx=*(&T) 不合法，
//因此在只能以*const T、*mut T 及&T 访问变量又要转移所有权时可以使用 read()函数来解决
pub const unsafe fn read<T>(src: *const T) -> T {
    //调用 MaybeUninit::<T>::uninit()函数在栈空间形成变量
    let mut tmp = MaybeUninit::<T>::uninit();
    unsafe {
        copy_nonoverlapping(src, tmp.as_mut_ptr(), 1); //内存浅拷贝给变量赋值
        tmp.assume_init() //解封装返回
    }
}
```

其他 assume_init_xxx()函数也都完成了将 MaybeUninit<T>初始化的功能，关于这些函数的源代码请读者自行分析，并关注所有权的转移及归属。这些函数的源代码分析如下：

```
MaybeUninit<T>::assume_init_drop(&self) //此函数对已经初始化的内部变量调用其 drop()函数
//此函数用于返回内部变量的引用，调用者应该保证内部变量已经初始化
MaybeUninit<T>::assume_init_ref(&self)->&T
//此函数用于返回内部变量的可变借用
MaybeUninit<T>::assume_init_mut(&mut self)->&mut T
```

3.2.5　MaybeUninit<T>数组类型操作

仍然关注变量的构造函数，对其源代码的分析如下：

```
//在此函数中，LEN 的泛型定义需要注意，定义成泛型是因为无法以参数方式传入 LEN，
//此函数用于申请数组的栈空间内存
pub const fn uninit_array<const LEN: usize>() -> [Self; LEN] {
    unsafe { MaybeUninit::<[MaybeUninit<T>; LEN]>::uninit().assume_init() }
}
```

读者要注意区别数组本身和数组成员的初始化。数组[MaybeUninit<T>;LEN]类型本身的初始化在数组类型中已经被定义，即编译器分配完内存就已经完成。所以上面源代码中

的 assume_init()函数是正确的。

在数组成员全部初始化后，需要调用解封装函数 array_assume_init()。对此函数源代码的分析如下：

```
//此函数性能低，但也没有什么更好的办法，使用指针强制转换无法获取所有权，
//使用 transmute()函数也会造成内存拷贝，最好不使用此函数，可以使用数组引用实现对数组的访问
pub unsafe fn array_assume_init<const N: usize>(array: [Self; N]) -> [T; N] {
    unsafe {
        //此行代码需要做一次内存拷贝，与 transmute()函数的作用相同
        (&array as *const _ as *const [T; N]).read()
    }
}
```

3.2.6 典型案例

代码用 MaybeUninit<T>声明一个未初始化变量后，即可操作未初始化变量，这是设计 MaybeUninit<T>的初心。此类操作的示例代码如下：

```
let mut x = MaybeUninit::<&i32>::uninit();//定义一个未初始化的 i32 类型内存块，并绑定到 x
x.write(&0); //虽然 x 的内存没有初始化，但是代码可以操作 x，使用 x 的引用不会再触发编译器错误
let x = unsafe { x.assume_init() };      //将初始化后的变量解封装并绑定到新变量
```

MaybeUninit<T>封装数组类型的操作示例代码如下：

```
use std::mem::{self, MaybeUninit};
let data = {
    let mut data: [MaybeUninit<Vec<u32>>; 1000] = unsafe {
        //此行代码如果不使用推断语法，则应该是 MaybeUninit::<[MaybeUninit<Vec<u32>>;
        //1000]>::uninit().assume_init()
        MaybeUninit::uninit().assume_init()
    };
    //对所有数组成员赋值，[]会触发自动解引用
    for elem in &mut data[..] {  elem.write(vec![42]);  }
    //使用 transmute()函数仍然会造成内存拷贝
    unsafe { mem::transmute::<_, [Vec<u32>; 1000]>(data) }
};
assert_eq!(&data[0], &[42]);
```

在代码初始化 MaybeUnint<T>变量后，需要对内部变量解封装或显式调用内部变量的 drop()函数。此类操作的示例代码如下：

```
let mut data: [MaybeUninit<String>; 1000] = unsafe { MaybeUninit::uninit().
assume_init() };
let mut data_len: usize = 0;
```

```
for elem in &mut data[0..500] { //对前 500 个 String 变量初始化，[]会触发自动解引用
    elem.write(String::from("hello")); //write()函数没有将所有权转移出 MaybeUninit
    data_len += 1;
}
//如果编译器自动调用 drop()函数，则无法正确释放 String 变量，
//必须显式调用 drop_in_place()函数释放 String 变量
for elem in &mut data[0..data_len] { //仅执行初始化过的成员
    //也可以调用 assume_init_drop()函数来完成此工作
    unsafe { ptr::drop_in_place(elem.as_mut_ptr()); }
}
```

在上述示例中，没有针对成员调用 assume_init()函数，那就必须显式调用 drop_in_place()函数释放内存。此示例充分说明了所有权的本质。

MaybeUninit<T>是 Rust 高级程序员必须熟练使用的一个类型。

3.3　裸指针再论

标准库提供了内存对齐类型的读取裸指针函数及内存不对齐类型的读取裸指针函数，这是考虑内存安全及编译器优化的结果，读取裸指针函数本质是内存拷贝。对读取裸指针函数源代码的分析如下：

```
//ptr::read()函数是对所有类型通用的复制方法之一。需要指出的是，此函数仅用于完成浅拷贝。
//此函数返回后，参数 src 指针所指变量的所有权会转移到返回值。但这样就会绕过编译器，
//所以，所有权转移要由调用此函数的代码保证
ptr::read<T>(src: *const T) -> T
//此函数是参数 src 不满足内存对齐时的内存拷贝函数，返回值是内存对齐的变量
ptr::read_unaligned<T>(src: *const T) -> T

//ptr.read_unaligned()函数举例如下
//对从字节数组中读一个函数的使用
fn read_usize(x: &[u8]) -> usize {
    let ptr = x.as_ptr() as *const usize;
    //此处必须使用 ptr.read_unaligned()函数，因为不确定字节是否对齐
    unsafe { ptr.read_unaligned() }
}
```

标准库提供了内存对齐类型的写入裸指针函数及内存不对齐类型的写入裸指针函数。写入裸指针函数本质也是内存拷贝，但增加了所有权处理。对写入裸指针函数源代码的分析如下：

```
pub const unsafe fn write<T>(dst: *mut T, src: T) {
    unsafe {
        copy_nonoverlapping(&src as *const T, dst, 1); //完成内存浅拷贝
```

```
        //必须调用 forget()函数，所有权已经转移到 dst 所指变量，
        //通知编译器无须再调用 src 的 drop()函数
        intrinsics::forget(src);
    }
}
//与 ptr.read_unaligned()函数相对应的写操作
ptr::write_unaligned<T>(dst: *mut T, src: T)
```

写入裸指针函数展示了所有权转移的底层操作，即先执行浅拷贝，再对原变量做 forget。在 write()函数中，如果参数 dst 指向的变量已经被初始化，则该变量的所有权会丢失，从而可能引发内存泄漏。

一个内存不对齐类型写入裸指针函数的应用示例代码如下：

```
#[repr(packed, C)] //结构按 1 字节内存对齐
struct Packed {
    _padding: u8,
    unaligned: u32,
}
let mut packed: Packed = unsafe { std::mem::zeroed() };
//packed.unaligned 内存没有对齐，因此需要使用 addr_of_mut!宏来取地址，无法使用&取地址
let unaligned = std::ptr::addr_of_mut!(packed.unaligned);
unsafe { std::ptr::write_unaligned(unaligned, 42) };
//{packed.unaligned}是一个编码技巧，此表达式将会对 packed.unaligned 做一个复制。
//如果直接使用 packed.unaligned，则是一个引用，导致编译出错
assert_eq!({packed.unaligned}, 42);

//代码通常用&符号获取变量引用，即获取变量内存块地址，但这样操作要求变量必须按照 2 的幂次做内存对齐。
//当变量不满足内存对齐要求时，代码需要使用 ptr::macro addr_of!宏来获取变量内存块地址
pub macro addr_of($place:expr) {
    //关键字&raw const 是 Rust 的原始引用语义，目前还没有在官方公开。
    //&与&raw 的区别是，&要求地址必须满足字节对齐和初始化，而&raw 则没有这个问题
    &raw const $place
}
pub macro addr_of_mut($place:expr) {   &raw mut $place   }
```

在某些不允许编译器优化的场景中，如读/写硬件寄存器地址，也属于读取及写入裸指针的操作。需要使用禁止优化的读取或写入裸指针函数。这些函数的定义如下：

```
ptr::read_volatile<T>(src: *const T) -> T//实质是 intrinsics::volatile_load()函数的封装
ptr::write_volatile<T>(dst: *mut T, src:T)//实质是 intrinsics::volatile_store()函数的封装
```

3.4 非空裸指针——NonNull<T>

NonNull<T>类型保证裸指针地址成员的取值不能为 0，这是通过成员私有化及构造函

数对 0 值检查而实现的。对这个类型定义源代码的分析如下：

```
#[repr(transparent)]
pub struct NonNull<T: ?Sized> {
    pointer: *const T,//pointer 为私有变量，只能通过函数设置，为保证 pointer 不为空奠定了基础
}
```

标准库定义 NonNull<T>为非空指针类型后，即可用 Option<NonNull<T>>来表示整个裸指针集合，其中，None 表示空指针。这使得代码必须对空指针进行处理，也体现了 Rust 的内存安全从类型定义出发。

NonNull<T>本身是协变（covarient）类型。因为 NonNull<T>实质上封装了* mut T 类型（从后文的源代码分析可以得出这个结论），但* mut T 与 NonNull<T>的变异性不同。所以，如果不能确定是否需要协变类型，则不要使用 NonNull<T>来对* mut T 做封装。

3.4.1　构造关联函数

关联函数 dangling()用于创建一个悬垂（dangling）指针，并保证悬垂指针满足类型内存对齐要求且非零。该悬垂指针的地址值可能真实有效并指向一个正常的变量。此函数返回的 NonNull<T>指针严禁被解引用。对此函数源代码的分析如下：

```
impl <T> NonNull<T> {
    pub const fn dangling() -> Self {
        unsafe {
            //取内存对齐地址作为裸指针的地址。调用代码应保证不对此内存地址进行读写
            let ptr = mem::align_of::<T>() as *mut T;
            NonNull::new_unchecked(ptr)
        }
    }
```

关联函数 new()利用输入的*mut T 裸指针创建 Option<NonNull<T>>。对此函数源代码的分析如下：

```
//NonNull 内部封装的是可变指针
pub fn new(ptr: *mut T) -> Option<Self> {
    if !ptr.is_null() { //完成对 ptr 是否为 0 的检查
        //new_unchecked()函数用于检查*mut  T 是否为 0
        Some(unsafe { Self::new_unchecked(ptr) })
    } else {
        None
    }
}
```

关联函数 from_raw_parts()是裸指针模块同名函数的 NonNull<T>版本。对此函数源代码的分析如下：

```
    pub const fn from_raw_parts(
        data_address: NonNull<()>,
        metadata: <T as super::Pointee>::Metadata,
    ) -> NonNull<T> {
        unsafe {
            //需要用 from_raw_parts_mut()函数创建*mut T 指针
            NonNull::new_unchecked(super::from_raw_parts_mut(data_address.as_ptr(),
metadata))
        }
    }
```

NonNull<T>类型实现了 From Trait。From Trait 可以利用引用变量创建 NonNull<T>。对此函数源代码的分析如下：

```
impl<T: ?Sized> const From<&mut T> for NonNull<T> {
    fn from(reference: &mut T) -> Self {
        unsafe { NonNull { pointer: reference as *mut T } }
    }
}
impl<T: ?Sized> const From<&T> for NonNull<T> {
    fn from(reference: &T) -> Self {
        //NonNull 也可以接收不可变引用，后继代码不能将这个变量转换为可变引用
        unsafe { NonNull { pointer: reference as *const T } }
    }
}
```

3.4.2 类型转换函数

为 NonNull<T>实现的类型转换函数基本与*const T、*mut T 相同，对这些函数源代码的分析如下：

```
NonNull::<T>::as_ptr(self)->* mut T //此函数用于返回内部的 pointer 裸指针
//此函数用于返回引用，其生命周期由调用代码决定，调用代码要保证生命周期的安全
NonNull::<T>::as_ref<'a>(&self)->&'a T
//此函数用于返回可变引用。无论在创建 NonNull 时是否传入可变指针
NonNull::<T>::as_mut<'a>(&mut self)->&'a mut T
//此函数用于完成指针类型转换，调用代码应该保证 T 类型的内存布局和 U 类型的内存布局相同
NonNull::<T>::cast<U>(self)->NonNull<U>
```

3.4.3 其他函数

NonNull<T>类型实现的其他值得关注的函数如下：

```
//此函数用于将指针转化为切片类型指针
```

```
NonNull::<[T]>::slice_from_raw_parts(data: NonNull<T>, len: usize) -> Self
//此函数用于将切片指针转换为切片第一个成员的指针
NonNull::<[T]>::as_non_null_ptr(self) -> NonNull<T>
//将 NonNull<T>与 MaybeUninit<T>进行转换
pub unsafe fn as_uninit_ref<'a>(&self) -> &'a MaybeUninit<T> {
    //self.cast()函数用于将 NonNull<T>转换为 NonNull<MaybeUninit<T>>
    //self.cast().as_ptr()函数用于将 NonNull<MaybeUninit<T>>转换为 *mut MaybeUninit<T>
    unsafe { &*self.cast().as_ptr() }
}
pub unsafe fn as_uninit_slice<'a>(&self) -> &'a [MaybeUninit<T>] {
    //最终导致对 ptr::slice_from_raw_parts()函数的调用
    unsafe{ slice::from_raw_parts(self.cast().as_ptr(), self.len()) }
}

//可变引用的版本
NonNull<T>::as_uninit_mut<'a>(&self) -> &'a mut MaybeUninit<T>
NonNull<[T]>::as_uninit_slice_mut<'a>(&self) -> &'a mut [MaybeUninit<T>]
```

3.5　智能指针的基座——Unique<T>

Unique<T>通常作为智能指针类型的成员变量。智能指针用 Unique<T>指向申请的堆内存块及拥有此内存块的所有权。当智能指针类型的生命周期终止时，会释放 Unique<T>变量所指的内存资源。对此类型源代码的分析如下：

```
#[repr(transparent)]
pub struct Unique<T: ?Sized> {
    pointer: *const T,              //保证不为空值
    _marker: PhantomData<T>,        //拥有了 pointer 指向的内存变量的所有权
}
```

与 NonNull<T>相比，Unique<T>增加了 PhantomData<T>类型成员。这个定义使 Unique<T>变量拥有了 pointer 所指变量的所有权，也使 Unique<T>成为具有生命周期的类型。因此，Unique<T>可以支持 Send、Sync 等 Trait。

Unique<T>类型实现比较重要的函数的分析如下：

```
Unique::<T>::new(* mut T)->Option<Self>   //此关联函数用于创建 Unique<T>变量
Unique::as_ptr(self)->* mut T             //此函数用于将 Unique<T>变量转换为裸指针
//此函数用于将 Unique<T>变量转换为引用，返回的&T 的生命周期应短于 self 的生命周期
Unique::as_ref(&self)->&T
Unique::as_mut(&mut self)->& mut T     //此函数用于将 Unique<T>变量转换为可变引用
//此函数用于实现类型转换，调用代码应该保证 T 类型的内存布局和 U 类型的内存布局相同
Unique::cast<U>(self)->Unique<U>
```

3.6 mem 模块函数

3.6.1 构造泛型变量函数

mem::zeroed()函数用于在栈空间创建一个内存块清零的泛型变量。对此函数源代码的分析如下：

```
//调用此函数必须确认 T 类型变量内存块可以清零，否则代码在返回变量的生命周期终止时会出现未定义行为
pub unsafe fn zeroed<T>() -> T {
    unsafe {
        intrinsics::assert_zero_valid::<T>();
        MaybeUninit::zeroed().assume_init()
    }
}
```

mem::uninitialized()函数用于在栈空间创建一个未初始化的泛型变量。对此函数源代码的分析如下：

```
//调用此函数必须确认 T 类型变量内存允许为任意值，否则代码在返回变量的生命周期终止时会出现未定义行为
pub unsafe fn uninitialized<T>() -> T {
    unsafe {
        intrinsics::assert_uninit_valid::<T>();
        MaybeUninit::uninit().assume_init()
    }
}
```

3.6.2 泛型变量所有权转移函数

程序希望提供函数，实现在仅拥有可变引用的场景下，将可变引用所指变量的所有权转移到一个新的变量。因为可变引用不支持“* & mut T”表达式，所以这个需求需要用内存拷贝的方式实现。对实现此需求的两个函数源代码的分析如下：

```
//此函数使用泛型变量的默认值赋值 dest，并返回原 dest 的内容及所有权。
//泛型变量默认值的 drop()函数可被多次调用
pub fn take<T: Default>(dest: &mut T) -> T {
    //此处调用 replace()函数，
    //对于引用类型，编译器禁止用*dest 来转移所有权，
    //所以不能用{let xxx = *dest; xxx} 返回 T，
    //其他语言简单的事情在 Rust 中必须用一个较难理解的方式进行解决。
    //replace()函数对所有权可进行仔细处理
```

```
    replace(dest, T::default())
}

//此函数使用 src 的内容赋值 dest(将 src 的所有权转移到 dest)，并返回原 dest 的内容及所有权
pub const fn replace<T>(dest: &mut T, src: T) -> T {
    unsafe {
        //因为要替换 dest，所以必须对 dest 原有变量的所有权进行处理，
        //利用 ptr::read()函数将*dest 的所有权转移到返回变量。
        //如果 T 类型不支持 Copy Trait，则“= *&T”无法通过编译。
        //所有权进行转移的方式只有内存浅拷贝这种方法
        let result = ptr::read(dest);
        ptr::write(dest, src); //将 src 的所有权转移到 dest，并对 src 进行 forget 操作
        result
    }
}
```

上述 ptr::read()函数、ptr::write()函数及 mem::replace()函数对内存操作的示意图如图 3-1 所示。

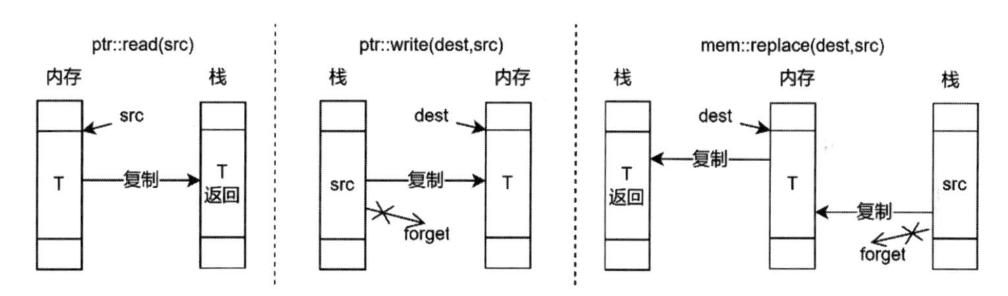

图 3-1　对内存操作的示意图

mem::transmute_copy()函数用于创建 U 类型的变量，并把 src 的内容复制给 U 类型的变量。调用代码应该保证 T 类型的内存布局与 U 类型的内存布局不冲突，并处理好 src 的所有权。对此函数源代码的分析如下：

```
pub const unsafe fn transmute_copy<T, U>(src: &T) -> U {
    if align_of::<U>() > align_of::<T>() {
        //如果 U 类型字节对齐字节数量大于 T 类型字节对齐字节数量，
        //则使用 ptr::read_unaligned()函数是非常细节的安全考虑
        unsafe { ptr::read_unaligned(src as *const T as *const U) }
    } else {
        unsafe { ptr::read(src as *const T as *const U) } //反之，使用 ptr::read()函数即可
    }
}
```

3.6.3 其他函数

mem::forget()函数用于通知编译器在变量的生命周期终止时遗忘对其 drop()函数的调用。对此函数源代码的分析如下：

```
pub const fn forget<T>(t: T) {
    let _ = ManuallyDrop::new(t);
}
```

mem 模块还包括一些固有模块函数的封装函数。对这些函数源代码的分析如下：

```
mem::forget_unsized<T:Sized?>       //此函数内部是 intrinsics::forget()函数
mem::drop<T>(_x:T)                   //此函数会触发对变量的直接调用

//以下函数都可对应 intrinsic 模块的同名函数
mem::size_of<T>()->usize
mem::min_align_of<T>()->usize
mem::size_of_val<T>(val:& T)->usize
mem::min_align_of_val<T>(val: &T)->usize
mem::needs_drop<T>()->bool
```

3.7 动态内存申请及释放

3.7.1 内存布局

Rust 用 Layout 类型来描述不同类型的内存布局属性。对此类型源代码的分析如下：

```
pub struct Layout {
    size_: usize, //每一个类型变量占用的内存空间大小单位是字节
    //按照此字节数量进行类型内存对齐。NonZeroUsize 类型用于确保 align_是非零的 usize
    align_: NonZeroUsize,
}
```

NonZeroUsize 类型再次体现安全需要基于类型系统的设计原则。对于任何约束，最佳实践是定义类型以强制实现这个约束，从而使违反约束的情况在编译过程中就能被发现。

构造切片类型的 Layout 变量所需函数揭示了 Rust 内存对齐的各种知识。对这些函数源代码的分析如下：

```
impl Layout {
    //此函数用于构造长度为 n 的泛型切片类型的 Layout 变量。
    //T 类型的内存对齐字节数量可能导致切片类型内存大小不是 T 类型内存大小×n
    pub fn array<T>(n: usize) -> Result<Self, LayoutError> {
```

```
        let (layout, offset) = Layout::new::<T>().repeat(n)?;
        //对切片类型的整体内存块做内存对齐处理以得到切片类型的 Layout 变量
        Ok(layout.pad_to_align())
    }
    //此函数用于获取长度为 n 的泛型切片类型的 Layout 变量，以及单成员实际所需的内存空间
    pub fn repeat(&self, n: usize) -> Result<(Self, usize), LayoutError> {
        //计算在内存对齐下单成员需要的内存空间，这个内存空间存在填充
        let padded_size = self.size() + self.padding_needed_for(self.align());
        //计算切片类型需要的内存空间，如果出现 usize 溢出，则返回 error
        let alloc_size = padded_size.checked_mul(n).ok_or(LayoutError)?;
        //利用获取的参数创建切片类型的 Layout 变量
        unsafe  {  Ok((Layout::from_size_align_unchecked(alloc_size,  self.align()),
padded_size)) }
    }
    //此函数用于计算与 T 类型完全对齐所需的填充内存空间，并得到填充后内存块的 Layout 变量
    pub fn pad_to_align(&self) -> Layout {
        let pad = self.padding_needed_for(self.align());//计算需要填充的内存空间
        let new_size = self.size() + pad; //计算内存对齐后每个变量需要的内存空间
        //以内存对齐后占用的空间形成新的 Layout 变量
        Layout::from_size_align(new_size, self.align()).unwrap()
    }
    //此函数用于计算与 T 类型完全内存对齐需要的填充内存空间
    pub const fn padding_needed_for(&self, align: usize) -> usize {
        let len = self.size();
        //相当于 C 语言的表达式  len_rounded_up = (len + align - 1) & ~(align - 1),
        //这是一种获取对齐内存空间的常用方式。
        //在 release 编译方式中“+”等同于 wrapping_add，“-”等同于 wrapping_sub
        let len_rounded_up = len.wrapping_add(align).wrapping_sub(1)
& !align.wrapping_sub(1);
        len_rounded_up.wrapping_sub(len)   //减去 len，得到差值
    }
    //此函数根据输入参数生成 Layout 变量，调用代码应保证参数的安全性
    pub const unsafe fn from_size_align_unchecked(size: usize, align: usize) ->
Self {
        Layout { size_: size, align_: unsafe { NonZeroUsize::new_unchecked
(align) } }                                //必须保证 align 不为 0
    }
    //此函数对输入参数进行错误检查，如果参数正确，则生成 Layout 变量
    pub const fn from_size_align(size: usize, align: usize) -> Result<Self,
LayoutError> {
        if !align.is_power_of_two() {      //必须保证内存对齐大小是 2 的幂次
            return Err(LayoutError);
        }
        if size > usize::MAX - (align - 1) { //判断 size 是否在 usize 范围内已经无法对齐
            return Err(LayoutError);
```

```
        }
        //size 及 align 已经通过了正确性验证
        unsafe { Ok(Layout::from_size_align_unchecked(size, align)) }
    }
    //此关联函数用于构造一个 Layout 变量
    pub const fn new<T>() -> Self {
        let (size, align) = size_align::<T>(); //获取类型的内存空间及内存对齐大小
        //创建 Layout 结构体变量
        unsafe { Layout::from_size_align_unchecked(size, align) }
    }
}
const fn size_align<T>() -> (usize, usize) {
    (mem::size_of::<T>(), mem::align_of::<T>())//返回类型的内存空间及内存对齐大小
}
```

编译器提供了若干编译属性，利用这些编译属性可以指定类型的内存布局模式。下面列出了几种内存布局模式。

- #[repr(transparent)]内存布局模式：通常用于仅包含一个成员变量的封装类型，这个成员变量可以是 union 类型。使用此模式后，封装类型的内存布局与成员变量类型的内存布局完全一致。封装类型变量仅在编译阶段具有意义。在程序运行阶段，封装类型变量与其成员变量可以被当作相同的变量，相互之间可以无障碍转换。
- #[repr(packed)]内存布局模式：使用此模式定义的类型，其成员变量以 1 字节对齐。此类型通常被应用于处理网络协议或二进制数据文件的程序。
- #[repr(align(n))]内存布局模式：强制类型以 2 的 *n* 次幂对齐。
- #[repr(RUST)]内存布局模式：默认的布局模式。Rust 编译器会根据情况来自行优化内存。
- #[repr(C)]内存布局模式：当采用 C 语言内存布局模式时，所有结构体变量按照声明的顺序在内存排列，默认 4 字节对齐。

3.7.2 动态内存申请与释放接口

资深的 C/C++程序员都有为软件系统开发专用动态内存管理模块的经验。此类专用动态内存管理模块可用于根据软件系统的特征优化动态内存使用及性能，并实现对动态内存使用的跟踪，以保证内存安全或尽早发现内存安全的 Bug。

标准库定义了动态内存管理模块的抽象接口，允许程序员开发软件系统专用动态内存管理模块，并能够将其与标准库集成。

标准库将动态内存管理分为以下 3 个界面。

（1）对于智能指针类型的构造函数，除了熟知的构造函数 new()（需要注意的是，关联函数 new()又被称为构造函数 new()），还定义了一些更直观的关联函数。大部分程序使用这些函数即可满足动态内存申请的需求，无须关心内存管理的底层机制及动态内存的释放。

（2）智能指针类型使用 Allocator Trait 定义的接口申请及释放动态内存。标准库的单元类型 Global（CORE 库）及 System（STD 库）实现了 Allocator Trait，它们是默认的动态内存管理实现类型。

（3）为了适配不同的 OS 及软件系统专有的动态内存管理模块，标准库定义了 GlobalAlloc Trait。程序员可以定义专属动态内存管理类型，并为此类型实现 GlobalAlloc Trait，以及使用#[global_allocator]修饰此类型。完成这些工作后，此类型将替代标准库默认的动态内存管理类型，所有标准库的动态内存申请及释放将通过此类型的函数实现。

通过以上 3 个界面的区分，Rust 能完成如下目的。

（1）对于大部分程序，拥有与 GC 类语言类似的智能指针类型构造机制，具体的内存申请隐藏在类型的构造函数 new()或工厂函数之后。

（2）对于大型应用和 OS 内核，从语言层面提供了对第三方内存管理模块的支持。

（3）实现了将现代语法与第三方内存管理模块共同存在、相互配合的目的。

标准库定义 GlobalAlloc Trait 作为动态内存申请及释放的接口，对 GlobalAlloc Trait 定义源代码的分析如下：

```
pub unsafe trait GlobalAlloc {
    //此函数用于申请堆内存，因为Layout中的内存空间不为0，所以alloc()函数不会用于申请为0的内存
    unsafe fn alloc(&self, layout: Layout) -> *mut u8;
    //此函数用于释放堆内存
    unsafe fn dealloc(&self, ptr: *mut u8, layout: Layout);
    //此函数申请堆内存后，将内存块清零
    unsafe fn alloc_zeroed(&self, layout: Layout) -> *mut u8 {
        let size = layout.size();
        let ptr = unsafe { self.alloc(layout) };
        if !ptr.is_null() {
            //此处必须使用write_bytes()函数，确保每个字节都清零
            unsafe { ptr::write_bytes(ptr, 0, size) };
        }
        ptr
    }
    …
}
```

标准库定义的 Global 及 System 两个单元类型可作为动态内存管理类型。STD 库定义的 System 单元类型通常用于编写用户态程序。

标准库为 System 单元类型实现了 GlobalAlloc Trait，并标记此类型的属性为

#[global_allocator]。CORE 库及 ALLOC 库在被用于编写用户态程序时需要使用 System 单元类型的 GlobalAlloc Trait 来实现，但在被用于编写内核态程序时又需要使用其他的动态内存管理类型的 GlobalAlloc Trait 来实现。因此，标准库没有在 CORE 库及 ALLOC 库实现 GlobalAlloc Trait，而是由编译器将属性为#[global_allocator]类型的函数引入 CORE 库中。对此部分源代码的分析如下：

```
extern "Rust" {
    //以下函数由编译器生成，是标记属性为#[global_allocator]的堆内存管理类型,
    //实现 GlobalAlloc Trait 的 4 个函数的映射。
    //使用这些函数实现 Allocator Trait
    #[rustc_allocator]
    #[rustc_allocator_nounwind]
    fn __rust_alloc(size: usize, align: usize) -> *mut u8;
    #[rustc_allocator_nounwind]
    fn __rust_dealloc(ptr: *mut u8, size: usize, align: usize);
    #[rustc_allocator_nounwind]
    fn __rust_realloc(ptr: *mut u8, old_size: usize, align: usize, new_size: usize)
-> *mut u8;
    #[rustc_allocator_nounwind]
    fn __rust_alloc_zeroed(size: usize, align: usize) -> *mut u8;
}
//对__rust_xxxx_()函数再次封装
pub unsafe fn alloc(layout: Layout) -> *mut u8 {
    unsafe { __rust_alloc(layout.size(), layout.align()) }
}
pub unsafe fn dealloc(ptr: *mut u8, layout: Layout) {
    unsafe { __rust_dealloc(ptr, layout.size(), layout.align()) }
}
pub unsafe fn realloc(ptr: *mut u8, layout: Layout, new_size: usize) -> *mut u8 {
    unsafe { __rust_realloc(ptr, layout.size(), layout.align(), new_size) }
}
pub unsafe fn alloc_zeroed(layout: Layout) -> *mut u8 {
    unsafe { __rust_alloc_zeroed(layout.size(), layout.align()) }
}
```

标准库另外定义 Allocator Trait 用于申请及释放动态内存。对此类型源代码的分析如下：

```
pub unsafe trait Allocator {
    fn allocate(&self, layout: Layout) -> Result<NonNull<[u8]>, AllocError>;
    fn allocate_zeroed(&self, layout: Layout) -> Result<NonNull<[u8]>, AllocError> {
        let ptr = self.allocate(layout)?; //用?进行出错处理
        //使用 write_bytes()函数对内存块进行清零操作
        unsafe { ptr.as_non_null_ptr().as_ptr().write_bytes(0, ptr.len()) }
        Ok(ptr)
    }
```

```
    unsafe fn deallocate(&self, ptr: NonNull<u8>, layout: Layout); //略
    …
}
```

在 CORE 库中，为 Global 单元类型实现 Allocator Trait。Global 是 CORE 库及 ALLOC 库默认的动态内存管理类型。对此类型源代码的分析如下：

```
impl Global {
    fn alloc_impl(&self, layout: Layout, zeroed: bool) -> Result<NonNull<[u8]>,
AllocError> {
        match layout.size() {
            0 => Ok(NonNull::slice_from_raw_parts(layout.dangling(), 0)),
            size => unsafe {
                //raw_ptr 是 *const u8 类型
                let raw_ptr = if zeroed { alloc_zeroed(layout) } else { alloc(layout) };
                //NonNull::new()函数用于处理 raw_ptr 为零的情况，返回 NonNull<u8>,
                //此时 ptr 是瘦指针
                let ptr = NonNull::new(raw_ptr).ok_or(AllocError)?;
                //将 NonNull<u8>转换为 NonNull<[u8]>,
                //NonNull<[u8]>包含了 T 类型的内存空间信息。
                //这个转换对理解 Rust 的指针转换极有帮助
                Ok(NonNull::slice_from_raw_parts(ptr, size))
            },
        }
    }
    …
}
//Global 单元类型能实现 Allocator Trait
unsafe impl Allocator for Global {
    fn allocate(&self, layout: Layout) -> Result<NonNull<[u8]>, AllocError> {
        self.alloc_impl(layout, false)
    }
    fn allocate_zeroed(&self, layout: Layout) -> Result<NonNull<[u8]>, AllocError> {
        self.alloc_impl(layout, true)
    }
    …
}
```

Allocator Trait 示例使用了 Box 构造函数，对该示例源代码的分析如下：

```
    //此处泛型 A 必须实现 Allocator Trait
    pub fn try_new_uninit_in(alloc: A) -> Result<Box<mem::MaybeUninit<T>, A>,
AllocError> {
```

```
        let layout = Layout::new::<mem::MaybeUninit<T>>(); //获取 T 类型的 Layout 变量
        //allocate(layout)?用于返回 NonNull<[u8]>,
        //cast()函数用于返回 NonNull<MaybeUninit<T>>
        let ptr = alloc.allocate(layout)?.cast();
        //as_ptr()函数用于返回 *mut MaybeUninit<T>类型裸指针
        unsafe { Ok(Box::from_raw_in(ptr.as_ptr(), alloc)) }
    }
    pub unsafe fn from_raw_in(raw: *mut T, alloc: A) -> Self {
        //使用 Unique 封装*mut T，并拥有了*mut T 指向变量的所有权
        Box(unsafe { Unique::new_unchecked(raw) }, alloc)
    }
```

在以上代码中，NonNull<[u8]>通过 cast()函数转换为 NonNull<MaybeUninit<T>>，这是另一种 MaybeUninit<T>的生成方法。

3.8 全局变量内存探讨

Rust 支持常量（const）全局变量及静态（static）全局变量，且静态全局变量支持可写操作。所有对静态全局变量的读/写操作都是不安全的。

需要注意的是，静态全局变量仅支持实现 Copy Trait 的类型用“=”进行所有权转移。也就是说，所有权转移实际上是一个内存“move”的操作，Rust 不允许静态全局变量的内存进行“move”操作。如果想要转移静态全局变量的所有权，则可以使用 take()函数或 replace()函数来实现。

所有权的限制会导致对 C/C++的全局变量使用思维在 Rust 下基本失效。Rust 对应于 C 语言的全局变量的解决方案如表 3-1 所示。

表 3-1　Rust 对应于 C 语言的全局变量的解决方案

Rust 方案	C 语言全局变量场景
Rc<T>	全局变量是动态内存指针，不会被多线程共享
Arc<T>	全局变量是动态内存指针，会被多线程共享
const T	全局变量是静态数据。全局变量的值不能改变，且在编译时便被确定。程序运行时不会修改全局变量
static T	全局变量是静态数据，在编译时进行初始化，在程序运行中可以被修改，在线程中共享不安全

续表

Rust 方案	C 语言全局变量场景
std::thread_local	全局变量是静态数据，需要在程序运行时完成初始化，不需要在多线程中共享
Once+static Mut T	全局变量是静态数据，需要在程序运行时完成初始化，需要在多线程中安全共享
OnceCell<T>/Lazy<T>	全局变量是静态数据，需要在程序运行时完成初始化，需要依赖其他机制才能实现多线程中的安全共享

3.9 drop 总结

Rust 中释放变量资源的相关语法如下。

（1）Drop Trait，基本类型的 Drop Trait 由编译器实现。如果一个类型没有显式实现 Drop Trait，则编译器会自动为其实现。

（2）ptr::drop_in_place(to_drop: *mut T)函数能触发对*mut T 所指向变量的 drop()函数调用。

（3）mem::drop(_x:T)内存模块函数能触发对_x 的 drop()函数调用。

以一个 Box<Arc<String::new("hello, world")>>举例，调用 drop()函数的示意图如图 3-2 所示。

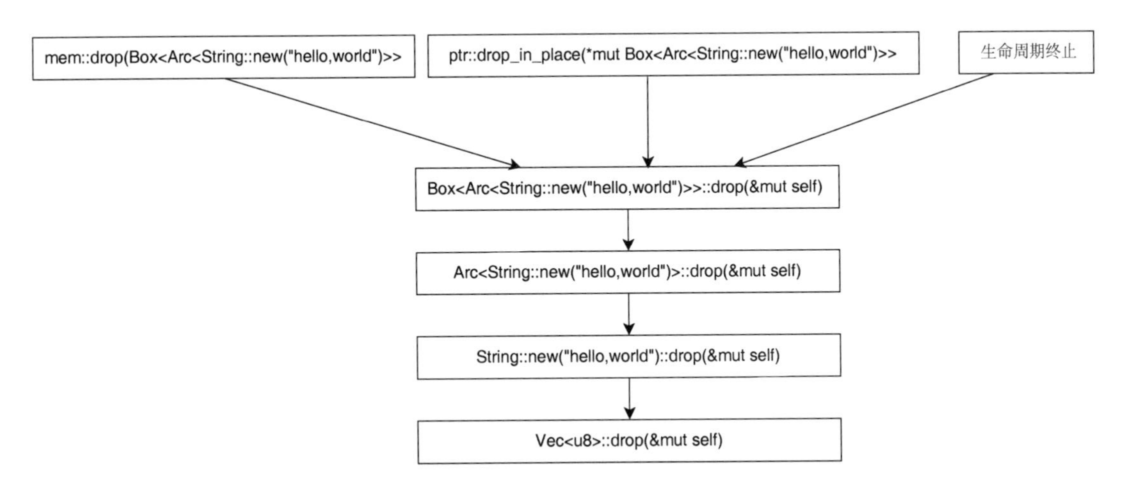

图 3-2　调用 drop()函数的示意图

变量的 drop()函数会触发链式的 drop()函数调用，这也就说明了为什么调用未初始化变量的 drop()函数会引发未定义行为。

3.10 Rust 所有权、生命周期、借用探讨

1. 所有权及借用

Rust 的变量可以分为两个逻辑部分：变量的内存块与变量值（内存块内容）。

变量类型定义内存块布局，变量声明语句用变量名定义一个内存块，而变量初始化赋值则在内存块中写入初始值。

所有权是指变量值的唯一性。所有权转移是指变量值在不同的内存块之间的转移（浅拷贝）。当变量值从旧内存块转移到新内存块后，旧内存块就失去了这个变量值的所有权（设置了 forget 标记）。由于编译器用变量名标识内存块，因此变量值（内存块内容）与变量名（内存块）是一个暂时关联关系。Rust 定义这种关联关系为绑定。

设计所有权的目的是保证编译器能正确完成变量清理，如果一个变量值在多个内存块中有效，编译器就无法在静态编译的条件下正确完成变量清理。

这里有一个例外，就是对实现 Copy Trait 类型所定义的变量不进行所有权转移。编译器用函数调用栈返回机制来清理此种类型的变量。

2. 生命周期转换——类型转换

为了自动释放资源，编译器采用的方案是对变量的生命周期进行跟踪，在判断变量的生命周期终止时，自动增加代码以调用变量的 drop()函数。

生命周期仅被设计为与内存块（变量名）相关。没有绑定所有权的内存块在生命周期终止时，编译器不进行任何操作。当拥有所有权的内存块在生命周期终止时，编译器会自动增加代码以调用内存块的 drop()函数。

如果仅考虑 drop()函数，则生命周期的方案不会太复杂，但 Rust 决定利用生命周期同时解决变量引用导致的野指针问题。为了更好地凸显所有权的概念，Rust 对变量引用起了一个 Rust 的名字——借用，意味着对所有权的借用。

利用生命周期解决野指针问题的思路很简单，编译器只要保证借用的生命周期短于所有权的生命周期即可完成目标。但这个简单的思路却需要极为复杂的设计来完成，对这个复杂设计的理解也成为 Rust 被人诟病的缺点。

理想的生命周期方案由编译器担负所有工作，不需要代码的参与。但这显然不可能，编译器没办法在所有情况下都能够完成全部的推断，代码的提示无可避免。因此，生命周期成为 Rust 的一个语法组成。

生命周期被设计为类型，且实现了继承语法。如果两个不同的生命周期之间不具有继承关系，它们之间就没有值得关注的依赖。

对于生命周期的类型继承来说：假设有两个生命周期 A 和 B，如果 B 完全包含 A，则

B 继承于 A。A 是基类型的变量，B 是子类型的变量。根据类型继承的概念，B 类型的变量能被转换为 A 类型的变量，A 类型的变量无法转换为 B 类型的变量。也就是说，B 类型的值能赋给 A 类型的变量，A 类型的值无法赋给 B 类型的变量。

生命周期是类型，这与直观感觉有区别。毕竟，一个作用域给人的感觉就应该是一个值。但是，采用类型作为解决方案具有以下优点。

（1）可以利用类型系统来完成生命周期赋值的正确与否的判断，没有给 Rust 编译器增加太大的负担，几乎不会影响代码。

（2）利用继承语法，在变量赋值时根据类型能否转换完成生命周期长短的判断，是极为巧妙、简化、自然的设计。

由于 Rust 代码中每个变量的类型都是数据结构类型+生命周期的组合类型。因此，当用“=”进行变量赋值及将变量用作函数参数时，编译器就会检查生命周期引起的类型转换。

因为生命周期仅与内存块关联，当“=”是转移所有权的操作时，代表两个不同的内存块的浅拷贝操作，它们的生命周期彼此独立，此时编译器就会忽略生命周期引起的类型转换。

当“=”是对引用类型变量赋值时，编译器就会根据生命周期的类型转换是否合法来判断代码是否正确。

一个生命周期转换的示例代码如下：

```
let b:i32 = 4;
let a:&i32 = &b;
```

对以上示例代码的分析如下。

（1）代码“let b:i32 = 4”声明了一个变量 b，假设其生命周期是'b 类型的，则 b 的类型是'b i32。

（2）代码“let a: &i32 = &b”，对 b 取引用，&b 的类型是&'b i32。假设 a 的生命周期是'a 类型的，则 a 的类型是&'a i32。由此可见，代码中的“=”是将一个类型为&'b i32 的变量赋给类型为&'a i32 的变量。编译器需要检查类型转换是否合法。如果'b 是'a 的子类，当'b 覆盖'a 时，则转换是合法的；否则，转换是非法的。

当编译器无法自动完成生命周期推导时，代码中需要给出显式的生命周期标注定义及生命周期继承定义。

以上就是生命周期的奥秘所在。因为 Rust 中每一个变量的类型实际都是生命周期类型与普通类型的组合，所以理解生命周期类型极为重要。

3．生命周期转换——变异性

数据结构类型与其叠加生命周期后的复合类型的继承关系存在关联性。例如，&T 类型，如果基于 T 的生命周期复合类型'aT 及'bT 存在继承关系'aT:'bT，就可以得出&'aT:&'bT。

这样，就能从 T 的继承性推导出&T 的继承性。

Rust 中的一些基于泛型的类型，如&T，&mut T、*const T、*mut T、[T]、[T:N]等，可被称为泛型的派生类型。当这些类型的变量之间赋值时，需要利用泛型的继承关系推导出本类型的继承关系。

这就是变异性（Variance）特性存在的意义，变异性具有以下 3 种特性。

（1）协变（covariant）：泛型是子类，派生类型也是子类。泛型是父类，派生类型也是父类。

（2）逆变（contravariant）：泛型是子类，派生类型是父类。泛型是父类，派生类型是子类。

（3）不变（invariant）：泛型是子类或父类，与派生类型是子类或父类没有关系。

当一个类型结构体具有两个以上的泛型成员时，此类型结构体的变异性可以根据泛型成员变异性组合得出。

利用变异性，就可以从基本类型的继承性推导出复合类型的继承性。

因为在 Rust 编程中引用派生类型及其赋值操作的广泛性，所以理解变异性是重要的概念。

4．生命周期推断——执行流

为了减少生命周期推导的复杂性，Rust 采用将生命周期类型转换为在函数内完成判断的方案。

（1）函数作用域会有一个生命周期泛型，假设为'func。

（2）函数声明定义函数输入参数的生命周期泛型'a、'b、……，以及这些生命周期泛型之间的继承关系。显然，'func 是所有输入参数的生命周期泛型的基类型，即'a:'func、'b:'func、……。

（3）函数声明定义返回值的生命周期泛型'ret，以及'ret 与输入参数的生命周期泛型的继承关系。如果返回值是一个借用、由借用派生的类型或有借用成员的复合类型，则返回值的生命周期泛型必须是某一输入参数的生命周期泛型的基类型，即'a:'ret、'b:'ret。当输入参数不含生命周期泛型时（如裸指针），此规则失效。

（4）编译器会分析函数中的作用域，针对每个作用域生成生命周期泛型'block1、'block2、……，并形成这些生命周期泛型之间的继承关系。当然，函数内所有生命周期泛型都是函数作用域生命周期泛型的基类型，即'func:'block。

（5）根据这些生命周期泛型及继承关系，编译器可以判断代码中生命周期转换的正确性。

（6）如果在函数中调用其他函数，则被生命周期转换判断的责任转移到调用函数内部。

以上是生命周期的判断逻辑。

5．生命周期推断——复合类型

如果一个复合类型内部存在引用类型成员或递归至引用类型成员，则必须明确此复合类型的生命周期泛型与成员的生命周期泛型的继承关系。通常复合类型的生命周期应该是基类型的。

6．生命周期推断——多线程

当一个变量在多线程间共享时，必须使用临界区类型。临界区类型采用了额外的机制来保证生命周期在多线程中的正常工作。

Rust 编译器做了很多工作以避免生命周期泛型标注在代码中出现。这部分工作仍然在持续进行中。

一个创造生命周期的示例代码如下：

```
impl *const T{
    pub const unsafe fn as_ref<'a>(self) -> Option<&'a T> {
        if self.is_null() { None } else { unsafe { Some(&*self) } }
    }
}
```

因为*const T 没有生命周期，所以上面这个函数必须声明一个生命周期泛型，用于标注函数返回值的生命周期。事实上，返回值的生命周期完全决定于调用此函数的代码定义。代码安全性要求返回值的生命周期要短于 self 所指内存块的生命周期，但编译器此时无法保证这一点。

3.11　回顾

本章主要分析了 Rust 标准库内存相关模块代码并给出一些内存相关的语言特征。内存模块在简单的代码中蕴藏了复杂的概念，但值得读者花时间学习及掌握。内存模块的代码也是理解标准库其他模块代码的基础。

第4章

基本类型及基本 Trait

4.1　固有函数库

固有（intrinsic）函数是指由编译器内置实现的函数，一般具有如下特征。

（1）与 CPU 架构相关性很大，必须利用汇编语言实现或利用汇编语言才能具备最高性能。

（2）与编译器密切相关，由编译器来实现最为合适。

固有函数通常被标准库中的其他模块封装。用户通过学习固有函数能够更清楚 Rust 的根函数。

固有函数库的源代码在标准库中的路径如下：

```
/library/core/src/intrinsic.rs
```

第 3 章已经介绍了内存相关的固有函数。本节对其他部分进行简单介绍。

4.1.1　原子操作函数

原子操作函数主要用于多核多线程 CPU 对数据的原子操作。固有函数库中诸如 atomic_xxxx()及 atomic_xxxx_xxxx()类型的函数都是原子操作函数。原子操作函数主要用于并发编程中的临界区保护，并且是其他临界保护机制的基础，如 Mutex、RwLock 等。

4.1.2　数学函数及位操作函数

这部分包括各种整数及浮点数的数学函数和位操作实现。由于 CPU 对浮点计算及向量计算有很多硬件支持，这些函数由汇编语言来实现更具有效率，为了支持不同的 CPU 架构，由编译器来内置实现是最适合、最经济的方案。

4.1.3　指令预取优化函数、断言类函数及栈获取函数

指令预取优化函数：prefetch_xxxx()函数、likely()函数、unlikely()函数。

断言类函数：assert_xxxx()函数。

栈获取函数：caller_location()函数。

4.2　基本类型分析

Rust 在基本类型上实现了很多函数，这与其他编程语言有些区别，因此这里进行简单

分析。本节将 Option 类型、Result 类型也归纳为基本类型。

4.2.1 整数类型

对整数类型标准库进行分析的主要目的如下。

（1）Rust 为整数类型的运算提供了许多函数，用户需要熟练掌握这些函数。

（2）整数类型运算展示了 Rust 保证代码安全的系统化设计。

（3）Rust 数学库以类型函数的方式实现。

整数类型的源代码在标准库中的路径如下：

```
/library/core/src/num/*.*
```

整数类型的主要函数如下。

（1）整数位操作：左移操作、右移操作等。

（2）整数字节序操作：字节序反转、位序反转、大小端变换等。

（3）整数数学函数：对数、幂、绝对值等。

（4）宏实现：简化不同整数类型的重复性实现。

因为整数类型的代码都比较简单，所以仅对无符号整数类型的代码进行分析。Rust 使用宏来简化无符号整数类型的代码，对源代码的分析如下：

```
//以下的宏定义了所有不同位长的无符号整数类型函数
macro_rules! uint_impl {
    //SelfT：要定义的类型(如 usize、u16)；
    //ActualT：真实的类型(如果 SelfT 的值为 usize，则 ActualT 的值为 u64)；
    //SignedT：与 SelfT 对应的有符号的类型；
    //BITS：类型的位长；
    //MaxV：最大值
    ($SelfT:ty, $ActualT:ident, $SignedT:ident, $BITS:expr, $MaxV:expr,
        //以下参数仅支持 rust doc 文档
        $rot:expr, $rot_op:expr, $rot_result:expr, $swap_op:expr, $swapped:expr,
        $reversed:expr, $le_bytes:expr, $be_bytes:expr,
        $to_xe_bytes_doc:expr, $from_xe_bytes_doc:expr) => {
        //无符号整数类型关联的常量
        pub const MIN: Self = 0;
        pub const MAX: Self = !0;
        pub const BITS: u32 = $BITS;
        //利用 intrinsics 的位函数完成整数的位操作相关函数，
        //这里仅分析一个函数，其他请参考标准库手册
        pub const fn count_ones(self) -> u32 { //计算整数类型中位为 1 的数量
            intrinsics::ctpop(self as $ActualT) as u32
        }
```

```
//其他位操作函数
...
```

整数的字节序变换是网络与数据持久化编程的重要功能。在标准库中，整数类型定义了若干函数以实现字节序变换功能。用户应注意这些函数，以避免因为不熟悉这些函数而导致重复性开发。对这些函数源代码的分析如下：

```
//此函数用于实现变量字节序交换
pub const fn swap_bytes(self) -> Self {
    intrinsics::bswap(self as $ActualT) as Self
}
//此函数用于实现 big endian 到主机字节序的转换
pub const fn from_be(x: Self) -> Self {
    #[cfg(target_endian = "big")]
    { x }
    #[cfg(not(target_endian = "big"))]
    { x.swap_bytes() } //交换字节顺序
}
//此函数用于实现 little endian 到主机字节序的转换
pub const fn from_le(x: Self) -> Self {
    #[cfg(target_endian = "little")]
    { x }
    #[cfg(not(target_endian = "little"))]
    { x.swap_bytes() }
}
//此函数用于实现主机字节序到 big endian 的转换
pub const fn to_be(self) -> Self { // or not to be?
    #[cfg(target_endian = "big")]
    { self }
    #[cfg(not(target_endian = "big"))]
    { self.swap_bytes() }
}
//此函数用于实现主机字节序到 little endian 的转换
pub const fn to_le(self) -> Self {
    #[cfg(target_endian = "little")]
    { self }
    #[cfg(not(target_endian = "little"))]
    { self.swap_bytes() }
}
//此函数用于将主机字节序转换为 big endian 字节序，并返回字节数组
pub const fn to_be_bytes(self) -> [u8; mem::size_of::<Self>()] {
    self.to_be().to_ne_bytes()
}
//此函数用于将主机字节序转换为 little endian 字节序，并返回字节数组
pub const fn to_le_bytes(self) -> [u8; mem::size_of::<Self>()] {
```

```
        self.to_le().to_ne_bytes()
    }
    //此函数用于将整数类型变量转换为字节数组
    pub const fn to_ne_bytes(self) -> [u8; mem::size_of::<Self>()] {
        unsafe { mem::transmute(self) }
    }
    //此函数用于从 big endian 字节数组获取主机整数类型变量
    pub const fn from_be_bytes(bytes: [u8; mem::size_of::<Self>()]) -> Self {
        Self::from_be(Self::from_ne_bytes(bytes))
    }
    //此函数用于从 little endian 字节数组获取主机整数类型变量
    pub const fn from_le_bytes(bytes: [u8; mem::size_of::<Self>()]) -> Self {
        Self::from_le(Self::from_ne_bytes(bytes))
    }
    //此函数用于将字节数组转换为整数类型变量
    pub const fn from_ne_bytes(bytes: [u8; mem::size_of::<Self>()]) -> Self {
        unsafe { mem::transmute(bytes) }
    }
```

整数类型的各种算术函数展示了 Rust 针对安全的系统化设计。程序员利用算术函数也能更好地支持函数式编程链式调用风格。对这些函数源代码的分析如下：

```
    //此加法运算函数用于检查计算结果是否发生溢出，如果计算结果发生溢出，将计算结果回绕，
    //即溢出后对最大值取余，并返回是否发生溢出，
    //此处仅分析加法运算，减、乘、除、幂次运算请参考官方标准库手册
    pub const fn overflowing_add(self, rhs: Self) -> (Self, bool) {
        let (a, b) = intrinsics::add_with_overflow(self as $ActualT, rhs as
$ActualT);
        (a as Self, b)
    }
    //省略其他的对溢出做检查的算术运算函数
    …
    //此加法运算函数对溢出做回绕，即溢出后对最大值取余，
    //是“+”运算符在 release 编译模式下的默认函数
    pub const fn wrapping_add(self, rhs: Self) -> Self {
        intrinsics::wrapping_add(self, rhs)
    }
    //省略其他的对溢出回绕的算术运算函数
    …
    //此加法运算为饱和运算，即当溢出时，运算结果为数据类型限制的最大值
    pub const fn saturating_add(self, rhs: Self) -> Self {
        intrinsics::saturating_add(self, rhs)
    }
    //省略其他的饱和运算实现
    …
    //此加法运算函数对溢出做有效性检查，如果发生溢出，则返回异常
```

```
        pub const fn checked_add(self, rhs: Self) -> Option<Self> {
            let (a, b) = self.overflowing_add(rhs);
            if unlikely!(b) {None} else {Some(a)}
        }
        //此加法运算函数对溢出不做任何处理，是“+”运算符在 debug 编译模式下的默认函数
        pub const unsafe fn unchecked_add(self, rhs: Self) -> Self {
            unsafe { intrinsics::unchecked_add(self, rhs) } //调用者要保证不发生错误
        }
        //省略其他的对溢出有效性检查及不做检查的算术运算
        …
        pub const fn min_value() -> Self { Self::MIN }
        pub const fn max_value() -> Self { Self::MAX }
}

//以上宏定义应用于 u8 类型中
impl u8 {
    //利用宏来定义 u8 类型的函数
    uint_impl! { u8, u8, i8, 8, 255, 2, "0x82", "0xa", "0x12", "0x12", "0x48",
    "[0x12]","[0x12]", "", "" }

    pub const fn is_ascii(&self) -> bool {  *self & 128 == 0  }
    //关于其他 ASCII 相关函数，请参考标准库手册，此处省略
    …
}

//以上宏定义应用于 u16 类型中
impl u16 {
    uint_impl! { u16, u16, i16, 16, 65535, 4, "0xa003", "0x3a", "0x1234",
    "0x3412", "0x2c48","[0x34, 0x12]", "[0x12, 0x34]", "", "" }
    widening_impl! { u16, u32, 16, unsigned }
}
//省略以上宏定义在其他无符号整数类型中的实现
…
```

整数类型模块源代码的逻辑比较简单，但体现了标准库的以下两大原则。

（1）对安全的系统化设计，且极为注意细节。例如，为整数类型定义各种算术溢出的函数。

（2）对函数式编程做最大支持。例如，可以使用“1.to_le()”这种形式的代码。

4.2.2 浮点类型

本节主要介绍 Rust 的浮点数学函数及代码位置。浮点类型的源代码在标准库中的路

径如下：

```
/library/std/src/f32.rs
/library/std/src/f64.rs
```

因为 OS 内核基本不使用浮点数学运算，所以 CORE 库中不包含浮点数学函数相关内容。但把相关的介绍放到本章更合适，因为 f32 模块代码与 f64 模块代码类似，所以本节仅包含 STD 库 f32 模块的源代码分析，其分析如下：

```
impl f32 {
    …
    //以下函数的实现均直接调用 intrinsics 中的函数，省略解释
    pub fn abs(self) -> f32 {  unsafe { intrinsics::fabsf32(self) }  }
    pub fn signum(self) -> f32 {
        if self.is_nan() { Self::NAN } else { 1.0_f32.copysign(self) }
    }
    pub fn copysign(self, sign: f32) -> f32 {  unsafe { intrinsics::copysignf32(self,
sign) }  }
    pub fn powf(self, n: f32) -> f32 {  unsafe { intrinsics::powf32(self, n) }  }
    pub fn sqrt(self) -> f32 {  unsafe { intrinsics::sqrtf32(self) }  }
    pub fn exp(self) -> f32 {  unsafe { intrinsics::expf32(self) }  }
    pub fn exp2(self) -> f32 {  unsafe { intrinsics::exp2f32(self) }  }
    pub fn sin(self) -> f32 {  unsafe { intrinsics::sinf32(self) }  }
    pub fn cos(self) -> f32 {  unsafe { intrinsics::cosf32(self) }  }
    //以下调用 C 语言的 math 库
    pub fn tan(self) -> f32 {  unsafe { cmath::tanf(self) }  }
    pub fn asin(self) -> f32 {  unsafe { cmath::asinf(self) }  }
    pub fn acos(self) -> f32 {  unsafe { cmath::acosf(self) }  }
    pub fn atan(self) -> f32 {  unsafe { cmath::atanf(self) }  }
    pub fn atan2(self, other: f32) -> f32 {  unsafe { cmath::atan2f(self, other) }  }
    pub fn sin_cos(self) -> (f32, f32) {  (self.sin(), self.cos())  }
    …
}
```

为了更好地支持函数式编程，数学函数库以浮点类型函数出现在标准库中。

4.2.3 Option<T>类型

虽然 Option<T>在 Rust 中具有重要地位，但它不是由编译器实现的基本类型，只是用枚举类型定义的普通复合类型。Option<T>的源代码在标准库中的路径如下：

```
library/core/src/option.rs
```

Option<T>类型定义的源代码如下：

```
pub enum Option<T> {
```

```
    None,
    Some(T),
}
```

Option<T>的基础是枚举类型及对枚举类型的 match 语法。Option<T>是判断类型有效值是否存在的默认方案，换而言之，也可以不使用 Option<T>，而采用其他的定制化方案。Option<T>最重要的学习要点是 Rust 的安全设计理念，用编译器的类型系统解决安全问题，由编译器负责安全保障，而不是依靠程序员的经验及细心，但是程序员需要对这个安全设计理念建立“肌肉反应”。

直接使用 Some(val)、None 对变量赋值，即可构造 Option<T>变量。

获取 Option<T>变量引用实际上是想要获取内部变量的引用。对源代码的分析如下：

```
impl<T> Option<T> {
    //只能返回 Option<&T>
    pub const fn as_ref(&self) -> Option<&T> {
        match *self {
            Some(ref x) => Some(x),
            None => None,
        }
    }
    pub const fn as_mut(&mut self) -> Option<&mut T> { //省略 }
```

Option<T>没有获取裸指针的 as_ptr()函数、as_mut_ptr()函数。

Option<T>被经常使用的是各种解封装函数，对这些函数源代码的分析如下：

```
    //此函数在输入 Some 时返回封装中的变量，在输入 None 时输出指定的错误消息并引发 panic
    pub fn expect(self, msg: &str) -> T {
        match self {
            Some(val) => val,
            None => expect_failed(msg),
        }
    }
    //此函数在输入 Some 时返回封装中的变量，在输入 None 时引发 panic
    pub const fn unwrap(self) -> T {
        match self {
            Some(val) => val,
            None => panic!("called 'Option::unwrap()' on a 'None' value"),
        }
    }
    //此函数在输入 Some 时返回封装中的变量，在输入 None 时返回变量的默认值
    pub fn unwrap_or(self, default: T) -> T {
        match self {
            Some(x) => x,
            None => default,
```

```
        }
    }
    //此函数在输入 Some 时返回封装中的变量，在输入 None 时执行闭包并返回闭包的返回值
    pub fn unwrap_or_else<F: FnOnce() -> T>(self, f: F) -> T {
        match self {
            Some(x) => x,
            None => f(),
        }
    }
    //此函数不用检查 None 值
    pub unsafe fn unwrap_unchecked(self) -> T {
        debug_assert!(self.is_some());
        match self {
            Some(val) => val,
            None => unsafe { hint::unreachable_unchecked() },
        }
    }
```

Option<T>解封装的函数名可以被认为是 Rust 的标准函数名。

提供函数利用闭包操作内部变量是安全封装类型的必要选择。Option<T>实现的支持闭包函数源代码的分析如下：

```
    //此函数针对内部变量调用闭包并返回闭包操作结果
    pub fn map<U, F: FnOnce(T) -> U>(self, f: F) -> Option<U> {
        match self {
            Some(x) => Some(f(x)),
            None => None,
        }
    }
    //此函数针对 Some 调用闭包，针对 None 给出默认返回值
    pub fn map_or<U, F: FnOnce(T) -> U>(self, default: U, f: F) -> U {
        match self {
            Some(t) => f(t),
            None => default,
        }
    }
    //此函数针对 Some 和 None 调用不同的闭包处理
    pub fn map_or_else<U, D: FnOnce() -> U, F: FnOnce(T) -> U>(self, default: D, 
f: F) -> U {
        match self {
            Some(t) => f(t),
            None => default(),
        }
    }
    //此函数用于将 Option<T>转换为 Result<T, E>
```

```
pub fn ok_or<E>(self, err: E) -> Result<T, E> {
    match self {
        Some(v) => Ok(v),
        None => Err(err),
    }
}
pub fn ok_or_else<E, F: FnOnce() -> E>(self, err: F) -> Result<T, E> {
    match self {
        Some(v) => Ok(v),
        None => Err(err()),
    }
}
//此函数用于实现Option<T>的与运算
pub fn and<U>(self, optb: Option<U>) -> Option<U> {
    match self {
        Some(_) => optb,
        None => None,
    }
}
//此函数是与运算的闭包处理版本
pub fn and_then<U, F: FnOnce(T) -> Option<U>>(self, f: F) -> Option<U> {
    match self {
        Some(x) => f(x),
        None => None,
    }
}
//此函数用于过滤变量
pub fn filter<P: FnOnce(&T) -> bool>(self, predicate: P) -> Self {
    if let Some(x) = self {
        if predicate(&x) {
            return Some(x);
        }
    }
    None
}
//此函数用于实现Option<T>的或运算
pub fn or(self, optb: Option<T>) -> Option<T> {
    match self {
        Some(_) => self,
        None => optb,
    }
}
//此函数是或运算的闭包处理版本
pub fn or_else<F: FnOnce() -> Option<T>>(self, f: F) -> Option<T> {
    match self {
```

```
            Some(_) => self,
            None => f(),
        }
    }
    //此函数用于实现 Option<T>的异或运算
    pub fn xor(self, optb: Option<T>) -> Option<T> {
        match (self, optb) {
            (Some(a), None) => Some(a),//如果一方为 Some，另一方为 None，则返回值为 Some
            (None, Some(b)) => Some(b),
            _ => None, //如果两者都为 Some 或两者都为 None，则返回值为 None
        }
    }
    //此函数用于实现 Option<T>的 zip 操作
    pub fn zip<U>(self, other: Option<U>) -> Option<(T, U)> {
        match (self, other) {
            (Some(a), Some(b)) => Some((a, b)),
            _ => None,
        }
    }
    //此函数是 zip 操作的闭包版本
    pub fn zip_with<U, F, R>(self, other: Option<U>, f: F) -> Option<R>
    where
        F: FnOnce(T, U) -> R,
    //只有当 self 变量及 other 变量的取值都是 Some(T)形式时，才能调用闭包函数 f()
    {   Some(f(self?, other?))    }
```

程序员熟练掌握 Option<T>解封装的函数之后就能在代码中使用闭包完成工作。

Option<T>提供了修改内部变量值的函数。对这些函数源代码的分析如下：

```
    //此函数用于对内部变量赋值，并返回可变引用以便后继对内部变量进行访问。
    //示例代码为：let a = None; a.insert(1);
    pub fn insert(&mut self, value: T) -> &mut T {
        //编译器调用 self 所指变量的 drop()函数，以便释放资源
        *self = Some(value);
        //当 self 取值不为 None 时，可以直接调用 unwrap_unchecked()函数
        unsafe { self.as_mut().unwrap_unchecked() }
    }
    //此函数使用闭包对内部变量赋值，并返回可变引用以便后继对内部变量进行访问
    pub fn get_or_insert_with<F: FnOnce() -> T>(&mut self, f: F) -> &mut T {
        if let None = *self {
            *self = Some(f());
        }
        match self {
            //此处 Rust 专门设计了针对引用的 match 语法，
            //如果仅依照普通的 match 语法来分析，则此处会出现语法疑问
            Some(v) => v,
```

```
        None => unsafe { hint::unreachable_unchecked() },
    }
}
```

Option<T>中的 take()函数及 replace()函数极其重要，因为它们是标准数据结构（如链表、二叉树、图）的必用函数。当程序员能够熟练使用 take()函数及 replace()函数后，便不会认为基本的数据结构编程都是“拦路虎”。对这两个函数源代码的分析如下：

```
    pub const fn take(&mut self) -> Option<T> {
        //mem::replace()函数的分析请参考前文，此处利用 None 替换内部变量，并将原变量及所有权返回
        mem::replace(self, None)
    }
    pub const fn replace(&mut self, value: T) -> Option<T> {
        //内部变量被替换为 value 的值和所有权，将原内部变量的值及所有权返回
        mem::replace(self, Some(value))
    }
}
```

Option<T>中的 take()函数与 replace()函数的组合由于引入了浅拷贝操作，因此这两个函数的执行效率较低。

4.2.4　引用类型 match 语法研究

Rust 对引用类型的 match 语法进行了特殊的处理。

对 4.2.3 节代码的进一步摘录分析如下：

```
    pub fn get_or_insert_with<F: FnOnce() -> T>(&mut self, f: F) -> &mut T {
        …
        match self {
            //此处没有发生自动解引用，self 应该是&Some(T)类型的，但代码是 Some(v)，
            //而且从后继的代码分析来看，v 是&T 类型的，这与正常语法不一致。
            //按照正常语法，此处代码应该是 &Some(ref v) => v
            Some(v) => v,
            None => unsafe { hint::unreachable_unchecked() },
        }
    }
```

为了进一步分析此问题，列举如下示例代码：

```
struct TestStructA {a:i32,b:i32}
fn main() {
    let c = TestStructA{a:1, b:2};
    let d = [1,2,3];
    match ((&c, &d)) {
        //用&TestStructA 表示 C 语言的类型，&[]表示切片类型，可以绑定内部成员引用，
        //同时绑定实现 Copy Trait 的内部成员
```

```
        (&TestStructA{a:ref u, b:w}, &[ref x, y, ..]) => println!("{} {} {}
        {}", *u, w, *x, y), _  => println!("match nothing"),
    }
}
```

以上 match 语句段是按照对 match 语法的正常理解来实现的，对结构体变量的内部成员引用需要用引用绑定来获取（如果结构内部变量实现了 Copy Trait，则不能用引用绑定，否则错误的所有权转移将导致编译器告警）。

对 Rust RFC 进行分析后，发现 Rust 为了简化编码，支持以下形式的引用绑定语法：

```
struct TestStructA {a:i32,b:i32}
fn main() {
    let c = TestStructA{a:1, b:2};
    let d = [1, 2, 3];
    match ((&c, &d)) {
        //对比上述代码，本代码中缺少了&符号及 ref 关键字，两者的代码功能完全一致，
        //但此语法仅支持引用，不支持绑定非引用
        (TestStructA{a: u}, [x,..]) => println!("{} {}", *u, *x),
        _  => println!("match nothing"),
    }
}
```

这是 Rust 的标准代码风格，如果程序员不知道 Rust 专门针对引用绑定的 match 做了语法设计，就可能会对这里的类型绑定感到疑惑。

从实际的使用场景来分析，当 match 针对复合变量引用时，match 语句段的模式绑定表达式只能绑定此变量的内部成员引用，因为根据所有权转移规则，如果成员不支持 Copy Trait，则对它的模式绑定是非法的。所以此语法也是一个必然的简化选择。

4.2.5 Result<T,E>类型

Result<T,E>是对其他编程语言的 try…catch 语法的一种修正设计。异常捕获语法 try…catch 试图简化代码中的程序出错处理机制，增强代码易读性，但在实际应用中效果一般。Result<T,E>与“?”运算符的配合是更加简练的错误处理机制，使程序功能主逻辑代码的可读性近乎完美。使用 Result<T,E>后，错误由函数返回值表示，且返回值 Err()可以封装出错时涉及的具体错误信息。返回值 Err()可以按需要定制，如变量、描述、函数、文件行等。性能提高、语法简单、代码简化、信息全面是 Result<T,E>的优点。

Result<T,E>类型的源代码在标准库中的路径如下：

```
/library/core/src/result.rs
```

对 Result<T,E>类型定义源代码的分析如下：

```
pub enum Result<T, E> {
    Ok(T), //成功并封装返回值
    Err(E), //失败并封装错误信息值
}
```

直接使用 Ok(val)/Err(err)函数对 Result<T,E>类型变量进行赋值，即可构造 Result<T,E>类型变量。

Result<T,E>最被经常使用的也是各种解封装函数。对这些函数源代码的分析如下：

```
impl<T, E: fmt::Debug> Result<T, E> {
    pub fn expect(self, msg: &str) -> T ; //典型的 expect()解封装函数，内容省略
    pub fn unwrap(self) -> T ; //典型的 unwrap()解封装函数，内容省略
}
impl <T,E> Result<T,E> {
    …
    //此函数用于解封装并对 Err 返回默认值
    pub fn unwrap_or(self, default: T) -> T {
        match self {
            Ok(t) => t,
            Err(_) => default,
        }
    }
    //此函数用于解封装并对 Err 调用闭包处理
    pub fn unwrap_or_else<F: FnOnce(E) -> T>(self, op: F) -> T {
        match self {
            Ok(t) => t,
            Err(e) => op(e),
        }
    }
    //此函数需要确认 self 一定是 Ok
    pub unsafe fn unwrap_unchecked(self) -> T {
        debug_assert!(self.is_ok());
        match self {
            Ok(t) => t,
            Err(_) => unsafe { hint::unreachable_unchecked() },
        }
    }
    //此函数需要确认 self 一定是 Err
    pub unsafe fn unwrap_err_unchecked(self) -> E {
        debug_assert!(self.is_err());
        match self {
            Ok(_) => unsafe { hint::unreachable_unchecked() },
            Err(e) => e,
        }
    }
```

```
}
impl<T: fmt::Debug, E> Result<T, E> {
    //此函数是针对Err的expect()函数
    pub fn expect_err(self, msg: &str) -> E {
        match self {
            Ok(t) => unwrap_failed(msg, &t),
            Err(e) => e,
        }
    }
    //此函数是针对Err的unwrap()函数
    pub fn unwrap_err(self) -> E {
        match self {
            Ok(t) => unwrap_failed("called 'Result::unwrap_err()' on an 'Ok'
            value", &t), Err(e) => e,
        }
    }
}
impl<T: Default, E> Result<T, E> {
    //此函数在self为Ok时解封装，Err返回T的Default值
    pub fn unwrap_or_default(self) -> T {
        match self {
            Ok(x) => x,
            Err(_) => Default::default(),
        }
    }
}
impl<T, E: Into<!>> Result<T, E> {
    //此函数在self为Ok时解封装，Err返回Never类型
    pub fn into_ok(self) -> T {
        match self {
            Ok(x) => x,
            Err(e) => e.into(),
        }
    }
}
impl<T: Into<!>, E> Result<T, E> {
    //此函数在self为Err时解封装，Ok返回Never类型
    pub fn into_err(self) -> E {
        match self {
            Ok(x) => x.into(),
            Err(e) => e,
        }
    }
}
impl<T, E> Result<Option<T>, E> {
```

```
    //此函数用于将 Result<>转换为 Option
    pub const fn transpose(self) -> Option<Result<T, E>> {
        match self {
            Ok(Some(x)) => Some(Ok(x)),
            Ok(None) => None,
            Err(e) => Some(Err(e)),
        }
    }
}
```

标准库为 Result<T,E>实现了支持闭包的内部变量操作函数。对这些函数源代码的分析如下：

```
impl<T, E> Result<T, E> {
    //此函数用于对 Ok 执行闭包，对 Err 不进行处理
    pub fn map<U, F: FnOnce(T) -> U>(self, op: F) -> Result<U, E> {
        match self {
            Ok(t) => Ok(op(t)),
            Err(e) => Err(e),
        }
    }
    //此函数用于对 Ok 执行闭包，对 Err 取默认值
    pub fn map_or<U, F: FnOnce(T) -> U>(self, default: U, f: F) -> U {
        match self {
            Ok(t) => f(t),
            Err(_) => default,
        }
    }
    //此函数用于对 Ok 及 Err 都执行闭包
    pub fn map_or_else<U, D: FnOnce(E) -> U, F: FnOnce(T) -> U>(self, default: D,
f: F) -> U {
        match self {
            Ok(t) => f(t),
            Err(e) => default(e),
        }
    }
    //此函数用于对 Ok 执行闭包，对 Err 不进行处理
    pub fn map_err<F, O: FnOnce(E) -> F>(self, op: O) -> Result<T, F> {
        match self {
            Ok(t) => Ok(t),
            Err(e) => Err(op(e)),
        }
    }
    //此函数用于实现 Result 的与运算
    pub fn and<U>(self, res: Result<U, E>) -> Result<U, E> {
        match self {
```

```
            Ok(_) => res,
            Err(e) => Err(e),
        }
    }
    //此函数是与运算的闭包形式
    pub fn and_then<U, F: FnOnce(T) -> Result<U, E>>(self, op: F) -> Result<U, E> {
        match self {
            Ok(t) => op(t),
            Err(e) => Err(e),
        }
    }
    //此函数用于实现 Result 的或运算
    pub fn or<F>(self, res: Result<T, F>) -> Result<T, F> {
        match self {
            Ok(v) => Ok(v),
            Err(_) => res,
        }
    }
    //此函数用于对 Err 做或运算
    pub fn or_else<F, O: FnOnce(E) -> Result<T, F>>(self, op: O) -> Result<T, F> {
        match self {
            Ok(t) => Ok(t),
            Err(e) => op(e),
        }
    }
    …
}
```

对解决方案全面、细致地考虑是标准库代码的一个突出特征，这个特征在 Result<T,E> 的函数设计中可以体现出来。

4.3 基本 Trait

4.3.1 编译器内置 Marker Trait

编译器内置的 Marker Trait 表示类型具备一种特殊的性质，该性质无法使用类型成员表达，因此用 Trait 作为实现方案。类型实现 Marker Trait 不需要有实现体，有实现的声明即可。Marker Trait 的源代码在标准库中的路径如下：

```
/library/core/src/marker.rs
```

实现 Send Trait 的类型，由其定义的变量可以安全地在线程间转移所有权。

实现 Sync Trait 的类型，由其定义的变量的引用可以安全地由多线程并发访问。

以上两个 Trait 是 Rust 编译器保证线程并发安全的核心。它们都是 Auto Trait，具有以下特征。

（1）某类型是否实现 Auto Trait，一般由编译器自行决定。

（2）如果泛型 T 实现某 Auto Trait，则*const T、*mut T、[T]、[T;N]、&T、&mut T 默认都能自动实现该 Auto Trait。当出现与此默认规则不一致的情况时，代码需要显式声明类型对该 Auto Trait 的实现情况。

（3）如果一个复合类型的所有成员都能实现某 Auto Trait，则该复合类型能自动实现该 Auto Trait。当出现不符合这条默认规则的情况时，类型需要显式声明该 Auto Trait 的实现情况。

（4）如果一个复合类型中有成员没有实现某 Auto Trait，但该复合类型实现了 Auto Trait，则代码需要显式声明类型对该 Auto Trait 的实现情况。

变量在线程间安全共享是指对变量操作需要具备事务性，在一个事务周期内只允许一个线程对变量进行读/写。由于所有权和借用语法的限制，Rust 默认不会发生对变量的多线程并发访问，因此 Rust 原生类型都能默认实现 Send Trait 和 Sync Trait。针对原生类型不支持 Send Trait 或 Sync Trait 的情况，代码给出了明确的显式定义。

目前不支持 Sync Trait 的类型如下。

（1）内部可变性类型的引用。

（2）*const T、* mut T、NonNull<T>。

（3）Rc<T>。

如果某一复合类型结构体包含上述其中一种类型，则需要在代码中做出明确的 Send Trait 及 Sync Trait 实现声明。

虽然复合类型结构体成员的类型无法实现 Send Trait 或 Sync Trait，但复合类型本身有可能实现 Send Trait 或 Sync Trait，这是因为结构体成员默认是私有属性。虽然复合类型结构体包含内部可变性类型的成员，但能对其操作的函数必须支持&mut self 参数，这就规避了内部可变性成员对复合类型本身实现 Send Trait 及 Sync Trait 的影响。对 Send Trait 及 Sync Trait 源代码的分析如下：

```
pub unsafe auto trait Send {
    //无实现体
}
//*const T 与*mut T 不支持 Send，与默认规则不同，所以需要在代码中显式声明
impl<T: ?Sized> !Send for *const T {}
impl<T: ?Sized> !Send for *mut T {}

mod impls {
```

```
    //只有支持 Sync Trait 的类型的引用才能在线程间进行安全转移，
    //这样才能防止临界区访问及规避野指针
    unsafe impl<T: Sync + ?Sized> Send for &T {}
    //以下需要考虑拥有变量所有权的线程函数如果退出，将会出现什么情况。
    //当&mut T 转移到另一线程时，编译器应该把所有权也进行转移。这样，原线程函数可正常退出
    unsafe impl<T: Send + ?Sized> Send for &mut T {}
}

pub unsafe auto trait Sync {  //无实现体}
//与默认规则不一致
impl<T: ?Sized> !Sync for *const T {}
impl<T: ?Sized> !Sync for *mut T {}
```

对其他非 Auto Trait 的 Marker Trait 源代码的分析如下：

```
//实现此 Trait 的类型内存大小固定，泛型“T”默认是 Sized，如果表示所有类型，则要用 T:?Sized
pub trait Sized {  //无实现体  }

//如果一个 Sized 的类型要强制转换为动态大小类型，则必须实现 Unsize Trait。
//例如，[T;N] 实现了 Unsize<[T]>
pub trait Unsize<T: ?Sized> {  //无实现体  }

//当模式匹配表达式匹配时，编译器需要使用 Trait，如果一个结构实现了 PartialEq，
//则该 Trait 会被自动实现
pub trait StructuralPartialEq {  //无实现体  }
//此 Trait 主要用于模式匹配，如果一个结构实现了 Eq，则该 Trait 会被自动实现
pub trait StructuralEq {  //无实现体  }
```

Copy Trait 也是 Marker Trait，编译器没有自动为基本类型实现 Copy Trait，根据孤儿原则，需要在定义 Copy Trait 的文件中为所有基本类型实现 Copy Trait。对 Copy Trait 源代码的分析如下：

```
pub trait Copy: Clone {  //无实现体 }
//此模块用于基本类型实现 Copy Trait。因为孤儿原则，基本类型必须在此文件中实现 Copy Trait
mod copy_impls {
    use super::Copy;
    macro_rules! impl_copy {
        ($($t:ty)*) => {  $(  impl Copy for $t {}  )*  }
    }
    //此宏用于支持所有标量类型
    impl_copy! {  usize u8 u16 u32 u64 u128  isize i8 i16 i32 i64 i128 f32 f64 bool
char  }
    //非标量的其他类型
    impl Copy for ! {}
    impl<T: ?Sized> Copy for *const T {}
    impl<T: ?Sized> Copy for *mut T {}
```

```
    impl<T: ?Sized> Copy for &T {}
}
```

实现 Copy Trait 的类型通过浅拷贝即可完成变量复制，其资源释放通过函数调用栈返回实现，因此无须提供 drop()函数。为基本类型实现 Copy Trait，展示了只要有需要，可为基本类型实现任意模块定义的 Trait，这会极大地提高 Rust 的扩展性、一致性及函数式编程的功能。

PhantomData<T>类型用于在复合类型中定义伪成员，标记此类型在逻辑上拥有，但不需要或不方便以成员变量体现这种拥有关系。当编译器分析到复合类型拥有 PhantomData<T>成员后，会将 PhantomData<T>指示变量与复合类型变量关联，并在生命周期检测及所有权检测中认为复合类型变量真正拥有 PhantomData<T>指示的变量所有权。编译器会在复合类型变量的生命周期终止时调用 PhantomData<T>指示变量的 drop()函数，也会在构造复合类型变量时将 PhantomData<T>指示变量所有权转移到复合类型变量。

对 PhantomData<T>理解的最佳办法就是认为 PhantomData<T>拥有一个 T 类型变量的所有权，对此类型的定义如下：

```
pub struct PhantomData<T: ?Sized>;
```

4.3.2　算术运算符 Trait

Rust 除“=”外其他算术运算符都可以重载，并支持不同类型之间的算术运算符重载。算术运算符 Trait 的源代码在标准库中的路径如下：

```
/library/core/src/ops/*.rs
```

在运算符重载函数中，如果重载的运算符出现，则编译器使用默认的运算操作，不对重载进行递归，举例分析如下：

```
    impl const BitAnd for u8 {
        type Output = u8;
        //“&”运算符不会再引发重载，执行编译器默认按位与运算
        fn bitand(self, rhs: u8) -> u8 { self & u8 }
    }
```

算术运算符 Trait 实现的代码基本类同，本节将重点分析加法运算符 Trait。对加法运算符 Trait 的分析如下：

```
//Rhs 默认与 Self 类型相同，但也可以不同，以支持不同类型之间的“+”运算
pub trait Add<Rhs = Self> {
    type Output;
    //消费 Self 的细节需要关注，它更适合支持 Copy Trait 的类型
    fn add(self, rhs: Rhs) -> Self::Output;
```

```
}
//对所有的原生类型实现 Add Trait
macro_rules! add_impl {
    ($($t:ty)*) => ($(
        //const 使得 Trait 定义的函数都是 const()函数，
        //这些函数都能用于给 const 及 static 类型变量进行初始化赋值
        impl const Add for $t {
            type Output = $t;
            fn add(self, other: $t) -> $t { self + other }
        }
        forward_ref_binop! { impl const Add, add for $t, $t }
    )*)
}
//所有数字类型都能实现"+"运算符 Trait
add_impl! { usize u8 u16 u32 u64 u128 isize i8 i16 i32 i64 i128 f32 f64 }

pub trait AddAssign<Rhs = Self> {
    fn add_assign(&mut self, rhs: Rhs); //使用可变引用作为参数，与 Add Trait 不同
}
macro_rules! add_assign_impl {
    ($($t:ty)+) => ($(
        impl const AddAssign for $t {
            fn add_assign(&mut self, other: $t) { *self += other }
        }
        forward_ref_op_assign! { impl const AddAssign, add_assign for $t, $t }
    )+)
}
add_assign_impl! { usize u8 u16 u32 u64 u128 isize i8 i16 i32 i64 i128 f32 f64 }
```

其他算术运算符 Trait 的实现与 Add Trait 的实现类似，此处不再赘述。

位运算符 Trait 的实现与算术运算符 Trait 的实现类似，此处不再赘述。

Rust 对关系运算符进行了系统、精心的设计。关系运算符 Trait 的源代码在标准库中的路径如下：

```
/library/core/src/cmp.rs
```

PartialEq Trait 是"=="运算符和"!="运算符的 Trait，Partial 说明了在类型的取值域中，至少存在一个值，这个值与包括其自身的任意值不相等。例如，在浮点类型中，NaN != NaN。对 PartialEq Trait 源代码的分析如下：

```
//Rhs 默认与 Self 类型相同，但可以定义成不同类型，以支持不同类型变量之间的"=="和"!="运算
pub trait PartialEq<Rhs: ?Sized = Self> {
    fn eq(&self, other: &Rhs) -> bool;                              // "=="重载函数
    fn ne(&self, other: &Rhs) -> bool {  !self.eq(other)  }         // "!="重载函数
}
```

```
//如果类型取值域中的所有值都能找到一个值与其相等，则对这个类型需要实现 Eq Trait。
//PartialEq 和 Eq 的区别实现是 Rust 安全的全面性体现之一
pub trait Eq: PartialEq<Self> {
    fn assert_receiver_is_total_eq(&self) {}
}
```

对于“<”、“>”、“<=”和“>=”等 4 种运算符，如果某类型在取值域存在至少一个值，这个值与其他任意值包括自身无法做比较，则该类型仅能实现 PartialOrd Trait。对 PartialOrd Trait 源代码的分析如下：

```
//“<”、“>”、“>=”和“<=”运算符重载 Trait，因为继承 PartialEq,
//所以要想实现此 Trait 必须实现“==”和“!=”。
//两个不同的类型之间可以实现比较关系运算
pub trait PartialOrd<Rhs: ?Sized = Self>: PartialEq<Rhs> {
    //此函数用于完成比较。如果类型在类型取值域中的任意两值都可以比较，
    //则直接调用 Ord Trait 的 cmp()函数；如果存在不可以比较的情况，则返回值使用 Option 类型，
    //用 None 表示不可比较
    fn partial_cmp(&self, other: &Rhs) -> Option<Ordering>;

    //此函数用于实现“<”运算符重载
    fn lt(&self, other: &Rhs) -> bool {
        matches!(self.partial_cmp(other), Some(Less))
    }
    //此函数用于实现“<=”运算符重载
    fn le(&self, other: &Rhs) -> bool {
        //'Some(Less | Eq)'编译优化后劣于'None | Some(Greater)'
        !matches!(self.partial_cmp(other), None | Some(Greater))
    }
    fn gt(&self, other: &Rhs) -> bool;  //此函数用于实现“>”运算符重载，代码略
    fn ge(&self, other: &Rhs) -> bool;  //此函数用于实现“>=”运算符重载，代码略
}
//如果类型在类型取值域中的任意两值都可以比较，则应实现 Ord Trait
pub trait Ord: Eq + PartialOrd<Self> {
    //通常 partial_cmp() == Some(cmp())，因为不存在无法比较的情况
    fn cmp(&self, other: &Self) -> Ordering;

    fn max(self, other: Self) -> Self      //只有全域可以比较，才能满足 max()函数的逻辑
    where
        Self: Sized,
    {  max_by(self, other, Ord::cmp)   }   //Ord::cmp 作为闭包使用

    fn min(self, other: Self) -> Self      //只有全域可以比较，才能满足 min()函数的逻辑
    where
        Self: Sized,
    {   min_by(self, other, Ord::cmp)  }
```

```
    fn clamp(self, min: Self, max: Self) -> Self  //获取 min、max 之间的一个值
    where
        Self: Sized,
    {
        assert!(min <= max);
        if self < min {  min  }
        else if self > max {  max  }
        else {  self  }
    }
}
//此枚举类型用于表示关系计算结果，并进行了明确的标准化定义
pub enum Ordering {
    Less = -1,    //此枚举值表示关系运算符的小于
    Equal = 0,    //此枚举值表示关系运算符的等于
    Greater = 1, //此枚举值表示关系运算符的大于
}
//以下函数较好地支持函数式编程
impl Ordering {
    //此函数用于生成 self 的逆操作类型，代码略
    pub const fn reverse(self) -> Ordering ;
    //then()函数用于简化代码及更好地支持函数式编程，举例如下：
    // let x: (i64, i64, i64) = (1, 2, 7);
    // let y: (i64, i64, i64) = (1, 5, 3);
    // let result = x.0.cmp(&y.0).then(x.1.cmp(&y.1)).then(x.2.cmp(&y.2));
    pub const fn then(self, other: Ordering) -> Ordering {
        match self {
            Equal => other,
            _ => self,
        }
    }
    pub fn then_with<F: FnOnce() -> Ordering>(self, f: F) -> Ordering {
        match self {
            Equal => f(),
            _ => self,
        }
    }
}
//此函数利用输入的闭包比较函数获取两个值中的最大值
pub fn max_by<T, F: FnOnce(&T, &T) -> Ordering>(v1: T, v2: T, compare: F) -> T {
    match compare(&v1, &v2) {
        Ordering::Less | Ordering::Equal => v2,
        Ordering::Greater => v1,
    }
}
```

```
//此函数利用输入的闭包比较函数获取两个值中的最小值
pub fn min_by<T, F: FnOnce(&T, &T) -> Ordering>(v1: T, v2: T, compare: F) -> T {
    match compare(&v1, &v2) {
        Ordering::Less | Ordering::Equal => v1,
        Ordering::Greater => v2,
    }
}
//cmp::min 可作为 min 和 max 两个变量取最小值的 api 调用
pub fn min<T: Ord>(v1: T, v2: T) -> T {  v1.min(v2)  }
//此函数用于对变量生成 key，返回 key 值小的变量
pub fn min_by_key<T, F: FnMut(&T) -> K, K: Ord>(v1: T, v2: T, mut f: F) -> T {
    min_by(v1, v2, |v1, v2| f(v1).cmp(&f(v2))) //此处可以想一下如何使用 C 语言来设计
}
//cmp::max 可作为 min 和 max 两个变量取最大值的 api 调用
pub fn max<T: Ord>(v1: T, v2: T) -> T {  v1.max(v2)  }
//此函数用于对变量生成 key，返回 key 值大的变量
pub fn max_by_key<T, F: FnMut(&T) -> K, K: Ord>(v1: T, v2: T, mut f: F) -> T {
    max_by(v1, v2, |v1, v2| f(v1).cmp(&f(v2)))
}
```

基于泛型约束并采用适配器设计模式。标准库以已经实现的 Trait 为出发点，全面定义及实现紧密相关的其他类型，展现了 Rust 良好的可扩展性。对有序类型的逆序排列是一个突出的实例，此逆序类型源代码的分析如下：

```
//此结构在 T 类型实现 PartialOrd Trait 时，用于进行逆序排列。
//利用适配器设计模式+泛型约束能够轻松地解决一类需求
pub struct Reverse<T>(pub T);
impl<T: PartialOrd> PartialOrd for Reverse<T> {
    fn partial_cmp(&self, other: &Reverse<T>) -> Option<Ordering> {
        other.0.partial_cmp(&self.0) //简单调换角色即可完成逆序排列
    }
    fn lt(&self, other: &Self) -> bool {  other.0 < self.0  }
    //其他函数省略
    …
}
```

用户必须在关系运算符定义的源代码文件中为基本类型实现关系运算符 Trait，对这些源代码的分析如下：

```
//利用宏来简化代码
mod impls {
    use crate::cmp::Ordering::{self, Equal, Greater, Less};
    use crate::hint::unreachable_unchecked;

    //为标量类型实现 PartialEq 的宏
    macro_rules! partial_eq_impl {
```

```
    ($($t:ty)*) => ($(
        impl PartialEq for $t {
            fn eq(&self, other: &$t) -> bool { (*self) == (*other) }
            fn ne(&self, other: &$t) -> bool { (*self) != (*other) }
        }
    )*)
}
//为空单元类型实现 PartialEq
impl PartialEq for () {
    fn eq(&self, _other: &()) -> bool {  true  }
    fn ne(&self, _other: &()) -> bool {  false  }
}
//为所有标量类型实现 PartialEq
partial_eq_impl! {  bool char usize u8 u16 u32 u64 u128 isize i8 i16 i32 i64
i128 f32 f64   }
macro_rules! eq_impl {  ($($t:ty)*) => ($(impl Eq for $t {})*)  }
//浮点类型不能实现 PartialEq
eq_impl! { () bool char usize u8 u16 u32 u64 u128 isize i8 i16 i32 i64 i128 }

//为浮点类型实现 PartialOrd 的宏
macro_rules! partial_ord_impl {
    ($($t:ty)*) => ($(
        #[stable(feature = "rust1", since = "1.0.0")]
        impl PartialOrd for $t {
            fn partial_cmp(&self, other: &$t) -> Option<Ordering> {
                //要注意这种简练的代码形式。在下面的表达式中，
                //self <= other 导致对 (&f32).le()函数的调用，
                //隐含使用 impl PartialOrd<&f32> for &f32,
                //应该直接使用(*self <= *other, *self >= *other)会更有效率，
                //为此向 rustlang 提交了 PR，最新的代码已经修改为(*self <= *other,
                //*self >= *other)
                match (self <= other, self >= other) {
                    (false, false) => None,
                    (false, true) => Some(Greater),
                    (true, false) => Some(Less),
                    (true, true) => Some(Equal),
                }
            }
            //以下函数没有使用 PartialOrd 的默认函数
            fn lt(&self, other: &$t) -> bool { (*self) < (*other) }
            fn le(&self, other: &$t) -> bool { (*self) <= (*other) }
            fn ge(&self, other: &$t) -> bool { (*self) >= (*other) }
            fn gt(&self, other: &$t) -> bool { (*self) > (*other) }
        }
    )*)
```

```
    }
    //仅为浮点类型实现 PartialOrd
    partial_ord_impl! { f32 f64 }

    //为除浮点类型外的其他标量类型实现 Ord 及 PartialOrd 的宏
    macro_rules! ord_impl {
        ($($t:ty)*) => ($(
            impl PartialOrd for $t {
                //此函数复用 Ord 的 cmp()函数
                fn partial_cmp(&self, other: &$t) -> Option<Ordering> {
                    Some(self.cmp(other))
                }
                fn lt(&self, other: &$t) -> bool { (*self) < (*other) }
                fn le(&self, other: &$t) -> bool { (*self) <= (*other) }
                fn ge(&self, other: &$t) -> bool { (*self) >= (*other) }
                fn gt(&self, other: &$t) -> bool { (*self) > (*other) }
            }
            impl Ord for $t {
                fn cmp(&self, other: &$t) -> Ordering {
                    if *self < *other { Less }
                    else if *self == *other { Equal }
                    else { Greater }
                }
            }
        )*)
    }
    //为除浮点类型外的其他标量类型实现 Ord Trait 及 PartialOrd Trait
    ord_impl! { char usize u8 u16 u32 u64 u128 isize i8 i16 i32 i64 i128 }

    //在为 A 实现 PartialEq<B>后，为&A 实现 PartialEq<&B>
    impl<A: ?Sized, B: ?Sized> PartialEq<&B> for &A
    where
        A: PartialEq<B>,
    {
        fn eq(&self, other: &&B) -> bool {
            //注意这个调用方式，此时不能用 self.eq 来做调用，因为 eq()函数的参数为引用
            PartialEq::eq(*self, *other)
        }
        fn ne(&self, other: &&B) -> bool {
            PartialEq::ne(*self, *other)
        }
    }
}
```

4.3.3 “?”运算符 Trait

“?”运算符 Trait 的另一个名字是 Try Trait，它主要实现以下内容。

（1）最简化解封装的代码。

（2）与 Result<T,E>共同形成 Rust 的 try…catch 方案。

Try Trait 的源代码在标准库中的路径如下：

```
try_trait.rs
```

对 Try Trait 定义源代码的分析如下：

```
pub trait Try: FromResidual {
    type Output; //“?”操作后，结果正常返回的变量类型，通常是实现 Try Trait 类型的解封装类型
    type Residual; //“?”操作后，结果异常返回的变量类型

    //当使用此函数从 Self::Output 类型变量中获得 Self 类型时，必须符合下面代码的原则
    // Try::from_output(x).branch() --> ControlFlow::Continue(x).
    //示例代码如下：
    // assert_eq!(<Result<_, String> as Try>::from_output(3), Ok(3));
    // assert_eq!(<Option<_> as Try>::from_output(4), Some(4));
    fn from_output(output: Self::Output) -> Self;

    //branch()函数用于返回 ControlFlow 类型变量，
    //以标识代码继续执行当前流程，还是中断当前流程并返回。
    //示例代码如下：
    // assert_eq!(Ok::<_, String>(3).branch(), ControlFlow::Continue(3));
    // assert_eq!(Err::<String, _>(3).branch(), ControlFlow::Break(Err(3)));
    // assert_eq!(Some(3).branch(), ControlFlow::Continue(3));
    // assert_eq!(None::<String>.branch(), ControlFlow::Break(None));
    fn branch(self) -> ControlFlow<Self::Residual, Self::Output>;
}
pub trait FromResidual<R = <Self as Try>::Residual> {
    //当使用此函数从 Self::Residual 类型获得 Self 类型时，必须符合下面代码的原则：
    // FromResidual::from_residual(r).branch() --> ControlFlow::Break(r).
    //示例代码如下：
    // assert_eq!(Result::<String, i64>::from_residual(Err(3_u8)), Err(3));
    // assert_eq!(Option::<String>::from_residual(None), None);
    fn from_residual(residual: R) -> Self;
}
```

通过对使用“?”运算符的代码与不使用“?”运算符的代码的示例进行分析，可以发现 Try Trait 的实现奥秘。对示例源代码的分析如下：

```
//此函数没有使用“?”运算符
pub fn simple_try_fold_3<A, T, R: Try<Output = A>>(
```

```
    iter: impl Iterator<Item = T>,
    mut accum: A,
    mut f: impl FnMut(A, T) -> R,
) -> R {
    for x in iter {
        let cf = f(accum, x).branch();
        match cf {
            ControlFlow::Continue(a) => accum = a,
            ControlFlow::Break(r) => return R::from_residual(r),
        }
    }
    R::from_output(accum)
}
//此函数使用了“?”运算符
fn simple_try_fold<A, T, R: Try<Output = A>>(
    iter: impl Iterator<Item = T>,
    mut accum: A,
    mut f: impl FnMut(A, T) -> R,
) -> R {
    for x in iter { accum = f(accum, x)?; }
    R::from_output(accum)
}
```

通过以上的代码，可以推断出“T?”实现如下代码的功能：

```
match((T as Try).branch()) {
    ControlFlow::Continue(a) => a,
    ControlFlow::Break(r) => return (T as Try)::from_residual(r),
}
```

标准库定义了 ControlFlow 类型，此类型变量可用于确定是中断当前代码的执行并返回上级调用，还是继续执行后继代码。对 ControlFlow 类型定义源代码的分析如下：

```
pub enum ControlFlow<B, C = ()> {
    Continue(C), //指示继续执行代码，可以从 C 中得到代码过程的中间结果
    Break(B),    //指示应中断代码并返回上级调用，可以从 B 中得到代码退出时的中间结果
}
```

下面重点分析为 Option<T>类型实现 Try Trait 的源代码，对这些源代码的分析如下：

```
impl<T> ops::Try for Option<T> {
    type Output = T;
    //Infallible 是一种错误类型，但该错误永远也不会发生。
    //Option<convert::Infallible>类型的取值只能是 None，因此 Residual 只能取值为 None。
    //此类型保证 Residual 的 Some 取值会导致编译出错。代码安全需要充分利用类型来筑牢堤坝，
    //进行精确防护
    type Residual = Option<convert::Infallible>;
    //当 Option<T>为 Some(output)时，“?”运算的返回值为 output
```

```
    fn from_output(output: Self::Output) -> Self {
        Some(output)
    }
    fn branch(self) -> ControlFlow<Self::Residual, Self::Output> {
        match self {
            Some(v) => ControlFlow::Continue(v),
            None => ControlFlow::Break(None),
        }
    }
}
impl<T> const ops::FromResidual for Option<T> {
    //此函数中 residual 的返回值为 None
    fn from_residual(residual: Option<convert::Infallible>) -> Self {
        match residual {
            None => None,
        }
    }
}
```

为 Option<T>类型实现 Try Trait 后，“Option<T>？”表达式等价于如下代码：

```
match(Option<T>.branch()) {
    ControlFlow::Continue(a) => a,
    //以下代码的返回值是 None
    ControlFlow::Break(None) => return (Option<T>::from_residual(None)),
}
```

请读者自行分析 Result<T,E>类型的 Try Trait。

利用 Try Trait，用户可以实现自定义类型的“?”运算。简化代码，不仅能使代码主流程逻辑更好理解，还能更好地支持函数式编程的链式调用。

4.3.4 范围运算符 Trait

范围运算符用于定义范围类型变量。范围运算符包括运算符号“..”、“start..end”、“start..”、“..end”、“..=end”与“start..=end”等。范围运算符的源代码在标准库中的路径如下：

```
/library/core/src/ops/range.rs
```

编译器将前述不同的范围形式转换成不同的范围类型。

“..”的数据结构是单元类型 RangeFull。对此类型的源代码分析如下：

```
struct RangeFull;
```

“start..end”的类型是 Range<Idx>。对此类型的源代码分析如下：

```
pub struct Range<Idx> {
    pub start: Idx,
    pub end: Idx, //end 不在范围内
}
```

“start..”的类型是 RangeFrom<Idx>，代码略。

“.. end”的类型是 RangeTo<Idx>，代码略。

“start..=end”的类型是 RangeInclusive<Idx>，代码略。

“..=end”的类型是 RangeToInclusive<Idx>，代码略。

以上的 Idx 需要满足 Idx:PartialOrd<Idx>。

为了明确上述类型中的边界值是否属于范围内的取值，定义了 Bound 类型。对 Bound 类型定义源代码的分析如下：

```
pub enum Bound<T> {
    Included(T),        //边界包括在范围内
    Excluded(T),        //边界不包括在范围内
    Unbounded,          //边界是无限的，不存在边界
}
```

RangeBounds<T: ?Sized> Trait 用于定义范围边界处理函数集，标准库为所有范围类型实现了 RangeBounds。对 RangeBounds Trait 源代码的分析如下：

```
pub trait RangeBounds<T: ?Sized> {
    //此函数用于获取范围的起始值，示例代码如下：
    // assert_eq!((..10).start_bound(), Unbounded);
    // assert_eq!((3..10).start_bound(), Included(&3));
    fn start_bound(&self) -> Bound<&T>;

    //此函数用于获取范围的终止值，示例代码如下：
    // assert_eq!((3..).end_bound(), Unbounded);
    // assert_eq!((3..10).end_bound(), Excluded(&10));
    fn end_bound(&self) -> Bound<&T>;

    //此函数用于判断范围是否包括某个值，示例代码如下：
    // assert!( (3..5).contains(&4));
    // assert!(!(3..5).contains(&2));
    // assert!( (0.0..1.0).contains(&0.5));
    // assert!(!(0.0..1.0).contains(&f32::NAN));
    fn contains<U>(&self, item: &U) -> bool
    where
        T: PartialOrd<U>,
        U: ?Sized + PartialOrd<T>,
    {
        //以下代码体现了 Rust 的代码风格
```

```
        (match self.start_bound() {
            Included(start) => start <= item,
            Excluded(start) => start < item,
            Unbounded => true,
        }) && (match self.end_bound() {
            Included(end) => item <= end,
            Excluded(end) => item < end,
            Unbounded => true,
        })
    }
}
//为 RangeFrom<T> 实现 RangeBounds<T> Trait
impl<T> RangeBounds<T> for RangeFrom<T> {
    fn start_bound(&self) -> Bound<&T> {  Included(&self.start)  }
    fn end_bound(&self) -> Bound<&T> {  Unbounded  }
}
//为 Range<T>实现 RangeBounds<T> Trait
impl<T> RangeBounds<T> for Range<T> {
    fn start_bound(&self) -> Bound<&T> {  Included(&self.start)  }
    fn end_bound(&self) -> Bound<&T> {  Excluded(&self.end)  }
}
//为其他范围类型实现 RangeBounds<T> Trait 的代码略
```

代码完全可以定义((0,0)..(100,100))、("1st".."30th")这种极有表现力的范围变量。任何一个类型只要能实现 PartialOrd Trait，代码便可以利用范围运算符来构造此类型的范围变量。

需要注意的是，对于 T 和 U 两个类型，如果 U: impl PartialOrd<U> for T，U 类型就可以是基于 T 类型的范围变量的成员之一。

基于泛型的范围运算符提供了非常好的语法。范围运算符结合索引运算符与 Iterator 的 for…in 循环表达式，将会高效实现极具冲击力的代码。

4.3.5 索引运算符 Trait

索引下标符号[]由 Index Trait、IndexMut Trait 定义。这两个 Trait 的源代码在标准库中的路径如下：

```
/library/core/src/ops/index.rs
```

对 Index Trait、IndexMut Trait 定义源代码的分析如下：

```
//[T][Idx] 形式重载
pub trait Index<Idx: ?Sized> {
    type Output: ?Sized; //[]运算符返回的类型
    //此函数用于执行下标运算并返回运算获取的引用
```

```
    fn index(&self, index: Idx) -> &Self::Output;
}
//mut [T][Idx]形式重载
pub trait IndexMut<Idx: ?Sized>: Index<Idx> {
    //此函数用于执行下标运算并返回运算获取的可变引用
    fn index_mut(&mut self, index: Idx) -> &mut Self::Output;
}
```

索引运算符支持类似["Hary"]、["Bold"]之类的代码表达形式。

1. 切片类型[T]的索引运算符

切片类型的索引运算符支持 usize、Range<usize>、RangeTo<usize>等多种类型变量作为索引下标取值。如果直接在切片类型实现 Index Trait、IndexMut Trait 也是可行的。但考虑到除了下标取值，还希望切片类型支持诸如 get 一类的成员获取函数，再考虑到可扩展性，标准库设计了 SliceIndex<[T]> Trait。通过在 usize、Range<usize>、RangeTo<usize>这些类型上实现此 Trait 来实现 Index 的功能。对为切片类型实现 Index Trait、IndexMut Trait 源代码的分析如下：

```
//SliceIndex<[T]>使得 Index 及 IndexMut 的实现代码变得简单、清晰
impl<T, I> ops::Index<I> for [T]
where
    I: SliceIndex<[T]>,
{
    type Output = I::Output;
    fn index(&self, index: I) -> &I::Output {  index.index(self)   }
}
impl<T, I> ops::IndexMut<I> for [T]
where
    I: SliceIndex<[T]>,
{
    fn index_mut(&mut self, index: I) -> &mut I::Output {  index.index_mut (self)  }
}
```

对 SliceIndex Trait 源代码的分析如下：

```
//定义一个模块来保护 SliceIndex<T> Trait
mod private_slice_index {
    use super::ops;
    //在私有模块中定义 Sealed Trait，使后文的 SliceIndex<T>继承 Sealed Trait。
    //这样做的结果是只有在本模块实现了 Sealed Trait 的类型才能实现 SliceIndex<T>
    pub trait Sealed {}
    impl Sealed for usize {}
    impl Sealed for ops::Range<usize> {}
    impl Sealed for ops::RangeTo<usize> {}
```

```
    impl Sealed for ops::RangeFrom<usize> {}
    impl Sealed for ops::RangeFull {}
    impl Sealed for ops::RangeInclusive<usize> {}
    impl Sealed for ops::RangeToInclusive<usize> {}
    impl Sealed for (ops::Bound<usize>, ops::Bound<usize>) {}
}
pub unsafe Trait SliceIndex<T: ?Sized>: private_slice_index::Sealed {
    //此类型通常为T或T的引用、T的切片、T的裸指针类型
    type Output: ?Sized;
    //以下两个函数用self作为索引从slice中获取部分成员，如果self指示的成员范围超出内存边界，
    //则返回值为None
    fn get(self, slice: &T) -> Option<&Self::Output>;
    fn get_mut(self, slice: &mut T) -> Option<&mut Self::Output>;
    //以下两个函数用self作为索引，从slice中获取部分成员，slice是切片第一个成员的裸指针
    unsafe fn get_unchecked(self, slice: *const T) -> *const Self::Output;
    unsafe fn get_unchecked_mut(self, slice: *mut T) -> *mut Self::Output;
    //以下两个函数用self作为索引从slice中获取成员，如果self指示的成员范围超过内存边界，
    //则函数会引发panic
    fn index(self, slice: &T) -> &Self::Output;
    fn index_mut(self, slice: &mut T) -> &mut Self::Output;
}
```

从切片变量取出单个成员的索引运算需要 usize 类型实现 SliceIndex Trait。对为 usize 类型实现 SliceIndex Trait 源代码的分析如下：

```
unsafe impl<T> SliceIndex<[T]> for usize {
    type Output = T; //输出类型是单个成员
    //以下两个函数用于获取切片成员，并能处理输入超出切片长度的情况
    fn get(self, slice: &[T]) -> Option<&T> {
        //获取切片成员的裸指针，并将其强制转换为引用
        if self < slice.len() { unsafe { Some(&*self.get_unchecked(slice)) } } else
{ None }
    }
    fn get_mut(self, slice: &mut [T]) -> Option<&mut T> {
        //获取切片成员的可变裸指针，并将其强制转换为可变引用
        if self < slice.len() { unsafe { Some(&mut *self.get_unchecked_mut(slice)) }
} else { None }
    }
    unsafe fn get_unchecked(self, slice: *const [T]) -> *const T {
        //利用*const T的add()函数获取切片成员的裸指针
        unsafe { slice.as_ptr().add(self) }
    }
    unsafe fn get_unchecked_mut(self, slice: *mut [T]) -> *mut T {
        //利用*mut T的add()函数获取切片成员的可变裸指针
        unsafe { slice.as_mut_ptr().add(self) }
    }
```

```
    fn index(self, slice: &[T]) -> &T {
        //使用编译器内置索引运算符，此操作可能会引发panic
        &(*slice)[self]
    }
    fn index_mut(self, slice: &mut [T]) -> &mut T {
        //使用编译器内置索引运算符，此操作可能会引发panic
        &mut (*slice)[self]
    }
}
```

当从切片变量中取出子切片的索引运算时，需要对范围类型实现 SliceIndex Trait。对为范围类型实现 SliceIndex Trait 源代码的分析如下：

```
unsafe impl<T> SliceIndex<[T]> for ops::Range<usize> {
    type Output = [T]; //输出类型是切片类型
    //此函数在超出切片内存界限时不会引发panic
    fn get(self, slice: &[T]) -> Option<&[T]> {
        if self.start > self.end || self.end > slice.len() { //判断范围是否正确
            None
        } else {
            //先获取子切片裸指针，再将其强制转换为子切片不可变引用
            unsafe { Some(&*self.get_unchecked(slice)) }
        }
    }
    //此函数在超出切片内存界限时不会引发panic
    fn get_mut(self, slice: &mut [T]) -> Option<&mut [T]> {
        if self.start > self.end || self.end > slice.len() {
            None
        } else {
            //先获取子切片可变裸指针，再将其强制转换为可变引用
            unsafe { Some(&mut *self.get_unchecked_mut(slice)) }
        }
    }
    unsafe fn get_unchecked(self, slice: *const [T]) -> *const [T] {
        //先取出子切片头部成员的裸指针，再与长度共同构造子切片裸指针
        unsafe { ptr::slice_from_raw_parts(slice.as_ptr().add(self.start),
self.end - self.start) }
    }
    //获取可变引用
    unsafe fn get_unchecked_mut(self, slice: *mut [T]) -> *mut [T] {
        //先取出子切片头部成员的可变裸指针，再与长度共同构造子切片可变裸指针
        unsafe { ptr::slice_from_raw_parts_mut(slice.as_mut_ptr().add(self.start),
                    self.end - self.start) }
    }
    fn index(self, slice: &[T]) -> &[T] {
        //超出范围会直接引发panic
```

```
        if self.start > self.end {
            slice_index_order_fail(self.start, self.end);
        } else if self.end > slice.len() {
            slice_end_index_len_fail(self.end, slice.len());
        }
        unsafe { &*self.get_unchecked(slice) }
    }
    fn index_mut(self, slice: &mut [T]) -> &mut [T] {
        //超出范围会直接引发panic
        if self.start > self.end {
            slice_index_order_fail(self.start, self.end);
        } else if self.end > slice.len() {
            slice_end_index_len_fail(self.end, slice.len());
        }
        unsafe { &mut *self.get_unchecked_mut(slice) }
    }
}
```

切片的索引运算符实现离不开裸指针的操作函数。

为其他范围类型实现 SliceIndex Trait 的方案基于 Range<usize>的 SliceIndex Trait 实现，并采用了适配器设计模式。对这些类型实现 SliceIndex Trait 源代码的分析如下：

```
unsafe impl<T> SliceIndex<[T]> for ops::RangeTo<usize> {
    type Output = [T];

    fn get(self, slice: &[T]) -> Option<&[T]> {
        //将 RangeTo 转换为 Range 后，直接调用 Range<usize>的函数
        (0..self.end).get(slice)
    }
    fn get_mut(self, slice: &mut [T]) -> Option<&mut [T]> {
        //将 RangeTo 转换为 Range 后，直接调用 Range<usize>的函数
        (0..self.end).get_mut(slice)
    }
    //其他函数的实现与以上两个函数的实现类似，略
}
```

RangeFrom、RangeInclusive、RangeToInclusive、RangeFull 等的实现与 RangeTo 的实现类似，请读者自行分析。

2. 数组类型[T;N]的索引运算符

数组类型实现 Index Trait 及 IndexMut Trait 的方案基于切片类型索引运算符的实现，并采用了适配器设计模式。对这些实现源代码的分析如下：

```
//注意这里常量 Trait 的约束写法
impl<T, I, const N: usize> Index<I> for [T; N]
```

```
where
    [T]: Index<I>,
{
    type Output = <[T] as Index<I>>::Output;
    fn index(&self, index: I) -> &Self::Output {
        //self as &[T]用于将数组转换为[T]，复用了[T]的实现
        Index::index(self as &[T], index)
    }
}
impl<T, I, const N: usize> IndexMut<I> for [T; N]
where
    [T]: IndexMut<I>,
{
    fn index_mut(&mut self, index: I) -> &mut Self::Output {
        IndexMut::index_mut(self as &mut [T], index)
    }
}
```

在以上代码中，self as &[T]是编译器提供的转换类型。读者可以思考一下，如果编译器没有提供这个转换类型，将&[T:N]转换为&[T]应如何编码？

4.4 回顾

固有（intrinsic）函数库是 CORE 库代码调用链的溯源根节点之一。为了更好地支持函数式编程，其他语言的数学库在标准库中被实现为整数类型及浮点类型的函数。

Option<T>是 Rust 对安全的系统化思考的展现。Result<T,E>是 Rust 对经典问题的解决方案。

Marker Trait 是 Rust 的一个难点，需要大家花费较多的精力理解及掌握。

Try Trait 富有创造力，使用它可以很好地简化代码。

范围运算符与索引运算符都是 Rust 富有表现力语法的重要组成要素。

第5章

迭代器

迭代器（Iterator）、Iterator 适配器及闭包是函数式编程的基础设备。大型程序大致上可以被抽象理解为是针对容器类型变量及其成员变量做逻辑操作的过程。Iterator 及其适配器可认为是对容器及容器操作的抽象化接口，而闭包则是对容器内部成员的操作接口。所以程序设计的关键就是把解决方案基于 Iterator+Iterator 适配器+闭包模式来设计，这也是函数式编程的关键思想之一。

Rust 是原生支持 Iterator 的语言，所有的关键类型都实现了 Iterator Trait。Iterator Trait 的源代码在标准库中的路径如下：

```
/library/core/src/iter/*.*
```

对一个函数式编程的示例代码分析如下：

```
fn main() {
   println!("Input the first number!");
   let mut first = String::new();
   io::stdin().read_line(&mut first).expect("Failed to read line");
   let mut second = String::new();
   io::stdin().read_line(&mut second).expect("Failed to read line");

   //以下代码的功能是比较两个字符串，返回这两个字符串首部的公共子串。
   //这是典型的应用迭代器及闭包的函数式编程实现，充分展示了函数式编程的思考方式
   let index = first
.char_indices()                              //获取字符迭代器
      .zip(second.char_indics())             //用 zip 适配器将两个字符迭代器并行连接
      .try_fold(0, |index, (cmp1, cmp2)|{ //调用迭代器的累积处理函数，并由闭包实现比较
          if cmp1.1 == cmp2.1 {
             Ok(0)
          } else {
             Err(cmp1.0)
          }
      })
      .unwrap_or_else(|x| x);                    //获取最终结果
   println!("The common substring is {}", &first[0..index])
}
```

讨论函数式编程的具体内涵超出了本书的范围，但以上函数式编程的代码从简化程度、易于理解的程度、抽象程度上看，无疑都非常理想。

5.1 三种迭代器

Rust 定义了以下 3 种常用迭代器。

第 1 种，对变量所有权进行遍历的迭代器，类型需要实现 IntoIterator Trait。

对 IntoIterator Trait 源代码的分析如下：

```
pub trait IntoIterator {
    type Item;                                          //每次迭代获取的变量类型
    type IntoIter: Iterator<Item = Self::Item>;         //迭代器类型
    fn into_iter(self) -> Self::IntoIter;               //迭代器获取函数
}
```

调用 into_iter()函数所创建的迭代器，在迭代过程中会将容器内的变量所有权转移到迭代器并最终被消费，迭代完成后容器将为空。

第 2 种，对变量不可变引用进行遍历的迭代器，使用类型实现 iter()函数来创建迭代器。

对 iter()函数的源代码分析如下：

```
pub fn iter(&self) -> I:Iterator
```

调用 iter()函数所创建的迭代器，在迭代过程中不会消费容器内的变量，且只能读变量。例如，遍历游戏玩家的列表以进行统计。

第 3 种，对变量的可变引用进行遍历的迭代器，使用类型实现 iter_mut()函数来创建迭代器。对 iter_mut()函数的源代码分析如下：

```
pub fn iter_mut(&self) -> I:Iterator
```

调用 iter_mut()函数所创建的迭代器，不会消费容器内的变量，可以读/写变量。例如，遍历游戏玩家列表，并增加游戏玩家的在线时长。

其他编程语言通常仅提供第 3 种迭代器。

第 1 种迭代器与 Rust 独有的所有权及释放机制紧密结合。在适合的场景下使用它，会简化代码及提高编程效率。

在一般情况下，Rust 的数据结构会实现以下两种额外机制。

（1）T::iter()函数等同于 &T::into_iter()函数。

（2）T::iter_mut()函数等同于 &mut T::into_iter()函数。

迭代器事实上是对容器遍历算法的一种抽象，有些容器类型有很多遍历算法，如二叉树的前序遍历、中序遍历、后序遍历；树的广度遍历、深度遍历。容器可以根据自身的遍历需求创建多个迭代器。

5.2 Iterator Trait 分析

Iterator Trait 提供了标准的迭代器外部接口抽象，用于遍历容器类型的内部成员。对 Iterator Trait 源代码的分析如下：

```
pub trait Iterator {
    type Item;  //每次迭代时返回的变量类型
    fn next(&mut self) -> Option<Self::Item>;

    //此函数用于返回迭代器最少产生多少个有效迭代输出，最多产生多少个有效迭代输出。
    //诸如(0..10).int_iter()，最少是 10 个，最多也是 10 个，
    //而 (0..10).filter(|x| x%2 == 0)，因为编译器不会提前计算，
    //所以符合条件的最少可能是 0 个，最多是 10 个
    fn size_hint(&self) -> (usize, Option<usize>) {
        (0, None)
    }

    //此函数用于将 Iterator 中的所有成员进行累积操作，并将 init 作为 f 的初始值输入
    fn fold<B, F>(mut self, init: B, mut f: F) -> B
    where
        Self: Sized,
        F: FnMut(B, Self::Item) -> B,
    {
        let mut accum = init;
        while let Some(x) = self.next() { accum = f(accum, x); }
        accum
    }
    //此函数提供了具备中途退出机制的 fold
    fn try_fold<B, F, R>(&mut self, init: B, mut f: F) -> R
    where
        Self: Sized,
        F: FnMut(B, Self::Item) -> R,
        R: Try<Output = B>,
    {
        let mut accum = init;
        while let Some(x) = self.next() {  accum = f(accum, x)?;  }
        //循环结束得到的值利用 try 关键字封装成 Try Trait
        try { accum }
    }
    //此函数用于计算成员个数
    fn count(self) -> usize
    where
        Self: Sized,
    {
        self.fold( 0,  |count, _| count + 1, )
    }
    //此函数用于获取迭代的最后一个成员
    fn last(self) -> Option<Self::Item>
    where
        Self: Sized,
```

```
    {
        fn some<T>(_: Option<T>, x: T) -> Option<T> {  Some(x)  }
        self.fold(None, some)
    }
    //此函数等价于调用 n 次 next()函数
    fn advance_by(&mut self, n: usize) -> Result<(), usize> { //略  }
    //此函数用于获取迭代的第 n 个成员
    fn nth(&mut self, n: usize) -> Option<Self::Item> { //略   }
    //此函数用于对迭代进行计算并汇总、合并
    fn reduce<F>(mut self, f: F) -> Option<Self::Item>
    where
        Self: Sized,
        F: FnMut(Self::Item, Self::Item) -> Self::Item,
    {
        let first = self.next()?;
        Some(self.fold(first, f))
    }
    //此函数用于检测所有成员是否满足条件，可认为是一种与运算
    fn all<F>(&mut self, f: F) -> bool
    where
        Self: Sized,
        F: FnMut(Self::Item) -> bool,
    {
        fn check<T>(mut f: impl FnMut(T) -> bool) -> impl FnMut((), T) ->
ControlFlow<()> {
            move |(), x| { if f(x) { ControlFlow::CONTINUE } else { ControlFlow::BREAK } }
        }
        self.try_fold((), check(f)) == ControlFlow::CONTINUE
    }
    //此函数用于检查所有成员是否满足条件，可认为是一种或运算
    fn any<F>(&mut self, f: F) -> bool
    where
        Self: Sized,
        F: FnMut(Self::Item) -> bool,
    {
        fn check<T>(mut f: impl FnMut(T) -> bool) -> impl FnMut((), T) ->
ControlFlow<()> {
            move |(), x| { if f(x) { ControlFlow::BREAK } else { ControlFlow::CONTINUE } }
        }
        self.try_fold((), check(f)) == ControlFlow::BREAK
    }
    //其他函数
    …
}
```

对已经实现 Iterator Trait 的类型，对此类型的引用类型、可变引用类型、切片类型及数

组类型通常使用适配器设计模式实现 Iterator Trait。其中，对可变引用类型源代码的分析如下：

```
impl<I: Iterator + ?Sized> Iterator for &mut I {
    type Item = I::Item;
    fn next(&mut self) -> Option<I::Item> {  (**self).next()  }
    fn size_hint(&self) -> (usize, Option<usize>) {  (**self).size_hint()  }
}
```

Iterator 事实上已经成为现代编程语言的标志之一。Rust 中的 Iterator Trait 提供了全面的函数集合。

5.3 Iterator 与其他集合类型转换

Rust 提供了集合类型（容器类型）与 Iterator 互相转换的 Trait。事实上，每一个集合类型都需要实现这些 Trait。Iterator 即集合，集合即 Iterator。对这些转换操作源代码的分析如下：

```
//从 Iterator 中创建集合
pub trait FromIterator<A>: Sized {
    fn from_iter<T: IntoIterator<Item = A>>(iter: T) -> Self;
}
//此 Trait 用于从一个 Iterator 中给集合扩充成员
pub trait Extend<A> {
    //将 Iterator 的成员添加到集合中
    fn extend<T: IntoIterator<Item = A>>(&mut self, iter: T);
    fn extend_one(&mut self, item: A) {
        self.extend(Some(item));   //Option 类型也是 Iterator
    }
    //此函数用于扩充容量以备后用
    fn extend_reserve(&mut self, additional: usize) {
        let _ = additional;         //没有做任何事情
    }
}
//Iterator Trait 中的相关转换函数
pub trait Iterator {
    …
    fn collect<B: FromIterator<Self::Item>>(self) -> B
    where
        Self: Sized,
    {  FromIterator::from_iter(self)    }
    …
}
```

对于任意的集合类型，只要为其实现了 FromIterator Trait，即可通过 collect()函数从任意一个 Iterator 中生成。这样，使得不同集合类型之间的转换机制变得统一、方便及松耦合。

5.4 范围类型迭代器

初学者最初接触 Iterator Trait 通常都是范围类型的 for...in 语法。为范围类型实现 Iterator Trait 的源代码在标准库中的路径如下：

```
/library/core/src/iter/range.rs
```

在阅读源代码的分析之前，读者可以先思考一下如何设计范围类型的 Iterator Trait，再与标准库的代码进行对比。

范围类型只支持对变量所有权做迭代。只有支持步长机制的类型 T 对应的 Range<T> 才可能实现 Iterator。这个步长机制在标准库中被定义为 Step Trait。对 Step Trait 定义源代码的分析如下：

```
//实现 Step 的类型需要有序，可以克隆，且内存空间固定
pub trait Step: Clone + PartialOrd + Sized {
    //从 start 到 end 的总步长，支持步长为 Null
    fn steps_between(start: &Self, end: &Self) -> Option<usize>;
    //获取前进指定步长后的值，如果超出取值范围，则返回 Null
    fn forward_checked(start: Self, count: usize) -> Option<Self>;
    fn forward(start: Self, count: usize) -> Self {
        //从 start 开始计算 count，出错后退出程序
        Step::forward_checked(start, count).expect("overflow in 'Step::forward'")
    }
    unsafe fn forward_unchecked(start: Self, count: usize) -> Self {
        Step::forward(start, count)// 从 start 开始计算 count，出错后退出程序
    }
    //获取后退指定步长后的值，如果超出取值范围，则返回 Null
    fn backward_checked(start: Self, count: usize) -> Option<Self>;
    fn backward(start: Self, count: usize) -> Self {
        //从 start 开始计算 count，出错后给出提醒并退出程序
        Step::backward_checked(start, count).expect("overflow in 'Step::backward'")
    }
    unsafe fn backward_unchecked(start: Self, count: usize) -> Self {
        Step::backward(start, count)
    }
}
```

Step Trait 是使用 Rust 抽象设计的典型思考方案。另外，根据孤儿原则，范围类型必须

在 Iterator 模块中实现 Iterator Trait，利用 Trait 约束成员泛型是必然的方案。定义 Step Trait 后，Range<(i32, i32)>、Range<(f32,f32,f32)>、Rang<数列($n_{i+1}=n_i+n_{i-1}$)>等均可实现 Iterator Trait。对各类型实现 Step Trait 源代码的分析如下：

```
//针对整数类型实现 Step Trait 的宏
macro_rules! step_identical_methods {
    () => {
        unsafe fn forward_unchecked(start: Self, n: usize) -> Self {
            unsafe { start.unchecked_add(n as Self) }//调用者需要保证加法不会越界
        }
        unsafe fn backward_unchecked(start: Self, n: usize) -> Self {
            unsafe { start.unchecked_sub(n as Self) }//调用者需要保证减法不会越界
        }
        fn forward(start: Self, n: usize) -> Self {
            //在 debug 编译情况下，如果以下代码溢出，则会引发 panic。当 release 编译时，
            //以下代码会被优化
            if Self::forward_checked(start, n).is_none() {
                let _ = Self::MAX + 1; //导致优化
            }
            //当 release 编译时，加法采用溢出回绕机制，此处也可以直接使用“+”运算符
            start.wrapping_add(n as Self)
        }
        fn backward(start: Self, n: usize) -> Self {
            if Self::backward_checked(start, n).is_none() {
                let _ = Self::MIN - 1;
            }
            start.wrapping_sub(n as Self) //当 release 编译时，减法采用溢出回绕机制
        }
    };
}
macro_rules! step_integer_impls {
    {
        //比 CPU 字长小的无符号整数类型及有符号整数类型
        narrower than or same width as usize:
        $( [ $u_narrower:ident $i_narrower:ident ] ),+;
        //比 CPU 字长大的无符号整数类型及有符号整数类型
        wider than usize: $( [ $u_wider:ident $i_wider:ident ] ),+;
    } => {
        $(
            //为所有比 CPU 字长小的无符号整数类型实现 Step Trait
            impl Step for $u_narrower {
                step_identical_methods!(); //所有非负整数类型的通用实现
                fn steps_between(start: &Self, end: &Self) -> Option<usize> {
                    if *start <= *end {
```

```
                //当 u_narrower 类型字长小于 usize 字长时，转换不存在安全问题
                Some((*end - *start) as usize)
            } else {
                None
            }
        }
        fn forward_checked(start: Self, n: usize) -> Option<Self> {
            //整数类型转换不成功易被忽略
            match Self::try_from(n) {
                Ok(n) => start.checked_add(n),//checked_add()函数用于完成溢出检查
                Err(_) => None,
            }
        }
        fn backward_checked(start: Self, n: usize) -> Option<Self> {
            match Self::try_from(n) {
                Ok(n) => start.checked_sub(n),
                Err(_) => None, // if n is out of range, 'unsigned_start - n'
is too
            }
        }
    }
    …
  }
}
//通过以下代码可以看到，Rust 兼容了 16 位、32 位、64 位的 CPU
#[cfg(target_pointer_width = "64")]
step_integer_impls! {
   narrower than or same width as usize: [u8 i8], [u16 i16], [u32 i32], [u64
   i64], [usize isize];wider than usize: [u128 i128];
}
#[cfg(target_pointer_width = "32")]
step_integer_impls! {
   narrower than or same width as usize: [u8 i8], [u16 i16], [u32 i32], [usize
   isize]; wider than usize: [u64 i64], [u128 i128];
}
#[cfg(target_pointer_width = "16")]
step_integer_impls! {
   narrower than or same width as usize: [u8 i8], [u16 i16], [usize isize];
   wider than usize: [u32 i32], [u64 i64], [u128 i128];
}
```

Step Trait 提供了许多函数以支持范围类型的 Iterator Trait 实现。对这些函数源代码的分析如下：

```
//RangeIteratorImpl 为 Iterator 提供支持函数
impl<A: Step> RangeIteratorImpl for ops::Range<A> {
```

```
    type Item = A;
    //此函数用于支持迭代器的 next()函数
    default fn spec_next(&mut self) -> Option<A> {
        if self.start < self.end {
            //self.start.clone()函数用于不转移 self.start 的所有权
            let n = Step::forward_checked(self.start.clone(), 1).expect("'Step'
invariants not upheld");
            //mem::replace()函数用于将 self.start 赋值为 n，返回 self.start 的值。
            //这个函数适用于任何类型，且处理了所有权问题
            Some(mem::replace(&mut self.start, n))
        } else {
            None
        }
    }
    …
}
impl<A: Step> Iterator for ops::Range<A> {
    type Item = A;

    fn next(&mut self) -> Option<A> {  self.spec_next()  }
    fn size_hint(&self) -> (usize, Option<usize>) {
        if self.start < self.end {
            let hint = Step::steps_between(&self.start, &self.end);
            (hint.unwrap_or(usize::MAX), hint)
        } else {
            (0, Some(0))
        }
    }
    fn nth(&mut self, n: usize) -> Option<A> {  self.spec_nth(n)  }
    …
}
```

以上代码的亮点是，spec_next()函数中对范围类型的修改，应用了不输于 C 语言的编程技巧。

5.5　切片类型迭代器

切片类型的迭代器也是初学者非常熟悉的。为切片类型实现 Iterator Trait 的源代码在标准库中的路径如下：

```
/library/core/src/slice/iter.rs
```

为了支持对变量所有权的迭代，定义了 Iter 类型与 IterMut 类型。对这两个类型源代码

的分析如下：

```
pub struct Iter<'a, T: 'a> {
    ptr: NonNull<T>, //当前迭代成员的指针与end用不同的类型表示
    end: *const T,    //迭代器尾成员指针利用ptr == end来快速检测Iterator是否为空
    //PhantomData主要用于计算生命周期，ptr所指变量的生命周期应该比此类型变量的生命周期要长
    _marker: PhantomData<&'a T>,
}
pub struct IterMut<'a, T: 'a> {
    ptr: NonNull<T>,
    end: *mut T,
    _marker: PhantomData<&'a mut T>,
}
```

Iter 类型与 IterMut 类型中的 PhantomData 成员是必要的安全设计元素，Iter 与切片必须有生命周期的联系。本书将仅对 IterMut 的源代码进行分析。对 IterMut 源代码的分析如下：

```
impl<'a, T> IterMut<'a, T> {
    pub(super) fn new(slice: &'a mut [T]) -> Self {
        let ptr = slice.as_mut_ptr(); //将切片转换为第一个成员的可变裸指针

        unsafe {//使用unsafe代码创建IterMut类型变量
            assume(!ptr.is_null());
            let end = if mem::size_of::<T>() == 0 {
                //此行代码用于处理T为()的情况
                (ptr as *mut u8).wrapping_add(slice.len()) as *mut T
            } else {
                ptr.add(slice.len())    //裸指针加法运算
            };
            //需要掌握PhantomData的赋值方式，
            //编译器会根据前后文及定义自动选择PhantomData代表的变量
            Self { ptr: NonNull::new_unchecked(ptr), end, _marker: PhantomData }
        }
    }
    …
}
//利用宏来实现切片的Iterator Trait
iterator! {struct IterMut -> *mut T, &'a mut T, mut, {mut}, {}}
//IterMut实现了Iterator Trait
macro_rules! iterator {
    (
        struct $name:ident -> $ptr:ty,
        $elem:ty,
        $raw_mut:tt,
        {$( $mut_:tt )?},
        {$($extra:tt)*}
```

```
    ) => {
        //此宏是正向的 next() 函数的辅助宏，实际逻辑见 post_inc_start() 函数
        macro_rules! next_unchecked {
            ($self: ident) => {& $( $mut_ )? *$self.post_inc_start(1)}
        }
        //此宏是反向的 next() 函数的辅助宏，实际逻辑见 pre_dec_end() 函数
        macro_rules! next_back_unchecked {
            ($self: ident) => {& $( $mut_ )? *$self.pre_dec_end(1)}
        }
        //此宏是切片成员内存大小为 0 的类型的 next() 函数的辅助宏
        macro_rules! zst_shrink {
            ($self: ident, $n: ident) => {
                //因为成员指针无法移动，所以移动辅助的尾指针
                $self.end = ($self.end as * $raw_mut u8).wrapping_offset(-$n) as *
$raw_mut T;
            }
        }
        //实现迭代器辅助函数集，$name 为 IterMut 类型或 Iter 类型
        impl<'a, T> $name<'a, T> {
            //此函数用于从 Iterator 中获取切片
            fn make_slice(&self) -> &'a [T] {
                //先通过切片内存地址和切片长度创建切片指针，再转换为引用
                unsafe { from_raw_parts(self.ptr.as_ptr(), len!(self)) }
            }
            //此函数用于实现 next() 函数的逻辑
            unsafe fn post_inc_start(&mut self, offset: isize) -> * $raw_mut T {
                if mem::size_of::<T>() == 0 {
                    //成员为 0 字节内存类型时的偏移实现，调整 end 的值，ptr 的值不变
                    zst_shrink!(self, offset);
                    self.ptr.as_ptr()
                } else {
                    //首先返回当前成员的裸指针，然后裸指针后移正确的字节
                    let old = self.ptr.as_ptr();
                    self.ptr = unsafe { NonNull::new_unchecked(self.ptr.as_ptr().
offset(offset)) };
                    old
                }
            }
            //此函数用于实现从尾部做 Iterator 的 next() 函数逻辑
            unsafe fn pre_dec_end(&mut self, offset: isize) -> * $raw_mut T {
                if mem::size_of::<T>() == 0 {
                    //成员内存大小 0 字节切片，从尾部的逻辑与从头部的逻辑基本相同
                    zst_shrink!(self, offset);
                    self.ptr.as_ptr()
                } else {
```

```
                //对尾部的end进行偏移
                self.end = unsafe { self.end.offset(-offset) };
                self.end  //返回end
            }
        }
    }
    //实现Iterator Trait，在name为IterMut类型时，
    //即为impl<'a, T> Iterator for IterMut<'a, T>
    impl<'a, T> Iterator for $name<'a, T> {
        //$elem即&'a T
        type Item = $elem;
        fn next(&mut self) -> Option<$elem> {
            unsafe {
                assume(!self.ptr.as_ptr().is_null()); //安全性确认
                if mem::size_of::<T>() != 0 {
                    assume(!self.end.is_null());
                }
                if is_empty!(self) {
                    None //如果Iter为空，则返回None
                } else {
                    Some(next_unchecked!(self)) //实际调用post_inc_start(1)函数
                }
            }
        }
        fn size_hint(&self) -> (usize, Option<usize>) {
            let exact = len!(self); //利用len!宏计算Iter的长度
            (exact, Some(exact))
        }
        fn count(self) -> usize {    len!(self)    }

        fn nth(&mut self, n: usize) -> Option<$elem> {
            //如果n大于Iter的长度，则清空Iter
            if n >= len!(self) {
                if mem::size_of::<T>() == 0 {
                    self.end = self.ptr.as_ptr();
                } else {
                    unsafe {
                        self.ptr = NonNull::new_unchecked(self.end as *mut T);
                    }
                }
                return None;
            }
            //如果n小于Iter的长度，则失效前n-1个元素，之后执行next()函数的逻辑
            unsafe {
                self.post_inc_start(n as isize);
```

```
                Some(next_unchecked!(self))
            }
        }
        fn advance_by(&mut self, n: usize) -> Result<(), usize> {
            let advance = cmp::min(len!(self), n); //取长度与n中的小值
            //失效 advance-1 个值
            unsafe { self.post_inc_start(advance as isize) };
            if advance == n { Ok(()) } else { Err(advance) }
        }
        //从尾部 Iterator
        fn last(mut self) -> Option<$elem> {
            self.next_back()  //实质调用 post_dec_end(1)函数
        }
        …
    }
  }
}
//判断 Iterator 是否为空的宏
macro_rules! is_empty {
    // 可以满足 0 字节元素的切片及非 0 字节元素的切片
    ($self: ident) => {
        //Iter::ptr == Iter::end
        $self.ptr.as_ptr() as *const T == $self.end
    };
}
//取 Iterator 长度的宏
macro_rules! len {
    ($self: ident) => {{
        let start = $self.ptr;
        let size = size_from_ptr(start.as_ptr());
        if size == 0 {
            //用 end 减去 start 得到 0 字节元素的切片长度
            ($self.end as usize).wrapping_sub(start.as_ptr() as usize)
        } else {
            //如果选择非 0 字节类型的成员，则用总内存除以成员的内存
            let diff = unsafe { unchecked_sub($self.end as usize, start.as_ptr() as 
usize) };
            unsafe { exact_div(diff, size) }
        }
    }};
}
```

为切片类型实现迭代器的代码是非常好的 Rust 编程训练素材。建议读者先看一遍代码，再将其重新实现一遍，可以有效提高对 Rust 的认识和编程水平。

5.6 字符串类型迭代器

字符串类型&str 本质上是一个[u8]类型，并在此类型的基础上实现了对 UTF-8 编码的处理。因此，字符串类型实现 Iterator Trait 的设计方案采用了适配器设计模式，以重用[u8]的 Iterator 基础设备。

字符串类型有 3 种 Iterator，分别对应以下构造函数。

- &str::chars()函数：用于获取以 UTF-8 编码的字符串的 Iterator。
- &str::bytes()函数：用于获取一个[u8]的 Iterator。
- &str::char_indices()函数：用于获取一个元组的 Iterator。元组的第一个成员是字符串转化的[u8]切片序号，第二个成员是字符。
- &str.len()函数：用于返回字符串切片内存字节占用长度。
- &str.chars().count()函数：用于返回字符数量。

以&str::chars()函数构造 Iterator 的源代码分析如下：

```
//此迭代器类型针对字符串中的字符，每次迭代获取下一个字符
pub struct Chars<'a> {
    //采用适配器设计模式，重用 slice 的 Iter 类型结构
    pub(super) iter: slice::Iter<'a, u8>,
}
pub fn chars(&self) -> Chars<'_> {
    //self.as_bytes()函数用于先获取一个&[u8]，再获取&[u8]的 Iter 结构体变量
    Chars { iter: self.as_bytes().iter() }
}
impl<'a> Iterator for Chars<'a> {
    type Item = char;

    fn next(&mut self) -> Option<char> {
        next_code_point(&mut self.iter).map(|ch| {
            unsafe { char::from_u32_unchecked(ch) }
        })
    }
    fn count(self) -> usize {
        //利用切片 Iterator 的 filter()函数来实现其逻辑
        self.iter.filter(|&&byte| !utf8_is_cont_byte(byte)).count()
    }
    fn size_hint(&self) -> (usize, Option<usize>) {
        let len = self.iter.len();
        ((len + 3) / 4, Some(len)) //最少按 4 字节一个字符，最多按 1 字节一个字符
    }
    fn last(mut self) -> Option<char> {
```

```
        self.next_back()
    }
}
pub fn next_code_point<'a, I: Iterator<Item = &'a u8>>(bytes: &mut I) -> Option<u32> {
    let x = *bytes.next()?;
    if x < 128 {
        return Some(x as u32);                     //ASCII 字符
    }
    let init = utf8_first_byte(x, 2);              //init 是多字节字符的第一个字节
    let y = unwrap_or_0(bytes.next());             //迭代到下一个字节
    let mut ch = utf8_acc_cont_byte(init, y); //获取 2 字节的 UTF-8 字符
    if x >= 0xE0 {
        let z = unwrap_or_0(bytes.next());     //3 字节的 UTF-8 字符，再向后迭代 1 字节
        let y_z = utf8_acc_cont_byte((y & CONT_MASK) as u32, z);
        ch = init << 12 | y_z;                     //获取 3 字节的 UTF-8 字符
        if x >= 0xF0 {
            let w = unwrap_or_0(bytes.next());  //4 字节的 UTF-8 字符，再向后迭代 1 字节
            //获取 4 字节的 UTF-8 字符
            ch = (init & 7) << 18 | utf8_acc_cont_byte(y_z, w);
        }
    }
    Some(ch)
}
```

为字符串类型实现 Iterator Trait 的代码本身也是 Iterator Trait 应用的经典案例，也凸显了使用 Iterator Trait 作为代码实现方案的优越性。与 C 语言相比，Rust 具有良好的设计方案。

5.7 数组类型迭代器

数组类型与切片类型类似，其迭代器也是初学者最常接触的。为数组类型实现 Iterator Trait 的源代码在标准库中的路径如下：

```
/library/core/src/array/iter.rx
```

5.7.1 成员本身迭代器

为实现数组类型对成员本身的迭代器，标准库设计了很浪费资源的类型。对这个类型定义源代码的分析如下：

```
pub struct IntoIter<T, const N: usize> {
```

```
    //data是处于迭代的数组，只有data[alive]是有效的，
    //访问data[..alive.start]及data[alive.end..]会发生UB（未定义行为）。
    //使用[MaybeUninit<T>;N]的主要原因是不让编译器对数组成员做资源释放
    data: [MaybeUninit<T>; N],

    //以下代码表明数组中有效成员的下标范围，且必须满足alive.start <= alive.end及alive.end <= N
    alive: Range<usize>,
}
```

以上结构体的设计根源是为了将数组类型成员的所有权转移出数组。读者通过学习这个设计可以深刻地理解所有权，也能理解所有权语法带来的苦恼。对此类型源代码的分析如下：

```
impl<T, const N: usize> IntoIter<T, N> {
    pub fn new(array: [T; N]) -> Self {
        //使用unsafe主要是因为出现了不安全的所有权转移操作
        unsafe {
            //因为Rust特征目前还不支持数组的transmute()函数，
            //所以此处使用了跨类型内存拷贝函数transmute_copy()，
            //使用该函数从栈中申请一块内存并复制，复制完成后，原数组的所有权已经转移到data，
            //虽然data内成员完成了初始化，但仍然是MaybeUninit<T>类型。
            //这意味着如果没有额外措施，这个操作就会造成内存泄漏
            let iter = Self { data: mem::transmute_copy(&array), alive: 0..N };
            mem::forget(array); //对原数组调用mem::forget()函数反映所有权已经失去
            iter
        }
    }
    pub fn as_slice(&self) -> &[T] {
        //仅针对有效的数组成员返回切片引用，但不包含已经消费的数组成员
        unsafe {
            //slice是&[MaybeUninit<T>]类型
            let slice = self.data.get_unchecked(self.alive.clone());
            //slice_assume_init_ref()函数用于完成类型转换
            MaybeUninit::slice_assume_init_ref(slice)
        }
    }
    pub fn as_mut_slice(&mut self) -> &mut [T] {
        unsafe {
            //slice是&mut [MaybeUninit<T>]类型
            let slice = self.data.get_unchecked_mut(self.alive.clone());
            //将[MagbeUninit<T>]类型解封装为[T]类型
            MaybeUninit::slice_assume_init_mut(slice)
        }
    }
}
```

```
//实现 Iterator Trait
impl<T, const N: usize> Iterator for IntoIter<T, N> {
    type Item = T;
    fn next(&mut self) -> Option<Self::Item> {
        //利用适配器设计模式，使用范围类型的 Iterator 获取 next()函数。
        //由于 alive 的 next()函数会造成 start 变化，因此 start 之前的数组成员无法再被代码访问，
        //先利用这个方式实现对成员的消费，再利用 Option::map()函数完成下标值传递
        self.alive.next().map(|idx| {
            //使用 assume_init_read()函数从堆栈中申请了 T 大小的内存，进行内存拷贝后，返回变量，
            //此时将 array 成员的所有权转移到返回值
            unsafe { self.data.get_unchecked(idx).assume_init_read() }
        })
    }
    …
}
impl<T, const N: usize> Drop for IntoIter<T, N> {
    //对没有被消费的成员必须释放资源
    fn drop(&mut self) {
        //as_mut_slice()函数用于获取所有具有所有权的成员，
        //利用 drop_in_place()函数触发这些成员自身的 drop()函数来完成释放资源。
        //因为 data 变量中的成员始终封装在 MaybeUninit<T>中，所以不会被编译器释放。
        unsafe { ptr::drop_in_place(self.as_mut_slice()) }
    }
}
//实现 IntoIterator
impl<T, const N: usize> IntoIterator for [T; N] {
    type Item = T;
    type IntoIter = IntoIter<T, N>;
    //创建消费型的 Iterator，此函数用于消费数组
    fn into_iter(self) -> Self::IntoIter {
        IntoIter::new(self)
    }
}
```

将数组成员的所有权转移出数组所带来的麻烦和复杂令人头疼。以上代码给出的方案是所有权转移的一些通用底层技巧。但如此复杂的代码也提醒用户最好避免使用成员本身迭代器。

5.7.2　成员引用迭代器

为数组类型实现成员引用迭代器的方案是利用切片类型的迭代器并结合适配器设计模式来实现的。对成员引用迭代器源代码的分析如下：

```
impl<'a, T, const N: usize> IntoIterator for &'a [T; N] {
    type Item = &'a T;
    type IntoIter = Iter<'a, T>;
    fn into_iter(self) -> Iter<'a, T> {
        self.iter() // "." 用于先将 self 强制转换成切片类型[T]，再调用切片类型的 Iter
    }
}
impl<'a, T, const N: usize> IntoIterator for &'a mut [T; N] {
    type Item = &'a mut T;
    type IntoIter = IterMut<'a, T>;
    fn into_iter(self) -> IterMut<'a, T> {
        self.iter_mut() //self 被强制转换为切片类型
    }
}
```

5.8 Iterator 适配器

Iterator 适配器采用了适配器设计模式，基于 Iterator Trait 来实现一类通用处理的迭代器。

5.8.1 Map 适配器

如果希望代码对迭代器迭代的每一个成员都使用相同的逻辑处理，则可以在迭代器的基础上创建 Map 适配器。Map 适配器本身仍然是迭代器，相关处理只有在执行迭代时才会发生。对 Map 适配器源代码的分析如下：

```
pub trait Iterator {
    //此函数用于创建 Map 适配器类型
    fn map<B, F>(self, f: F) -> Map<Self, F>
    where
        Self: Sized,
        F: FnMut(Self::Item) -> B,
    {   Map::new(self, f)   }
}
//Map 适配器类型，使用此类型能实现迭代器
pub struct Map<I, F> {
    pub(crate) iter: I,         //Map 的底层迭代器
    f: F,                       //Map 操作闭包函数
}
impl<I, F> Map<I, F> {
    //此函数用于构造 Map 变量
```

```
    pub(in crate::iter) fn new(iter: I, f: F) -> Map<I, F> {
        Map { iter, f }
    }
}
//以下为Map变量实现Iterator Trait
impl<B, I: Iterator, F> Iterator for Map<I, F>
where
    F: FnMut(I::Item) -> B,
{
    type Item = B;
    fn next(&mut self) -> Option<B> {
        //利用底层迭代器的next()函数及Option::map()函数能实现迭代处理逻辑
        self.iter.next().map(&mut self.f)
    }
    fn size_hint(&self) -> (usize, Option<usize>) {
        self.iter.size_hint()
    }
    //其他函数的实现技巧与next()函数的实现技巧类似，略
    …
}
```

5.8.2 Chain 适配器

Chain 适配器实现对两个迭代器的连接，实际就是两个容器的连接。对 Chain 适配器源代码的分析如下：

```
//Chain适配器类型包含两个需要连接的迭代器成员
pub struct Chain<A, B> {
    a: Option<A>, //迭代器A
    b: Option<B>, //迭代器B
}
pub trait Iterator {
    //此函数用于创建Chain适配器变量
    fn chain<U>(self, other: U) -> Chain<Self, U::IntoIter>
    where
        Self: Sized,
        U: IntoIterator<Item = Self::Item>,
    { Chain::new(self, other.into_iter()) }
}
impl<A, B> Chain<A, B> {
    pub(in super::super) fn new(a: A, b: B) -> Chain<A, B> {
        Chain { a: Some(a), b: Some(b) }
    }
}
```

```
//此宏是 Chain 迭代器的迭代操作支持宏
macro_rules! fuse {
    ($self:ident . $iter:ident . $($call:tt)+) => {
        //$iter 可能已经被置为 None
        match $self.$iter {
            //如果$iter 不为 None，则调用 Iter 的系列函数
            Some(ref mut iter) => match iter.$($call)+ {
                None => {
                    $self.$iter = None;  //将$iter 设置为 None，并返回 None
                    None
                }
                item => item,           //其他返回结果
            },
            None => None,               //当为 None 时，返回 None
        }
    };
}
//macro_rules!宏与 fuse!宏的实现方式类似，略
macro_rules! maybe {
    ($self:ident . $iter:ident . $($call:tt)+) => {
        match $self.$iter {
            Some(ref mut iter) => iter.$($call)+,
            None => None,
        }
    };
}
//以下为 Chain 适配器实现 Iterator Trait
impl<A, B> Iterator for Chain<A, B>
where
    A: Iterator,
    B: Iterator<Item = A::Item>,
{
    type Item = A::Item;
    fn next(&mut self) -> Option<A::Item> {
        //执行 self.a.next()函数
        match fuse!(self.a.next()) {
            //如果 self.a.next()函数返回 None，则执行 self.b.next()函数
            None => maybe!(self.b.next()),
            item => item, //如果不为 None，则返回 a 的返回值
        }
    }
    …
}
```

5.8.3 其他适配器

标准库还定义了许多其他 Iterator 适配器，如 StepBy、Filter、Zip、Intersperse 等，具体请参考官方标准库指南。为这些适配器实现 Iterator Trait 通常采用适配器设计模式，且每一个适配器的结构及代码逻辑都是易理解的。

Iterator 适配器是 Trait 语法和泛型编程强大功能的体现。Rust 标准库以很少的代码实现了 Iterator 适配器，而其他语言的标准库通常只有少数几种 Iterator 适配器，这就导致其他语言迭代器基础设备的碎片化。

Iterator 适配器是函数式编程的基础设备，全面而丰富的适配器凸显了 Rust 对函数式编程的良好支持。

5.9 Option<T>适配器

Option<T>实现 Iterator Trait 的主要目的是使用 Iterator Trait 构建的各种适配器支持函数式编程。对迭代变量所有权涉及的类型及函数的分析如下：

```
pub struct IntoIter<A> {
    inner: Item<A>, //此成员负责执行真正的迭代器功能
}
//Item 被设计同时满足 into_iter()函数、iter()函数、iter_mut()函数的需要
struct Item<A> {
    opt: Option<A>,
}
impl<T> IntoIterator for Option<T> {
    type Item = T;
    type IntoIter = IntoIter<T>;
    //此函数用于创建 Iterator 的实现变量，self 将所有权传入结构体中
    fn into_iter(self) -> IntoIter<T> {
        IntoIter { inner: Item { opt: self } }
    }
}
//Item 类型用于实现 Iterator Trait
impl<A> Iterator for Item<A> {
    type Item = A;

    fn next(&mut self) -> Option<A> {
        self.opt.take() //将内部变量及所有权返回，并用 None 替换原变量的值
    }
    fn size_hint(&self) -> (usize, Option<usize>) {
```

```
        match self.opt {
            Some(_) => (1, Some(1)),
            None => (0, Some(0)),
        }
    }
}
//迭代变量所有权的 Iterator Trait 实现
impl<A> Iterator for IntoIter<A> {
    type Item = A;

    fn next(&mut self) -> Option<A> {
        self.inner.next()
    }
    fn size_hint(&self) -> (usize, Option<usize>) {
        self.inner.size_hint()
    }
}
```

Result<T,E>的 Iterator Trait 实现与 Option<T>的 Iterator Trait 实现类似，分析略。

5.10 回顾

迭代器是现代编程语言的标志之一，迭代器、Iterator 适配器及闭包构成了函数式编程的基础设备。Rust 是原生支持迭代器的编程语言。Rust 支持了 3 种迭代器及众多的 Iterator 适配器，并且几乎所有的关键类型都实现了 Iterator Trait。

为切片类型、范围类型、数组类型实现 Iterator Trait 的源代码都是良好的 Rust 编程案例。读者研究后能够有效提升 Rust 的编程水平。

第6章

基本类型（续）

6.1 整数类型

整数的 0 值可以在某些场景代表异常，但用 0 表示异常显然不是 Rust 的逻辑，因此标准库定义了非零整数类型。这些类型包括 NonZeroU8、NonZeroU16、NonZeroU32、NonZeroU64、NonZeroU128、NonZeroUsize、NonZeroI8、NonZeroI16、NonZeroI32、NonZeroI64、NonZeroI128、NonZeroIsize 等。

定义非零整数类型后，用户可以用 Option<NonZeroxxxx>类型表示整数类型集合，用 None 表示异常，从而在类型定义层面使得异常必须被处理。对非零整数类型源代码的分析如下：

```
//利用宏简化定义代码
macro_rules! nonzero_integers {
    ( $($Ty: ident($Int: ty); )+ ) => {
        $(
            #[derive(Copy, Clone, Eq, PartialEq, Ord, PartialOrd, Hash)]
            #[repr(transparent)]
            pub struct $Ty($Int);

            impl $Ty {
                pub const unsafe fn new_unchecked(n: $Int) -> Self {
                    unsafe { Self(n) }
                }
                pub const fn new(n: $Int) -> Option<Self> {
                    if n != 0 {
                        Some(unsafe { Self(n) })
                    } else {
                        None
                    }
                }
                pub const fn get(self) -> $Int {  self.0  }
            }
            //支持以 const 方式实现 Trait
            impl const From<$Ty> for $Int {
                fn from(nonzero: $Ty) -> Self {  nonzero.0  }
            }
            //本类型与本类型的“|”运算符重载
            impl const BitOr for $Ty {
                type Output = Self;
                fn bitor(self, rhs: Self) -> Self::Output {
                    unsafe { $Ty::new_unchecked(self.get() | rhs.get()) }
                }
            }
```

```
        //本类型与基本类型的“|”运算符重载
        impl const BitOr<$Int> for $Ty {
            type Output = Self;
            fn bitor(self, rhs: $Int) -> Self::Output {
                unsafe { $Ty::new_unchecked(self.get() | rhs) }
            }
        }
        //基本类型与本类型的“|”运算符重载
        impl const BitOr<$Ty> for $Int {
            type Output = $Ty;
            fn bitor(self, rhs: $Ty) -> Self::Output {
                unsafe { $Ty::new_unchecked(self | rhs.get()) }
            }
        }
        // “|=”运算符重载
        impl const BitOrAssign for $Ty {
            fn bitor_assign(&mut self, rhs: Self) {
                *self = *self | rhs;
            }
        }
        impl const BitOrAssign<$Int> for $Ty {
            fn bitor_assign(&mut self, rhs: $Int) {
                *self = *self | rhs;
            }
        }
        //省略其他运算符的重载
        …
    )+
  }
}
nonzero_integers! {
    NonZeroU8(u8); NonZeroU16(u16); NonZeroU32(u32); NonZeroU64(u64);
    NonZeroU128(u128); NonZeroUsize(usize); NonZeroI8(i8); NonZeroI16(i16);
    NonZeroI32(i32); NonZeroI64(i64); NonZeroI128(i128); NonZeroIsize(isize);
}
```

6.2　布尔类型

标准库定义了布尔类型的函数，以更好地支持函数式编程的链式调用。对这些函数源代码的分析如下：

```
pub const fn then_some<T>(self, t: T) -> Option<T>
```

```
    where
        //~const Destruct 表示泛型 T 应该不支持对 const 变量的 Destruct Trait
        T: ~const Destruct,
    {   if self { Some(t) } else { None }   }

    pub const fn then<T, F>(self, f: F) -> Option<T>
    where
        F: ~const FnOnce() -> T,
        F: ~const Destruct,
    {   if self { Some(f()) } else { None }   }
```

某些程序员一直不满意编程语言提供的 if...else 语法，以上函数提供了规避此语法的方案。

6.3 字符类型

字符类型函数众多，本节将摘录一些具有 Rust 编码特征的函数进行分析。在 Rust 中，用户常使用一些函数对字符与其他类型进行互相转换，以便编写程序。对这些函数源代码的分析如下：

```
//将字符串转换为字符
impl FromStr for char {
    type Err = ParseCharError;
    //因为字符串用 UTF-8 编码，而 char 是 4 字节变量，
    //所以从字符串获取字符类型不是简单的字符数组取值
    fn from_str(s: &str) -> Result<Self, Self::Err> {
        let mut chars = s.chars();
        //对字符串进行判断，字符串应该只有一个字符，否则转换错误
        match (chars.next(), chars.next()) {
            //无法得到字符
            (None, _) => Err(ParseCharError { kind: CharErrorKind::EmptyString }),
            (Some(c), None) => Ok(c), //只存在一个字符
            //其他情况
            _ => Err(ParseCharError { kind: CharErrorKind::TooManyChars }),
        }
    }
}
//将 u32 转换为字符
impl TryFrom<u32> for char {
    type Error = CharTryFromError;
    fn try_from(i: u32) -> Result<Self, Self::Error> {
        if (i > MAX as u32) || (i >= 0xD800 && i <= 0xDFFF) {
```

```
            Err(CharTryFromError(()))
        } else {
            //由于不能使用 as 运算符，因此这里只能使用 transmute()函数实现强制转换
            Ok(unsafe { transmute(i) })
        }
    }
}
//此函数用于将任意进制的数值转换为字符
pub fn from_digit(num: u32, radix: u32) -> Option<char> {
    //不支持大于三十六进制的数，因为无法用英文字母表示
    if radix > 36 {   panic!("from_digit: radix is too high (maximum 36)");   }
    if num < radix {
        //可以将 num 安全地转换为 u8 类型，后面可以与 Byte 类型进行加法运算，b'0'是 Byte 类型的字面量
        let num = num as u8;
        if num < 10 { Some((b'0' + num) as char) } else { Some((b'a' + num - 10) as char) }
    } else {
        None
    }
}
//此函数用于将字符转换为某一进制的值
pub fn to_digit(self, radix: u32) -> Option<u32> {
    assert!(radix <= 36, "to_digit: radix is too high (maximum 36)");
    //利用 wrapping_sub()函数同时处理大于或小于'0'的字符，且规避溢出
    let mut digit = (self as u32).wrapping_sub('0' as u32);
    if radix > 10 {
        if digit < 10 {  return Some(digit);  }
        //利用 saturating_add()函数保证计算结果不会折返
        digit = (self as u32 | 0b10_0000).wrapping_sub('a' as u32).saturating_add(10);
    }
    (digit < radix).then_some(digit)             //函数式编程
}
//将字符转换为"\u{xxxx}"的形式，
//escape_unicode()函数充分地展示了函数式编程的设计思想，即以迭代器为中心来设计问题解决方案，
//对于任何一个问题，要看是否能设计一个实现 Iterator Trait 的结构来解决问题
pub fn escape_unicode(self) -> EscapeUnicode {
    let c = self as u32;
    let msb = 31 - (c | 1).leading_zeros();    //c|1 避免有 32 个 0 出现
    let ms_hex_digit = msb / 4;                 //计算需要多少个十六进制字符
    //生成支持 Iterator 的类型变量，以便利用 Iterator 解决问题
    EscapeUnicode {
        c: self,
        state: EscapeUnicodeState::Backslash,
        hex_digit_idx: ms_hex_digit as usize,
    }
}
```

```
pub struct EscapeUnicode {
    c: char,
    state: EscapeUnicodeState,
    hex_digit_idx: usize,                         //当前还有多少个字符没有转换
}
//转换字符的当前状态类型
enum EscapeUnicodeState {
    Done,              //转换完成
    RightBrace,        //输出右括号
    Value,             //输出字母
    LeftBrace,         //输出左括号
    Type,              //输出 Type 的字符
    Backslash,         //输出斜杠，第一个状态
}
impl Iterator for EscapeUnicode {
    type Item = char;
    //next()函数用于实现状态转换
    fn next(&mut self) -> Option<char> {
        match self.state {
            EscapeUnicodeState::Backslash => {
                self.state = EscapeUnicodeState::Type;
                Some('\\')
            }
            EscapeUnicodeState::Type => {
                self.state = EscapeUnicodeState::LeftBrace;
                Some('u')
            }
            EscapeUnicodeState::LeftBrace => {
                self.state = EscapeUnicodeState::Value;
                Some('{')
            }
            EscapeUnicodeState::Value => {
                let hex_digit = ((self.c as u32) >> (self.hex_digit_idx * 4)) & 0xf;
                let c = from_digit(hex_digit, 16).unwrap();
                if self.hex_digit_idx == 0 {
                    self.state = EscapeUnicodeState::RightBrace;
                } else {
                    self.hex_digit_idx -= 1;
                }
                Some(c)
            }
            EscapeUnicodeState::RightBrace => {
                self.state = EscapeUnicodeState::Done;
                Some('}')
            }
```

```
            EscapeUnicodeState::Done => None,
        }
    }
    fn size_hint(&self) -> (usize, Option<usize>) {
        let n = self.len();
        (n, Some(n))
    }
    fn count(self) -> usize {   self.len()   }
    fn last(self) -> Option<char> {
        match self.state {
            EscapeUnicodeState::Done => None,
            EscapeUnicodeState::RightBrace
            | EscapeUnicodeState::Value
            | EscapeUnicodeState::LeftBrace
            | EscapeUnicodeState::Type
            | EscapeUnicodeState::Backslash => Some('}'),
        }
    }
}
impl fmt::Display for EscapeUnicode {
    fn fmt(&self, f: &mut fmt::Formatter<'_>) -> fmt::Result {
        //利用 Iterator 输出转换后的字符串
        for c in self.clone() {
            f.write_char(c)?;
        }
        Ok(())
    }
}
//与 EscapeUnicode 类似的转换函数，代码分析略
pub fn escape_debug(self) -> EscapeDebug //debug 转换输出
pub fn to_lowercase(self) -> ToLowercase //转换为小写字母
pub fn to_uppercase(self) -> ToUppercase //转换为大写字母
```

字符类型与字符串类型在内存占用上有很大不同，将字符转换为字符串时，无法使用“=”，需要专门的转换函数。对此函数源代码的分析如下：

```
    //此函数用于将字符编码为 UTF-8 的字符串存放在输入参数 dst 中，
    //dst 应该保证有足够的内存空间，另外，使用此函数返回的&mut str 的地址与 dst 的地址相同
    pub fn encode_utf8(self, dst: &mut [u8]) -> &mut str {
        unsafe { from_utf8_unchecked_mut(encode_utf8_raw(self as u32, dst)) }
    }
    pub unsafe fn from_utf8_unchecked_mut(v: &mut [u8]) -> &mut str {
        unsafe { &mut *(v as *mut [u8] as *mut str) }//调用者需要保证 v 能被安全转换
    }
    pub fn encode_utf8_raw(code: u32, dst: &mut [u8]) -> &mut [u8] {
        let len = len_utf8(code);
```

```
        //注意以下 match 语法
        match (len, &mut dst[..]) {
            //以下代码展现了 Rust 强大的语法
            (1, [a, ..]) => {
                *a = code as u8;
            }
            (2, [a, b, ..]) => {
                *a = (code >> 6 & 0x1F) as u8 | TAG_TWO_B;
                *b = (code & 0x3F) as u8 | TAG_CONT;
            }
            (3, [a, b, c, ..]) => {
                *a = (code >> 12 & 0x0F) as u8 | TAG_THREE_B;
                *b = (code >> 6 & 0x3F) as u8 | TAG_CONT;
                *c = (code & 0x3F) as u8 | TAG_CONT;
            }
            (4, [a, b, c, d, ..]) => {
                *a = (code >> 18 & 0x07) as u8 | TAG_FOUR_B;
                *b = (code >> 12 & 0x3F) as u8 | TAG_CONT;
                *c = (code >> 6 & 0x3F) as u8 | TAG_CONT;
                *d = (code & 0x3F) as u8 | TAG_CONT;
            }
            _ => panic!(
                "encode_utf8: need {} bytes to encode U+{:X}, but the buffer has {}",
                len, code, dst.len(),
            ),
        };
        &mut dst[..len]
    }
}
```

6.4 字符串类型

字符串的函数集合通常是被初学者最先关注的标准库内容。本节主要分析一些关键的函数，对这些函数源代码的分析如下：

```
    pub const fn len(&self) -> usize {
        self.as_bytes().len() //获取字符串的字节数量
    }
    //此函数用于判断偏移量为 index 处的成员是否是字符边界
    pub fn is_char_boundary(&self, index: usize) -> bool {
        if index == 0 {
            return true;        //0 位置总是边界
```

```
    }
    match self.as_bytes().get(index) {
        None => index == self.len(), //index 表示超出的字符串长度
        Some(&b) => (b as i8) >= -0x40,//当 b < 128 || b >= 192 时，返回结果为 true
    }
}
//目前 I 的类型仅支持：
// usize、..(RangeFull)、start..(RangeFrom)、start..end(Range)、
// start..=end(RangeInclusive)、..end(RangeTo)、..=end(RangeToInclusive)。
//get()函数不会引发 panic，是比 str[usize]或 str[Range]更安全的方案
pub fn get<I: SliceIndex<str>>(&self, i: I) -> Option<&I::Output> {
    i.get(self)
}
//为 Range 实现基于 str 的 SliceIndex Trait
unsafe impl SliceIndex<str> for ops::Range<usize> {
    type Output = str;

    fn get(self, slice: &str) -> Option<&Self::Output> {
        //Range 的两个端点必须都在字符边界，否则返回 None
        if self.start <= self.end
            && slice.is_char_boundary(self.start)
            && slice.is_char_boundary(self.end)
        {
            Some(unsafe { &*self.get_unchecked(slice) })
        } else {
            None
        }
    }
    //利用裸指针来获取内存并进行转换
    unsafe fn get_unchecked(self, slice: *const str) -> *const Self::Output {
        let slice = slice as *const [u8];
        //slice 表示起始指针
        let ptr = unsafe { slice.as_ptr().add(self.start) };
        let len = self.end - self.start; //self 长度
        ptr::slice_from_raw_parts(ptr, len) as *const str //创建一个新的 slice
    }
    …
}
//其他可以用 Index 实现的 get_xxx()函数及 split_at()函数，略
…
```

查找若干字符串的示例代码如下：

```
//字符串查找函数可以用模式匹配查找子字符串，支持如下示例中的查找：
// let s = "Löwe 老虎 Léopard Gepardi";
//字符的查找：
```

```
// assert_eq!(s.find('L'), Some(0));
// assert_eq!(s.find('é'), Some(14));
//
//子字符串的查找:
// assert_eq!(s.find("pard"), Some(17));
//
//满足要求的字符或字符串的查找:
// assert_eq!(s.find(char::is_lowercase), Some(1));
// assert_eq!(s.find(|c: char| c.is_whitespace() || c.is_lowercase()), Some(1));
//
//字符数组的查找，注意 Rust 中字符数组与字符串是两个不同的类型:
// assert_eq!(s.find(['老', 'G']))
```

Rust 标准库没有实现基于正则表达式的字符串查找函数，用于 OS 内核开发的库集成正则表达式似乎不合适。从以上示例代码中可以发现，字符串类型实现的查找函数功能强大、使用直观及易于理解。

Rust 的以下特征使代码更容易具有良好架构。

（1）支持基本类型实现自定义 Trait，代码含义得以直观表现，且无须修改基本类型的源代码。而其他语言（如 C++和 Java）不修改代码便无法对已经定义的类型直接扩展函数，只有创建新类型或继承类型才能实现功能扩展。这就造成了代码的不直观及冗余，也增加了额外的学习负担。

（2）具备强大的 Trait 语法，即使对于闭包类型，也可以实现 Trait。

对字符串类型的 find()函数源代码的分析如下：

```
pub fn find<'a, P: Pattern<'a>>(&'a self, pat: P) -> Option<usize> {
    //利用 Pattern Trait 支持了众多类型的查找
    pat.into_searcher(self).next_match().map(|(i, _)| i)
}
```

在设计 find()这样一个函数时，程序员会自然地将输入参数设计成一个泛型，并对此参数用 Trait 约束。标准库将这个 Trait 起名为 Pattern。作为输入参数的泛型可以是字符类型、字符串类型、字符数组类型或闭包类型。

如果 Pattern Trait 仅为 find()函数设计，则无法满足可扩展性需求。标准库将 Pattern Trait 与另一个具体实现查找的类型相关联，Pattern Trait 最重要的功能是创建此类型的变量，此变量结构体保存了 find()函数的输入参数、原始字符串，并实现查找。对这些功能源代码的分析如下：

```
//Pattern Trait 的定义及公共行为
pub trait Pattern<'a>: Sized {
    //与 self 相适配的搜索算法类型，类型必须实现 Searcher Trait
    type Searcher: Searcher<'a>;
```

```
    //根据待查找 str 及 self 创建 Searcher
    fn into_searcher(self, haystack: &'a str) -> Self::Searcher;
    fn is_contained_in(self, haystack: &'a str) -> bool {
        //检查 self 是否存在于 haystack
        self.into_searcher(haystack).next_match().is_some()
    }
    …
}
//Searcher Trait 的定义，实现此 Trait 的类型可具体实现查找
pub unsafe Trait Searcher<'a> {
    fn haystack(&self) -> &'a str;  //返回原始字符串
    //next()函数用于执行搜索操作，返回值有以下几种：
    //   [SearchStep::Match(a,b)] haystack[a..b]匹配了模式，
    //   [SearchStep::Reject(a,b)] haystack[a..b]不能匹配模式，
    //   [SearchStep::Done]
    //next()函数的返回结果与上次返回的结果首尾相连。如果上次返回 Match(0,1),
    //则 next()函数返回的应该是 Reject(2,_)或 Match(2,_)。
    //第一次调用 next()函数的返回必须是 Reject(0,_)或 Match(0,_)。
    //在返回 Done 的前一次返回的应该是 Reject(_, haystack.len()-1)或
    //Match(_, haystack.len()-1)
    fn next(&mut self) -> SearchStep;

    //此函数用于从当前位置查找到下一个匹配的子字符串
    fn next_match(&mut self) -> Option<(usize, usize)> {
        loop {
            match self.next() {
                //如果找到匹配的子字符串，则返回匹配的子字符串的位置
                SearchStep::Match(a, b) => return Some((a, b)),
                SearchStep::Done => return None, //已经全部查找完子字符串
                _ => continue,
            }
        }
    }
    //此函数用于从当前位置找到下一个不匹配的子字符串
    fn next_reject(&mut self) -> Option<(usize, usize)> {
        loop {
            match self.next() {
                //如果找不到不匹配的子字符串，则返回不匹配的子字符串的位置
                SearchStep::Reject(a, b) => return Some((a, b)),
                SearchStep::Done => return None, //已经全部查找完子字符串
                _ => continue,
            }
        }
    }
```

```
}
//此枚举类型定义了查找结果
pub enum SearchStep {
    Match(usize, usize), //用于返回匹配的子字符串的位置
    Reject(usize, usize),//用于返回不匹配的子字符串的位置
    Done, //已经遍历完字符串
}
```

从字符串中查找单个字符是最基本的功能，对此功能源代码的分析如下：

```
//查找单字符的 Searcher 类型
pub struct CharSearcher<'a> { //略 }
//为 CharSearcher 实现 Searcher Trait
unsafe impl<'a> Searcher<'a> for CharSearcher<'a> { //略 }
//针对 char 的 Pattern 实现，支持如 "abc".find('a') 的形态
impl<'a, 'b> Pattern<'a> for char {
    type Searcher = CharSearcher
    //略
}
```

从字符串中查找字符集合的某一个字符是代码训练的良好实例。如何定义字符集合，以及如何为字符集合实现 Searcher Trait 及 Pattern Trait 是代码的关键。对此功能源代码的分析如下：

```
//"abc".find(&['a','b'])、"abc".find(&['a','b'][..])与&['a','b'][..]
//实质上是&[char]类型的，注意此类型与&str 类型的区别，
//"abc".find(|ch| ch > 'a' && ch < 'c')使用了闭包函数，
//利用 MultiCharEq Trait 抽象[char; N]、&[char]、FnMut(char)->bool 3 种字符集合类型，
//利用 Trait 来抽象字符集合是设计亮点
trait MultiCharEq {
    fn matches(&mut self, c: char) -> bool;
}
//为 FnMut(char)->bool 实现 MultiCharEq Trait
impl<F> MultiCharEq for F
where
    F: FnMut(char) -> bool,
{
    fn matches(&mut self, c: char) -> bool {  (*self)(c)   }
}
//为[char;N]实现 MultiCharEq Trait
impl<const N: usize> MultiCharEq for [char; N] {
    fn matches(&mut self, c: char) -> bool {  self.iter().any(|&m| m == c)  }
}
//为&[char]实现 MultiCharEq Trait
impl MultiCharEq for &[char] {
    fn matches(&mut self, c: char) -> bool {  self.iter().any(|&m| m == c)  }
```

```
    }
    //针对 MultiCharEq Trait 定义类型以实现 Pattern Trait
    struct MultiCharEqPattern<C: MultiCharEq>(C);
    //针对 MultiCharEqPattern 定义类型以实现 Searcher Trait
    struct MultiCharEqSearcher<'a, C: MultiCharEq> {
        char_eq: C,
        haystack: &'a str,
        char_indices: super::CharIndices<'a>,
    }
    //为 MultiCharEq 实现 Pattern Trait
    impl<'a, C: MultiCharEq> Pattern<'a> for MultiCharEqPattern<C> {
        type Searcher = MultiCharEqSearcher<'a, C>;

        //此函数用于创建泛型 Searcher 结构
        fn into_searcher(self, haystack: &'a str) -> MultiCharEqSearcher<'a, C> {
            MultiCharEqSearcher {
                    haystack,
                    char_eq: self.0,
                    char_indices: haystack.char_indices()
            }
        }
    }
    //为 MultiCharEqSearcher 实现 Searcher Trait
    unsafe impl<'a, C: MultiCharEq> Searcher<'a> for MultiCharEqSearcher<'a, C> {
        …
        fn next(&mut self) -> SearchStep {
            let s = &mut self.char_indices;
            //pre_len()函数用于计算 char 在字符串中占用了多少字节
            let pre_len = s.iter.iter.len();
            if let Some((i, c)) = s.next() {
                let len = s.iter.iter.len();
                let char_len = pre_len - len; //计算当前字符占用的字节数
                if self.char_eq.matches(c) {
                    return SearchStep::Match(i, i + char_len);    //返回匹配位置
                } else {
                    return SearchStep::Reject(i, i + char_len);  //返回没有匹配的子字符串
                }
            }
            SearchStep::Done                                       //完成搜索
        }
    }
}
```

为字符集合实现 Pattern Trait 的代码并不复杂。程序员在熟悉以泛型和 Trait 进行程序设计后，似乎自然就会编写出这样的代码。

子字符串搜索方法是最复杂的字符串搜索方法。下面将比较详细地分析 TwoWay 算法，对 TwoWay 算法源代码的分析如下：

```
//针对 str 实现的 Pattern Trait，支持如"abc".find("ab")的形态
impl<'a, 'b> Pattern<'a> for &'b str {
    type Searcher = StrSearcher<'a, 'b>;
    fn into_searcher(self, haystack: &'a str) -> StrSearcher<'a, 'b> {
        StrSearcher::new(haystack, self)
    }
    …
}
pub struct StrSearcher<'a, 'b> {
    haystack: &'a str,             //源字符串
    needle: &'b str,               //子字符串
    searcher: StrSearcherImpl,     //实现查找算法
}
//枚举类型的作用：一是区分场景，二是可以方便扩展其他算法
enum StrSearcherImpl {
    Empty(EmptyNeedle),            //考虑空字符串
    TwoWay(TwoWaySearcher),        //当前的 TwoWay 算法
}
impl<'a, 'b> StrSearcher<'a, 'b> {
    fn new(haystack: &'a str, needle: &'b str) -> StrSearcher<'a, 'b> {
        if needle.is_empty() {
            //空字符串情况，此处及后继都略
            …
        } else {
            StrSearcher {
                haystack,
                needle,
               //TwoWay 算法
               searcher: StrSearcherImpl::TwoWay(TwoWaySearcher::new(
                   needle.as_bytes(),
                   haystack.len(),
               )),
            }
        }
    }
}
unsafe impl<'a, 'b> Searcher<'a> for StrSearcher<'a, 'b> {
    fn haystack(&self) -> &'a str {  self.haystack  }
    fn next(&mut self) -> SearchStep {
        //这里的写法不适合扩展不同的搜索算法
        match self.searcher {
            StrSearcherImpl::Empty(ref mut searcher) => {
```

```
                ...
            }
            StrSearcherImpl::TwoWay(ref mut searcher) => {
                //使用 TwoWaySearcher 来实现查找，此处略
                ...
            }
        }
    }
    fn next_match(&mut self) -> Option<(usize, usize)> {
        match self.searcher {
            StrSearcherImpl::Empty(..) => loop {
                ...
            },
            StrSearcherImpl::TwoWay(ref mut searcher) => {
                //使用 TwoWaySearcher 来实现查找，此处略
                ...
            }
        }
    }
}
```

查找子字符串算法的关键问题如下。

（1）每次比较应该从子字符串哪个位置开始？

（2）当不匹配时，应该在源字符串移动多少个位置开始新一次比较？

TwoWay 算法描述如下。

（1）在子字符串中找到第一个最小或最大的字符（看哪个位置偏后）作为每次比较的开始位置。

（2）当第一次比较时，从源字符串偏移开始位置向后比较子字符串与源字符串，记录比较相同的字符串字节数量，如果比较出现不一致，则向后偏移已经比较过的字节数量。

（3）当比较到子字符串结尾位置仍然全部相同时，如果上次比较有留存偏移位置，则从此偏移位置向后比较；如果出现不同且子字符串存在周期性，则向后移动周期长度并保存当前字节的偏移位置，返回第（2）步流程；如果子字符串没有周期性，则后移一个字符，返回第（2）步流程。

TwoWay 算法在子字符串整体出现周期性特征时优化了查找的效率。该算法假设源字符串为 H，子字符串为 S，S 中周期字符串为 w，周期为 p 个字符，w 的前缀为 w-，此时 S 必须满足 w(w|w-)+。在 H 具有周期性的情况下，如果先将源字符串从开始位置与 H 向后比较，一直到 H 的尾部都相同，再从开始位置与 H 向前比较，当出现不同时，则可以一次性向后偏移周期长度 w 重新比较，并且重用上次已经比较的结果，即可将源字符串中上次与子字符串比较的尾部位置作为开始位置。TwoWay 不是最快的算法，但占用内存少，也在一

定程度上提高了运算效率，是比较适合的算法。对 TwoWay 算法源代码的分析如下：

```
struct TwoWaySearcher {
    crit_pos: usize,       //每次比较的开始位置，从此位置向尾部比较
    crit_pos_back: usize, //每次反向比较的开始位置，从此位置向前部比较
    period: usize,         //周期长度
    byteset: u64,          //子字符串的位图，用来做一个快速甄别和判断
    position: usize,       //待比较字符串的位置，从头部向后查找
    end: usize,            //待比较字符串的位置，从尾部向前查找
    memory: usize,         //在尾部比较成功后，记录已经比较过的字符串
    memory_back: usize,    //同上，反方向比较
}
impl TwoWaySearcher {
    fn new(needle: &[u8], end: usize) -> TwoWaySearcher {
        //找出待查找字符串 needle 的周期，返回的 crit_pos 是字符串中的第一个最小字符
        let (crit_pos_false, period_false) = TwoWaySearcher::maximal_suffix(needle,
false);
        //返回的 crit_pos 是字符串中的第一个最大字符
        let (crit_pos_true, period_true) = TwoWaySearcher::maximal_suffix(needle,
true);
        //找到更偏向尾部的位置
        let (crit_pos, period) = if crit_pos_false > crit_pos_true {
            (crit_pos_false, period_false)
        } else {
            (crit_pos_true, period_true)
        };
        //判断是否从头部开始整个字符串都具备周期性
        if needle[..crit_pos] == needle[period..period + crit_pos] {
            //如果子字符串具备周期性，则反向也有周期性
            let crit_pos_back = needle.len()
                - cmp::max(
                    TwoWaySearcher::reverse_maximal_suffix(needle, period, false),
                    TwoWaySearcher::reverse_maximal_suffix(needle, period, true),
                );
            TwoWaySearcher {
                crit_pos, crit_pos_back, period,
                byteset: Self::byteset_create(&needle[..period]),
                position: 0, end, memory: 0,
                memory_back: needle.len(),
            }
        } else {
            //如果子字符串没有整体周期性，则反向与正向相同
            TwoWaySearcher {
                crit_pos, crit_pos_back: crit_pos,
```

```
                period: cmp::max(crit_pos, needle.len() - crit_pos) + 1,
                byteset: Self::byteset_create(needle),
                position: 0, end, memory: usize::MAX,
                memory_back: usize::MAX,
            }
        }
    }
    fn byteset_create(bytes: &[u8]) -> u64 {
        bytes.iter().fold(0, |a, &b| (1 << (b & 0x3f)) | a)
    }
    fn byteset_contains(&self, byte: u8) -> bool {
        (self.byteset >> ((byte & 0x3f) as usize)) & 1 != 0
    }
    //虽然 next() 函数比较复杂，但通过它能很好地学习 Rust 代码
    fn next<S>(&mut self, haystack: &[u8], needle: &[u8], long_period: bool) ->
S::Output
    where
        S: TwoWayStrategy,
    {
        let old_pos = self.position;  //从 position 开始比较
        let needle_last = needle.len() - 1;
        'search: loop {
            //判断剩余的长度是否大于子字符串长度
            let tail_byte = match haystack.get(self.position + needle_last) {
                Some(&b) => b,
                None => {
                    //如果剩余的长度小于子字符串长度，则无法找到匹配的字符串
                    self.position = haystack.len();
                    return S::rejecting(old_pos, self.position);
                }
            };
            if S::use_early_reject() && old_pos != self.position {
                //需要对每一段不匹配的字符串都返回不匹配位置
                return S::rejecting(old_pos, self.position);
            }
            //判断当前最后一个比较位置的字符是否存在于 needle，
            //以便有机会偏移整个子字符串长度
            if !self.byteset_contains(tail_byte) {
                self.position += needle.len();
                if !long_period {
                    self.memory = 0;
                }
                continue 'search;
            }
```

```
            //memory 是在有周期性时已经完成比较且相同的内容，
            //当 long_period 为 true 时，表示没有周期性
            let start = if long_period { self.crit_pos } else { cmp::max(self.crit_pos,
self.memory) };
            for i in start..needle.len() {
                if needle[i] != haystack[self.position + i] {
                    //因为 crit_pos 的唯一性，所以向后偏移已经完成比较的长度
                    self.position += i - self.crit_pos + 1;
                    if !long_period {  self.memory = 0;  }
                    continue 'search;
                }
            }
            //从 crit_pos 到尾部已经完成比较且都相同，从 crit_pos 到头部再比较
            let start = if long_period { 0 } else { self.memory };
            for i in (start..self.crit_pos).rev() {
                if needle[i] != haystack[self.position + i] {
                    self.position += self.period; //此时向后偏移周期长度
                    if !long_period {
                        //从 period 位置的字符到 needle 的尾部已经完成比较且都相同，
                        //用 memory 进行位置标记
                        self.memory = needle.len() - self.period;
                    }
                    continue 'search;
                }
            }
            let match_pos = self.position; //子字符串比较全部相同，记录匹配位置
            self.position += needle.len(); //此时向后偏移子字符串长度
            if !long_period {
                self.memory = 0;
            }
            return S::matching(match_pos, match_pos + needle.len());
        }
    }
    // 略
}
//以下提供了两种匹配策略
trait TwoWayStrategy {
    type Output;
    fn use_early_reject() -> bool;
    fn rejecting(a: usize, b: usize) -> Self::Output;
    fn matching(a: usize, b: usize) -> Self::Output;
}
//此结构仅用于处理子字符串匹配的情况
enum MatchOnly {}
impl TwoWayStrategy for MatchOnly {
```

```
    type Output = Option<(usize, usize)>;
    fn use_early_reject() -> bool {  false  }
    fn rejecting(_a: usize, _b: usize) -> Self::Output {  None  }
    fn matching(a: usize, b: usize) -> Self::Output {  Some((a, b))  }
}
//此结构仅用于处理子字符串匹配及支持子字符串不匹配的情况
enum RejectAndMatch {}
impl TwoWayStrategy for RejectAndMatch {
    type Output = SearchStep;
    fn use_early_reject() -> bool {  true  }
    fn rejecting(a: usize, b: usize) -> Self::Output {  SearchStep::Reject(a, b)  }
    fn matching(a: usize, b: usize) -> Self::Output {  SearchStep::Match(a, b)  }
}

//再次回到Searcher的实现代码
unsafe impl<'a, 'b> Searcher<'a> for StrSearcher<'a, 'b> {
    …
    fn next(&mut self) -> SearchStep {
        //这里的写法不适合扩展不同的搜索算法
        match self.searcher {
            …
            StrSearcherImpl::TwoWay(ref mut searcher) => {
                if searcher.position == self.haystack.len() {
                    return SearchStep::Done;  //搜索完成
                }
                let is_long = searcher.memory == usize::MAX;
                match searcher.next::<RejectAndMatch>(
                    self.haystack.as_bytes(),
                    self.needle.as_bytes(),
                    is_long,
                ) {
                    SearchStep::Reject(a, mut b) => {
                        //因为searcher使用&[u8]来搜索，所以返回的可能不是字符边界
                        while !self.haystack.is_char_boundary(b) {
                            b += 1;
                        }
                        searcher.position = cmp::max(b, searcher.position);
                        SearchStep::Reject(a, b)
                    }
                    otherwise => otherwise, //其他结果保持原样
                }
            }
        }
    }
    fn next_match(&mut self) -> Option<(usize, usize)> {
```

```
            match self.searcher {
                …
                StrSearcherImpl::TwoWay(ref mut searcher) => {
                    let is_long = searcher.memory == usize::MAX;
                    if is_long {
                        //如果匹配，则匹配点一定是字符边界
                        searcher.next::<MatchOnly>(
                            self.haystack.as_bytes(),
                            self.needle.as_bytes(),
                            true,
                        )
                    } else {
                        searcher.next::<MatchOnly>(
                            self.haystack.as_bytes(),
                            self.needle.as_bytes(),
                            false,
                        )
                    }
                }
            }
        }
    }
```

代码对 Pattern Trait 的使用并没有局限于字符串搜索，对另一个函数源代码的分析如下：

```
//生成一个支持 Iterator 的结构完成 split
pub fn split<'a, P: Pattern<'a>>(&'a self, pat: P) -> Split<'a, P> {
    Split(SplitInternal {
        start: 0,
        end: self.len(),
        matcher: pat.into_searcher(self),
        allow_trailing_empty: true,
        finished: false,
    })
}
```

6.5 切片类型

swap()是切片类型排序必须使用的函数。对此函数源代码的分析如下：

```
pub const fn swap(&mut self, a: usize, b: usize) {
    //这里只能使用裸指针，因为无法从一个切片获取两个可变引用
    let pa = ptr::addr_of_mut!(self[a]);
    let pb = ptr::addr_of_mut!(self[b]);
```

```
    unsafe {
        //利用裸指针交换函数完成切片内两个成员内存的交换，因为参数&mut self 保证了独占性，
        //内存的交换将会导致所有权的交换
        ptr::swap(pa, pb);
    }
}
```

为了熟悉一门新的编程语言，程序员通常将实现排序算法作为训练手段。下面只介绍插入排序，主要揭示 Rust 带来的一些处理上的特征。对插入排序源代码的分析如下：

```
//插入排序函数
fn insertion_sort<T, F>(v: &mut [T], is_less: &mut F)
where
    F: FnMut(&T, &T) -> bool,
{
    //Iterator 不适用切片排序，所以直接用下标范围循环
    for i in 1..v.len() {
        shift_tail(&mut v[..i + 1], is_less);
    }
}
//此函数用于将小的值移动到尾部
fn shift_tail<T, F>(v: &mut [T], is_less: &mut F)
where
    F: FnMut(&T, &T) -> bool,
{
    let len = v.len();

    //&mut [T]保证不存在其他对切片或切片成员的引用，数组成员之间的内存浅拷贝等同于所有权转移，
    //不会出现内存安全问题
    unsafe {
        if len >= 2 && is_less(v.get_unchecked(len - 1), v.get_unchecked(len - 2)) {
            //ManuallyDrop 通知编译器不必调用相关变量的 drop()函数
            let mut tmp = mem::ManuallyDrop::new(ptr::read(v.get_unchecked(len - 1)));
            //CopyOnDrop 会在生命周期终止且调用 drop()函数时，做 src 到 dest 的复制
            let mut hole = CopyOnDrop { src: &mut *tmp, dest: v.get_unchecked_mut(len - 2) };
            ptr::copy_nonoverlapping(v.get_unchecked(len - 2), v.get_unchecked_mut
(len - 1), 1);
            //注意以下代码成员的内存交换操作
            for i in (0..len - 2).rev() {
                if !is_less(&*tmp, v.get_unchecked(i)) {
                    break;
                }
                ptr::copy_nonoverlapping(v.get_unchecked(i),
                v.get_unchecked_mut(i + 1), 1);
                hole.dest = v.get_unchecked_mut(i);
            }
```

```
        }
    }
}
```

插入排序代码没有使用 swap()函数，主要目的是提高程序运行效率。

切片排序代码也说明 Rust 编程中代码的执行性能是至关重要的，不能因为安全而不考虑性能。所以，unsafe 代码在能显著提高性能时是必须考虑的设计方案。在使用 unsafe 代码时，程序员必须担负起保证代码安全的责任，但因为 unsafe 代码一般仅局限在一个小的范围内，比较容易实现无差错的代码。

6.6 回顾

本章着重分析了字符类型、字符串类型、切片类型的典型函数的源代码。

从本章的分析中，读者应该能够发现 Rust 保留了能引发良好程序设计的精华语法，但这是以牺牲程序员的一些自由度换取的。

本章的内容都可以作为用 Rust 编程的良好实例，值得读者自行实现一遍并与标准库的代码进行对比分析，这样可以加快读者掌握 Rust 的进程。

第7章

内部可变性类型

内部可变性类型与可变引用独占性的矛盾可能会让初学者产生迷惑。初学者通常认为内部可变性类型是可变引用独占性的语法补丁。这个认识是错误的，对内部可变性类型正确的认识应该是：这是 Rust 有意为之的方案，内部可变性类型使得可变引用的独占性能够在实践中成立。可变引用独占性及内部可变性类型使程序员必须小心地处理对变量的赋值，并可以依靠编译器来准确识别可能发生的冲突，培养程序员正确的编程习惯，从而减少 Bug。

内部可变性类型显著地提升了代码的质量。

7.1 Borrow/BorrowMut 分析

Borrow/BorrowMut Trait 是为内部可变性而设计的借用方案。基本类型实现的 Borrow/BorrowMut Trait 等价于借用及可变借用，而内部可变性类型实现的 Borrow/BorrowMut Trait 则是内部可变性类型访问及其安全的承载体。这两个 Trait 的源代码在标准库中的路径如下：

```
/library/core/src/borrow.rs
```

对以上两个 Trait 源代码的分析如下：

```
pub trait Borrow<Borrowed: ?Sized> {
    fn borrow(&self) -> &Borrowed;
}
pub trait BorrowMut<Borrowed: ?Sized>: Borrow<Borrowed> {
    fn borrow_mut(&mut self) -> &mut Borrowed;
}
//每一个类型都实现了针对自身的 Borrow Trait
impl<T: ?Sized> Borrow<T> for T {
    fn borrow(&self) -> &T {   self   }
}
//每一个类型都实现了针对自身的 BorrowMut Trait
impl<T: ?Sized> BorrowMut<T> for T {
    fn borrow_mut(&mut self) -> &mut T {   self   }
}
//每一个类型的引用都实现了对自身的 Borrow Trait
impl<T: ?Sized> Borrow<T> for &T {
    fn borrow(&self) -> &T {  &**self   }
}
//每一个类型的可变引用都实现了针对自身的 Borrow Trait
impl<T: ?Sized> Borrow<T> for &mut T {
    fn borrow(&self) -> &T {   &**self  }
}
```

```
//每一个类型的可变引用都实现了针对自身的BorrowMut Trait
impl<T: ?Sized> BorrowMut<T> for &mut T {
    fn borrow_mut(&mut self) -> &mut T {    &mut **self    }
}
```

7.2　Cell<T>类型分析

Cell<T>类型是内部可变性类型，主要应用于以下需求。

希望对一个变量创建多个引用，并通过这些引用安全地修改此变量。Rust 的可变引用与不可变引用不能同时共存，通过普通的引用语法无法实现此需求。

利用 Cell<T>解决此问题的思路很简单：提供一个封装类型，使用此类型实现的 set()函数用来修改内部封装的变量。set()函数本身能保证操作的安全性。

Cell<T>的源代码在标准库中的路径如下：

```
/library/core/src/cell.rs
```

Cell<T>类型设计如下。

（1）UnsafeCell<T>是底层的封装类型，提供的函数能将内部变量的可变裸指针导出，此可变裸指针可被其他模块强制转换为可变引用，并利用此可变引用修改内部变量。因为导出可变裸指针的函数可以不受控制地被其他模块调用，所以 UnsafeCell<T>是不安全的类型。

（2）Cell<T>基于 UnsafeCell<T>，提供了安全修改内部变量的 set()函数。Cell<T>只能用 set()函数对内部变量赋值，没有提供函数获取内部变量引用，所以仅使用 Cell<T>无法调用内部变量的函数。

（3）RefCell<T>基于 Cell<T>及 UnsafeCell<T>，并实现了 Borrow Trait 及 BorrowMut Trait。代码利用 Borrow Trait 及 BorrowMut Trait 可以获取内部变量的引用及可变引用，从而使用内部变量提供的完整功能。显然，RefCell<T>是理想的内部可变性类型。

7.2.1　UnsafeCell<T>分析

UnsafeCell<T>是内部可变性类型的底层基础设施。如果一个类型定义了 UnsafeCell<T>成员，这个类型就是内部可变性类型。对此类型源代码的分析如下：

```
pub struct UnsafeCell<T: ?Sized> {
    value: T,
}
```

```
impl<T> UnsafeCell<T> {
    //构造 UnsafeCell 类型变量，将 T 类型变量封装到内部，并拥有其所有权
    pub const fn new(value: T) -> UnsafeCell<T> {
        UnsafeCell { value }
    }
    //消费 UnsafeCell 类型变量，返回内部变量及所有权
    pub const fn into_inner(self) -> T {  self.value  }
}
//对固定长度类型，可以利用 UnsafeCell::from()函数或 T.into()函数创建 UnsafeCell 类型变量
impl<T> const From<T> for UnsafeCell<T> {
    fn from(t: T) -> UnsafeCell<T> {  UnsafeCell::new(t)  }
}
impl<T: ?Sized> UnsafeCell<T> {
    pub const fn get(&self) -> *mut T {
        //将内部变量的裸指针导出，
        //此裸指针的安全性由调用代码保证，调用代码可以使用此裸指针改变内部变量
        self as *const UnsafeCell<T> as *const T as *mut T
    }
    //此函数用于返回内部变量的可变引用，此引用存在期间调用 get()函数易使编译器报错
    pub const fn get_mut(&mut self) -> &mut T {  &mut self.value  }
    pub const fn raw_get(this: *const Self) -> *mut T {  this as *const T as *mut
T  }
}
//UnsafeCell 不支持 Sync。这与 Rust 的默认规则不一致，需要显式声明
impl <T:?Sized> !Sync for UnsafeCell<T> {}
```

可以看到，UnsafeCell<T>逃脱 Rust 对引用安全检查的函数实际上就是一个通常裸指针操作，没有任何神秘性可言。

7.2.2 Cell<T>分析

Cell<T> 内部封装 UnsafeCell<T>，先利用 UnsafeCell<T>获得可变裸指针后，再转换为可变引用对内部变量进行赋值，从而绕开编译器对引用的约束。Cell<T>仅能对内部变量进行重新赋值，不能调用内部变量的函数。对此类型源代码的分析如下：

```
#[repr(transparent)]
pub struct Cell<T: ?Sized> {
    value: UnsafeCell<T>,
}
//利用类型转换创建 Cell<T>变量
impl<T> const From<T> for Cell<T> {
    fn from(t: T) -> Cell<T> {  Cell::new(t)  }
}
```

```
//new()关联函数
impl<T> Cell<T> {
    pub const fn new(value: T) -> Cell<T> {  Cell { value: UnsafeCell::new
(value) } }
    //此函数对内部变量赋值
    pub fn set(&self, val: T) {
        let old = self.replace(val); //标准化的 replace()函数
        drop(old); //调用 drop()函数，不用使用生命周期终止的隐含调用，确保万无一失
    }
    //此函数用于交换两个 Cell<T>变量的值与所有权
    pub fn swap(&self, other: &Self) {
        //ptr::eq()函数不仅用于比较地址，还用于比较元数据
        if ptr::eq(self, other) {  return; }
        unsafe {
            //在跨线程的场景下需要其他保护
            ptr::swap(self.value.get(), other.value.get());
        }
    }
    //此函数用于返回原值及所有权
    pub fn replace(&self, val: T) -> T {
        //首先利用 unsafe 可以将指针转变为可变引用，然后赋值，此处必须用 replace()函数来实现，
        //以返回原值的所有权。
        //因为 Cell<T>类型不支持多线程共享，所以此处不会出现数据竞争的情况
        mem::replace(unsafe { &mut *self.value.get() }, val)
    }
    //此函数用于完成解封装
    pub const fn into_inner(self) -> T {
        self.value.into_inner() //在完成解封装后，返回所有权
    }
}
impl<T: Default> Cell<T> {
    //执行 take()函数后，变量所有权已经转移到返回值
    pub fn take(&self) -> T {
        self.replace(Default::default())
    }
}
impl<T: Copy> Cell<T> {
    pub fn get(&self) -> T {
        //只适合 Copy Trait 类型，否则会导致所有权转移，引发 UB（未定义行为）
        unsafe { *self.value.get() }
    }
    //此函数用于支持函数式编程，因为 T 类型支持 Copy Trait，所以没有所有权问题
    pub fn update<F>(&self, f: F) -> T
    where
        F: FnOnce(T) -> T,
```

```
    {
        let old = self.get();
        let new = f(old);
        self.set(new);
        new
    }
}
//此函数用于获取内部变量指针
impl<T: ?Sized> Cell<T> {
    pub const fn as_ptr(&self) -> *mut T {  self.value.get()  }
    //此函数用于获取内部的可变引用，此可变引用的生命周期短于 self 的生命周期
    pub fn get_mut(&mut self) -> &mut T {  self.value.get_mut()  }
    pub fn from_mut(t: &mut T) -> &Cell<T> {
        //直接做转换，此处会按照函数的规则推断出返回值的生命周期应短于 t 的生命周期
        unsafe { &*(t as *mut T as *const Cell<T>) }
    }
}
//Unsized Trait 实现
impl<T: CoerceUnsized<U>, U> CoerceUnsized<Cell<U>> for Cell<T> {}
impl<T> Cell<[T]> {
    pub fn as_slice_of_cells(&self) -> &[Cell<T>] {
        unsafe { &*(self as *const Cell<[T]> as *const [Cell<T>]) } //直接转换
    }
}
impl<T, const N: usize> Cell<[T; N]> {
    pub fn as_array_of_cells(&self) -> &[Cell<T>; N] {
        //直接转换
        unsafe { &*(self as *const Cell<[T; N]> as *const [Cell<T>; N]) }
    }
}
//Cell<T>仅支持 Send，因为 UnsafeCell<T>不支持 Send，所以此处需要显式声明
unsafe impl<T: ?Sized> Send for Cell<T> where T: Send {}
unsafe impl<T:?Sized> !Sync for Cell<T> {}
```

7.3 RefCell<T>类型分析

RefCell<T>是内部可变性类型的代表。它的源代码在标准库中的路径如下：

```
/library/core/src/cell.rs
```

RefCell<T>类型设计如下。

（1）基本类型 RefCell<T>，封装真正感兴趣的变量，拥有其所有权，并定义借用计数器。

（2）Ref<T>作为 RefCell<T>执行 borrow()函数后返回的借用封装类型，对 Ref<T>解引用可直接获得内部变量的引用。Ref<T>提供的 drop()函数能释放资源。

（3）RefMut<T>作为执行 borrow_mut()函数后返回的借用封装类型，通过解引用可以直接获得内部变量的可变引用，以提供对内部变量的修改功能。RefMut<T>提供的 drop()函数能释放资源。

（4）BorrowRef<T>作为计数器的借用类型，此类型的 drop()函数可用于完成对计数器的不可变借用计数操作。

（5）BorrowRefMut<T>作为 RefMut 计数器的借用类型，此类型的 drop()函数可用于完成对计数器的可变借用计数操作。

对 RefCell<T>类型源代码的分析如下：

```
//RefCell<T>类型定义
pub struct RefCell<T: ?Sized> {
    //用以标识对外是否有可变引用或不可变引用，以及有多少个不可变引用，是引用计数的实现体
    borrow: Cell<BorrowFlag>,
    value: UnsafeCell<T>, //内部变量
}
//引用计数类型 BorrowFlag，
//正整数表示 RefCell<T>执行 borrow()函数调用生成的不可变引用 Ref<T>的数量，
//负整数表示 RefCell<T>执行 borrow_mut()函数调用生成的可变引用 RefMut<T>的数量，
//多个 RefMut<T>存在的条件是多个 RefMut<T>指向同一个 RefCell<T>的不同部分，
//如多个 RefMut<T>指向一个 slice 的不重合的部分
type BorrowFlag = isize;
const UNUSED: BorrowFlag = 0; //0 表示没有执行过 borrow()函数或 borrow_mut()函数的调用
//borrow_mut()函数被执行且生命周期没有终止
fn is_writing(x: BorrowFlag) -> bool {  x < UNUSED  }
//borrow()函数被执行且生命周期没有终止
fn is_reading(x: BorrowFlag) -> bool {  x > UNUSED  }

//使用 RefCell<T>类型构造 new()关联函数
impl<T> RefCell<T> {
    pub const fn new(value: T) -> RefCell<T> {
        RefCell {
            value: UnsafeCell::new(value),
            borrow: Cell::new(UNUSED), //初始化一定是 UNUSED
        }
    }
    //此函数用于实现解封装。消费 RefCell<T>，并返回内部变量。因为 Ref<T>及 RefMut<T>有 PhantomData，
    //所以，当存在 borrow()函数及 borrow_mut()函数时，调用此函数将会编译出错，没有安全问题
    pub const fn into_inner(self) -> T {  self.value.into_inner()  }
```

7.3.1 Borrow Trait 分析

标准库为 RefCell<T>实现了 borrow()函数，以获取内部变量借用封装类型。对此函数源代码的分析如下：

```
impl<T: ?Sized> RefCell<T> {
    // 此函数用于返回 Ref<'a, T>类型变量
    pub fn borrow(&self) -> Ref<'_, T> {
        //在 try_borrow()函数中真正实现逻辑
        self.try_borrow().expect("already mutably borrowed")
    }
    //此函数用于实现 borrow 逻辑
    pub fn try_borrow(&self) -> Result<Ref<'_, T>, BorrowError> {
        match BorrowRef::new(&self.borrow) {
            Some(b) => {
                //此分支表示 RefCell<T>一定没有执行过 borrow_mut()函数。
                //这里返回的 Ref<T>变量的生命周期不会长于 self 的生命周期，
                //从而使得返回值具有内存安全
                Ok(Ref { value: unsafe { &*self.value.get() }, borrow: b })
            }
            None => Err(BorrowError {
            }),
        }
    }
    …
}
```

执行 borrow()函数后可得到 Ref<'b, T>类型变量，通过对该变量解引用可访问内部变量及调用内部变量的函数。对此类型源代码的分析如下：

```
pub struct Ref<'b, T: ?Sized + 'b> {
    value: &'b T,              //对 RefCell<T>中 value 的引用
    borrow: BorrowRef<'b>,     //对 RefCell<T>中 borrow 的引用
}
//Deref 用于获取内部 value
impl<T: ?Sized> Deref for Ref<'_, T> {
    type Target = T;
    fn deref(&self) -> &T {  self.value  }
}
```

不可变借用计数器类型 BorrowRef<'b>是 Ref<'b,T>的灵魂所在，此类型用于保证借用及资源安全。对此类型源代码的分析如下：

```
//此类型封装了 RefCell<T>中成员变量 borrow 的引用
struct BorrowRef<'b> {
```

```
    borrow: &'b Cell<BorrowFlag>,
}
impl<'b> BorrowRef<'b> {
    //每调用一次此函数，代表对 RefCell<T>执行了一次 borrow()函数调用，需要增加不可变引用计数
    fn new(borrow: &'b Cell<BorrowFlag>) -> Option<BorrowRef<'b>> {
        let b = borrow.get().wrapping_add(1); //将引用计数加 1
        if !is_reading(b) {
            //如果已经执行 borrow_mut()函数调用且生命周期没有终止，
            //
            None
        } else {
            borrow.set(b);//则更新引用计数，因为不会被多线程操作，这里的赋值不会有安全问题
            Some(BorrowRef { borrow })
        }
    }
}
//当 Ref<'b, T>的生命周期终止时被调用，会减少不可变引用计数
impl Drop for BorrowRef<'_> {
    fn drop(&mut self) {
        let borrow = self.borrow.get();
        debug_assert!(is_reading(borrow));       //应该是正整数
        self.borrow.set(borrow - 1);             //不可变引用计数减一
    }
}
//Ref<'b, T>类型复制操作的主要逻辑由 BorrowRef<'b>类型实现
impl Clone for BorrowRef<'_> {
    //每调用一次此函数，相当于调用了一次 new()函数
    fn clone(&self) -> Self {
        let borrow = self.borrow.get();
        debug_assert!(is_reading(borrow));
        assert!(borrow != isize::MAX);
        self.borrow.set(borrow + 1);             //不可变引用计数加 1
        BorrowRef { borrow: self.borrow }
    }
}
```

基于 BorrowRef<'b>类型，标准库为 Ref<'b,T>实现了其他常用函数。对这些函数源代码的分析如下：

```
impl<'b, T: ?Sized> Ref<'b, T> {
    //此函数与执行 RefCell<T>::borrow()函数等价。
    //但用 clone()函数可以在仅有 Ref<'b, T>的情况下增加引用。
    //不选择实现 Clone Trait，是因为要用 RefCell<T>.borrow().clone()函数来复制 RefCell<T>
    pub fn clone(orig: &Ref<'b, T>) -> Ref<'b, T> {
        Ref { value: orig.value, borrow: orig.borrow.clone() }
    }
```

```
    //此函数为标准的 map()函数，F 的返回引用与 Ref<T>中的引用是强相关的，
    //即获得的返回引用等同于获得 Ref 中 value 的引用
    pub fn map<U: ?Sized, F>(orig: Ref<'b, T>, f: F) -> Ref<'b, U>
    where
        F: FnOnce(&T) -> &U,
    {  Ref { value: f(orig.value), borrow: orig.borrow }   }

    //此函数对值过滤后再实现 map()函数。例如，value 是一个切片引用，filter 后获得切片的一部分
    pub fn filter_map<U: ?Sized, F>(orig: Ref<'b, T>, f: F) -> Result<Ref<'b, U>, Self>
    where
        F: FnOnce(&T) -> Option<&U>,
    {
        match f(orig.value) {
            Some(value) => Ok(Ref { value, borrow: orig.borrow }),
            None => Err(orig),
        }
    }

}
//可以将强制类型转换为 Unsized<T>类型
impl<'b, T: ?Sized + Unsize<U>, U: ?Sized> CoerceUnsized<Ref<'b, U>> for Ref<'b, T> {}
```

RefCell<T>用计数器记录了内部变量被引用的次数。C 语言编程中也常使用这种方案，程序员可以在 Linux 内核代码中看到大量的 xxxx_get、xxxx_put 形式的函数。每一次 get()函数被调用后，都需要调用 put()函数以减少计数，这就给程序员带来了极大的心理负担，而 Rust 的 Drop Trait 机制使程序员不必时刻关注资源释放这回事。

7.3.2 BorrowMut Trait 分析

标准库为 RefCell<T>实现了 borrow_mut()函数，以获取内部变量可变借用封装类型。对此函数源代码的分析如下：

```
impl<T: ?Sized> RefCell<T> {
    //BorrowMut Trait 实现，返回 RefMut<'a, T>类型变量
    pub fn borrow_mut(&self) -> RefMut<'_, T> {
        self.try_borrow_mut().expect("already borrowed")
    }
    pub fn try_borrow_mut(&self) -> Result<RefMut<'_, T>, BorrowMutError> {
        match BorrowRefMut::new(&self.borrow) {
            Some(b) => {
                //此时一定不存在非可变引用，也仅存在本次调用生成的可变引用，
                //因此直接从裸指针转换得到可变引用
                Ok(RefMut { value: unsafe { &mut *self.value.get() }, borrow: b })
```

```
            }
            None => Err(BorrowMutError {  }),
        }
    }
    …
}
```

在调用 borrow_mut()函数后获得 RefMut<'b,T>类型变量。对此类型源代码的分析如下：

```
pub struct RefMut<'b, T: ?Sized + 'b> {
    value: &'b mut T,               //可变引用
    borrow: BorrowRefMut<'b>,       //计数器
}
```

可变借用计数器类型 BorrowRefMut<'b>需要保证可变引用的语义逻辑被实现。对此类型源代码的分析如下：

```
struct BorrowRefMut<'b> {
    borrow: &'b Cell<BorrowFlag>,                  //对 RefCell<T>中计数器的引用
}
//当 RefMut<'b, T>的生命周期终止时调用
impl Drop for BorrowRefMut<'_> {
    fn drop(&mut self) {
        let borrow = self.borrow.get();
        debug_assert!(is_writing(borrow));         //计数器必须小于 0
        self.borrow.set(borrow + 1);               //可变引用计数减 1（数学计算为加 1）
    }
}
impl<'b> BorrowRefMut<'b> {
    fn new(borrow: &'b Cell<BorrowFlag>) -> Option<BorrowRefMut<'b>> {
        //当初始时，引用计数必须是 0，表示不存在其他可变引用及不可变引用
        match borrow.get() {
            UNUSED => {
                borrow.set(UNUSED - 1);            //可变引用计数器加 1（数学计算为减 1）
                Some(BorrowRefMut { borrow })
            }
            _ => None,
        }
    }
    //RefCell<T>的 borrow_mut()函数只能成功执行一次。
    //新的 RefMut<'b, T>只能利用 clone()函数获取。新的 RefMut<'b, T>要满足：
    //必须是一个复合类型变量的可变引用分解为其成员的可变引用，如结构体成员或数组成员；
    //且可变引用之间互相不重合，即不允许两个可变引用能修改同一块内存
    fn clone(&self) -> BorrowRefMut<'b> {
        let borrow = self.borrow.get();
        debug_assert!(is_writing(borrow));
        assert!(borrow != isize::MIN);
```

```
        self.borrow.set(borrow - 1); //不可变引用计数加 1（数学计算为减 1）
        BorrowRefMut { borrow: self.borrow }
    }
}
//Deref 用于返回内部变量的引用
impl<T: ?Sized> Deref for RefMut<'_, T> {
    type Target = T;
    fn deref(&self) -> &T {  self.value  }
}
//DerefMut 用于返回内部变量的可变引用
impl<T: ?Sized> DerefMut for RefMut<'_, T> {
    fn deref_mut(&mut self) -> &mut T {  self.value  }
}
```

7.3.3 RefCell<T>的其他函数

标准库为 RefCell<T>实现了丰富的内部变量修改函数。对这些函数源代码的分析如下：

```
impl<T: ?Sized> RefCell<T> {
    //此函数用于将内部变量替换为新值，既然是 RefCell<T>，应先使用 borrow_mut()函数获得可变引用，
    //再对值进行修改
    pub fn replace(&self, t: T) -> T {
        //此处，直接用“=”会导致调用*self 的 drop()函数，所以使用了 mem::replace()函数
        mem::replace(&mut *self.borrow_mut(), t)
    }
    //此函数用于将内部变量替换为闭包调用后的返回值
    pub fn replace_with<F: FnOnce(&mut T) -> T>(&self, f: F) -> T {
        let mut_borrow = &mut *self.borrow_mut();
        let replacement = f(mut_borrow);
        mem::replace(mut_borrow, replacement)
    }
    //此函数用于交换两个 RefCell<T>的值，也交换值的所有权
    pub fn swap(&self, other: &Self) {
        mem::swap(&mut *self.borrow_mut(), &mut *other.borrow_mut())
    }
}
//获取内部值
impl<T: Default> RefCell<T> {
    //应谨慎使用 RefCell<T>函数，因为它能破坏 borrow()函数及 borrow_mut()函数的规则
    pub fn take(&self) -> T {  self.replace(Default::default())  }
}
```

标准库为 RefCell<T>实现了直接获取内部变量指针的函数，仅适用于少数场景。对这些函数源代码的分析如下：

```
    //如果使用此函数没有绝对的安全把握，则不要使用
    pub fn as_ptr(&self) -> *mut T {  self.value.get()  }
    //此函数用于返回一个正常的可变引用
    pub fn get_mut(&mut self) -> &mut T {  self.value.get_mut()  }
```

标准库为 RefCell<T>实现了基本 Trait。对实现基本 Trait 源代码的分析如下：

```
unsafe impl<T: ?Sized> Send for RefCell<T> where T: Send {} //支持线程间转移
impl<T: ?Sized> !Sync for RefCell<T> {} //不支持线程间共享

impl<T: Clone> Clone for RefCell<T> {
    //此函数用于实现内部变量的复制，并基于复制变量构造新的 RefCell<T>,
    //请注意与 Ref<T> clone()函数的区别
    fn clone(&self) -> RefCell<T> {
        //self.borrow().clone()函数实质是((*self.borrow()).clone)函数，即 T.clone()函数
        RefCell::new(self.borrow().clone())
    }
    fn clone_from(&mut self, other: &Self) {
        self.get_mut().clone_from(&other.borrow())
    }
}
impl<T: Default> Default for RefCell<T> {
    fn default() -> RefCell<T> {  RefCell::new(Default::default())  }
}
impl<T: ?Sized + PartialEq> PartialEq for RefCell<T> {
    fn eq(&self, other: &RefCell<T>) -> bool {  *self.borrow() == *other.borrow()  }
}
impl<T> const From<T> for RefCell<T> {
    fn from(t: T) -> RefCell<T> {  RefCell::new(t)  }
}
impl<T: CoerceUnsized<U>, U> CoerceUnsized<RefCell<U>> for RefCell<T> {}
```

标准库为 RefCell<T>实现了一些后门函数。对这些函数源代码的分析如下：

```
//此函数被调用后，orig 会被编译器遗忘，因此 RefCell<T>中的计数器无法恢复到最初状态，
//而且调用 borrow_mut()函数后会返回失败
    pub fn leak(orig: Ref<'b, T>) -> &'b T {
        mem::forget(orig.borrow);
        orig.value
    }
    //此函数用于在调用 leak()函数后，实现对 leak()函数的逆逻辑
    pub fn undo_leak(&mut self) -> &mut T {
        *self.borrow.get_mut() = UNUSED;
        self.get_mut()
    }
    //此函数用于规避计数器计数，直接返回内部变量引用
    pub unsafe fn try_borrow_unguarded(&self) -> Result<&T, BorrowError> {
```

```
        //如果没有调用 borrow_mut()函数，则返回内部变量引用
        if !is_writing(self.borrow.get()) {
            Ok(unsafe { &*self.value.get() })
        } else {
            Err(BorrowError { })
        }
    }
}
```

在 Linux 内核源代码中，很多关键的数据结构都采用了计数器实现资源应用计数及保证资源安全释放。RefCell<T>是 Rust 对这一经典设计的解决之道。经验丰富的 C/C++程序员在了解 RefCell<T>之后，会极大增加对这门语言的认可度。

7.4 Pin<T>/UnPin<T>类型分析

在结构体中，如果某一结构体成员是另一个成员的引用或指针，则这个结构体的所有权转移就要受到限制。因为结构体转移本质上是内存浅拷贝，所以会引发引用或指针失效。标准库定义的 Pin<T>结构用于实现对变量所有权转移的限制。Pin<T>的本质就是把变量固定在内存的某个位置。Pin<T>的源代码在标准库中的路径如下：

```
/library/core/src/pin.rs
```

Pin<T>的实现原理：Pin<T>是对可变引用&mut T 的封装类型，因为&mut T 的独占性，变量被 Pin<T>封装后，就不会发生所有权转移操作。而 Pin<T>封装的是&mut T，Pin<T>变量本身所有权转移也不会引发&mut T 所指变量的所有权转移，如 ptr::read、ptr::write、mem::swap 等隐藏所有权转移操作都是因为&mut T 被 Pin<T>拥有，无法再被获得而受到限制。这就保证了通过 Pin<T>封装的变量会被固定在某个内存位置，但妨碍了对编译器进行优化操作。

实现 Unpin Trait 的类型不受 Pin<T>的约束，即使被创建为 Pin<T>变量，也可以自由转移所有权。实现 Copy Trait 的类型都实现了 Unpin Trait。对 Pin<T>类型源代码的分析如下：

```
#[repr(transparent)]
pub struct Pin<P> {
    pointer: P, //pointer 指明了 P 应该是一个裸指针、引用、智能指针类型
}
//对于实现了 Unpin Trait 的类型，可以利用 new()函数来创建 Pin<T>变量
impl<P: Deref<Target: Unpin>> Pin<P> {
    //此函数仅支持实现 Unpin Trait 的类型
    pub const fn new(pointer: P) -> Pin<P> {   unsafe { Pin::new_unchecked
(pointer) } }
```

```
}
impl<P: Deref> Pin<P> {
    //实现 Deref Trait 的类型，利用此函数可以创建 Pin<T>变量，应该保证 P 可以被创建为 Pin<T>变量。
    //智能指针类型通常会利用此函数创建基于自身的 Pin<T>变量
    pub const unsafe fn new_unchecked(pointer: P) -> Pin<P> {  Pin { pointer }  }
}
//Pin<T>的 deref()函数的使用
impl<P: Deref> Deref for Pin<P> {
    type Target = P::Target;
    fn deref(&self) -> &P::Target {
        Pin::get_ref(Pin::as_ref(self))
    }
}
impl<P: Deref> Pin<P> {
    //在此函数中，如果 P::Target:Unpin 是 Copy  Trait 类型的，
    //则*self.pointer 会创建一个内存拷贝，并返回拷贝的引用；
    //如果 P::Target 没有实现 Unpin  Trait，则返回 Pin<T>的变量引用
    pub fn as_ref(&self) -> Pin<&P::Target> {
        unsafe { Pin::new_unchecked(&*self.pointer) } //类似 Deref 的语义
    }
}
impl <'a, T:?Sized> Pin<&'a T> {
    //此函数用于获取&T。
    //除 get_ref()函数外，没有提供其他函数，这使得外部模块无法安全获取内部变量的可变引用，
    //从而导致隐含转移所有权的函数（如 mem::replace()函数）无法被 Pin<T>支持。
    //如果使用强制转换来满足此类函数的条件，则表示程序员有意突破 Pin<T>的安全限制，应该要慎重思考
    pub const fn get_ref(self) -> &'a T {  self.pointer  }
}

//只有实现 Unpin  Trait 的类型才支持 DerefMut  Trait
impl<P: DerefMut<Target: Unpin>> DerefMut for Pin<P> {
    fn deref_mut(&mut self) -> &mut P::Target {
        Pin::get_mut(Pin::as_mut(self))
    }
}
impl <P:DerefMut> Pin<P> {
    pub fn as_mut(&mut self) -> Pin<&mut P::Target> {P
        //此处如果 P::Target:Unpin 是 Copy  Trait 类型的，
        //则使用*self.pointer 会创建一个内存拷贝。
        //此处如果 P::Target 不支持 Unpin  Trait，则返回可变引用
        unsafe { Pin::new_unchecked(&mut *self.pointer) } //类似 DerefMut 的语义
    }
}
impl<'a, T: ?Sized> Pin<&'a mut T> {
    pub const fn get_mut(self) -> &'a mut T //仅实现 Unpin  Trait 类型
```

```
    where
        T: Unpin,
    {  self.pointer   }
}
```

为 Pin<T>实现的 new()函数仅针对实现 Unpin Trait 的类型。其他类型通常会提供 pin()构造函数来构造 Pin<T>变量，如使用 Boxed::pin()函数构造了 Pin<Boxed>变量。这些构造函数会调用 Pin::new_unchecked()函数来构造 Pin<T>变量。

标准库为 Pin<T>实现了一些通用函数，对这些函数源代码的分析如下：

```
impl <P: Deref<Target: Unpin>> Pin<P> {
    //解封装可用于取消内存 Pin 操作
    pub const fn into_inner(pin: Pin<P>) -> P {  pin.pointer  }
}
impl <P:Deref> Pin<P> {
    //此函数用于解封装 Pin<T>变量，不用检查安全性
    pub const unsafe fn into_inner_unchecked(pin: Pin<P>) -> P {  pin.pointer  }
}

impl<'a, T: ?Sized> Pin<&'a mut T> {
    //此函数用于返回不可变引用，可以随意返回，不会影响 Pin 的语义
    pub const fn into_ref(self) -> Pin<&'a T> {
        Pin { pointer: self.pointer }
    }
    //此函数用于返回可变引用，虽然不会发生内存移动，但是需要保证安全性
    pub const unsafe fn get_unchecked_mut(self) -> &'a mut T {
        self.pointer
    }
}
impl<T: ?Sized> Pin<&'static T> {
    //此函数用于获取静态变量的不可变引用
    pub const fn static_ref(r: &'static T) -> Pin<&'static T> {
        unsafe { Pin::new_unchecked(r) }
    }
}
impl<'a, P: DerefMut> Pin<&'a mut Pin<P>> {
    pub fn as_deref_mut(self) -> Pin<&'a mut P::Target> {
        unsafe { self.get_unchecked_mut() }.as_mut()//此代码展示了强大的类型推断功能
    }
}
impl<T: ?Sized> Pin<&'static mut T> {
    pub const fn static_mut(r: &'static mut T) -> Pin<&'static mut T> {
        //防止静态变量被 mem::replace()之类的函数替换内存
        unsafe { Pin::new_unchecked(r) }
    }
```

```
}
```

Pin<T>属于内部可变性类型，对内部可变性函数源代码的分析如下：

```
impl <P:DerefMut> Pin<P> {
    pub fn set(&mut self, value: P::Target)
    where
        P::Target: Sized,
    //对内部变量赋值，提供了内部可变性，此时原值的生命周期终止，将会调用它的 drop()函数
    {   *(self.pointer) = value;   }
}
impl<'a, T: ?Sized> Pin<&'a T> {
    //此函数是 map()函数的不安全版本
    pub unsafe fn map_unchecked<U, F>(self, func: F) -> Pin<&'a U>
    where
        U: ?Sized,
        F: FnOnce(&T) -> &U,
    {
        let pointer = &*self.pointer;
        //new_pointer 一般是 pointer 所指变量的成员引用或指针
        let new_pointer = func(pointer);
        unsafe { Pin::new_unchecked(new_pointer) } //new_pointer 的安全要由调用者负责
    }
}
impl<'a, T: ?Sized> Pin<&'a mut T> {
    pub unsafe fn map_unchecked_mut<U, F>(self, func: F) -> Pin<&'a mut U>
    where
        U: ?Sized,
        F: FnOnce(&mut T) -> &mut U,
    {
        //调用者要保证以下安全性
        let pointer = unsafe { Pin::get_unchecked_mut(self) };
        let new_pointer = func(pointer);
        unsafe { Pin::new_unchecked(new_pointer) }
    }
}
```

把 Pin<T>变量放在内存里是一类典型的需求，但在其他语言中一直没有提供合适的实现。Pin<T>类型创造性地利用 Rust 基础语法解决了这类典型的需求。

7.5 Lazy<T>类型分析

当 Lazy<T>类型用于程序初始化时无法对变量赋值，只能在程序运行中对变量赋值，

且变量一经赋值就不再变化。Lazy<T>的源代码在标准库中的路径如下：

```
/library/core/src/cell/once.rs
/library/core/src/cell/lazy.rs
```

Lazy<T>类型基于 OnceCell<T>类型。OnceCell<T>是一种内部可变性类型，但对这种类型变量仅能赋值一次。对此类型源代码的分析如下：

```
pub struct OnceCell<T> {
    //Option<T>支持 None 作为初始化的值，UnsafeCell<T>类型表明了内部可变性的身份
    inner: UnsafeCell<Option<T>>,
}

//构造关联函数部分
impl<T> const From<T> for OnceCell<T> {
    fn from(value: T) -> Self {
        OnceCell { inner: UnsafeCell::new(Some(value)) }
    }
}
impl<T> OnceCell<T> {
    //此函数用于构造 OnceCell<T>变量，变量初始化为空值
    pub const fn new() -> OnceCell<T> {
        //此时给 UnsafeCell 分配 T 类型的地址空间
        OnceCell { inner: UnsafeCell::new(None) }
    }
    //此函数用于消费 self，并且返回内部变量
    pub fn into_inner(self) -> Option<T> {
        self.inner.into_inner()
    }
    //此函数用默认值替换 self，并先将替换返回的 OnceCell<T>变量进行消费，再返回内部变量
    pub fn take(&mut self) -> Option<T> {
        mem::take(self).into_inner()
    }
```

对 OnceCell<T>的内部可变性函数源代码的分析如下：

```
    pub fn get(&self) -> Option<&T> {
        unsafe { &*self.inner.get() }.as_ref() //生成一个内部变量的引用
    }
    //此函数返回值的生命周期不会长于 self 的生命周期，保证了内存安全。但利用返回值可以改变内部变量，
    //并影响 OnceCell 的语义
    pub fn get_mut(&mut self) -> Option<&mut T> {
        unsafe { &mut *self.inner.get() }.as_mut()
    }
    //此函数用于完成内部变量赋值，仅能进行一次赋值
    pub fn set(&self, value: T) -> Result<(), T> {
        //借用的语法规则在单线程场景下能保证内存安全
```

```
        let slot = unsafe { &*self.inner.get() };
        if slot.is_some() {
            return Err(value);
        }
        let slot = unsafe { &mut *self.inner.get() };
        *slot = Some(value);
        Ok(())
    }
    //此函数用于获取内部变量的引用，如果内部变量没有初始化，则进行初始化
    pub fn get_or_init<F>(&self, f: F) -> &T
    where
        F: FnOnce() -> T,
    {
        //Ok::<T,!>(f()) 即 Result<T>类型初始化，如 Ok::<i32,!>(3)
        match self.get_or_try_init(|| Ok::<T, !>(f())) {
            Ok(val) => val,
        }
    }
    //此函数用于获取内部变量的引用，如果内部变量没有初始化，则用 f 返回值对内部变量进行赋值
    pub fn get_or_try_init<F, E>(&self, f: F) -> Result<&T, E>
    where
        F: FnOnce() -> Result<T, E>,
    {
        if let Some(val) = self.get() {  return Ok(val);  }
        //以下#[cold]的目的是禁止缓存优化，防止优化后的代码出现意外
        #[cold]
        fn outlined_call<F, T, E>(f: F) -> Result<T, E>
        where
            F: FnOnce() -> Result<T, E>,
        {  f()  }
        let val = outlined_call(f)?;
        assert!(self.set(val).is_ok(), "reentrant init");
        Ok(self.get().unwrap())
    }
```

标准库为 OnceCell<T>实现了基本 Trait。对实现基本 Trait 源代码的分析如下：

```
impl<T> Default for OnceCell<T> {
    //使用 default() 函数获取的值支持对其做多次 drop() 函数调用
    fn default() -> Self {   Self::new()    }
}
impl<T: Clone> Clone for OnceCell<T> {
    fn clone(&self) -> OnceCell<T> {
        let res = OnceCell::new();
        if let Some(value) = self.get() {
            //Clone Trait 的传播操作，复制了所有权
```

```
            match res.set(value.clone()) {
                Ok(()) => (),
                Err(_) => unreachable!(),
            }
        }
        res
    }
}
impl<T: PartialEq> PartialEq for OnceCell<T> {
    fn eq(&self, other: &Self) -> bool {
        self.get() == other.get()  //内部变量相等
    }
}
```

Lazy<T>类型包含 OnceCell<T>成员，以保证仅被赋值一次，并将赋值时机放在第一次被解引用时，这就使该类型拥有了惰性性质。对 Lazy<T>类型源代码的分析如下：

```
//在第一次解引用时进行赋值和初始化，是惰性类型
pub struct Lazy<T, F = fn() -> T> {
    cell: OnceCell<T>,          //此成员初始化可以为空值
    init: Cell<Option<F>>,      //此成员是对 cell 做初始化赋值的闭包
}
impl<T, F> Lazy<T, F> {
    //此函数用于创建 Lazy<T>变量
    pub const fn new(init: F) -> Lazy<T, F> {
        //初始化闭包作为变量被保存
        Lazy { cell: OnceCell::new(), init: Cell::new(Some(init)) }
    }
}
impl<T, F: FnOnce() -> T> Lazy<T, F> {
    //此函数用于完成赋值操作
    pub fn force(this: &Lazy<T, F>) -> &T {
        //如果 cell 的值为空,则调用 init 完成赋值。使用 init 的 take()函数会将 init 替换成 None,
        //这就保证了只能进行一次初始化
        this.cell.get_or_init(|| match this.init.take() {
            Some(f) => f(),
            None => panic!("'Lazy' instance has previously been poisoned"),
        })
    }
}
//Lazy<T>能实现 Deref Trait，在调用 Deref 时会触发初始化赋值
impl<T, F: FnOnce() -> T> Deref for Lazy<T, F> {
    type Target = T;
    fn deref(&self) -> &T {   Lazy::force(self)   }
}
```

```
impl<T: Default> Default for Lazy<T> {
    fn default() -> Lazy<T> {    Lazy::new(T::default)    }
}
```

7.6　回顾

内部可变性类型是 Rust 内存安全的“大揭秘”，即利用编译器提供的所有权、Drop Trait、生命周期来设计基本类型，由这些基本类型提供内存安全。

本章主要分析了用于单线程场景的内部可变性变量。所有类型都解决了编程的需求，这些需求困扰了程序员许多年，浪费了众多人力和财力，如今终于有了理想的解决方案。

第 8 章

智能指针

智能指针类型在 ALLOC 库实现。智能指针类型也可以认为是容器类型，用于管理动态内存，是经典数据结构在 Rust 上的实现。

8.1　Box<T>类型分析

Box<T>是智能指针的基本类型。Box<T>的源代码在标准库中的路径如下：

```
/library/alloc/src/boxed.rs
```

申请固定大小类型的动态内存，通常由 Box<T>来实现，并根据需要将堆内存的指针转移到其他智能指针类型变量中。Box::new(value).into_raw()函数可以认为是 Rust 的 malloc()函数。对 Box<T>类型定义源代码的分析如下：

```
pub struct Box<
    T: ?Sized,
    A: Allocator = Global,      //默认的堆内存管理类型为 Global，可以修改为其他类型
>(Unique<T>, A);               //Unique<T>表示对申请的堆内存拥有所有权
```

Box<T>类型的构造函数与析构函数涉及了复杂的动态内存申请与释放，对 Box<T>构造函数源代码的分析如下：

```
//将 Global 作为默认的堆内存分配器，new()函数只能适用于内存为固定大小的类型
impl<T> Box<T> {
    pub fn new(x: T) -> Self {
        //box 是关键字，实现从堆内存申请内存，写入内容后形成 Box<T>
        box x
    }
}
//更加通用的创建函数可以指定自定义的 Allocator，以下创建的函数只适用于内存固定大小的类型
impl<T, A: Allocator> Box<T, A> {
    //此函数展示真正的构造逻辑
    pub fn new_in(x: T, alloc: A) -> Self {
        let mut boxed = Self::new_uninit_in(alloc);
        unsafe {
            //自动解引用后，先使用 MaybeUninit<T>::as_mut_ptr()函数得到*mut T,
            //再调用 write()函数将 x 写入堆内存中
            boxed.as_mut_ptr().write(x);
            boxed.assume_init() //将 Box<MaybeUninit<T>,A>转换为 Box<T,A>
        }
    }
    pub fn new_uninit_in(alloc: A) -> Box<mem::MaybeUninit<T>, A> {
        //获取 Layout 以便申请堆内存
        let layout = Layout::new::<mem::MaybeUninit<T>>();
```

```
        match Box::try_new_uninit_in(alloc) {
            Ok(m) => m,
            Err(_) => handle_alloc_error(layout),
        }
    }
    //此函数用于执行真正内存申请逻辑
    pub  fn  try_new_uninit_in(alloc:  A)  ->  Result<Box<mem::MaybeUninit<T>,  A>,
AllocError> {
        let layout = Layout::new::<mem::MaybeUninit<T>>();
        //申请堆内存并完成错误处理，cast()函数用于将 NonNull<[u8]>转换为 NonNull<MaybeUninit<T>>
        let ptr = alloc.allocate(layout)?.cast();
        //NonNull<MaybeUninit<T>>.as_ptr 为 *mut <MaybeUninit<T>>
        unsafe { Ok(Box::from_raw_in(ptr.as_ptr(), alloc)) }
    }
}
//Box<MaybeUninit<T>, A>用于将 Box<MaybeUninit<T>,A>转换为 Box<T,A>
impl<T, A: Allocator> Box<mem::MaybeUninit<T>, A> {
    //此函数用于将 Box<MaybeUninit<T>>转换为 Box<T>,
    //因为申请的动态内存一定是未初始化的内存，所以初始化后需调用此函数
    pub unsafe fn assume_init(self) -> Box<T, A> {
        //解封装，获取堆内存的裸指针及参数 A
        let (raw, alloc) = Box::into_raw_with_allocator(self);
        //指针类型被转换后重新封装得到 Box<T,A>
        unsafe { Box::from_raw_in(raw as *mut T, alloc) }
    }
}
impl<T: ?Sized, A: Allocator> Box<T, A> {
    //此函数用于取出堆内存的裸指针，
    //后继需要用 from_raw_in()函数将裸指针重新形成 Box<T>变量，以便释放堆内存
    pub fn into_raw(b: Self) -> *mut T {
        Self::into_raw_with_allocator(b).0
    }
    //此函数用于利用裸指针创建 Box<T>变量，裸指针应指向堆内存，
    //内存动态大小类型的 Box<T>变量只能用此函数创建
    pub unsafe fn from_raw_in(raw: *mut T, alloc: A) -> Self {
        //由裸指针先生成 Unique，再生成 Box
        Box(unsafe { Unique::new_unchecked(raw) }, alloc)
    }
    //此函数用于消费传入的参数 b，返回裸指针及 Allocator，裸指针指向的堆内存已经被编译器遗忘
    pub fn into_raw_with_allocator(b: Self) -> (*mut T, A) {
        let (leaked, alloc) = Box::into_unique(b);
        (leaked.as_ptr(), alloc)        //leaked 的生命周期终止
    }
```

```
    pub fn into_unique(b: Self) -> (Unique<T>, A) {
        let alloc = unsafe { ptr::read(&b.1) };
        (Unique::from(Box::leak(b)), alloc)//由 leak(b)函数生成的&mut T 已经被编译器遗忘
    }
    //此函数以内存泄漏的方式返回堆内存的可变引用
    pub fn leak<'a>(b: Self) -> &'a mut T
    where
        A: 'a,
    {
        //使用 b 创建 ManuallyDrop<Self>变量，使得 b 指向的堆内存出现泄漏。
        //ManuallyDrop::new(b).0.as_ptr()函数自动解引用后实质就是 b.0.as_ptr()函数，
        //即 b 指向堆内存的裸指针，利用此裸指针生成可变引用，并创造一个生命周期
        unsafe { &mut *mem::ManuallyDrop::new(b).0.as_ptr() }
    }
}
unsafe impl< T: ?Sized, A: Allocator> Drop for Box<T, A> {
    fn drop(&mut self) {  } //编译器实现后会完成堆内存释放
}
```

由于以上函数中 leak 是精华所在，因此需要彻底掌握及了解 leak，leak 体现了所有权、借用、生命周期的本质。

如前文所述，标准库为 Box<T>实现了 Pin<T>类型的构造函数，对这些函数源代码的分析如下：

```
impl<T> Box<T> {
    //此函数用于创建一个内部不会移动的 Box<T>
    pub fn pin(x: T) -> Pin<Box<T>> {
        (box x).into()
    }
}
impl<T, A: Allocator> Box<T, A> {
    //先使用此函数生成 Box<T>后，再使用 Into<Pin> Trait 生成 Pin<Box>
    pub fn pin_in(x: T, alloc: A) -> Pin<Self>
    where
        A: 'static,
    {   Self::new_in(x, alloc).into()   }
}
impl<T: ?Sized, A: Allocator> Box<T, A>  {
    //此函数支持 Pin::from(Box<T,A>)
    pub fn into_pin(boxed: Self) -> Pin<Self>
    where
        A: 'static,
    { unsafe { Pin::new_unchecked(boxed) } }
```

```
}
//实现 from()函数
impl<T: ?Sized, A: Allocator> const From<Box<T, A>> for Pin<Box<T, A>>
where
    A: 'static,
{
    fn from(boxed: Box<T, A>) -> Self {   Box::into_pin(boxed)   }
}
```

对 Box<[T]>常用函数源代码的分析如下：

```
impl<T,A:Allocator> Box<T, A> {
    pub fn into_boxed_slice(boxed: Self) -> Box<[T], A> {
        //要转换指针类型，需要先得到裸指针
        let (raw, alloc) = Box::into_raw_with_allocator(boxed);
        //首先转换为长度为 1 的数组裸指针，然后利用类型推断将数组裸指针转换为切片裸指针，
        //最后生成 Box
        unsafe { Box::from_raw_in(raw as *mut [T; 1], alloc) }
    }
}
impl<T, A: Allocator> Box<[T], A> {
    //切片类型只能用 RawVec 作为底层堆内存管理结构，再转换为 Box<T>
    pub fn new_uninit_slice_in(len: usize, alloc: A) -> Box<[mem::MaybeUninit<T>], A>
{
        unsafe { RawVec::with_capacity_in(len, alloc).into_box(len) }
    }
    pub fn new_zeroed_slice_in(len: usize, alloc: A) -> Box<[mem::MaybeUninit<T>], A>
{
        unsafe { RawVec::with_capacity_zeroed_in(len, alloc).into_box(len) }
    }
}
impl<T, A: Allocator> Box<[mem::MaybeUninit<T>], A> {
    pub unsafe fn assume_init(self) -> Box<[T], A> {
        let (raw, alloc) = Box::into_raw_with_allocator(self);
        unsafe { Box::from_raw_in(raw as *mut [T], alloc) }
    }
}

impl<T: Default> Default for Box<T> {
    fn default() -> Self {   box T::default()   }    //申请默认值的堆内存
}
impl<T,A:Allocator> Box<T, A> {
    //此函数用于消费 boxed，释放动态内存，并返回内部变量及所有权
    pub fn into_inner(boxed: Self) -> T {
```

```
        //以下代码表示将 Box<T>的内部变量从堆内存复制到栈内存
        *boxed
    }
}
```

利用 Box<T>申请内存空间后，调用 Box::leak 将堆内存指针从 Box<T>传递出来，并用另外的智能指针类型封装，在此智能指针的生命周期终止时用堆内存指针重新生成 Box<T>，并利用 Box<T>的 drop()函数进行释放。

8.2　RawVec<T>类型分析

标准库设计 RawVec<T>用于申请动态数组类型的动态内存，申请的动态内存可以未初始化或初始化为零。RawVec<T>的源代码在标准库中的路径如下：

```
/library/alloc/src/raw_vec.rs
```

RawVec<T>是 Vec<T>、VecDeque<T>类型的基础。对 RawVec<T>类型源代码的分析如下：

```
enum AllocInit {
    Uninitialized,      //内存块没有初始化
    Zeroed,             //内存块被初始化为 0
}
pub(crate) struct RawVec<T, A: Allocator = Global> {
    ptr: Unique<T>,    //指向堆内存地址
    cap: usize,         //内存块中含有 T 类型变量的数量
    alloc: A,           //Allocator 变量
}
impl<T> RawVec<T, Global> {
    pub const NEW: Self = Self::new(); //泛型特化后，可以认为 Self::new()函数是一个恒量

    //一些构造函数的内部仅是对*_in()函数的调用，代码略
    pub const fn new() -> Self;
    pub fn with_capacity(capacity: usize) -> Self;
    pub fn with_capacity_zeroed(capacity: usize) -> Self;
}
impl<T, A: Allocator> RawVec<T, A> {
    //对 RawVec<T,A>申请最少 8 字节的堆内存
    const MIN_NON_ZERO_CAP: usize = if mem::size_of::<T>() == 1 {
        8
    } else if mem::size_of::<T>() <= 1024 {
        4
    } else {
```

```
    1
};
//此函数用于设置一个内存块为 0 的变量，后继可进行增加
pub const fn new_in(alloc: A) -> Self {
    Self { ptr: Unique::dangling(), cap: 0, alloc }
}
//此函数用于申请给定容量的内存块，内存块未初始化
pub fn with_capacity_in(capacity: usize, alloc: A) -> Self {
    Self::allocate_in(capacity, AllocInit::Uninitialized, alloc)
}
//此函数用于申请给定容量的内存块，内存块初始化为全零
pub fn with_capacity_zeroed_in(capacity: usize, alloc: A) -> Self {
    Self::allocate_in(capacity, AllocInit::Zeroed, alloc)
}
//此函数用于实现堆内存申请逻辑
fn allocate_in(capacity: usize, init: AllocInit, alloc: A) -> Self {
    //0 字节的类型不用申请堆内存
    if mem::size_of::<T>() == 0 {
        Self::new_in(alloc)
    } else {
        //获取 T 类型的 Layout，利用 array 来获取整个切片的内存大小
        let layout = match Layout::array::<T>(capacity) {
            Ok(layout) => layout,
            Err(_) => capacity_overflow(),
        };
        //检查堆内存是否有足够的空间
        match alloc_guard(layout.size()) {
            Ok(_) => {}
            Err(_) => capacity_overflow(),
        }
        //result 是 NonNull<[u8]>类型的，包含了长度信息
        let result = match init {
            AllocInit::Uninitialized => alloc.allocate(layout),
            AllocInit::Zeroed => alloc.allocate_zeroed(layout),
        };
        //处理可能出现的错误
        let ptr = match result {
            Ok(ptr) => ptr,
            Err(_) => handle_alloc_error(layout),
        };
        Self {
            //先将 NonNull<[u8]>转换为 NonNull<T>，再转换为 *mut T，最后生成 Unique<T>
            ptr: unsafe { Unique::new_unchecked(ptr.cast().as_ptr()) },
            //用申请的字节数生成 T 类型的切片长度，使用 ptr.len()函数返回申请的堆内存大小，
            //此 ptr 与上一行的 ptr 不是一个变量
```

```
                cap: Self::capacity_from_bytes(ptr.len()),
                alloc,
            }
        }
    }
    //此函数由元数据直接生成 RawVec<T>，调用代码需要保证输入参数的正确性及内存安全
    pub unsafe fn from_raw_parts_in(ptr: *mut T, capacity: usize, alloc: A) -> Self
{
        Self { ptr: unsafe { Unique::new_unchecked(ptr) }, cap: capacity, alloc }
    }
    //此函数用于返回堆内存指针及内存 Layout
    fn current_memory(&self) -> Option<(NonNull<u8>, Layout)> {
        if mem::size_of::<T>() == 0 || self.cap == 0 {
            None
        } else {
            //所有操作都是不安全的，所以一起括起来
            unsafe {
                let align = mem::align_of::<T>();
                let size = mem::size_of::<T>() * self.cap;
                let layout = Layout::from_size_align_unchecked(size, align);
                Some((self.ptr.cast().into(), layout))
            }
        }
    }
}
//may_dangle 指明 T 结构体中的成员在释放时有可能会出现悬垂指针，但保证不会对悬垂指针进行访问，
//编译器可以据此放宽对生命周期检测的规则，允许出现悬垂指针。
//另外，PhantomData<T>会针对 T 类型取消 may_dangle 的作用
unsafe impl<#[may_dangle] T, A: Allocator> Drop for RawVec<T, A> {
    fn drop(&mut self) {
        if let Some((ptr, layout)) = self.current_memory() {
            unsafe { self.alloc.deallocate(ptr, layout) }
        }
    }
}
```

可以将 RawVec<T, A>转换为 Box<[T],A>。对相关函数源代码的分析如下：

```
impl<T, A: Allocator> RawVec<T, A> {
    //将内存块中 0 到 len-1 之间的内存块转换为 Box<[MaybeUninit<T>]>类型。
    //调用代码应保证 len 小于 self.capacity
    pub unsafe fn into_box(self, len: usize) -> Box<[MaybeUninit<T>], A> {
        debug_assert!(len <= self.capacity(), "'len' must be smaller than or equal
to 'self.capacity()'");
        let me = ManuallyDrop::new(self); //编译器不会调用 self 的 drop()函数
        unsafe {
```

```
        //首先对 me 解引用，获取 ptr，然后直接将裸指针类型强制转换为 MaybeUninit<T>，
        //并生成 slice 的可变引用
        let slice = slice::from_raw_parts_mut(me.ptr() as *mut MaybeUninit<T>, len);
        //利用 Box::from_raw_in()函数生成 Box<[MaybeUninit<T>]>，
        //注意这里需要对 me.alloc 进行复制，因为 me 已经被 forget，所以不能再用原先的 alloc
        Box::from_raw_in(slice, ptr::read(&me.alloc))
    }
}
```

对 RawVec<T, A>内部属性获取函数源代码的分析如下：

```
pub fn ptr(&self) -> *mut T {  self.ptr.as_ptr()  }

pub fn capacity(&self) -> usize {
    if mem::size_of::<T>() == 0 { usize::MAX } else { self.cap }
}

pub fn allocator(&self) -> &A {  &self.alloc  }
```

对 RawVec<T, A>内存空间相关函数源代码的分析如下：

```
//此函数用于申请内存的预留空间，如果已申请的内存空间不充足，则申请额外的内存
pub fn reserve(&mut self, len: usize, additional: usize) {
    #[cold]
    fn do_reserve_and_handle<T, A: Allocator>(
        slf: &mut RawVec<T, A>,
        len: usize,
        additional: usize,
    ) {
        //使用 grow_amortized()函数实现 RawVec 内存增加
        handle_reserve(self.grow_amortized(len, additional));
    }
    if self.needs_to_grow(len, additional) {
        do_reserve_and_handle(self, len, additional);
    }
}
//此函数最终会调用 self.grow_amortized()函数来申请额外内存
pub fn try_reserve(&mut self, len: usize, additional: usize) -> Result<(), 
TryReserveError> { //略 }
//此函数用于预留精确的内存空间
pub fn reserve_exact(&mut self, len: usize, additional: usize) {
    handle_reserve(self.try_reserve_exact(len, additional));
}
//此函数用于预留精确的内存空间，失败后返回 Err，不会引发 panic
pub fn try_reserve_exact(
    &mut self,
    len: usize,
```

```
        additional: usize,
    ) -> Result<(), TryReserveError> {
        if self.needs_to_grow(len, additional) {
            self.grow_exact(len, additional)
        } else { Ok(()) }
    }
    //此函数用于将内存空间减小到给定大小
    pub fn shrink_to_fit(&mut self, amount: usize) {
        handle_reserve(self.shrink(amount));
    }
}
impl<T, A: Allocator> RawVec<T, A> {
    //此函数用于判断内存空间是否需要增加
    fn needs_to_grow(&self, len: usize, additional: usize) -> bool {
        additional > self.capacity().wrapping_sub(len)  //wrapping_sub 防止溢出
    }
    //此函数用于从内存空间得到结构体数量
    fn capacity_from_bytes(excess: usize) -> usize {
        debug_assert_ne!(mem::size_of::<T>(), 0);
        excess / mem::size_of::<T>()
    }
    //此函数根据 NonNull<[u8]>来设置结构体 ptr 及内存空间
    fn set_ptr(&mut self, ptr: NonNull<[u8]>) {
        //ptr.cast()函数用于将 NonNull<[u8]>转换为 NonNull<T>
        self.ptr = unsafe { Unique::new_unchecked(ptr.cast().as_ptr()) };
        self.cap = Self::capacity_from_bytes(ptr.len()); //由字节数获取切片的长度
    }
    //此函数用于将内存空间增加到满足 len+additional
    fn grow_amortized(&mut self, len: usize, additional: usize) -> Result<(),
TryReserveError> {
        debug_assert!(additional > 0);
        if mem::size_of::<T>() == 0 {  return Err(CapacityOverflow.into());  }
        //计算需要的内存空间，不能超过 usize 的最大取值
        let required_cap = len.checked_add(additional).ok_or(CapacityOverflow)?;
        //每次至少要增加为现有容量的 2 倍
        let cap = cmp::max(self.cap * 2, required_cap);
        //每次增加且不能小于最小内存空间
        let cap = cmp::max(Self::MIN_NON_ZERO_CAP, cap);
        let new_layout = Layout::array::<T>(cap);  //重新计算内存空间
        let ptr = finish_grow(new_layout, self.current_memory(), &mut self.alloc)?;
        self.set_ptr(ptr);  //更新 ptr 及 cap
        Ok(())
    }
    //此函数与 grow_amortized()函数基本一致，只是内存空间要与 len+additional 的大小相等
```

```
    fn  grow_exact(&mut  self,  len:  usize,  additional:  usize)  ->  Result<(),
TryReserveError> {
        if mem::size_of::<T>() == 0 {  return Err(CapacityOverflow.into());

        //checked_add()函数用于精确判断溢出错误
        let cap = len.checked_add(additional).ok_or(CapacityOverflow)?;
        let new_layout = Layout::array::<T>(cap);
        let ptr = finish_grow(new_layout, self.current_memory(), &mut self.alloc)?;
        self.set_ptr(ptr);
        Ok(())
    }
    //此函数用于将内存空间减小到 amount 长度
    fn shrink(&mut self, amount: usize) -> Result<(), TryReserveError> {
        assert!(amount <= self.capacity(), "Tried to shrink to a larger capacity");
        let (ptr, layout) = if let Some(mem) = self.current_memory() {
            mem
        } else { return Ok(()) };
        let new_size = amount * mem::size_of::<T>();
        let ptr = unsafe {
            let new_layout = Layout::from_size_align_unchecked(new_size, layout.align());
            //利用 Allcator 的函数完成内存申请，复制原有内容并转移所有权，将原堆内存释放
            self.alloc
                .shrink(ptr, layout, new_layout)
                .map_err(|_| AllocError { layout: new_layout, non_exhaustive: () })?
        };
        //更换指针，这里更换 self 的内容后，self 即可拥有内容的所有权
        self.set_ptr(ptr);
        Ok(())
    }
}
//此函数用于实现内存空间增加的具体逻辑
fn finish_grow<A>(
    new_layout: Result<Layout, LayoutError>,
    current_memory: Option<(NonNull<u8>, Layout)>,
    alloc: &mut A,
) -> Result<NonNull<[u8]>, TryReserveError>
where
    A: Allocator,
{
    //检查 new_layout 是否错误
    let new_layout = new_layout.map_err(|_| CapacityOverflow)?;
    alloc_guard(new_layout.size())?; //确保新的内存空间不会引发异常
    let memory = if let Some((ptr, old_layout)) = current_memory {
        //原先已经申请过内存空间
        debug_assert_eq!(old_layout.align(), new_layout.align());
```

```
        unsafe
            intrinsics::assume(old_layout.align() == new_layout.align());
            //调用 Allocator 的 grow()函数来增加内存空间
            alloc.grow(ptr, old_layout, new_layout)
        }
    } else {
        //原先未申请过内存空间
        alloc.allocate(new_layout)
    };
    memory.map_err(|_| AllocError { layout: new_layout, non_exhaustive: () }.into())
}
fn handle_reserve(result: Result<(), TryReserveError>) {
    match result.map_err(|e| e.kind()) {
        Err(CapacityOverflow) => capacity_overflow(),
        Err(AllocError { layout, .. }) => handle_alloc_error(layout),
        Ok(()) => { /* yay */ }
    }
}
fn alloc_guard(alloc_size: usize) -> Result<(), TryReserveError> {
    if usize::BITS < 64 && alloc_size > isize::MAX as usize {
        Err(CapacityOverflow.into())
    } else {  Ok(())  }
}
fn capacity_overflow() -> ! {  panic!("capacity overflow");  }
```

8.3　Vec<T>类型分析

Vec<T>是非常重要的智能指针类型及容器类型。Vec<T>的源代码在标准库中的路径如下：

```
/library/alloc/src/vec/*.rs
```

8.3.1　Vec<T>基础分析

对 Vec<T>类型定义源代码的分析如下：

```
pub struct Vec<T, A: Allocator = Global> {
    buf: RawVec<T, A>,     //此变量用于管理堆内存，RawVec 的容量可能大于 Vec 的有效长度
    len: usize,            //Vec 中真正的成员数量，一般小于 RawVec 的容量
}
```

标准库提供的构造宏用于构造 Vec<T>变量。对这些构造宏源代码的分析如下：

```
macro_rules! vec {
    () => (  $crate::vec::Vec::new()  );
    ($elem:expr; $n:expr) => (  $crate::vec::from_elem($elem, $n)  );
    //利用 Box<[T;N]的 into_vec()函数生成 Vec<T>
    ($($x:expr),*) => (  $crate::slice::into_vec(box [$($x),*])  );
    ($($x:expr,)*) => (vec![$($x),*])  //这里实际上就是完成($x,)=>$x
}
```

对 Vec<T>变量的构造函数源代码的分析如下：

```
//没有指定 Allocator，使用 new()函数没有申请堆内存
impl<T> Vec<T> {
    //此函数初始化 buf 为空
    pub const fn new() -> Self {  Vec { buf: RawVec::NEW, len: 0 }   }
    //此构造函数利用 Global 作为 Allocator，申请 capacity 个成员内存，但内存未初始化，代码略
    pub fn with_capacity(capacity: usize) -> Self;
    //此函数参数中的 ptr 是堆内存，length 是已经初始化过的成员数量，capacity 是容量
    pub unsafe fn from_raw_parts(ptr: *mut T, length: usize, capacity: usize) ->
Self;
}
//指定了 Allocator
impl<T, A: Allocator> Vec<T, A> {
    //此函数用于创建一个空的 Vec<T>变量
    pub const fn new_in(alloc: A) -> Self {
        Vec { buf: RawVec::new_in(alloc), len: 0 }
    }
    //此函数用于创建容量为 capacity 的 Vec<T>变量，但 Vec 本身的长度为 0，指示成员都还没有初始化
    pub fn with_capacity_in(capacity: usize, alloc: A) -> Self {
        Vec { buf: RawVec::with_capacity_in(capacity, alloc), len: 0 }
    }
    //此函数利用原始数据生成 Vec<T>变量，调用代码应该保证安全性。
    //*mut T 是堆内存指针，必须遵循 RawVec<T>申请规则的大小和对齐，并且利用 alloc 来做申请
    pub unsafe fn from_raw_parts_in(ptr: *mut T, length: usize, capacity: usize,
alloc: A)->Self {
        unsafe {  Vec { buf: RawVec::from_raw_parts_in(ptr, capacity, alloc), len:
length } }
    }
    //此函数用于将 Vec<T>变量分解成堆内存指针及长度，此处编译器不会调用 self 的 drop()函数，
    //返回的原始数据被使用完后，代码应利用这些原始数据恢复 RawVec，
    //以便在 RawVec 的生命周期终止时释放堆内存
    pub fn into_raw_parts(self) -> (*mut T, usize, usize) {
        //需要编译器遗忘，后继无其他处理会造成内存泄漏
        let mut me = ManuallyDrop::new(self);
        //me 被自动解引用后得到堆内存指针
        (me.as_mut_ptr(), me.len(), me.capacity())
    }
```

```
    //此函数用于消费 self，生成原始数据，包括 alloc 的变量
    pub fn into_raw_parts_with_alloc(self) -> (*mut T, usize, usize, A) {
        //需要编译器遗忘，后继无其他处理会造成内存泄漏
        let mut me = ManuallyDrop::new(self);
        let len = me.len();
        let capacity = me.capacity();
        let ptr = me.as_mut_ptr();
        let alloc = unsafe { ptr::read(me.allocator()) };
        (ptr, len, capacity, alloc) //ptr 需要在后继用于重新生成 RawVec
    }
```

基于以上分析，对 Vec<T>构造宏涉及的函数源代码的分析如下：

```
    //此函数用于将 Box<T>转换为 Vec<T>，内存安全导致必须对类型做其他语言不需要的复杂变换
    pub fn into_vec<T, A: Allocator>(b: Box<[T], A>) -> Vec<T, A> {
        unsafe {
            let len = b.len();
            //b 是通过 RawVec 来申请的堆内存指针
            let (b, alloc) = Box::into_raw_with_allocator(b);
            //本质是重建 RawVec<T>变量
            Vec::from_raw_parts_in(b as *mut T, len, len, alloc)
        }
    }
}
//此函数用于将支持 SpecFromElem Trait 的类型直接转换为 n 个初始值为 elem 的 Vec<T>变量
pub fn from_elem_in<T: Clone, A: Allocator>(elem: T, n: usize, alloc: A) -> Vec<T,
A> {
    <T as SpecFromElem>::from_elem(elem, n, alloc)
}
pub(super) trait SpecFromElem: Sized {
    fn from_elem<A: Allocator>(elem: Self, n: usize, alloc: A) -> Vec<Self, A>;
}
//所有实现了 Clone 的类型均可支持 SpecFromElem Trait
impl<T: Clone> SpecFromElem for T {
    default fn from_elem<A: Allocator>(elem: Self, n: usize, alloc: A) -> Vec<Self,
A> {
        let mut v = Vec::with_capacity_in(n, alloc); //构造指定容量的 Vec<T>变量
        v.extend_with(n, ExtendElement(elem));
        v
    }
}
```

对 Vec<T>内部属性获取函数源代码的分析如下：

```
impl<T, A: Allocator> Vec<T, A> {
    pub fn capacity(&self) -> usize {  self.buf.capacity()  }
    pub fn allocator(&self) -> &A {  self.buf.allocator()  }
```

```
    pub fn len(&self) -> usize {  self.len  }
    pub fn is_empty(&self) -> bool {  self.len() == 0  }
}
```

对 Vec<T>的容量属性操作函数源代码的分析如下：

```
impl<T, A: Allocator> Vec<T, A> {
    //此函数用于获取保留内存空间，在当前 len 的基础上增加内存空间。
    //不一定会重新申请内存空间，因为 RawVec 的容量可能是充足的，该容量不能超出 usize 的最大取值
    pub fn reserve(&mut self, additional: usize) {   self.buf.reserve(self.len,
additional);  }
    //此函数用于精确增加内存空间
    pub fn reserve_exact(&mut self, additional: usize) {   self.buf.reserve_exact
(self.len, additional);  }
    //此函数在保留内存空间不成功时，返回错误类型
    pub fn try_reserve(&mut self, additional: usize) -> Result<(), TryReserveError>
{
        self.buf.try_reserve(self.len, additional)
    }
    //此函数是保留内存空间不成功时的容错版本
    pub fn try_reserve_exact(&mut self, additional: usize) -> Result<(),
TryReserveError> {
        self.buf.try_reserve_exact(self.len, additional)
    }
    //此函数用于将内存空间减小到 self.len
    pub fn shrink_to_fit(&mut self) {
        if self.capacity() > self.len {  self.buf.shrink_to_fit(self.len);  }
    }
    //此函数用于将内存空间减小到给定值
    pub fn shrink_to(&mut self, min_capacity: usize) {
        if self.capacity() > min_capacity {   self.buf.shrink_to_fit(cmp::max
(self.len, min_capacity));  }
    }
    //此函数用于将内存空间减小到给定值
    pub fn truncate(&mut self, len: usize) {
        unsafe {
            if len > self.len {  return;  }
            let remaining_len = self.len - len;     //需要删除的成员数量
            let s = ptr::slice_from_raw_parts_mut(self.as_mut_ptr().add(len),
remaining_len);                                      //需要删除的切片
            self.len = len;                          //修改 Vec 的长度
            ptr::drop_in_place(s);//调用堆切片内部成员的 drop()函数，Vec 的 buf 没有被释放
        }
    }
    //此函数用于改变 len 是极度不安全的，最好不要用这个函数改变 len
    pub unsafe fn set_len(&mut self, new_len: usize) {
```

```
    debug_assert!(new_len <= self.capacity());
    //没有做任何处理就改变了 len，可能会造成内存泄漏，或者调用未初始化内存造成 UB
    self.len = new_len;
}
```

对 Vec<T>插入成员与删除成员函数源代码的分析如下：

```
//此函数用于在 index 的位置插入一个变量
pub fn insert(&mut self, index: usize, element: T) {
    fn assert_failed(index: usize, len: usize) -> ! {
        panic!("insertion index (is {}) should be <= len (is {})", index, len);
    }
    let len = self.len();
    if index > len {  assert_failed(index, len);  } //如果 index 大于 len，则出错
    //如果预留的成员空间不够，则至少增加一个成员空间
    if len == self.buf.capacity() {  self.reserve(1);  }
    unsafe {
        {
            let p = self.as_mut_ptr().add(index);    //获取 index 的成员内存地址
            //将 index 之后的所有成员内存向后偏移一个地址
            ptr::copy(p, p.offset(1), len - index);
            ptr::write(p, element);                  //将变量写入 index 的成员地址
        }
        self.set_len(len + 1);                       //只能直接修改 self 的长度
    }
}
//此函数用于删除 index 位置的成员
pub fn remove(&mut self, index: usize) -> T {
    fn assert_failed(index: usize, len: usize) -> ! {
        panic!("removal index (is {}) should be < len (is {})", index, len);
    }
    //如果 index 大于 Vec 的长度，则出错
    let len = self.len();
    if index >= len {  assert_failed(index, len);  }
    unsafe {
        let ret;
        {
            let ptr = self.as_mut_ptr().add(index); //获取 index 的成员地址
            ret = ptr::read(ptr);                   //复制成员变量，并转移所有权
            //将 index 后的所有成员内存前移一个成员空间
            ptr::copy(ptr.offset(1), ptr, len - index - 1);
        }
        self.set_len(len - 1);                      //修改 self 的长度
        ret                                         //将删除的变量及所有权返回
    }
}
```

```
    //此函数用于在尾部插入一个元素
    pub fn push(&mut self, value: T) {
        //如果预留成员空间不够，则至少增加一个成员空间
        if self.len == self.buf.capacity() {  self.reserve(1);  }
        unsafe {
            //获取当前尾部成员后面的内存地址
            let end = self.as_mut_ptr().add(self.len);
            ptr::write(end, value);     //将变量写入内存地址
            self.len += 1;              //将self的长度加1
        }
    }
    //此函数用于取出尾部成员
    pub fn pop(&mut self) -> Option<T> {
        if self.len == 0 {
            None
        } else {
            unsafe {
                self.len -= 1;
                //将尾部成员变量读出并连同所有权共同返回。此处因为self.len已经减1，
                //后继不会调用原尾部成员的drop()函数，所以尾部成员的所有权已经被处理
                Some(ptr::read(self.as_ptr().add(self.len())))
            }
        }
    }
    //此函数用于删除所有成员
    pub fn clear(&mut self) { self.truncate(0)  }  //对truncate重用
    //此函数用于将另一个Vec的成员增加到self
    pub fn append(&mut self, other: &mut Self) {
        unsafe {
            self.append_elements(other.as_slice() as _);
            //此时other中成员的所有权都已经转移到self，直接利用set_len(0)函数来清除other成员
            other.set_len(0);
        }
    }
    unsafe fn append_elements(&mut self, other: *const [T]) {
        let count = unsafe { (*other).len() };
        self.reserve(count);   //保证self有足够空间
        let len = self.len(); //获取空闲空间地址
        //一次性将other的成员复制到self，复制后所有权均已转移到self
        unsafe { ptr::copy_nonoverlapping(other as *const T, self.as_mut_ptr().add
(len), count) };
        self.len += count;     //完成self长度的修改
    }
    //调用此函数后，内存不会再被释放，需要再次将返回值转换为RavVec，否则会造成内存泄漏
    pub fn leak<'a>(self) -> &'a mut [T]
```

```
where
    A: 'a,
{
    let mut me = ManuallyDrop::new(self);//编译器不会自动调用 Vec<T>变量的 drop()函数
    //如果不处理此切片引用，则会造成内存泄漏
    unsafe { slice::from_raw_parts_mut(me.as_mut_ptr(), me.len) }
}
```

标准库为 Vec<T>类型实现了与其他类型转换的函数。对这些类型转换函数源代码的分析如下：

```
//此函数用于将 Vec<T>类型转换为 Box<[T], A>类型
pub fn into_boxed_slice(mut self) -> Box<[T], A> {
    unsafe {
        self.shrink_to_fit();//Box<[T], A>要求必须是切片长度的内存，否则释放会引发问题
        //编译器不会自动调用 Vec<T>变量的 drop()函数，由 Box 释放内存
        let me = ManuallyDrop::new(self);
        //对 RawVec 做复制，即将 RawVec 所有权转移到 buf
        let buf = ptr::read(&me.buf);
        let len = me.len();
        buf.into_box(len).assume_init() //利用 RawVec<T>的函数生成 Box<[T], A>
    }
}
//以下两个函数用于将 self 转换为裸指针，并且返回第一个成员的裸指针
pub fn as_ptr(&self) -> *const T {
    let ptr = self.buf.ptr();
    unsafe {  assume(!ptr.is_null());  }
    ptr
}
pub fn as_mut_ptr(&mut self) -> *mut T {
    let ptr = self.buf.ptr();
    unsafe {  assume(!ptr.is_null());  }
    ptr
}
//以下两个函数用于将 self 转换为 slice 类型变量
pub fn as_slice(&self) -> &[T] {  self  } //自动解引用
    pub fn as_mut_slice(&mut self) -> &mut [T] {  self  }
}
//从 slice 转换为 Vec<T>的辅助 Trait 定义
pub trait ConvertVec {
    fn to_vec<A: Allocator>(s: &[Self], alloc: A) -> Vec<Self, A>
    where
        Self: Sized;
}
//所有支持 Clone 的类型都支持 slice 到 Vec<T>的转换
impl<T: Clone> ConvertVec for T {
```

```
    default fn to_vec<A: Allocator>(s: &[Self], alloc: A) -> Vec<Self, A> {
        //如果引发 panic，则要保证 vec 的正确性
        struct DropGuard<'a, T, A: Allocator> {
            vec: &'a mut Vec<T, A>,
            num_init: usize,
        }
        impl<'a, T, A: Allocator> Drop for DropGuard<'a, T, A> {
            fn drop(&mut self) {
                unsafe {
                    //如果非正常退出，则 vec 中只有 self.num_init 个成员被正常初始化
                    self.vec.set_len(self.num_init);
                }
            }
        }

        //创建具有足够成员空间的 Vec<T>变量
        let mut vec = Vec::with_capacity_in(s.len(), alloc);
        let mut guard = DropGuard { vec: &mut vec, num_init: 0 };
        //将 vec 中没有初始化的所有成员以[MaybeUninit<T>]返回
        let slots = guard.vec.spare_capacity_mut();

        //对 s 做迭代，获取下标及成员
        for (i, b) in s.iter().enumerate().take(slots.len()) {
            //guard 中初始化的数量，如果引发 panic，根据这个值进行清理
            guard.num_init = i;
            slots[i].write(b.clone()); //将所有权转移到 slots[i]中
        }
        //循环结束，guard 的任务已经完成，编译器无须自动调用 drop()函数
        core::mem::forget(guard);
        unsafe {  vec.set_len(s.len());  } //设置 vec 的长度
        vec
    }
}
impl<T: Copy> ConvertVec for T {
    fn to_vec<A: Allocator>(s: &[Self], alloc: A) -> Vec<Self, A> {
        let mut v = Vec::with_capacity_in(s.len(), alloc);
        unsafe {
            //当成员支持 Copy Trait 时，块拷贝效率最高
            s.as_ptr().copy_to_nonoverlapping(v.as_mut_ptr(), s.len());
            v.set_len(s.len());
        }
        v
    }
}
```

Vec<T>解引用后得到切片类型变量，对为 Vec<T>实现 Deref Trait 及 DerefMut Trait 源

代码的分析如下：

```
impl<T, A: Allocator> ops::Deref for Vec<T, A> {
    type Target = [T];

    fn deref(&self) -> &[T] {
        //用裸指针类型变换方式形成切片的裸指针，再转换为切片引用，
        //返回的&[T]的生命周期不应长于 self 的生命周期
        unsafe { slice::from_raw_parts(self.as_ptr(), self.len) }
    }
}
impl<T, A: Allocator> ops::DerefMut for Vec<T, A> {
    fn deref_mut(&mut self) -> &mut [T] {
        //返回值的生命周期短于 self 的生命周期
        unsafe { slice::from_raw_parts_mut(self.as_mut_ptr(), self.len) }
    }
}
```

Vec<T>解引用后成为切片类型，这使得为 Vec<T>实现 Index Trait 及 IndexMut Trait 变得极为容易。对实现这两个 Trait 源代码的分析如下：

```
impl<T, I: SliceIndex<[T]>, A: Allocator> Index<I> for Vec<T, A> {
    type Output = I::Output;

    fn index(&self, index: I) -> &Self::Output {
        //&**self 用于先将 Vec<T>转换为&[T]，再调用切片类型的 index()函数
        Index::index(&**self, index)
    }
}
impl<T, I: SliceIndex<[T]>, A: Allocator> IndexMut<I> for Vec<T, A> {
    fn index_mut(&mut self, index: I) -> &mut Self::Output {
        IndexMut::index_mut(&mut **self, index)
    }
}
```

对为 Vec<T>实现 Drop Trait 源代码的分析如下：

```
unsafe impl<#[may_dangle] T, A: Allocator> Drop for Vec<T, A> {
    fn drop(&mut self) {
        unsafe {
            //这里调用 drop_in_place()函数会引发 Vec<T>内部成员变量自身的 drop()函数调用。
            //成员变量有些可能已经被释放过，会出现悬垂指针，所以用 may_dangle 来通知编译器
            ptr::drop_in_place(ptr::slice_from_raw_parts_mut(self.as_mut_ptr(),
self.len))
        }
    }
}
```

对为 Vec<T>实现 ToOwned Trait 源代码的分析如下：

```
impl<T: Clone> ToOwned for [T] {
    type Owned = Vec<T>;
    fn to_owned(&self) -> Vec<T> {  self.to_vec()  } //调用[T]::to_vec()函数
    fn clone_into(&self, target: &mut Vec<T>) {  //略  }
    }
}
```

对为 Vec<T>实现 Clone Trait 源代码的分析如下：

```
impl<T: Clone, A: Allocator + Clone> Clone for Vec<T, A> {
    fn clone(&self) -> Self {
        let alloc = self.allocator().clone();
        <[T]>::to_vec_in(&**self, alloc) //实质上是调用[T]::to_vec()函数
    }
    fn clone_from(&mut self, other: &Self) {
        //略
    }
}
```

8.3.2 Vec<T>的 Iterator Trait

为实现变量自身的迭代器，标准库定义了复杂的复合类型。对此类型源代码的分析如下：

```
//IntoIter 的结构体定义
pub struct IntoIter<T, A: Allocator = Global,> {
    pub(super) buf: NonNull<T>,
    pub(super) phantom: PhantomData<T>,    //拥有 buf 的所有权
    pub(super) cap: usize,                 //Vec<T>的容量
    pub(super) alloc: A,   //Vec<T>的 allocator，用于重建 RawVec<T>以正确释放堆内存
    pub(super) ptr: *const T,              //当前迭代成员指针
    pub(super) end: *const T,              //用于判断迭代是否越界
}
//IntoIterator Trait 实现
impl<T, A: Allocator> IntoIterator for Vec<T, A> {
    type Item = T;
    type IntoIter = IntoIter<T, A>;

    fn into_iter(self) -> IntoIter<T, A> {
        unsafe {
            let mut me = ManuallyDrop::new(self);   //使编译器遗忘 self
            let alloc = ptr::read(me.allocator());
```

```
            let begin = me.as_mut_ptr();                    //获取第一个成员的裸指针
            let end = if mem::size_of::<T>() == 0 {
                //0 长度(ZST)类型处理方式
                arith_offset(begin as *const i8, me.len() as isize) as *const T
            } else {
                begin.add(me.len()) as *const T             //获取最后一个成员+1 的裸指针
            };
            let cap = me.buf.capacity();                    //获取 Vec<T>的容量
            IntoIter {
                buf: NonNull::new_unchecked(begin), //从第一个成员裸指针转换并获取 buf
                phantom: PhantomData,               //自动推断使用 begin
                cap, alloc, ptr: begin, end,        //其他赋值
            }
        }
    }
}
//Iterator Trait 实现
impl<T, A: Allocator> Iterator for IntoIter<T, A> {
    type Item = T;

    //此函数与 slice 的 Iterator 相关函数非常类似
    fn next(&mut self) -> Option<T> {
        if self.ptr as *const _ == self.end {
            None
        } else if mem::size_of::<T>() == 0 {
            //利用增加 self.ptr 来完成 next 的逻辑
            self.ptr = unsafe { arith_offset(self.ptr as *const i8, 1) as *mut T };
            //如果 T 能实现 Default Trait，则应该返回<T as Default>::default，不能返回 None
            Some(unsafe { mem::zeroed() })
        } else {
            let old = self.ptr; //更改头指针，保证不再访问头指针之前的变量
            self.ptr = unsafe { self.ptr.offset(1) };
            //将成员变量读到栈中并转移所有权，而 RawVec<T>堆内存的释放不会受到影响
            Some(unsafe { ptr::read(old) })
        }
    }
    …
}
//其他辅助函数
impl<T, A: Allocator> IntoIter<T, A> {
    pub fn as_slice(&self) -> &[T] {
        //由 Iterator 生成 slice 的引用
        unsafe { slice::from_raw_parts(self.ptr, self.len()) }
    }
    pub fn as_mut_slice(&mut self) -> &mut [T] {
```

```
        unsafe { &mut *self.as_raw_mut_slice() }    //生成 slice 的可变引用
    }
    pub fn allocator(&self) -> &A {
        &self.alloc                                 //返回 Allocator Trait
    }
    fn as_raw_mut_slice(&mut self) -> *mut [T] {
        ptr::slice_from_raw_parts_mut(self.ptr as *mut T, self.len())//返回裸指针
    }
}
unsafe impl<#[may_dangle] T, A: Allocator> Drop for IntoIter<T, A> {
    fn drop(&mut self) {
        struct DropGuard<'a, T, A: Allocator>(&'a mut IntoIter<T, A>);
        impl<T, A: Allocator> Drop for DropGuard<'_, T, A> {
            fn drop(&mut self) {
                unsafe {
                    let alloc = ptr::read(&self.0.alloc);
                    let _ = RawVec::from_raw_parts_in(self.0.buf.as_ptr(), self.0.cap,
alloc);                                                 //恢复 RawVec<T>
                    //当 RawVec<T>的生命周期终止时，释放堆内存
                }
            }
        }
        let guard = DropGuard(self);
        unsafe {
            //self.ptr 之前的成员变量已经被消费，这里是一个 slice 的 drop()函数调用，
            //并且会递归调用 slice 内所有成员的 drop()函数
            ptr::drop_in_place(guard.0.as_raw_mut_slice());
        }
    }
}
```

以上要注意 next()函数与 drop()函数对成员所有权的处理。

标准库为 Vec<T>实现了 Extend Trait，以对 Vec<T>实现成员增加。对此 Trait 实现源代码的分析如下：

```
impl<T, A: Allocator> Extend<T> for Vec<T, A> {
    fn extend<I: IntoIterator<Item = T>>(&mut self, iter: I) {
        <Self as SpecExtend<T, I::IntoIter>>::spec_extend(self, iter.into_iter())
    }
    fn extend_one(&mut self, item: T) {    self.push(item);    }
    fn extend_reserve(&mut self, additional: usize) {    self.reserve(additional);    }
}
//Extend Trait 的具体实现
pub(super) trait SpecExtend<T, I> {
```

```
    fn spec_extend(&mut self, iter: I);
}
impl<T, A: Allocator> SpecExtend<T, IntoIter<T>> for Vec<T, A> {
    fn spec_extend(&mut self, mut iterator: IntoIter<T>) {
        unsafe { self.append_elements(iterator.as_slice() as _); }
        iterator.ptr = iterator.end;
    }
}
impl<T: Clone, A: Allocator> Vec<T, A> {
    pub fn extend_from_slice(&mut self, other: &[T]) {
        self.spec_extend(other.iter())
    }
}
```

基于切片类型的迭代器实现，Vec<T>采用适配器设计模式实现了引用迭代器及可变引用迭代器。

对 Vec<T>的实现难点是各种类型转换时的所有权相关处理。

8.4 Rc<T>类型分析

Rc<T>提供了共享智能指针方案。Rc<T>与 Weak<T>共同形成了智能指针循环互指的解决方案，这在结构体组合、循环链表、树、图的数据结构中是必备的特性。Rc<T>的源代码在标准库中的路径如下：

```
/library/alloc/src/rc.rs
```

相比于 Box<T>，Rc<T>是大型程序更常用的智能指针类型。C 语言程序往往使用全局指针变量定义重要的变量，而 Rust 使用 Rc<T>可以承担这一角色。对 Rc<T>类型定义源代码的分析如下：

```
//这里使用了 C 语言的内存布局，在内存中，成员的顺序必须按照声明的顺序排列
#[repr(C)]
//此类型结构体在堆内存中
struct RcBox<T: ?Sized> {
    strong: Cell<usize>,  //拥有所有权的智能指针 Rc<T>的计数
    //没有拥有所有权的智能指针 Weak<T>的计数，所有的 strong 拥有一个 weak 计数
    weak: Cell<usize>,
    value: T,             //真正感兴趣的变量必须放在最后，因为可能是动态变量
}
//Rc<T>拥有 RcBox<T>的所有权
pub struct Rc<T: ?Sized> {
```

```
    ptr: NonNull<RcBox<T>>, //申请的堆内存块指针解引用后可直接获取 T
    phantom: PhantomData<RcBox<T>>,//表示拥有 ptr 所指内存块的所有权，内存块由此结构释放
}
//Weak<T>未拥有 RcBox<T>的所有权
pub struct Weak<T: ?Sized> {
    ptr: NonNull<RcBox<T>>,
}
```

在创建互相引用的两个结构体变量时，会遇到生命周期陷阱，无论先释放哪个结构体变量，都会导致另外一个结构体变量出现悬垂指针。用户可以在涉及这个问题时进行处理，但这种方案显然违反了 Rust 的简洁之道。

Rust 的解决方案是提供 Weak<T>和 Rc<T>两种智能指针的类型。当程序申请堆内存变量后，即使在没有初始化堆内存变量的情况下，也可以创建 Weak<T>类型的智能指针。复合类型可以用 Weak<T>变量指示堆内存变量，但 Weak<T>变量不能拥有堆内存变量的所有权。堆内存变量初始化后才能被用于构造 Rc<T>变量，而 Rc<T>变量拥有堆内存变量的所有权。Weak<T>变量可以升级为 Rc<T>变量，且用于访问堆内存变量；Rc<T>变量也可以降级为 Weak<T>变量，以仅指示堆内存变量。这样就可以利用 Weak<T>解决智能指针循环互指的问题，两个互相引用的结构体可以只定义 Weak<T>变量作为对方的引用，释放彼此的资源后也不会影响对方。

当需要创建共享的智能指针时，建议只定义 Weak<T>变量。当需要使用 Rc<T>变量时，将 Weak<T>变量升级为 Rc<T>变量，操作完成后，将 Rc<T> 变量的生命周期终止。因为 Rc<T>变量不支持多线程，这样可以保证某一时间只存在一个 strong 引用，从而可以使用 get_mut()函数安全地改变内部变量的值。

Rc<T>结构如图 8-1 所示。

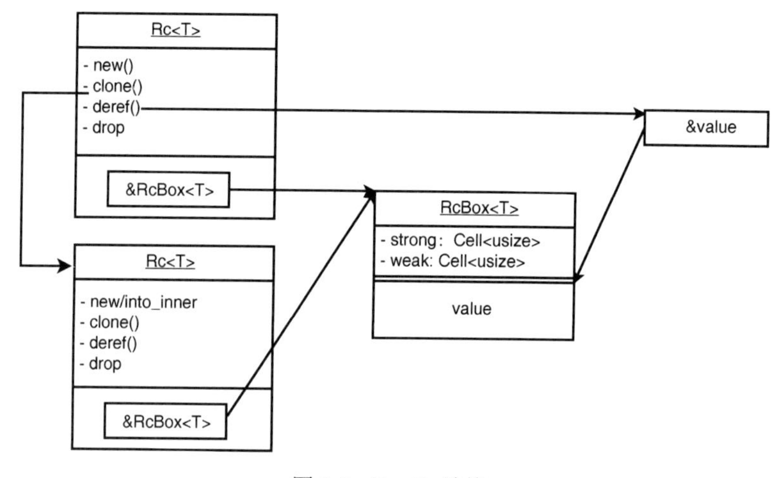

图 8-1　Rc<T>结构

8.4.1　Rc<T>类型的构造函数及析构函数

Rc<T>类型的构造函数及析构函数是理解 Rc<T>的核心关键。对这些操作源代码的分析如下：

```
//由 RcBox<T>生成 Rc<T>的辅助函数
 impl<T: ?Sized> Rc<T> {
    //此函数用于获取内部的 RcBox<T>变量
    fn inner(&self) -> &RcBox<T> {  unsafe { self.ptr.as_ref() }  }
    //此函数由成员构造结构体变量，且没有对 strong 做计数操作。
    //此变量的 strong 计数已经被提前完成
    fn  from_inner(ptr:  NonNull<RcBox<T>>)  ->  Self  {    Self  {  ptr,  phantom:
PhantomData }  }
    //此函数由裸指针构造结构体，同样，这里没有对 strong 做计数操作
    unsafe fn from_ptr(ptr: *mut RcBox<T>) -> Self {
        Self::from_inner(unsafe { NonNull::new_unchecked(ptr) })
    }
 }
impl<T> Rc<T> {
    //此函数由已经初始化变量构造 Rc<T>变量
    pub fn new(value: T) -> Rc<T> {
        //首先构造 RcBox<T>变量，然后生成 Box<RcBox<T>>变量，
        //最后用 leak 得到 RcBox<T>变量的堆内存指针，
        //用堆内存指针创建 Rc<T>变量，内存申请由 Box<T>变量执行
        Self::from_inner(
            //确定生成 Rc<T>变量，所以将 strong 及 weak 的计数都置为 1
            Box::leak(box RcBox { strong: Cell::new(1), weak: Cell::new(1), value }).
into(),
        )
    }
    //此函数用于构造一个互相引用场景的 Rc<T>变量，data_fn 用于初始化拥有 Weak<T>的变量
    pub fn new_cyclic(data_fn: impl FnOnce(&Weak<T>) -> T) -> Rc<T> {
        //下面与 new()函数代码类似，只是 value 没有被初始化
        let uninit_ptr: NonNull<_> = Box::leak(box RcBox {
            strong: Cell::new(0),       //内存没有被初始化，不能拥有 strong 计数
            weak: Cell::new(1),         //uninit_ptr 拥有一个 weak 计数
            value: mem::MaybeUninit::<T>::uninit(), //堆内存也没有被初始化
        })
        .into();
        //此处将 NonNull<RcBox<MaybeUninit<T>>>转换为 NonNull<RcBox<T>>
        let init_ptr: NonNull<RcBox<T>> = uninit_ptr.cast();
        //生成 Weak，weak 不会拥有堆内存所有权，
        //将 weak 通过闭包传递出去，以便循环互指变量，用 weak 完成自身的初始化
        let weak = Weak { ptr: init_ptr };
```

```
        let data = data_fn(&weak); //data_fn应该调用了weak.clone()函数来增加weak计数
        unsafe {
            let inner = init_ptr.as_ptr();
            //addr_of_mut!可以万无一失，实现初始化
            ptr::write(ptr::addr_of_mut!((*inner).value), data);
            let prev_value = (*inner).strong.get();     //获取strong以便更新
            debug_assert_eq!(prev_value, 0, "No prior strong references should
exist");
            (*inner).strong.set(1);                       //将strong的值更新为1
        }
        let strong = Rc::from_inner(init_ptr);     //直接通过init_ptr创建Rc<T>变量
        //所有strong指针拥有一个weak计数，以便下面的代码处理这个计数
        mem::forget(weak);
        strong
    }
    //此函数用于构造未初始化的Rc<T>变量，由于使用Box<T>申请未初始化内存会很烦琐，因此直接申请内存
    pub fn new_uninit() -> Rc<mem::MaybeUninit<T>> {
        unsafe {
            //首先申请堆内存，然后用申请的堆内存构造Rc<T>变量
            Rc::from_ptr(Rc::allocate_for_layout(
                Layout::new::<T>(),
                |layout| Global.allocate(layout),//不用考虑除Global外的Allocator
                |mem| mem as *mut RcBox<mem::MaybeUninit<T>>,
            ))
        }
    }
    //此函数用于构造Rc<T>变量，当堆内存不足时会报错
    pub fn try_new(value: T) -> Result<Rc<T>, AllocError> {
        //利用Box::try_new()函数来判断是否成功构造Rc<T>变量
        Ok(Self::from_inner(
            Box::leak(Box::try_new(RcBox { strong: Cell::new(1), weak: Cell::new(1),
value })?)
                .into(),
        ))
    }
    //此函数用于构造未初始化的Rc<T>变量，当堆内存不足时报错
    pub fn try_new_uninit() -> Result<Rc<mem::MaybeUninit<T>>, AllocError> {
        unsafe {
            //堆内存申请函数需要考虑申请出错的情况
            Ok(Rc::from_ptr(Rc::try_allocate_for_layout(
                Layout::new::<T>(),
                |layout| Global.allocate(layout), //没有考虑其他的Allocator
                |mem| mem as *mut RcBox<mem::MaybeUninit<T>>,
            )?))
        }
```

```
    }
    …
}
//Rc<T>变量的堆内存申请函数
impl<T: ?Sized> Rc<T> {
    unsafe fn allocate_for_layout(
        value_layout: Layout,
        allocate: impl FnOnce(Layout) -> Result<NonNull<[u8]>, AllocError>,
        mem_to_rcbox: impl FnOnce(*mut u8) -> *mut RcBox<T>,
    ) -> *mut RcBox<T> {
        //以下获取 RcBox<T>堆内存 Layout 的技巧需要关注
        let layout = Layout::new::<RcBox<()>>().extend(value_layout).
unwrap().0.pad_to_align();
        unsafe {
            Rc::try_allocate_for_layout(value_layout, allocate, mem_to_rcbox)
                .unwrap_or_else(|_| handle_alloc_error(layout))//处理不成功的情况
        }
    }
    unsafe fn try_allocate_for_layout(
        value_layout: Layout,
        allocate: impl FnOnce(Layout) -> Result<NonNull<[u8]>, AllocError>,
        mem_to_rcbox: impl FnOnce(*mut u8) -> *mut RcBox<T>,
    ) -> Result<*mut RcBox<T>, AllocError> {
        //获取 RcBox<T>的堆内存布局 Layout
        let layout = Layout::new::<RcBox<()>>().extend(value_layout).unwrap().
0.pad_to_align();
        let ptr = allocate(layout)?;                          //申请堆内存有可能不成功
        //将裸指针类型转换为*mut RcBox<xxx>类型
        let inner = mem_to_rcbox(ptr.as_non_null_ptr().as_ptr());
        unsafe {
            debug_assert_eq!(Layout::for_value(&*inner), layout);
            //完成初始化，并正常设置 strong 计数
            ptr::write(&mut (*inner).strong, Cell::new(1));
            ptr::write(&mut (*inner).weak, Cell::new(1));   //正常设置 weak 计数
        }
        Ok(inner)
    }
    //此函数用于返回*mut RcBox<T>，表示堆内存已经初始化
    unsafe fn allocate_for_ptr(ptr: *const T) -> *mut RcBox<T> {
        unsafe {
            Self::allocate_for_layout(
                Layout::for_value(&*ptr),                 //利用*const T 获取 Layout
                |layout| Global.allocate(layout),
                //下面的代码确保 ptr 的 meta 部分不会变化
                |mem| (ptr as *mut RcBox<T>).set_ptr_value(mem),
```

```
            )
        }
    }
    //此函数用于将 Box<T>变量转换为 RcBox<T>变量
    fn from_box(v: Box<T>) -> Rc<T> {
        unsafe {
            //解封装 Box<T>，并获取堆内存指针
            let (box_unique, alloc) = Box::into_unique(v);
            let bptr = box_unique.as_ptr();
            let value_size = size_of_val(&*bptr);
            //申请堆内存，并获取堆内存裸指针*mut RcBox<T>
            let ptr = Self::allocate_for_ptr(bptr);
            //将 T 的内容复制到 RcBox<T>变量的 value
            ptr::copy_nonoverlapping(bptr as *const T as *const u8,
                &mut (*ptr).value as *mut _ as *mut u8, value_size);
            //这里仅释放了堆内存，但没有调用堆内存中变量的 drop()函数，
            //编译器会在 RcBox<T>变量的生命周期终止时，调用其 drop()函数
            box_free(box_unique, alloc);
            Self::from_ptr(ptr)  //生成 Rc<T>变量
        }
    }
}
//析构函数
unsafe impl<#[may_dangle] T: ?Sized> Drop for Rc<T> {
    //此函数在 strong 计数为 0 时，调用堆内存变量的 drop()函数，
    //而 Weak<T>变量可以不依赖于堆内存初始化
    fn drop(&mut self) {
        unsafe {
            self.inner().dec_strong(); //将 strong 计数减 1
            if self.inner().strong() == 0 {
                //当 strong 计数为 0 时，调用堆内存变量的 drop()函数，此时堆内存没有被释放
                ptr::drop_in_place(Self::get_mut_unchecked(self));
                self.inner().dec_weak();//对于 strong 整体会有一个 weak 计数，需要减去该计数
                if self.inner().weak() == 0 {
                    //当只有 weak 为 0 时才能释放堆内存
                    Global.deallocate(self.ptr.cast(), Layout::for_value (self.ptr.as_ref()));
                }
            }
        }
    }
}
impl<T: ?Sized> Deref for Rc<T> {
    type Target = T;

    fn deref(&self) -> &T {
```

```
        &self.inner().value
    }
}
```

8.4.2　Weak<T>类型分析

在 Rc<T>函数的实现中，使用 Weak{ptr:self_ptr}可以直接生成 Weak<T>变量，但要注意 weak 计数和 Weak<T>变量的匹配关系。对 Weak<T>类型源代码的分析如下：

```
impl<T> Weak<T> {
    //此函数用于创建一个空的 Weak<T>
    pub fn new() -> Weak<T> {
        Weak { ptr: NonNull::new(usize::MAX as *mut RcBox<T>).expect("MAX is not
0") }
    }
}
//此函数用于判断 Weak<T>是否为空
pub(crate) fn is_dangling<T: ?Sized>(ptr: *mut T) -> bool {
    let address = ptr as *mut () as usize;
    address == usize::MAX
}
impl <T:?Sized> Weak<T> {
    //此函数用于获取堆内存变量指针
    pub fn as_ptr(&self) -> *const T {
        let ptr: *mut RcBox<T> = NonNull::as_ptr(self.ptr);
        if is_dangling(ptr) {
            ptr as *const T
        } else {
            unsafe { ptr::addr_of_mut!((*ptr).value) } //返回 T 类型变量的指针
        }
    }
    //此函数用于消费 Weak<T>变量，并获取内部变量指针，后继需要用此指针重建 Weak<T>变量，
    //否则 RcBox<T>变量的 weak 计数会出错
    pub fn into_raw(self) -> *const T {
        let result = self.as_ptr();
        mem::forget(self); //通知编译器不用自动调用 self 的 drop()函数
        result
    }
    //此函数中的 ptr 是从 into_raw()函数中获取的裸指针
    pub unsafe fn from_raw(ptr: *const T) -> Self {
        let ptr = if is_dangling(ptr as *mut T) {
            ptr as *mut RcBox<T>
        } else {
            //通过指针偏移计算得到 RcBox<T>变量的指针
```

```
            let offset = unsafe { data_offset(ptr) };
            //*const T 可以被转换为*mut RcBox<T>，因两者的 meata 相同，
            //使用 set_ptr_value()函数保留 meta，仅修改地址
            unsafe { (ptr as *mut RcBox<T>).set_ptr_value((ptr as *mut u8).offset(-
offset)) }
        };
        //RcBox<T>变量的 weak 的计数由调用者确保正确
        Weak { ptr: unsafe { NonNull::new_unchecked(ptr) } }
    }
    //此函数用于构造 WeakInner<'_>
    fn inner(&self) -> Option<WeakInner<'_>> {
        if is_dangling(self.ptr.as_ptr()) {
            None
        } else {
            Some(unsafe {
                let ptr = self.ptr.as_ptr();
                WeakInner { strong: &(*ptr).strong, weak: &(*ptr).weak }
            })
        }
    }
    //此函数用于将 Weak<T>变量升级为 Rc<T>变量，对 Rc<T>正确的使用方式应该是仅用 Weak<T>,
    //在适当的时候升级为 Rc<T>变量，并且在使用完之后就将 Rc<T>变量的生命周期终止
    pub fn upgrade(&self) -> Option<Rc<T>> {
        let inner = self.inner()?;                  //获取 RcBox<T>变量
        if inner.strong() == 0 {
            None
        } else {
            inner.inc_strong();                     //对 RcBox<T>变量的 strong 增加计数
            Some(Rc::from_inner(self.ptr))          //利用 RcBox<T>变量生成新的 Rc<T>变量
        }
    }
}
```

8.4.3 Rc<T>的其他函数

Rc<T>变量可以降级为 Weak<T>变量。对此操作源代码的分析如下：

```
impl <T:?Sized> Rc<T> {
    //此函数用于创建新的 Weak<T>变量
    pub fn downgrade(this: &Self) -> Weak<T> {
        this.inner().inc_weak();                            //获取 weak 计数
        debug_assert!(!is_dangling(this.ptr.as_ptr()));     //确保不出错
        Weak { ptr: this.ptr }                              //生成 Weak<T>变量
    }
```

```
}
```

在只有一个 Rc<T>变量的情况下，可以使用函数获取内部变量的可变引用及修改内部变量。对这些函数源代码的分析如下：

```
impl<T: Clone> Rc<T> {
    //如果 Rc<T>只有一个引用，则使用此函数返回内部变量可变引用。
    //如果 Rc<T>有多个引用，则使用此函数复制一个 Rc<T>，再将复制的 Rc<T>中的堆内存指针返回
    pub fn make_mut(this: &mut Self) -> &mut T {
        if Rc::strong_count(this) != 1 {
            let mut rc = Self::new_uninit(); //如果 Rc<T>有多个引用，则创建一个可复制的变量
            unsafe {
                //将 self 中的 value 值写入新创建的变量
                let data = Rc::get_mut_unchecked(&mut rc);
                (**this).write_clone_into_raw(data.as_mut_ptr());
                *this = rc.assume_init(); //这里把 this 代表的 Rc<T>释放，并替换为新值
            }
        } else if Rc::weak_count(this) != 0 {
            //如果 Rc<T>仅有一个 strong 引用，但有其他的 weak 引用，则同样需要新建一个 Rc<T>变量
            let mut rc = Self::new_uninit();
            unsafe {
                //下面代码使用了与 strong !=1 的不同写法，但完成了相同的工作
                let data = Rc::get_mut_unchecked(&mut rc);
                data.as_mut_ptr().copy_from_nonoverlapping(&**this, 1);
                //下面代码实际上实现了 this.drop()函数，并将 rc 赋值给 this。
                //减去 strong 引用后，堆内存不再存在 strong 引用
                this.inner().dec_strong();
                //strong 已经为 0，所以将 strong 的 weak 计数减去
                this.inner().dec_weak();
                //不能用*this = 这种表达，否则会导致对堆内存变量的释放
                ptr::write(this, rc.assume_init());
            }
        }
        //已经确保了 this 的 strong 为 1，当没有其他的 Weak<T>做引用时，可以对堆内存变量进行修改
        unsafe { &mut this.ptr.as_mut().value }
    }
}
impl<T: ?Sized> Rc<T> {
    //此函数用于获取内部变量的可变引用，如果 strong 计数为 1，
    //则可以安全地利用此函数获取内部变量后，修改内部变量的值
    pub fn get_mut(this: &mut Self) -> Option<&mut T> {
        if Rc::is_unique(this) { unsafe { Some(Rc::get_mut_unchecked(this)) } }
else { None }
    }
    pub unsafe fn get_mut_unchecked(this: &mut Self) -> &mut T {
```

```
        unsafe { &mut (*this.ptr.as_ptr()).value }
    }
}
```

对为 Rc<T>实现基本 Trait 源代码的分析如下：

```
//Clone Trait 是 Rc<T>最常用的操作
impl<T: ?Sized> Clone for Rc<T> {
    fn clone(&self) -> Rc<T> {
        self.inner().inc_strong(); //clone 实质就是增加一个 strong 的计数
        Self::from_inner(self.ptr)
    }
}
impl<T: ?Sized> Clone for Weak<T> {
    fn clone(&self) -> Weak<T> {
        if let Some(inner) = self.inner() {  inner.inc_weak()  }
        Weak { ptr: self.ptr }
    }
}
```

Rc<T>允许堆内存是未初始化的变量，因此必然要与 MaybeUninit<T>类型相结合。对相关函数源代码的分析如下：

```
//此函数对应 MaybeUninit<T>的 assume_init()函数
impl<T> Rc<mem::MaybeUninit<T>> {
    pub unsafe fn assume_init(self) -> Rc<T> {
        //先用 ManuallyDrop 将 self 封装，以便不会自动调用 self 的 drop()函数，
        //再取出堆内存指针创建新的 Rc<T>变量
        Rc::from_inner(mem::ManuallyDrop::new(self).ptr.cast())
    }
}
```

Rc<T>与堆内存变量的裸指针可以相互转换。对相关函数源代码的分析如下：

```
impl<T: ?Sized> Rc<T> {
    //此函数相当于 Rc<T>的 leak
    pub fn into_raw(this: Self) -> *const T {
        let ptr = Self::as_ptr(&this);
        mem::forget(this);//把堆内存指针取出后，由调用代码负责释放，this 需要被编译器遗忘
        ptr
    }
    //此函数用于获取堆内存变量的指针，不会涉及安全问题。注意，这里 ptr 不是堆内存块的首地址，
    //而是向后偏移到 T 类型变量的地址。
    //因为 RcBox<T>采用了 C 语言的内存布局，所以将 value 放在最后
    pub fn as_ptr(this: &Self) -> *const T {
        let ptr: *mut RcBox<T> = NonNull::as_ptr(this.ptr);
```

```
        unsafe { ptr::addr_of_mut!((*ptr).value) }
    }
    //此函数用于通过堆内存 T 类型变量指针重建 Rc<T>变量。
    //注意，这里的 ptr 一般通过调用 Rc<T>::into_raw()函数来获取裸指针。
    //ptr 不是堆内存块的首地址，需要减去 strong 和 weak 的内存大小
    pub unsafe fn from_raw(ptr: *const T) -> Self {
        let offset = unsafe { data_offset(ptr) };
        //减去偏移量，得到正确的 RcBox<T>堆内存块的首地址
        let rc_ptr = unsafe { (ptr as *mut RcBox<T>).set_ptr_value((ptr as *mut
u8).offset(-offset)) };
        unsafe { Self::from_ptr(rc_ptr) }
    }
```

into_raw()函数、from_raw()函数要成对使用，否则就必须对这两个函数的堆内存处理有清晰的认知。如果做不到这一点，那么出现问题是必然的。

8.5 Arc<T>类型分析

Arc<T>是 Rc<T>的多线程版本，这两个类型的代码基本类似，只是把计数值的类型换成了原子变量以适配多线程。Arc<T>的源代码在标准库中的路径如下：

```
/library/alloc/src/sync.rs
```

前文关于 Rc<T>的所有内容都同样适用于 Arc<T>。Arc<T>是多线程编程必须掌握的智能指针类型。

8.5.1 Arc<T>类型的构造函数及析构函数

Arc<T>类型的构造函数及析构函数是理解 Arc<T>的核心关键。对这些操作源代码的分析如下：

```
//此类型结构体位于堆内存
#[repr(C)]
struct ArcInner<T: ?Sized> {
    //利用原子变量实现计数，使得计数修改不会因为多线程竞争而出错
    //AtomicUsize 定义：pub struct AtomicUsize { v: UnsafeCell<usize>}
    strong: atomic::AtomicUsize,
    weak: atomic::AtomicUsize,
    data: T,
}
```

```
unsafe impl<T: ?Sized + Sync + Send> Send for ArcInner<T> {}  //支持 Send
unsafe impl<T: ?Sized + Sync + Send> Sync for ArcInner<T> {}  //支持 Sync

//Arc<T>的结构
pub struct Arc<T: ?Sized> {
    ptr: NonNull<ArcInner<T>>,
    phantom: PhantomData<ArcInner<T>>,
}
unsafe impl<T: ?Sized + Sync + Send> Send for Arc<T> {}         //对 Send 支持
unsafe impl<T: ?Sized + Sync + Send> Sync for Arc<T> {}         //对 Sync 支持

//Weak<T>的结构
pub struct Weak<T: ?Sized> {
    ptr: NonNull<ArcInner<T>>,
}
unsafe impl<T: ?Sized + Sync + Send> Send for Weak<T> {}
unsafe impl<T: ?Sized + Sync + Send> Sync for Weak<T> {}
```

ArcInner<T>对应 RcBox<T>、Arc<T>对应 Rc<T>、sync::Weak<T>对应 rc::Weak<T>，Arc<T>模块的对应类型的逻辑与 Rc<T>模块的对应类型的逻辑基本相同。

Arc<T>计数器用原子变量实现，使得计数器的加减操作不会受到多线程数据竞争的影响，从而也使得 Arc<T>能够在多线程环境下使用。这里需要注意的是，Arc<T>实际上仅保证堆内存空间的多线程安全，并没有保证内部变量 data 的多线程安全，data 的多线程安全由 data 的类型来保证。示例代码如下：

```
Arc<Mutex<RefCell<T>>>                   //对 RefCell<T>的多线程共享需要加锁
Arc.clone().lock().borrow_mut()          //加锁后才能安全访问
```

与 Rc<T>相同，Arc<T>也提供了 weak 和 strong 两种类型，用来作为循环引用的解决方案。

同样，推荐复合类型定义中仅定义 Weak<T>变量，在需要访问堆内存时，可以将 Weak<T>变量升级为 Arc<T>变量，完成访问后即可终止创建的 Arc<T>变量的生命周期。对 Arc<T>类型相关函数源代码的分析如下：

```
//堆内存已经存在 ArcInner<T>，通过 ArcInner<T>来创建 Arc<T>变量
impl<T:?Sized> Arc<T> {
    fn from_inner(ptr: NonNull<ArcInner<T>>) -> Self {
        Self { ptr, phantom: PhantomData } //没有 strong 计数操作
    }
    unsafe fn from_ptr(ptr: *mut ArcInner<T>) -> Self {
        //没有 strong 计数操作
        unsafe { Self::from_inner(NonNull::new_unchecked(ptr)) }
    }
}
```

```
impl<T> Arc<T> {
    //此函数由已初始化变量创建 Arc<T>变量
    pub fn new(data: T) -> Arc<T> {
        let x: Box<_> = box ArcInner {
            strong: atomic::AtomicUsize::new(1),     //后继创建 Arc<T>变量，这里可赋值为 1
            weak: atomic::AtomicUsize::new(1),       //有 strong 计数，weak 需要被赋值为 1
            data,
        }; //创建 ArcInner<T>，以此创建 Box<T>，完成堆内存申请及初始化
        //利用 Box::leak()函数获取堆内存指针，并赋给 Arc<T>变量
        Self::from_inner(Box::leak(x).into())
    }
    //此函数用于创建一个互相引用场景的 Arc<T>变量
    pub fn new_cyclic(data_fn: impl FnOnce(&Weak<T>) -> T) -> Arc<T> {
        //下面与 new()函数代码类似，只是 value 没有被初始化。将 strong 赋值为 0，
        //可以支持 Weak<T>变量的引用
        let uninit_ptr: NonNull<_> = Box::leak(box ArcInner {
            strong: atomic::AtomicUsize::new(0),
            weak: atomic::AtomicUsize::new(1),
            data: mem::MaybeUninit::<T>::uninit(),
        })
        .into();
        //init_ptr 后继会被初始化
        let init_ptr: NonNull<ArcInner<T>> = uninit_ptr.cast();
        let weak = Weak { ptr: init_ptr }; //生成 weak
        //利用回调闭包获取 value 的值，将 weak 传递出去是因为 cyclic 默认结构体初始化需要使用 weak。
        //利用回调函数进行处理可以让初始化一次性完成，以免初始化以后还要修改结构体的指针
        let data = data_fn(&weak);
        //完成对值的初始化，并将 weak 转化为 strong
        unsafe {
            let inner = init_ptr.as_ptr();
            //addr_of_mut!可以万无一失，实现初始化
            ptr::write(ptr::addr_of_mut!((*inner).data), data);
            //可以将 strong 的值更新为 1。注意，这里的原子函数不会被其他线程打断导致更新失败
            let prev_value = (*inner).strong.fetch_add(1, Release);
            debug_assert_eq!(prev_value, 0, "No prior strong references should
exist");
        }
        //strong 登场
        let strong = Arc::from_inner(init_ptr);
        //这里因为 strong 整体拥有一个 weak 计数，所以此处不对 weak 做资源释放处理以维持 weak 计数。
        //由于前面的回调函数使用了 weak，因此 clone 增加 weak 计数
        mem::forget(weak);
        strong
    }
    //此函数用于创建一个未初始化的 Arc<T>变量，选择直接做堆内存申请
```

```
    pub fn new_uninit() -> Arc<mem::MaybeUninit<T>> {
        unsafe {
            Arc::from_ptr(Arc::allocate_for_layout(
                Layout::new::<T>(),
                |layout| Global.allocate(layout),
                |mem| mem as *mut ArcInner<mem::MaybeUninit<T>>,
            ))
        }
    }
    //此函数在堆内存不足时返回错误值
    pub fn try_new(data: T) -> Result<Arc<T>, AllocError> {
        let x: Box<_> = Box::try_new(ArcInner {
            strong: atomic::AtomicUsize::new(1),
            weak: atomic::AtomicUsize::new(1),
            data,
        })?;
        Ok(Self::from_inner(Box::leak(x).into()))
    }
    //此函数是构造未初始化变量的容错版本
    pub fn try_new_uninit() -> Result<Arc<mem::MaybeUninit<T>>, AllocError> {
        unsafe {
             //堆内存申请函数需要考虑申请不到的情况
            Ok(Arc::from_ptr(Arc::try_allocate_for_layout(
                Layout::new::<T>(),
                |layout| Global.allocate(layout), //没有考虑其他Allocator<T>
                |mem| mem as *mut ArcInner<mem::MaybeUninit<T>>,
            )?))
        }
    }
    …
}
//Arc<T>变量的堆内存申请函数
impl<T: ?Sized> Arc<T> {
    unsafe fn allocate_for_layout(
        value_layout: Layout,
        allocate: impl FnOnce(Layout) -> Result<NonNull<[u8]>, AllocError>,
        mem_to_arcinner: impl FnOnce(*mut u8) -> *mut ArcInner<T>,
    ) -> *mut ArcInner<T> {
        // 根据 T 计算 ArcInner<T>需要的堆内存布局
        let layout = Layout::new::<ArcInner<()>>().extend(value_layout). unwrap().
0.pad_to_align();
        unsafe {
            //要考虑不成功的可能性
            Arc::try_allocate_for_layout(value_layout, allocate, mem_to_arcinner)
                .unwrap_or_else(|_| handle_alloc_error(layout))
```

```
        }
    }
    unsafe fn try_allocate_for_layout(
        value_layout: Layout,
        allocate: impl FnOnce(Layout) -> Result<NonNull<[u8]>, AllocError>,
        mem_to_arcinner: impl FnOnce(*mut u8) -> *mut ArcInner<T>,
    ) -> Result<*mut ArcInner<T>, AllocError> {
        //计算需要的堆内存布局 Layout
        let layout = Layout::new::<ArcInner<()>>().extend(value_layout). unwrap().
0.pad_to_align();
        //申请堆内存有可能不成功
        let ptr = allocate(layout)?;
        //将裸指针类型转换为*mut ArcInner<xxx>类型，xxx 有可能是 MaybeUninit<T>,
        //也可能是初始化完成后的类型。总之，调用代码能保证初始化，
        //所以此处正常设置 strong 及 weak
        let inner = mem_to_arcinner(ptr.as_non_null_ptr().as_ptr());
        debug_assert_eq!(unsafe { Layout::for_value(&*inner) }, layout);
        unsafe {
            ptr::write(&mut (*inner).strong, atomic::AtomicUsize::new(1));
            ptr::write(&mut (*inner).weak, atomic::AtomicUsize::new(1));
        }
        Ok(inner)
    }
    //此函数用于返回*mut ArcInner<T>，表示堆内存已经初始化
    unsafe fn allocate_for_ptr(ptr: *const T) -> *mut ArcInner<T> {
        unsafe {
            Self::allocate_for_layout(
                Layout::for_value(&*ptr),  //利用*const T 获取 Layout
                |layout| Global.allocate(layout),
                //下面代码确保 ptr 的 meta 部分不会变化
                |mem| (ptr as *mut ArcInner<T>).set_ptr_value(mem) as *mut ArcInner<T>,
            )
        }
    }
    //此函数用于将 Box<T>变量转换为 Arc<T>变量
    fn from_box(v: Box<T>) -> Arc<T> {
        unsafe {
            //解封装 Box<T>，获取堆内存指针
            let (box_unique, alloc) = Box::into_unique(v);
            let bptr = box_unique.as_ptr();
            let value_size = size_of_val(&*bptr);
            //申请堆内存，并获取堆内存裸指针*mut ArcInner<T>
            let ptr = Self::allocate_for_ptr(bptr);
            //将 T 的内容复制到 ArcInner<T>变量的 value
            ptr::copy_nonoverlapping(
                bptr as *const T as *const u8,
```

```
                &mut (*ptr).data as *mut _ as *mut u8,
                value_size,
            );
            //这里只释放堆内存，但没有调用堆内存中变量的drop()函数，
            //新生成的Arc<T>变量在释放时，调用堆内存变量的drop()函数
            box_free(box_unique, alloc);
            //生成Arc<T>变量
            Self::from_ptr(ptr)
        }
    }
}
//析构函数
unsafe impl<#[may_dangle] T: ?Sized> Drop for Arc<T> {
    fn drop(&mut self) {
        //如果当前的strong不是1，则返回fetch_xxx()函数之前的值
        if self.inner().strong.fetch_sub(1, Release) != 1 {
            return;
        }
        acquire!(self.inner().strong);
        unsafe {
            self.drop_slow();
        }
    }
}
impl <T:?Sized> Arc<T> {
    unsafe fn drop_slow(&mut self) {
        //调用堆内存的变量的drop()函数。注意，这里不用释放堆内存，只是释放变量的所有权
        unsafe { ptr::drop_in_place(Self::get_mut_unchecked(self)) };
        //使用strong创建一个Weak<T>，并对这个Weak<T>做资源释放
        drop(Weak { ptr: self.ptr });
    }
}
impl<T: ?Sized> Deref for Arc<T> {
    type Target = T;
    fn deref(&self) -> &T {
        &self.inner().data
    }
}
```

8.5.2 Weak<T>类型分析

在 Arc<T>函数的实现中，使用 Weak{ptr:self_ptr}可以直接生成 Weak<T>变量，但要注意 weak 计数和 Weak<T>变量需要匹配。对 Weak<T>类型源代码的分析如下：

```
impl<T> Weak<T> {
```

```
    //此函数用于创建一个空的 Weak<T>
    pub fn new() -> Weak<T> {
        Weak { ptr: NonNull::new(usize::MAX as *mut ArcInner<T>).expect("MAX is not 0") }
    }
}
struct WeakInner<'a> {
    weak: &'a atomic::AtomicUsize,
    strong: &'a atomic::AtomicUsize,
}
//此函数用于判断 Weak<T>是否为空
pub(crate) fn is_dangling<T: ?Sized>(ptr: *mut T) -> bool {
    let address = ptr as *mut () as usize;
    address == usize::MAX
}
impl <T:?Sized> Weak<T> {
    //此函数用于获取堆内存变量指针
    pub fn as_ptr(&self) -> *const T {
        let ptr: *mut ArcInner<T> = NonNull::as_ptr(self.ptr);
        if is_dangling(ptr) {
            ptr as *const T
        } else {
            //返回 T 类型变量的指针
            unsafe { ptr::addr_of_mut!((*ptr).data) }
        }
    }
    //此函数用于消费 self，并获取内部变量指针，后继需要利用此指针重建 Weak<T>变量，
    //否则相关的 ArcInner<T>变量的 weak 计数会出错
    pub fn into_raw(self) -> *const T {
        let result = self.as_ptr();
        mem::forget(self);
        result
    }
    //此函数中的 ptr 是从 into_raw()函数中获取的裸指针
    pub unsafe fn from_raw(ptr: *const T) -> Self {
        let ptr = if is_dangling(ptr as *mut T) {
            ptr as *mut ArcInner<T>
        } else {
            //通过指针偏移计算得到 ArcInner<T>变量的指针
            let offset = unsafe { data_offset(ptr) };
            unsafe { (ptr as *mut ArcInner<T>).set_ptr_value((ptr as *mut u8).offset
(-offset)) }
        };
        //ArcInner<T>变量的 weak 的计数由调用者确保正确
        Weak { ptr: unsafe { NonNull::new_unchecked(ptr) } }
    }
```

```
    //此函数用于构造 WeakInner<'_>
    fn inner(&self) -> Option<WeakInner<'_>> {
        if is_dangling(self.ptr.as_ptr()) {
            None
        } else {
            //获取 ArcInner<T>变量中 strong 和 weak 的引用
            Some(unsafe {
                let ptr = self.ptr.as_ptr();
                WeakInner { strong: &(*ptr).strong, weak: &(*ptr).weak }
            })
        }
    }
    //此函数用于将 Weak<T>变量升级为 Arc<T>变量。对 Arc<T>正确的使用方式应该是仅用 Weak<T>,
    //在适当的时候升级为 Arc<T>变量，并且在使用完之后就将 Arc<T>变量的生命周期终止
    pub fn upgrade(&self) -> Option<Arc<T>> {
        let inner = self.inner()?; //获取 ArcInner<T>变量
        let mut n = inner.strong.load(Relaxed);    //通过原子操作获取 strong 的值
        //因为是多线程操作，所以 n 可能被改写
        loop {
            //如果 strong 的值为 0，则堆内存已经被释放，不能再使用
            if n == 0 {  return None;  }
            if n > MAX_REFCOUNT {  abort();  }        //不能多于最大的引用数量
            //以下确保在 strong 当前值是 n 时进行加 1 操作
            match inner.strong.compare_exchange_weak(n, n + 1, Acquire, Relaxed) {
                //当前值为 1 且已经加 1 时，生成 Arc<T>变量
                Ok(_) => return Some(Arc::from_inner(self.ptr)),
                //如果当前值不为 n，将 n 设置为当前值，进入下一轮循环
                Err(old) => n = old,
            }
        }
    }
}
```

8.5.3 Arc<T>的其他函数

Arc<T>变量可以降级为 Weak<T>变量。对此操作源代码的分析如下：

```
impl <T:?Sized> Arc<T> {
    //此函数用于创建新的 Weak<T>变量
    pub fn downgrade(this: &Self) -> Weak<T> {
        let mut cur = this.inner().weak.load(Relaxed); //获取 weak 计数
        //以下是多线程原子变量处理，要确定当前的 weak 计数与上面获取的 weak 计数一致
```

```
        loop {
            //如果是 usize::MAX，则证明在创建过程中，等创建完后再获取一次
            if cur == usize::MAX {
                hint::spin_loop();
                cur = this.inner().weak.load(Relaxed);
                continue;
            }
            //确保在 weak 与当前值一致的情况下进行原子操作，将 weak 加 1
            match this.inner().weak.compare_exchange_weak(cur, cur + 1, Acquire,
Relaxed) {
                Ok(_) => {
                    //确保不创建不存在的变量的 Weak<T>
                    debug_assert!(!is_dangling(this.ptr.as_ptr()));
                    return Weak { ptr: this.ptr }; //创建 Weak<T>
                }
                //如果当前值与取值不一致，将取值更换为当前值，再做一次循环
                Err(old) => cur = old,
            }
        }
    }
}
```

在以上代码中，读者需要关注多线程的处理。

通常不能在 Arc<T>具有多副本的情况下改动内部变量。在只有一个 Arc<T>变量的情况下，可以使用函数获取内部变量的可变引用及修改内部变量。对此函数源代码的分析如下：

```
impl<T: Clone> Arc<T> {
    //此函数在 strong 计数为 1 时直接获取内部变量的可变引用。
    //在其他的情况下，对 Arc<T>进行复制，返回复制变量
    pub fn make_mut(this: &mut Self) -> &mut T {
        //判断 strong 的值是否为 1，如果为 1，将 strong 的值设置为 0，以防止其他线程做修改
        if this.inner().strong.compare_exchange(1, 0, Acquire, Relaxed).is_err() {
            //如果 strong 的值不为 1，则创建一个 Arc<T>变量
            let mut arc = Self::new_uninit();
            unsafe {
                let data = Arc::get_mut_unchecked(&mut arc);
                (**this).write_clone_into_raw(data.as_mut_ptr());
                *this = arc.assume_init();
            }
        } else if this.inner().weak.load(Relaxed) != 1 {
            //strong 的值原为 1，现为 0，此时如果 weak 的值为 1，则 weak 仅是 strong 整体所拥有的，
            //没有额外的 Weak<T>变量。
            //如果 weak 的值不为 1，则证明有其他的 Weak<T>变量存在，需要创建一个 Arc<T>变量。
```

```
            //当 strong 的值为 0 时，代表 self 的 Arc<T>变量已经被 drop，
            //所以创建一个 Weak<T>变量，并由此变量的 drop()函数完成对 weak 计数的处理
            let _weak = Weak { ptr: this.ptr };
            //复制一个新的 Arc<T>变量
            let mut arc = Self::new_uninit();
            unsafe {
                let data = Arc::get_mut_unchecked(&mut arc);
                data.as_mut_ptr().copy_from_nonoverlapping(&**this, 1);
                ptr::write(this, arc.assume_init());
            }
        } else {
            //如果 strong 及 weak 的值都为 1，则恢复 strong 的值为 1，直接使用当前的 Arc<T>变量
            this.inner().strong.store(1, Release);
        }
        //返回&mut T
        unsafe { Self::get_mut_unchecked(this) }

    }
}
impl<T: ?Sized> Arc<T> {
    //此函数在确保只有一个 Arc<T>变量存在时最为有效，可以直接获取内部变量的引用进行操作。
    //这也是建议只使用 Weak<T>变量的原因
    pub fn get_mut(this: &mut Self) -> Option<&mut T> {
        if this.is_unique() { unsafe { Some(Arc::get_mut_unchecked(this)) } } else
{ None }
    }
    pub unsafe fn get_mut_unchecked(this: &mut Self) -> &mut T {
        unsafe { &mut (*this.ptr.as_ptr()).data }
    }
}
```

对 Arc<T>其他典型函数源代码的分析如下：

```
impl<T: ?Sized> Clone for Arc<T> {
    fn clone(&self) -> Arc<T> {
        //增加一个 strong 计数
        let old_size = self.inner().strong.fetch_add(1, Relaxed);
        if old_size > MAX_REFCOUNT {
            abort();
        }
        //从内部创建一个新的 Arc<T>变量
        Self::from_inner(self.ptr)
    }
}
```

```
impl<T: ?Sized> Clone for Weak<T> {
    fn clone(&self) -> Weak<T> {
        if let Some(inner) = self.inner() {
            inner.inc_weak()
        }
        Weak { ptr: self.ptr }
    }
    fn clone(&self) -> Weak<T> {
        let inner = if let Some(inner) = self.inner() {
            inner
        } else {
            //当 inner 不存在时，直接创建一个 Weak<T>变量
            return Weak { ptr: self.ptr };
        };
        //对 weak 计数加 1
        let old_size = inner.weak.fetch_add(1, Relaxed);
        if old_size > MAX_REFCOUNT {
            abort();
        }
        //创建 Weak<T>变量
        Weak { ptr: self.ptr }
    }
}

//此函数对应 MaybeUninit<T>的 assume_init()函数
impl<T> Arc<mem::MaybeUninit<T>> {
    pub unsafe fn assume_init(self) -> Arc<T> {
        //先用 ManuallyDrop 将 self 封装，以便不会自动调用 self 的 drop()函数，
        //再取出堆内存指针创建新的 Arc<T>变量
        Arc::from_inner(mem::ManuallyDrop::new(self).ptr.cast())
    }
}

impl<T: ?Sized> Arc<T> {
    //此函数相当于 Arc<T>的 leak()函数
    pub fn into_raw(this: Self) -> *const T {
        let ptr = Self::as_ptr(&this);
        mem::forget(this);//把堆内存指针取出后，由调用代码负责释放，this 需要被编译器遗忘
        ptr
    }
    //此函数用于获取堆内存变量的指针，不会涉及安全问题。注意，这里 ptr 不是堆内存块的首地址，
    //而是向后有偏移到 T 类型变量的地址。
    //因为 ArcInner<T>采用了 C 语言的内存布局，所以将 value 放在最后
    pub fn as_ptr(this: &Self) -> *const T {
```

```
        let ptr: *mut ArcInner<T> = NonNull::as_ptr(this.ptr);
        unsafe { ptr::addr_of_mut!((*ptr).value) }
    }
    //此函数用于通过堆内存 T 类型变量的指针重建 Arc<T>变量。
    //注意，这里的 ptr 一般通过调用 Arc<T>::into_raw()函数来获取裸指针。
    //ptr 不是堆内存块的首地址，需要减去 strong 和 weak 的内存大小
    pub unsafe fn from_raw(ptr: *const T) -> Self {
        let offset = unsafe { data_offset(ptr) };
        //减去偏移量，得到正确的 ArcInner<T>堆内存块的首地址
        let rc_ptr = unsafe { (ptr as *mut ArcInner<T>).set_ptr_value((ptr as *mut
u8).offset(-offset)) };
        unsafe { Self::from_ptr(rc_ptr) }
    }
```

8.6 Cow<'a, T>类型分析

Cow<'a, T>是写时复制类型，在编程中经常使用这种类型以提高程序运行效率及内存使用效率。Cow<'a, T>的源代码在标准库中的路径如下：

```
/library/alloc/src/borrow.rs
```

8.6.1 ToOwned Trait 分析

ToOwned Trait 是与 Borrow Trait 互为逆的设计，一般满足 T.borrow()函数返回&U，满足 U.to_owned()函数返回 T。对 ToOwned Trait 源代码的分析如下：

```
pub trait ToOwned {
    //Owned 类型必须实现 Borrow<Self> Trait，即 Owned::borrow()->&Self
    type Owned: Borrow<Self>;
    fn to_owned(&self) -> Self::Owned;     //此函数用于创建 Owned 类型变量
    fn clone_into(&self, target: &mut Self::Owned) {
        *target = self.to_owned();          //当替换 target 的内容后，原内容会被 drop
    }
}
//以下为泛型实现 ToOwned Trait
impl<T> ToOwned for T
where  T: Clone
{
    type Owned = T;
```

```
    fn to_owned(&self) -> T {   self.clone()  } //通过 clone()函数创建一个新变量
    fn clone_into(&self, target: &mut T) {
        target.clone_from(self);
    }
}
```

8.6.2　Cow<'a, T>分析

Cow<'a, T>能够解决一类复制问题：代码逻辑上拥有两个变量，但其中一个变量是从另一个变量复制而来的。为了提高编程效率，代码不是在一开始便复制第一个变量以创建第二个变量，而是在两个变量的内容相同时，将对第二个变量的访问映射为对第一个变量的访问，只有当需要对第二个变量进行修改时，才复制第一个变量以实现对第二个变量的创建。对此类型定义源代码的分析如下：

```
pub enum Cow<'a, B: ?Sized + 'a>
where
    B: ToOwned,
{
    Borrowed( &'a B),   //利用 Borrowed()函数封装原有变量的引用
    //当对变量做修改时，先调用 to_owned()函数来获取新变量，再利用 Owned 封装新变量
    Owned(<B as ToOwned>::Owned),
}
```

对创建 Cow<'a, T>源代码的分析如下：

```
//使用 Borrowed()函数来得到初始值，否则不符合写时复制的语义要求
let a = Cow::Borrowed(&val)
```

对为 Cow<'a, T>实现基本 Trait 源代码的分析如下：

```
//在实现解引用特征后，会返回&B
impl<B: ?Sized + ToOwned> const Deref for Cow<'_, B>
where
    B::Owned: ~const Borrow<B>,
{
    type Target = B;

    fn deref(&self) -> &B {
        match *self {
            Borrowed(borrowed) => borrowed,  //如果是原有的变量，则返回原有变量的引用
            //如果值已经被修改，则调用内部变量的 borrow()函数来获取引用
            Owned(ref owned) => owned.borrow(),
        }
    }
}
```

```
//实现 Borrow Trait
impl<'a, B: ?Sized> Borrow<B> for Cow<'a, B>
where
    B: ToOwned,
    <B as ToOwned>::Owned: 'a,
{
    fn borrow(&self) -> &B {  &**self  }   //对 self 的解引用会调用 deref()函数
}
//如果想要实现 Clone Trait，则需要满足写时复制的要求
impl<B: ?Sized + ToOwned> Clone for Cow<'_, B> {
    fn clone(&self) -> Self {
        match *self {
            //如果是原有变量的引用，因为没有写，所以只需要复制一个引用即可
            Borrowed(b) => Borrowed(b),
            //如果已经对原有变量做了复制，则需要再次复制现有变量
            Owned(ref o) => {
                //根据已知条件，只能得到 o 的 borrow()函数，即一个 B 变量
                let b: &B = o.borrow();
                Owned(b.to_owned())           //再调用 to_owned()函数获取 B 变量
            }
        }
    }
    fn clone_from(&mut self, source: &Self) {
        match (self, source) {
            //仅在 self 与 source 都为 Owned 的情况下要先调用 borrow()函数后再进行复制操作，
            //注意，此时 self 的原始 dest 的生命周期终止
            (&mut Owned(ref mut dest), &Owned(ref o)) => o.borrow(). clone_into(dest),
            (t, s) => *t = s.clone(),
        }
    }
}
```

对为 Cow<'a, T>实现的其他典型函数源代码的分析如下：

```
impl<B: ?Sized + ToOwned> Cow<'_, B> {
    pub const fn is_borrowed(&self) -> bool {
        match *self {
            Borrowed(_) => true,
            Owned(_) => false,
        }
    }
    pub const fn is_owned(&self) -> bool {  !self.is_borrowed()  }

    //此函数因为后继要对变量进行改变，所以需要做复制操作
    pub fn to_mut(&mut self) -> &mut <B as ToOwned>::Owned {
        match *self {
```

```
            Borrowed(borrowed) => {
                *self = Owned(borrowed.to_owned()); //复制原变量后，用 Owned 封装
                match *self {
                    Borrowed(..) => unreachable!(),
                    Owned(ref mut owned) => owned,
                }
            }
            Owned(ref mut owned) => owned,
        }
    }
    //此函数也暗示后继要对 Cow<'a, T>进行修改，所以先消费 Cow<'a, T>
    pub fn into_owned(self) -> <B as ToOwned>::Owned {
        match self {
            Borrowed(borrowed) => borrowed.to_owned(),
            Owned(owned) => owned,
        }
    }
}

//由 slice 生成 Cow<'a, T>的示例代码
impl<'a, T: Clone> From<&'a [T]> for Cow<'a, [T]> {
    fn from(s: &'a [T]) -> Cow<'a, [T]> {
        Cow::Borrowed(s)  //生成 Borrowed
    }
}
```

从 Cow<'a, T>可以看到 Rust 基础语法的强大功能。读者可以思考一下如何用其他语言来实现这个写时复制的类型，就会发现实现的复杂度很高。

8.7　LinkedList<T>类型分析

双向链表的实现是经典的实用性及训练性非常好的项目。本书对经典数据结构将只分析 LinkedList<T>。此类型的源代码在标准库中的路径如下：

```
/library/alloc/src/collections/linked_list.rs
```

Rust 中对经典数据结构的实现和 C 语言十分相似，而且采用了大量与裸指针相关的不安全代码，这是出于对性能及易理解性的考虑。如果读者彻底理解了 LinkedList<T>类型的开发思路，其他数据结构就只是对经典数据结构实现的一个复习。对 LinkedList<T>类型定义源代码的分析如下：

```
//此定义表示 LinkedList 只支持内存固定大小的类型
```

```
pub struct LinkedList<T> {
    //等同于直接用裸指针，这样的代码最方便、最简化，但需要对安全性投入额外的精力，
    //head 与 tail 完全可比照 C 语言的实现
    head: Option<NonNull<Node<T>>>,
    tail: Option<NonNull<Node<T>>>,
    len: usize,
    //marker 说明本结构有一个 Box<Node<T>>的所有权。
    //因为链表节点的申请及释放都是通过 Box<T>类型完成的，所以此处拥有 Box<Node<T>>的所有权
    marker: PhantomData<Box<Node<T>>>,
}
//Node<T>也可完全比照 C 语言的实现
struct Node<T> {
    next: Option<NonNull<Node<T>>>,
    prev: Option<NonNull<Node<T>>>,
    element: T,
}
```

对 Node<T>实现源代码的分析如下：

```
impl<T> Node<T> {
    fn new(element: T) -> Self {
        Node { next: None, prev: None, element }
    }
    fn into_element(self: Box<Self>) -> T {
        self.element //在消费了 Box<T>后，堆内存被释放并将 element 复制到栈
    }
}
```

对 LinkedList<T>构造函数源代码的分析如下：

```
impl<T> LinkedList<T> {
    //创建一个空的 LinkedList<T>
    pub const fn new() -> Self {
        LinkedList { head: None, tail: None, len: 0, marker: PhantomData }
    }
```

对 LinkedList<T>增删节点源代码的分析如下：

```
    //此函数用于在链表头部增加一个节点
    pub fn push_front(&mut self, elt: T) {
        //利用 Box<T>从堆内存申请一个节点
        self.push_front_node(box Node::new(elt));
    }
    fn push_front_node(&mut self, mut node: Box<Node<T>>) {
        //此处使用了 unsafe 代码
        unsafe {
            node.next = self.head; //设置 node 的 next 链接关系
            node.prev = None;      //设置 node 的 prev 链接关系
```

```
        //需要将 Box<T>的堆内存 leak 出来使用，此堆内存后继会重新再生成 Box<T>
        let node = Some(Box::leak(node).into());
        match self.head {
            //如果是空链表，将 node 添加到尾部
            None => self.tail = node,
            //将当前头节点的 prev 设置为 node，目前采用 NonNull<Node<T>>的方案，
            //此处代码就很自然。
            //如果换成 Rc<Node<T>>的方案，则进行以下操作：
            //先利用 take 将 head 复制到栈中的新变量，将新变量的 prev 设置为 node；
            //再利用 replace 将新变量复制到 head
            Some(head) => (*head.as_ptr()).prev = node,
        }
        self.head = node; //将 self 的头节点设置为新的节点
        self.len += 1;
    }
}
//此函数用于在链表头部删除一个节点
pub fn pop_front(&mut self) -> Option<T> {
    //此函数用于将变量从堆内存复制到栈内存，并释放堆内存
    self.pop_front_node().map(Node::into_element)
}
fn pop_front_node(&mut self) -> Option<Box<Node<T>>> {
    self.head.map(|node| unsafe {
        //重新生成 Box<T>，以便后继可以释放堆内存
        let node = Box::from_raw(node.as_ptr());
        self.head = node.next;          //更换 head 指针
        match self.head {
            None => self.tail = None,   //如果链表为空，则需要将 tail 设置为空
            Some(head) => (*head.as_ptr()).prev = None,
        }
        self.len -= 1;
        node
    })
}

//此函数用于在尾部增加一个节点
pub fn push_back(&mut self, elt: T) {
    self.push_back_node(box Node::new(elt)); //利用 Box<T>从堆内存申请一个节点
}
fn push_back_node(&mut self, mut node: Box<Node<T>>) {
    unsafe {
        node.next = None; //设置节点的 next 链接关系
        node.prev = self.tail; //设置节点的 prev 链接关系
        //需要将 Box 的堆内存 leak 出来使用，此堆内存后继会重新生成 Box<T>
        let node = Some(Box::leak(node).into());
```

```
            match self.tail {
                None => self.head = node,    //当出现空链表时，需要设置 head
                //设置当前尾部节点的 next 链接关系
                Some(tail) => (*tail.as_ptr()).next = node,
            }
            self.tail = node;                    //将尾部设置为新节点
            self.len += 1;
        }
    }
    //此函数用于在尾部删除节点
    pub fn pop_back(&mut self) -> Option<T> {
        self.pop_back_node().map(Node::into_element)
    }
    fn pop_back_node(&mut self) -> Option<Box<Node<T>>> {
        self.tail.map(|node| unsafe {
            let node = Box::from_raw(node.as_ptr()); //重新创建 Box<T>以便删除堆内存
            self.tail = node.prev;
            match self.tail {
                None => self.head = None,
                Some(tail) => (*tail.as_ptr()).next = None,
            }
            self.len -= 1;
            node
        })
    }

    //此函数用于在链表中删除指定节点，调用此函数后，node 节点的所有权没有被处理，由调用者处理
    unsafe fn unlink_node(&mut self, mut node: NonNull<Node<T>>) {
        let node = unsafe { node.as_mut() }; //获取 node 的 mut 引用
        match node.prev {
            //修改链表中节点的 prev 链接关系
            Some(prev) => unsafe { (*prev.as_ptr()).next = node.next },
            None => self.head = node.next, //此时 node 是 head 节点，因此修改 self.head
        };
        match node.next {
            //不能获取 next 的所有权，
            //修改链表中节点的 next 链接关系
            Some(next) => unsafe { (*next.as_ptr()).prev = node.prev },
            None => self.tail = node.prev, //此时 node 是 tail 节点，因此修改 self.next

        };
        self.len -= 1;
    }
}
```

```
//Drop Trait 实现
unsafe impl<#[may_dangle] T> Drop for LinkedList<T> {
    fn drop(&mut self) {
        struct DropGuard<'a, T>(&'a mut LinkedList<T>);
        impl<'a, T> Drop for DropGuard<'a, T> {
            fn drop(&mut self) {
                //如果 while 循环引发 panic，则这里可以继续进行释放
                //此处代码的存在应该是 Rust 标准库中隐藏比较深的 Bug 导致的
                while self.0.pop_front_node().is_some() {}
            }
        }
        while let Some(node) = self.pop_front_node() {
            let guard = DropGuard(self);
            drop(node); //显式地 drop 获取的 Box<Node<T>>
            mem::forget(guard);//执行到此处，无须利用 guard 的 drop()函数处理异常情况
        }
    }
}
```

把 unsafe 代码影响范围局限在一个类型内部，是在需要性能时值得考虑的方案。

LinkedList<T>作为容器类型，应该实现 Iterator Trait。

对遍历变量自身 Iterator Trait 的实现源代码的分析如下：

```
//遍历变量自身的 Iterator<T>类型定义
pub struct IntoIter<T> {
    list: LinkedList<T>,
}
impl<T> IntoIterator for LinkedList<T> {
    type Item = T;
    type IntoIter = IntoIter<T>;

    fn into_iter(self) -> IntoIter<T> {  IntoIter { list: self }  }
}
impl<T> Iterator for IntoIter<T> {
    type Item = T;
    fn next(&mut self) -> Option<T> {  self.list.pop_front()  }//从头部逐一删除节点
    fn size_hint(&self) -> (usize, Option<usize>) {
        (self.list.len, Some(self.list.len))
    }
}
```

对遍历变量引用及可变引用的 Iterator Trait 的实现源代码的分析如下：

```
//遍历可变引用的 Iterator<T>类型定义
pub struct IterMut<'a, T: 'a> {
    head: Option<NonNull<Node<T>>>,
```

```
    tail: Option<NonNull<Node<T>>>,
    len: usize,
    //这个 marker 也标识了 IterMut<T>对 LinkedList<T>有一个可变引用。
    //创建 IterMut<T>后，与之相关的 LinkedList<T>不能再被其代码安全修改
    marker: PhantomData<&'a mut Node<T>>,
}
impl <T> LinkedList<T> {
    pub fn iter_mut(&mut self) -> IterMut<'_, T> {
        IterMut { head: self.head, tail: self.tail, len: self.len, marker: PhantomData }
    }
}
impl<'a, T> Iterator for IterMut<'a, T> {
    type Item = &'a mut T;

    fn next(&mut self) -> Option<&'a mut T> {
        if self.len == 0 {
            None
        } else {
            //利用 Option::map()函数简化代码
            self.head.map(|node| unsafe {
                let node = &mut *node.as_ptr(); //保存首部成员
                //删除首部成员
                self.len -= 1;
                self.head = node.next;
                //返回可变引用，返回值的生命周期短于 self 的生命周期，
                //self 的生命周期短于 LinkedList<T>的生命周期
                &mut node.element
            })
        }
    }
}
//遍历不可变引用的 Iterator<T>类型定义
pub struct Iter<'a, T: 'a> {
    head: Option<NonNull<Node<T>>>,
    tail: Option<NonNull<Node<T>>>,
    len: usize,
    //对生命周期做标识，也标识了一个对 LinkedList<T>的不可变引用
    marker: PhantomData<&'a Node<T>>,
}
impl<T> Clone for Iter<'_, T> {
    fn clone(&self) -> Self {  Iter { ..*self }  }
    }
}
```

LinkedList<T>当然有不使用 unsafe 的实现方式，但是使用 unsafe 的实现函数最简化，效率最高，而且 unsafe 的代码量并不大，可控性很强。

8.8　String 类型分析

8.8.1　初识 String 类型分析

在 Rust 中，str 类型通常被用于不可变的字符串字面量，String 类型被用于可变的字符串。String 类型的源代码在标准库中的路径如下：

```
/library/alloc/src/string.rs
```

String 类型的定义非常简单，就是对 Vec<u8>的一个封装：

```
pub struct String {
    vec: Vec<u8>,
}
```

Vec<u8>和 String 的关系类似于[u8]与&str 的关系。String 自然地使用了适配器设计模式，在 Vec<u8>、[u8]和&str 的实现基础上实现了自身的函数。由于这个原因，String 的很多函数行为受到了 Vec<T>函数的约束。例如，解引用会返回&str，对应于 Vec[8]的解引用返回&[u8]。

String 类型的构造函数及析构函数较为丰富。对这些函数源代码的分析如下：

```
impl String {
     //此函数用于构造一个空字符串
     pub const fn new() -> String {  String { vec: Vec::new() }    }

    //此函数用于将&str 的内容添加到 String 的尾部
    pub fn push_str(&mut self, string: &str) {
        //在适配器设计模式中，利用 Vec::extend_from_slice([u8])实现内容添加逻辑
        self.vec.extend_from_slice(string.as_bytes())
    }
    …
}
//to_owned()函数用于构造新的 String
impl ToOwned for str {
    type Owned = String;
    fn to_owned(&self) -> String {
        //首先利用 self.as_bytes()函数获取[u8]变量，
        //然后利用通用的[u8]::to_owned()函数逻辑生成 Vec[u8]，最后利用 Vec[u8]生成 String
        unsafe { String::from_utf8_unchecked(self.as_bytes().to_owned()) }
    }
    fn clone_into(&self, target: &mut String) {
        //此处得到 Vec<u8>，因为使用 into_bytes()函数会消费 String。
        //但 target 是&mut String，不能被消费。
```

```
        //所以先使用 take 把所有权转移出来，再使用 into_bytes()函数获取 Vec<u8>
        let mut b = mem::take(target).into_bytes();
        self.as_bytes().clone_into(&mut b); //通用的[u8].clone_into
        //把新的 String 赋给原来的地址
        *target = unsafe { String::from_utf8_unchecked(b) }
    }
}
//从&str 中构造新的 String
impl From<&str> for String {
    fn from(s: &str) -> String {  s.to_owned()  } //应用 to_owned()函数
}
```

String 解引用函数得到的结果只能依据 Vec<u8>解引用的结果得到，因此只能是&str 类型。对此类型源代码的分析如下：

```
impl ops::Deref for String {
    type Target = str;
    fn deref(&self) -> &str {
        unsafe { str::from_utf8_unchecked(&self.vec) } //&self.vec 会被强转为&[u8]变量
    }
}
impl ops::DerefMut for String {
    fn deref_mut(&mut self) -> &mut str {
        //这里如果直接用&mut *self.vec，则 self.vec 会被强转换为&mut [u8]变量
        unsafe { str::from_utf8_unchecked_mut(&mut *self.vec) }
    }
}
```

对为 String 实现基本 Trait 源代码的分析如下：

```
//此函数用于完成取全域的下标运算，只能得到&str 变量
impl ops::Index<ops::RangeFull> for String {
    type Output = str;
    fn index(&self, _index: ops::RangeFull) -> &str {
        unsafe { str::from_utf8_unchecked(&self.vec) }
    }
}
//此函数用于完成取范围的下标运算，只能得到&str 变量
impl ops::Index<ops::Range<usize>> for String {
    type Output = str;
    fn index(&self, index: ops::Range<usize>) -> &str {
        &self[..][index] //先用 Index<RangeFull>获取&str，再用 Index<Range>获取子字符串
    }
}
//Borrow Trait 借用函数
impl Borrow<str> for String {
    fn borrow(&self) -> &str {
```

```
        &self[..]            //利用 Index<RangeFull>完成自动解引用
    }
}
impl BorrowMut<str> for String {
    fn borrow_mut(&mut self) -> &mut str {
        &mut self[..]        //利用 Index<RangeFull>完成自动解引用
    }
}
//Rust 因为语法无法实现两个&str 字面量的相加，所以无法满足字符串相加的理想语法。
//只简单实现了 String 与&str 的相加
impl Add<&str> for String {
    type Output = String;
    fn add(mut self, other: &str) -> String {
        self.push_str(other);
        self
    }
}
impl AddAssign<&str> for String {
    fn add_assign(&mut self, other: &str) {
        self.push_str(other);
    }
}
```

将其他类型转换为字符串类型的接口是 ToString Trait，需要为所有类型实现这个 Trait。对这个 Trait 定义源代码的分析如下：

```
//针对所有类型实现 ToString Trait
impl<T: fmt::Display + ?Sized> ToString for T {
    //这里使用了格式化相关的函数
    default fn to_string(&self) -> String {
        let mut buf = String::new();
        let mut formatter = core::fmt::Formatter::new(&mut buf);
        fmt::Display::fmt(self, &mut formatter)
            .expect("a Display implementation returned an error unexpectedly");
        buf
    }
}
```

以上的实现涉及了复杂的格式化字符串的内容。下面介绍格式化字符串。

8.8.2　格式化字符串分析

格式化字符串是指将变量按照规定的格式转换为字符串。这是每个程序员都熟知但又相对陌生的内容，因为他们经常使用但很少研究如何实现格式化。下面将探索格式化字符串的秘密。这部分源代码在标准库中的路径如下：

```
/library/alloc/src/macros.rs
/library/core/src/fmt/*.rs
```

ALLOC 库给出了 format!宏，使用该宏可以构造针对可变参数的格式化字符串。对这个宏的使用的示例代码如下：

```
// format!("Hello");                     // => "Hello"
// format!("Hello, {}!", "world");       // => "Hello, world!"
// format!("The number is {}", 1);       // => "The number is 1"
// format!("{:?}", (3, 4));              // => "(3, 4)"
// format!("{value}", value=4);          // => "4"
// let people = "Rustaceans";
// format!("Hello {people}!");           // => "Hello Rustaceans!"
// format!("{} {}", 1, 2);               // => "1 2"
// format!("{:04}", 42);                 // => "0042" with leading zeros
// format!("{:#?}", (100, 200));         // => "(
//!                                      //      100,
//!                                      //      200,
//!                                      //    )"
```

对 format!宏源代码的分析如下：

```
macro_rules! format {
    ($($arg:tt)*) => {{
        //使用 format!宏先调用 format_args!宏完成可变参数转换，
        //再调用 fmt 模块的 format()函数完成格式化字符串的构造
        let res = $crate::fmt::format($crate::__export::format_args!($($arg)*));
        res
    }}
}
```

在以上代码中，format_args!宏将可变参数转换为 Arguments<'a>类型变量。与 Arguments<'a>类型相关的内容是格式化字符串的关键内容。对相关源代码的分析如下：

```
//使用 format_args!宏对输入的字符串和参数分析后返回 Arguments<'a>类型变量
macro_rules! format_args {
    ($fmt:expr) => {{ /* compiler built-in */ }};
    ($fmt:expr, $($args:tt)*) => {{ /* compiler built-in */ }};
}
//Arguments<'a>类型结构
pub struct Arguments<'a> {
    //将不需要格式化的字符串切分成参数数目的子段，pieces 切片的长度可能比参数切片的长度大 1
    pieces: &'a [&'static str],
    fmt: Option<&'a [rt::v1::Argument]>,  //针对每个格式化参数的格式描述类型切片
    args: &'a [ArgumentV1<'a>],           //存放格式化参数原始值及格式化转换函数
}
```

```
//使用 format_args!宏生成 Arguments<'a>类型变量的示例代码如下：
//  format_args!("ab {:b} cd {:p} e", 1, 2)
//  在形成的 Arguments 结构体中：
//       其中，成员 pieces 的取值为：
//             "ab ", " cd ", " e"   //此 3 个字符串都包含空格。
//       成员 fmt 的取值为：
//               { position:0, format:{align:UnKnown, flags:0, precision:Implied,
width:Implied}},
//               { position:1, format:{align:UnKnown, flags:4, precision:Implied,
width:Implied}}
//       成员 args 的取值为：
//             {1, core::fmt::num::Binary::fmt()},
//             {2, core::fmt::num::Pointer::fmt()}
```

每个 Arguments 类型变量包含若干个 Argument<'a>类型变量成员及 ArgumentV1<'a>类型成员。Argument<'a>类型变量及 ArgumentV1<'a>类型包含了格式化字符串所需的全部信息。对这两个类型相关源代码的分析如下：

```
//对非默认格式化参数，使用每个参数的 format_args!宏都会生成一个 Argument<'a>类型变量
pub struct Argument {
    pub position: usize,       //表示参数的在 Arguments<'a>中的序号
    pub format: FormatSpec,    //格式参数用于格式化输出
}
pub struct FormatSpec {
    pub fill: char,            //格式化时需要的填充字符
    pub align: Alignment,
    pub flags: u32,            //FlagV1 按位赋值
    pub precision: Count,      //输出精度，一般用于指示浮点数输出小数点后的位数
    pub width: Count,          //输出字符宽度
}
//上面结构中的支持类型
pub enum Alignment {
    Left,                      //输出需要左端对齐
    Right,                     //输出需要右端对齐
    Center,                    //输出需要中间对齐
    Unknown,                   //没有对齐
}
//flags 的位
enum FlagV1 {
    SignPlus,                  //0 表示输出加号
    SignMinus,                 //1 表示输出减号
    Alternate,                 //2 表示可调节
    SignAwareZeroPad,          //3 表示 0 字符填充
    DebugLowerHex,             //4 表示输出十六进制数，字母应该小写
```

```
    DebugUpperHex,                //5 表示输出十六进制数，字母应该大写
}
pub enum Count {
    Is(usize),                //字面量的值
    Param(usize),             //用‘$’或‘*’打头，存放索引值
    Implied,                  //没有指定数值
}
//针对 format_args!宏中的每个参数都有一个以下的结构对应
pub struct ArgumentV1<'a> {
    //value 与 C 语言中 void *起到的作用相同，能够用来指向所有类型的变量。
    //这里不能用&T，因为&T 特化后无法指向任意变量
    value: &'a Opaque,
    //针对 value 的格式化输出函数
    formatter: fn(&Opaque, &mut Formatter<'_>) -> Result,
}
//上述结构中的 Opaque 相当 C 语言中的 void
extern "C" {
    type Opaque;
}
//每个格式化参数需要生成一个 Formatter<'a>类型变量用于存放格式化信息，
//以指示如何生成参数的格式化字符串，生成的格式化字符串应输出到哪里
pub struct Formatter<'a> {
    //从 flags 到 precision 都是由 format_args!宏在要求参数输出非默认格式时赋值的
    flags: u32,
    fill: char,
    align: rt::v1::Alignment,
    width: Option<usize>,
    precision: Option<usize>,
    //输出格式化字符串的缓存，当前可认为是 String 类型变量
    buf: &'a mut (dyn Write + 'a),
}
//使用 format_args!宏创建 Arguments<'a>类型变量后，
//还可以使用 format()函数将其作为参数完成格式化字符串创建。
//Arguments<'a>类型变量包含了此次输出中所有需要格式化的参数
pub fn format(args: Arguments<'_>) -> string::String {
    //计算输出字符串长度，以尽量减少堆内存的重新申请
    let capacity = args.estimated_capacity();
    //构造具有足够堆内存的字符串
    let mut output = string::String::with_capacity(capacity);
    //根据输入的格式化参数，完成对参数的格式化字符串输出
    output.write_fmt(args).expect("a formatting trait implementation returned an
error");
    output
}
```

write_fmt()函数已经被定义在 Write Trait 中。String 实现了此 Trait，对相关源代码的分析如下：

```
//Write Trait 定义
pub trait Write {
    fn write_str(&mut self, s: &str) -> Result;
    fn write_char(&mut self, c: char) -> Result {
        self.write_str(c.encode_utf8(&mut [0; 4]))
    }
    //格式化输出
    fn write_fmt(mut self: &mut Self, args: Arguments<'_>) -> Result {
        write(&mut self, args)
    }
}
//String 的 Write Trait 实现，将 char/&str 写入 String
impl fmt::Write for String {
    fn write_str(&mut self, s: &str) -> fmt::Result {
        self.push_str(s); //将 str 加入 self
        Ok(())
    }
    fn write_char(&mut self, c: char) -> fmt::Result {
        self.push(c);      //将字符加入 self
        Ok(())
    }
}

//Formatter<'a>的 Write Trait 实现，此处可以简单认为 self.buf 是 String 变量
impl Write for Formatter<'_> {
    fn write_str(&mut self, s: &str) -> Result {  self.buf.write_str(s)  }
    fn write_char(&mut self, c: char) -> Result {  self.buf.write_char(c)  }
    fn write_fmt(&mut self, args: Arguments<'_>) -> Result {   write(self.buf,
args)  }
}

//Display、debug 常用的另外一个格式化输出的宏 write!用于支持后文的 write()函数
macro_rules! write {
    ($dst:expr, $($arg:tt)*) => {
        $dst.write_fmt($crate::format_args!($($arg)*)) //$dst 即&mut dyn Write
    };
}
//此函数是格式化输出的核心函数，为了简化理解，output 当前可认为是字符串类型
pub fn write(output: &mut dyn Write, args: Arguments<'_>) -> Result {
    //创建格式化参数的变量，将 formatter 的 buf 设置为 output
    let mut formatter = Formatter::new(output);
    let mut idx = 0;
```

```
    match args.fmt {
        //如果所有参数都是默认格式输出
        None => {
            //则对所有参数进行轮询
            for (i, arg) in args.args.iter().enumerate() {
                //获取输出该参数前需要输出的字符串
                let piece = unsafe { args.pieces.get_unchecked(i) };
                if !piece.is_empty() {
                    formatter.buf.write_str(*piece)?;     //向 output 输出获取的字符串
                }
                //调用每个参数的格式化输出函数，向 formatter 输出格式化参数字符串。
                //formatter 所有成员都是默认值
                (arg.formatter)(arg.value, &mut formatter)?;
                idx += 1;
            }
        }
        //如果有些参数不是默认格式输出
        Some(fmt) => {
            //则对所有参数进行轮询
            for (i, arg) in fmt.iter().enumerate() {
                //获取输出该参数前应该输出的字符串
                let piece = unsafe { args.pieces.get_unchecked(i) };
                if !piece.is_empty() {
                    formatter.buf.write_str(*piece)?;     //向 output 输出获取的字符串
                }
                //生成参数的格式化字符串
                unsafe { run(&mut formatter, arg, args.args) }?;
                idx += 1;
            }
        }
    }
    //如果还有额外的字符串
    if let Some(piece) = args.pieces.get(idx) {
        formatter.buf.write_str(*piece)?;                    //则输出该字符串
    }
    Ok(())
}
//非默认格式的格式化字符串输出函数
unsafe fn run(fmt: &mut Formatter<'_>, arg: &rt::v1::Argument, args: &[ArgumentV1
<'_>]) -> Result
{
    //根据格式化参数的格式完成 fmt 的格式设置
    fmt.fill = arg.format.fill;
    fmt.align = arg.format.align;
    fmt.flags = arg.format.flags;
```

```
    unsafe {
        fmt.width = getcount(args, &arg.format.width);
        fmt.precision = getcount(args, &arg.format.precision);
    }
    debug_assert!(arg.position < args.len());
    let value = unsafe { args.get_unchecked(arg.position) }; //获取格式化参数
    //调用格式化参数进行格式化，并返回格式化后的字符串
    (value.formatter)(value.value, fmt)
}
impl<'a> Arguments<'a> {
    //当使用 format_args!宏完成字符串和参数解析后，如果都是默认格式输出，
    //则利用 new_v1()函数创建 Arguments<'a>类型变量
    pub const fn new_v1(pieces: &'a [&'static str], args: &'a [ArgumentV1<'a>]) ->
Arguments<'a> {
        if pieces.len() < args.len() || pieces.len() > args.len() + 1 {
            panic!("invalid args");
        }
        Arguments { pieces, fmt: None, args }
    }
    //当使用 format_args!宏完成字符串和参数解析后，如果都不是默认格式输出，
    //则利用 new_v1_formatted()函数创建 Arguments<'a>类型变量
    pub const fn new_v1_formatted(
        pieces: &'a [&'static str],
        args: &'a [ArgumentV1<'a>],
        fmt: &'a [rt::v1::Argument],
        _unsafe_arg: UnsafeArg,
    ) -> Arguments<'a> {
        Arguments { pieces, fmt: Some(fmt), args }
    }
    //预估格式化后的字符串长度
    pub fn estimated_capacity(&self) -> usize {
        //计算所有除格式化参数外的长度
        let pieces_length: usize = self.pieces.iter().map(|x| x.len()).sum();
        if self.args.is_empty() {
            pieces_length
        } else if !self.pieces.is_empty() && self.pieces[0].is_empty() &&
pieces_length < 16 {
            //如果字符串以格式化参数作为起始且除格式化外的字符小于 16，则返回 0
            0
        } else {
            //申请 2 倍堆内存空间，以规避频繁地申请堆内存
            pieces_length.checked_mul(2).unwrap_or(0)
        }
    }
}
```

以 isize 类型格式化输出二进制字符串为例，分析格式化字符串具体的实现类型结构及函数：

```
//对于不同进制的格式化输出定义 Trait。例如，fmt::Binary 是二进制格式化输出 Trait
macro_rules! integer {
    ($Int:ident, $Uint:ident) => {
        int_base! { fmt::Binary   for $Int as $Uint  -> Binary }
        int_base! { fmt::Octal    for $Int as $Uint  -> Octal }
        int_base! { fmt::LowerHex for $Int as $Uint  -> LowerHex }
        int_base! { fmt::UpperHex for $Int as $Uint  -> UpperHex }

        int_base! { fmt::Binary   for $Uint as $Uint -> Binary }
        int_base! { fmt::Octal    for $Uint as $Uint -> Octal }
        int_base! { fmt::LowerHex for $Uint as $Uint -> LowerHex }
        int_base! { fmt::UpperHex for $Uint as $Uint -> UpperHex }
    };
}
//利用 isize、usize 实现上述的格式化 Trait
integer! { isize, usize }

//int_base!宏定义
macro_rules! int_base {
    (fmt::$trait:ident for $T:ident as $U:ident -> $Radix:ident) => {
        impl fmt::$trait for $T {
            fn fmt(&self, f: &mut fmt::Formatter<'_>) -> fmt::Result {
                $Radix.fmt_int(*self as $U, f)
            }
        }
    };
}

//int_base!宏中$Radix 类型的结构定义
struct Binary;

//fmt_int 被定义在下面的 Trait 中，此 Trait 实现了不同进制的整数的格式化通用操作
trait GenericRadix: Sized {
    const BASE: u8; //指明进制
    const PREFIX: &'static str; //格式化的前缀字符串

    //x 为十进制数，返回值是十进制数 x 的字符编码数值
    fn digit(x: u8) -> u8;
    //将某一个数值按输入的格式化变量的要求进行格式化
    fn fmt_int<T: DisplayInt>(&self, mut x: T, f: &mut fmt::Formatter<'_>) ->
fmt::Result {
        //获取足够的字符串空间来存放格式化后的内容，对于二进制数，需要 128 字节
```

```
        let zero = T::zero();
        let is_nonnegative = x >= zero;
        let mut buf = [MaybeUninit::<u8>::uninit(); 128];
        let mut curr = buf.len();
        let base = T::from_u8(Self::BASE);
        if is_nonnegative {
            //从最低位到最高位填充 buf
            for byte in buf.iter_mut().rev() {
                let n = x % base;                          //将余值填入当前的 buf
                x = x / base;                              //减去已经填充的值
                byte.write(Self::digit(n.to_u8()));        //将值转换为字符并写入 buf
                curr -= 1;
                if x == zero {
                    break;
                };
            }
        } else {
            //从最低位到最高位填充 buf
            for byte in buf.iter_mut().rev() {

                let n = zero - (x % base);             //获取当前位的值
                x = x / base;                          //减去已经填充的值
                byte.write(Self::digit(n.to_u8())); //将值转换为字符并写入 buf
                curr -= 1;
                if x == zero {
                    break;
                };
            }
        }
        let buf = &buf[curr..];                        //获取有意义的切片
        let buf = unsafe {
            str::from_utf8_unchecked(slice::from_raw_parts(
                MaybeUninit::slice_as_ptr(buf),
                buf.len(),
            )) //生成 UTF-8 字符串
        };
        //Formatter<'a>会根据参数生成符合格式化的其他填充内容
        f.pad_integral(is_nonnegative, Self::PREFIX, buf)
    }
}
//以下为对 isize 及 usize 实现 GenericRadix Trait 的代码
macro_rules! radix {
    ($T:ident, $base:expr, $prefix:expr, $($x:pat => $conv:expr),+) => {
        impl GenericRadix for $T {
            const BASE: u8 = $base;
```

```
            const PREFIX: &'static str = $prefix;
            fn digit(x: u8) -> u8 {
                match x {
                    $($x => $conv,)+
                    x => panic!("number not in the range 0..={}: {}", Self::BASE - 1, x),
                }
            }
        }
    }
}
//这里只列出了二进制数，其他进制数略
radix! { Binary,    2, "0b", x @  0 ..=  1 => b'0' + x }

//Formatter<'a>的其他函数如下
impl<'a> Formatter<'a> {
    //对整型的格式化填充内容，在基本内容的基础上填充格式化需要的其他字符，完成对类型的格式化输出
    pub fn pad_integral(&mut self, is_nonnegative: bool, prefix: &str, buf: &str)
-> Result {
        let mut width = buf.len(); //获取基本内容字符串的长度，并作为计算总长度的基础
        let mut sign = None;       //是否需要正负符号
        if !is_nonnegative {
            sign = Some('-');      //负数需要符号
            width += 1;            //输出的字符串长度+1
        } else if self.sign_plus() {
            sign = Some('+');      //格式化要求输出“+”
            width += 1;
        }
        let prefix = if self.alternate() {
            //输出进制前缀
            width += prefix.chars().count();
            Some(prefix)
        } else {
            None
        };
        //输出符号及进制前缀
        fn write_prefix(f: &mut Formatter<'_>, sign: Option<char>, prefix: Option<&str>)
-> Result
 {
            if let Some(c) = sign {  f.buf.write_char(c)?;  } //写入符号
            //写入前缀
            if let Some(prefix) = prefix {  f.buf.write_str(prefix) } else { Ok(())  }
        }
        match self.width {
            //格式化参数中没有对字宽有要求
            None => {
```

```
                write_prefix(self, sign, prefix)?;  //写入符号及前缀
                self.buf.write_str(buf)             //写入基本内容
            }
            //格式化参数有最小字宽要求，且当前字宽已经大于最小字宽
            Some(min) if width >= min => {
                write_prefix(self, sign, prefix)?;
                self.buf.write_str(buf)
            }
            //格式化参数有最小字宽要求，且当前字宽小于最小字宽格式化参数规定时填充 0
            Some(min) if self.sign_aware_zero_pad() => {
                //无论输入的格式化参数中填充属性是什么，都修改为 0
                let old_fill = crate::mem::replace(&mut self.fill, '0');
                //无论输入的格式化参数中对齐属性是什么，都修改为右侧对齐
                let old_align = crate::mem::replace(&mut self.align, rt::v1::
Alignment::Right);
                //写入符号和前缀
                write_prefix(self, sign, prefix)?;
                //填充 min-width 个 0，并设置为右侧对齐。
                //使用 post_padding 实现延迟填充
                let post_padding = self.padding(min - width, rt::v1:: Alignment::
Right)?;
                self.buf.write_str(buf)?;   //写入基本内容
                post_padding.write(self)?;  //继续完成填充
                //恢复格式化参数中填充属性及对齐属性内容
                self.fill = old_fill;
                self.align = old_align;
                Ok(())
            }
            //格式化有最小字宽要求，当前字宽小于最小字宽时填充为空
            Some(min) => {

                //进行填充
               let post_padding = self.padding(min - width, rt::v1::Alignment::Right)?;
                write_prefix(self, sign, prefix)?;  //写入符号及前缀
                self.buf.write_str(buf)?;           //写入基本内容
                post_padding.write(self)            //继续完成填充
            }
        }
    }
    //完成格式化中的填充功能
    pub(crate) fn padding(
        &mut self,
        padding: usize,
        default: rt::v1::Alignment,
    ) -> result::Result<PostPadding, Error> {
```

```
        let align = match self.align {
            rt::v1::Alignment::Unknown => default,
            _ => self.align,
        };
        //确定基本内容之前和之后填充的字符数量
        let (pre_pad, post_pad) = match align {
            rt::v1::Alignment::Left => (0, padding),
            rt::v1::Alignment::Right | rt::v1::Alignment::Unknown => (padding, 0),
            rt::v1::Alignment::Center => (padding / 2, (padding + 1) / 2),
        };
        //完成基本内容之前的填充字符输出
        for _ in 0..pre_pad {   self.buf.write_char(self.fill)?;    }
        Ok(PostPadding::new(self.fill, post_pad))//创建基本内容之后的结构
    }
}
//PostPadding的实现，在格式化基本内容之后进行填充
pub(crate) struct PostPadding {
    fill: char,        //填充字符
    padding: usize,    //填充字符数量
}
impl PostPadding {
    fn new(fill: char, padding: usize) -> PostPadding {
        PostPadding { fill, padding }
    }
    pub(crate) fn write(self, f: &mut Formatter<'_>) -> Result {
        //输出填充内容
        for _ in 0..self.padding {    f.buf.write_char(self.fill)?;    }
        Ok(())
    }
}
```

以上给出了格式化字符串代码的基本脉络，格式化输出模块还有很多其他代码，请读者自行研究。

8.9 回顾

本章主要完成对智能指针类型的分析。标准库将容器类型作为智能指针类型的一部分。

本章有较多的 Rust 底层编程内容。Rust 底层编程的复杂度甚至超过了 C 语言，这是因为其所有权语法的特殊性，带来了很多 C 语言不会遇到的麻烦。

读者不要被这个复杂度吓倒，因为 Rust 底层代码的规模通常很小，所以这个复杂度是受控制的。大部分 Rust 程序使用的是易于使用的类型、函数，与其他编程语言类似。

第 9 章

用户态标准库基础

前面的章节完成了对 CORE 库及 ALLOC 库的分析。这两个库与特定 OS 无关，可被程序员用于开发 OS 内核及嵌入式系统。

本章将主要分析用于开发用户态程序的 STD 库，源代码的路径为/library/std/src，STD 库最主要的任务是将 OS 功能实现为 Rust 的类型及函数。

整个 STD 库的类型大致分为以下 3 个层次。

（1）对外接口层，可以认为是 STD 库的 API，提供符合现代编程语言的语法、经过精心设计的 OS 资源抽象类型及函数。

（2）OS 无关适配层，提供初步的 OS 资源抽象类型及函数。这一层提供的 OS 资源抽象类型使界面复杂且不友好，包含大量的 OS 编程的底层知识。

（3）OS 相关适配层，根据特定 OS 的系统调用（SYSCALL）来定义 Rust 类型及函数，完成 OS 资源的安全性适配。

大型的底层应用，如数据库、浏览器等通常会实现 OS 适配层，以使上层代码无须关注不同 OS 的编程差别。Rust 的标准库同样也需要完成这个工作，在/library/std/src/sys、/library/std/src/syscommon、/library/std/src/os 几个路径下的代码实现了 OS 适配层。

OS 适配层的主要难度是适配 OS 资源及资源操作时，需要将不安全的 C 语言类型及函数转换为安全的 Rust 类型及函数，并实现 Rust 类型的所有权、生命周期、借用语法规则。

因为 OS 的 SYSCALL 基本都是 C 语言的函数，Rust 设计了与 C 语言的无缝交互语法，类似于 C++与 C 语言的交互。在 OS 相关适配层，标准库代码可以被认为是换成 Rust 语法的 C 语言程序。

OS 无关适配层基于 Rust 语法，丰富和扩展了一些类型及函数，如针对 Rust 静态全局变量的扩展等。这一部分源代码的路径为/library/std/src/syscommon。

/library/std/src 路径下的其他代码属于 STD 库的对外接口层，实现了符合现代编程语言特征的类型及函数。

后继按照如下顺序进行分析。

（1）按照 OS 的内存管理、文件描述符、进程/线程管理、进程/线程间通信、I/O、网络、文件、时间、异步编程、杂项的顺序进行分析。

（2）分析 OS 相关适配层实现，OS 以 Linux 为主，适当添加一些 WASI 的内容。

（3）分析 OS 无关适配层及对外接口层。

9.1 Rust 与 C 语言交互

由于用户态 STD 库代码会调用大量的 C 语言库函数，因此先要研究 Rust 如何与 C 语言互操作。Rust 与 C 语言的互操作涉及类型匹配及函数调用语义实现。

9.1.1　C 语言的类型适配

要实现 Rust 与 C 语言的交互，必须在 Rust 中定义对应于 C 语言的类型集合，当 Rust 调用 C 语言函数或 C 语言调用 Rust 函数时，变量的类型必须属于这些类型集合。这部分源代码在标准库中的路径如下：

```
/library/core/ffi/mod.rs
```

C 语言类型可以与 Rust 类型完整地一一映射。对这些映射源代码的分析如下：

```
//以下定义了 C 语言类型与 Rust 类型的关系，
//对所有 C 语言类型以“c_xxxx”来定义为 Rust 对应类型的别名，
//仅给出针对 Linux 的代码
type_alias! { "c_char.md", c_char = c_char_definition::c_char,
                NonZero_c_char = c_char_definition::NonZero_c_char; }
type_alias! { "c_schar.md", c_schar = i8, NonZero_c_schar = NonZeroI8; }
type_alias! { "c_uchar.md", c_uchar = u8, NonZero_c_uchar = NonZeroU8; }
type_alias! { "c_short.md", c_short = i16, NonZero_c_short = NonZeroI16; }
type_alias! { "c_ushort.md", c_ushort = u16, NonZero_c_ushort = NonZeroU16; }
type_alias! { "c_int.md", c_int = i32, NonZero_c_int = NonZeroI32; }
type_alias! { "c_uint.md", c_uint = u32, NonZero_c_uint = NonZeroU32; }
type_alias! { "c_long.md", c_long = i32, NonZero_c_long = NonZeroI32;
type_alias! { "c_ulong.md", c_ulong = u32, NonZero_c_ulong = NonZeroU32;
type_alias! { "c_longlong.md", c_longlong = i64, NonZero_c_longlong = NonZeroI64; }
type_alias!  {  "c_ulonglong.md",  c_ulonglong  =  u64,  NonZero_c_ulonglong  =
NonZeroU64; }
type_alias_no_nz! { "c_float.md", c_float = f32; }
type_alias_no_nz! { "c_double.md", c_double = f64; }

//此宏用于定义 C 语言类型的 Docfile
macro_rules! type_alias {
    {
      $Docfile:tt, $Alias:ident = $Real:ty, $NZAlias:ident = $NZReal:ty;
      $( $Cfg:tt )*
    } => {
        //不包含非零类型的定义宏
        type_alias_no_nz! { $Docfile, $Alias = $Real; $( $Cfg )* }

        #[doc = concat!("Type alias for 'NonZero' version of ['", stringify!
($Alias), "']")] //Docfile 部分
        #[unstable(feature = "raw_os_nonzero", issue = "82363")]
        $( $Cfg )*
```

```
            pub type $NZAlias = $NZReal;        //定义 C 语言的非零类型为 Rust 类型的别名
        }
    }
//此宏不能定义 NonZero 类型
macro_rules! type_alias_no_nz {
    {
      $Docfile:tt, $Alias:ident = $Real:ty;
      $( $Cfg:tt )*
    } => {
        #[doc = include_str!($Docfile)]    //定义 Docfile
        $( $Cfg )*
        #[unstable(feature = "core_ffi_c", issue = "94501")]
        pub type $Alias = $Real;
    }
}

//由于以下 3 个类型无法使用上面的宏进行定义，因此需要单独定义
pub type c_size_t = usize;
pub type c_ptrdiff_t = isize;
pub type c_ssize_t = isize;

//此宏用于定义 char 类型
mod c_char_definition {
    cfg_if! {
        if #[cfg(any(
            all(
                target_os = "linux",  //target_os 指明代码运行的目标操作系统为 Linux
                any(  //target_os 指明了代码可以适配的 CPU
                    target_arch = "aarch64",
                    target_arch = "arm",
                    target_arch = "powerpc",
                    target_arch = "powerpc64",
                    target_arch = "s390x",
                    target_arch = "riscv64",
                    target_arch = "riscv32"
                )
            ),
            all(target_os = "fuchsia", target_arch = "aarch64")
        ))] {
            pub type c_char = u8;
            pub type NonZero_c_char = crate::num::NonZeroU8;
        }
    }
}
```

9.1.2　C 语言的 va_list 类型适配

C 语言的 va_list 是概念非常复杂的类型，而且与具体的 OS、CPU 架构、编译器紧密相关，Rust 能够适配 va_list 类型，说明 Rust 与 C 语言同样具有强大的功能。本节列举基于 x86_64 且 OS 为 Linux 的示例，对相关源代码的分析如下：

```
//因为编译器需要，所以用以下 enum 来实现类似 C 语言的 void 类型
pub enum c_void {
    __variant1,
    __variant2,
}
//以下的类型与 C 语言的 va_list 类型在二进制上是兼容的，CPU 架构是 x86_64，OS 是 Linux
#[repr(C)]
pub struct VaListImpl<'f> {
    gp_offset: i32,
    fp_offset: i32,
    overflow_arg_area: *mut c_void,              //栈空间用于存储可变参数变量
    reg_save_area: *mut c_void,                  //寄存器用于存储可变参数变量
    _marker: PhantomData<&'f mut &'f c_void>, //表明成员与结构体的生命周期关系
}
//Rust 与 va_list 类型适配的类型是 VaList
pub struct VaList<'a, 'f: 'a> {
    inner: &'a mut VaListImpl<'f>,
    _marker: PhantomData<&'a mut VaListImpl<'f>>,
}
impl<'f> VaListImpl<'f> {
    //此函数用于将 C 语言的 va_list 类型转换为 Rust 的 VaList 类型
    pub fn as_va_list<'a>(&'a mut self) -> VaList<'a, 'f> {
        VaList { inner: self, _marker: PhantomData }
    }
}
impl<'f> Clone for VaListImpl<'f> {
    //此函数可以实现 C 语言中 va_copy()函数的功能
    fn clone(&self) -> Self {
        let mut dest = crate::mem::MaybeUninit::uninit();
        unsafe {
            va_copy(dest.as_mut_ptr(), self); //va_copy()函数由编译器固有函数实现
            dest.assume_init()
        }
    }
}
impl<'f> VaListImpl<'f> {
    //此函数可以实现 C 语言中 va_arg()函数的功能
    pub unsafe fn arg<T: sealed_trait::VaArgSafe>(&mut self) -> T {
```

```
        unsafe {  va_arg(self)  }       //比 C 语言的实现少了一个参数
    }
    //此函数利用闭包处理 VaList
    pub unsafe fn with_copy<F, R>(&self, f: F) -> R
    where
        F: for<'copy> FnOnce(VaList<'copy, 'f>) -> R,
    {
        let mut ap = self.clone();
        let ret = f(ap.as_va_list());
        unsafe {  va_end(&mut ap);  }  //self 已经被全部取出，需要调用 va_end()函数结束
        ret
    }
}
extern "rust-intrinsic" {
    //以下代码中没有与 C 语言的 va_start()函数对应的内容，因为 Rust 不需要这个功能
    fn va_end(ap: &mut VaListImpl<'_>);    //清除 va_list 类型
    //将一个 va_list 类型完整复制
    fn va_copy<'f>(dest: *mut VaListImpl<'f>, src: &VaListImpl<'f>);
    //获取下一个类型为 T 的 arg
    fn va_arg<T: sealed_trait::VaArgSafe>(ap: &mut VaListImpl<'_>) -> T;
}
```

进行 va_list 类型适配后，Rust 可以解析 C 语言函数中的 va_list 参数。

9.1.3 C 语言字符串类型适配

C 语言字符串类型与 Rust 字符串类型在语法上是有区别的。C 语言的字符串类型尾部成员必须为“\0”。Rust 定义了 CStr 与 CString 来适配 C 语言字符串类型。CStr 通常用于不可修改的字面量，而 CString 用于可修改的字符串。这两个类型的源代码在标准库中的路径如下：

```
/library/std/src/ffi/c_str.rs
```

CStr 与 CString 不涉及迭代器、格式化、加减、分裂、字符查找等操作，其主要功能是为 Str 及 String 增加尾部为 0 的字节以便能将字符串作为 C 语言的函数参数；将 C 语言输入字符串用 CStr 或 CString 完成安全封装，后继可再转换为 Str 或 String。如果需要将 Rust 的 Str、String 转换为 C 语言的函数参数，则必须先把 Rust 中的字符串转换为 CString，才能输出到 C 语言。对这两个类型定义源代码的分析如下：

```
pub struct CString {
    inner: box<[u8]>, //[u8]应该以 0 结尾
}
pub struct CStr {
```

```
    inner: [c_char], //切片最后一个成员应该是 0
}
```

CStr 对 C 语言的字符串类型“char*”进行封装并定义转换函数，将 C 语言的字符串变量适配成安全的 Rust 类型变量，并在需要时转化成 Str 类型。对 CStr 类型源代码的分析如下：

```
impl CStr {
    //首先此函数用于接收一个由 C 语言模块传递过来的 char *指针，然后创建 Rust 的 CStr 引用并返回。
    //调用代码应该保证传入参数的正确性。此函数返回的引用生命周期由调用代码的上下文决定，
    //生命周期的正确性也由调用代码保证
    pub unsafe fn from_ptr<'a>(ptr: *const c_char) -> &'a CStr {
        //此代码块用于将* const c_char 转换为 &[u8]
        unsafe {
            //调用 C 语言的库函数 sys::strlen()来获取字符串长度
            let len = sys::strlen(ptr);
            let ptr = ptr as *const u8;
            //先创建&[u8]，再创建 Self 类型引用
            Self::_from_bytes_with_nul_unchecked(slice::from_raw_parts(ptr, len as
usize + 1))
        }
    }
    //此函数用于从准备好的[u8]中创建 CStr 的引用并返回，CStr 的生命周期短于 bytes 的生命周期
    pub const unsafe fn from_bytes_with_nul_unchecked(bytes: &[u8]) -> &CStr {
        //bytes 的最后一个字节必须为 0
        debug_assert!(!bytes.is_empty() && bytes[bytes.len() - 1] == 0);
        unsafe { Self::_from_bytes_with_nul_unchecked(bytes) }
    }
    const unsafe fn _from_bytes_with_nul_unchecked(bytes: &[u8]) -> &Self {
        //将 bytes 强制转换为 CStr 裸指针后解引用再取引用
        unsafe { &*(bytes as *const [u8] as *const Self) }
    }
    //此函数利用 bytes 构造 CStr
    pub fn from_bytes_until_nul(bytes: &[u8]) -> Result<&CStr,
FromBytesUntilNulError> {
        //memchr()函数用于查找为 0 的字节位置，即 C 语言字符串尾部位置
        let nul_pos = memchr::memchr(0, bytes);
        match nul_pos {
            Some(nul_pos) => {
                //在 bytes 中取出 C 语言的字符串子切片
                let subslice = &bytes[..nul_pos + 1];
                Ok(unsafe { CStr::from_bytes_with_nul_unchecked(subslice) })
            }
            None => Err(FromBytesUntilNulError(())),
        }
```

```
    }

    //此函数用于将 CStr 转换为 C 语言的字符串，但需要保证符合 C 语言字符串的规则。
    //此函数的不当使用会产生悬垂指针
    // use std::ffi::CString;
    // let ptr = CString::new("Hello").expect("CString::new failed").as_ptr();
    // unsafe { *ptr; } //这里会有悬垂指针，ptr 指向的内存的生命周期已经终止
    //可使用如下函数
    // use std::ffi::CString;
    //hello 的生命周期会到作用域尾部
    // let hello = CString::new("Hello").expect("CString::new failed");
    // let ptr = hello.as_ptr();
    // unsafe {  *ptr; } //此时不会有悬垂指针问题
    pub const fn as_ptr(&self) -> *const c_char {
        self.inner.as_ptr()
    }
    //此函数用于将 self 转换成去掉尾部 0 的[u8]切片引用后，此时内存仍然是从 C 语言传递过来的内存
    pub fn to_bytes(&self) -> &[u8] {
        let bytes = self.to_bytes_with_nul();
        unsafe { bytes.get_unchecked(..bytes.len() - 1) }
    }
    //此函数用于将 self 转换为[u8]切片引用后，尾部仍然有 0
    pub fn to_bytes_with_nul(&self) -> &[u8] {
        unsafe { &*(&self.inner as *const [c_char] as *const [u8]) }
    }
    //此函数用于将 self 转换为&str 后，仍然使用 C 语言传递过来的内存
    pub fn to_str(&self) -> Result<&str, str::Utf8Error> {
        str::from_utf8(self.to_bytes())
    }
    //此函数用于将堆内存中的 CStr 转换为 CString 后，内存已经被重新申请
    pub fn into_c_string(self: Box<CStr>) -> CString {
        let raw = Box::into_raw(self) as *mut [u8]; //从 Box 中取出堆内存
        //重新形成 Box 结构，并创建 CString
        CString { inner: unsafe { Box::from_raw(raw) } }
    }
}
```

在代码调用 C 语言的函数时，最好使用 CString 类型。因为有些 C 语言函数会默认字符串位于堆内存。对 CString 类型源代码的分析如下：

```
impl CString {
    //构造函数
    pub fn new<T: Into<Vec<u8>>>(t: T) -> Result<CString, NulError> {
        trait SpecNewImpl {
            fn spec_new_impl(self) -> Result<CString, NulError>;
        }
```

```
//对于可以转换为 Vec<u8>的类型变量，使用此变量的堆内存构造 String
impl<T: Into<Vec<u8>>> SpecNewImpl for T {
    default fn spec_new_impl(self) -> Result<CString, NulError> {
        let bytes: Vec<u8> = self.into(); //将 bytes 转换为 Vec<u8>变量
        match memchr::memchr(0, &bytes) {
            //bytes 中不应该有值为 0 的字节存在
            Some(i) => Err(NulError(i, bytes)),
            None => Ok(unsafe { CString::_from_vec_unchecked(bytes) }),
        }
    }
}
//此函数利用字节切片构造 String，会重新申请堆内存
fn spec_new_impl_bytes(bytes: &[u8]) -> Result<CString, NulError> {
    //由于 bytes 中没有 0，因此长度需要加 1
    let capacity = bytes.len().checked_add(1).unwrap();
    let mut buffer = Vec::with_capacity(capacity); //构造 Vec 变量

    buffer.extend(bytes);//将 bytes 写入 Vec 变量，此时还没有给 buffer 的尾部赋 0 值

    match memchr::memchr(0, bytes) { //检测 bytes 内是否有 0 值
        //如果有 0，则出错，将 buffer 及 0 的位置返回
        Some(i) => Err(NulError(i, buffer)),
        //如果无 0，则生成自动填 0 的 CString
        None => Ok(unsafe { CString::_from_vec_unchecked(buffer) }),
    }
}
//为&[u8]实现 SpecNewImpl Trait，提高程序运行效率
impl SpecNewImpl for &'_ [u8] {
    fn spec_new_impl(self) -> Result<CString, NulError> {
        spec_new_impl_bytes(self)
    }
}
//为&str 实现 SpecNewImpl Trait，提高程序运行效率
impl SpecNewImpl for &'_ str {
    fn spec_new_impl(self) -> Result<CString, NulError> {
        spec_new_impl_bytes(self.as_bytes())
    }
}
//为&mut [u8]实现 SpecNewImpl Trait，提高程序运行效率
impl SpecNewImpl for &'_ mut [u8] {
    fn spec_new_impl(self) -> Result<CString, NulError> {
        spec_new_impl_bytes(self)
    }
}
```

```
        //构造 CString，如果 t 是&[u8]、&mut [u8]或&str 类型的，
        //则直接应用其类型提供的 spec_new_impl()函数
        t.spec_new_impl()
    }
    //此函数利用 Vec<u8>构造 CString
    pub unsafe fn from_vec_unchecked(v: Vec<u8>) -> Self {
        debug_assert!(memchr::memchr(0, &v).is_none());
        unsafe { Self::_from_vec_unchecked(v) }
    }
    //此函数利用已经通过安全检查的 Vec<u8>构造 CString
    unsafe fn _from_vec_unchecked(mut v: Vec<u8>) -> Self {
        //增加尾部的 0 值
        v.reserve_exact(1);
        v.push(0);
        Self { inner: v.into_boxed_slice() } //将堆内存从 Vec 结构转移到 Box 结构
    }
    //此函数利用 C 语言字符串构造 CString，此时 C 语言字符串应是通过 into_raw()函数获取的
    pub unsafe fn from_raw(ptr: *mut c_char) -> CString {
        //ptr 是通过 CString::into_raw()函数获取的，使用该函数可以省略一次内存拷贝
        unsafe {
            let len = sys::strlen(ptr) + 1; //获取字符串长度
            //构造正确的切片引用
            let slice = slice::from_raw_parts_mut(ptr, len as usize);
            //构造 CString
            CString { inner: Box::from_raw(slice as *mut [c_char] as *mut [u8]) }
        }
    }
    //此函数用于从 CString 变量获取 C 语言字符串变量
    pub fn into_raw(self) -> *mut c_char {
        Box::into_raw(self.into_inner()) as *mut c_char //CString 已经包含了 0 值
    }
    //此函数用于将 CString 变量转换为 String 变量
    pub fn into_string(self) -> Result<String, IntoStringError> {
        String::from_utf8(self.into_bytes()).map_err(|e| IntoStringError {
            error: e.utf8_error(),
            //当出错时，恢复 CString
            inner: unsafe { Self::_from_vec_unchecked(e.into_bytes()) },
        })
    }
    //此函数用于将 CString 变量转换为 Vec<u8>变量
    pub fn into_bytes(self) -> Vec<u8> {
        //当消费了 CString 时，Box 中的堆内存被转移到 Vec
        let mut vec = self.into_inner().into_vec();
        let _nul = vec.pop(); //删掉尾部的 0 值
        debug_assert_eq!(_nul, Some(0u8));
```

```
        vec
    }
    pub fn into_bytes_with_nul(self) -> Vec<u8> {
        self.into_inner().into_vec() //对 CString 尾部的 0 值不做处理
    }
    //此函数用于将 CString 转换为[u8]切片引用
    pub fn as_bytes(&self) -> &[u8] {
        //删除尾部的 0 值
        unsafe { self.inner.get_unchecked(..self.inner.len() - 1) }
    }
    //此函数用于将 CString 转换为[u8]切片引用，不用删除尾部的 0 值
    pub fn as_bytes_with_nul(&self) -> &[u8] {  &self.inner  } //保留尾部的 0 值
    //此函数用于将 CString 转换为 CStr 的引用
    pub fn as_c_str(&self) -> &CStr {  &*self  }
    //此函数用于获取 CString 的 inner 成员
    fn into_inner(self) -> Box<[u8]> {
        //处理 self 的所有权，为后继 read()函数做准备
        let this = mem::ManuallyDrop::new(self);
        unsafe { ptr::read(&this.inner) } //读取 inner 并获取所有权
    }
    //此函数利用 Vec<u8>构造 CString
    pub unsafe fn from_vec_with_nul_unchecked(v: Vec<u8>) -> Self {
        debug_assert!(memchr::memchr(0, &v).unwrap() + 1 == v.len());
        unsafe { Self::_from_vec_with_nul_unchecked(v) }
    }
    //无须再检查 0 值
    unsafe fn _from_vec_with_nul_unchecked(v: Vec<u8>) -> Self {
        Self { inner: v.into_boxed_slice() }
    }
    //此函数为从 String 转换为 CString 做支持
    pub fn from_vec_with_nul(v: Vec<u8>) -> Result<Self, FromVecWithNulError> {
        let nul_pos = memchr::memchr(0, &v); //确定 0 值的位置
        match nul_pos {
            Some(nul_pos) if nul_pos + 1 == v.len() => { //如果 0 值的位置正确，
                // 则构造 CString
                Ok(unsafe { Self::_from_vec_with_nul_unchecked(v) })
            }
            //以下代码为出错处理
            Some(nul_pos) => Err(FromVecWithNulError {
                error_kind: FromBytesWithNulErrorKind::InteriorNul(nul_pos),
                bytes: v,
            }),
            None => Err(FromVecWithNulError {
                error_kind: FromBytesWithNulErrorKind::NotNulTerminated,
                bytes: v,
```

```
            }),
        }
    }
}
//实现 Drop Trait
impl Drop for CString {
    fn drop(&mut self) {
        //此处代码说明 CString 内部的 inner 无法用转移所有权的方式解封装
        unsafe {
            //当消费了 Box 时，将字符串首字符设置为 0，从而清空字符串
            *self.inner.get_unchecked_mut(0) = 0;
        }
    }
}
impl ops::Deref for CString {
    type Target = CStr;
    fn deref(&self) -> &CStr {
        unsafe { CStr::_from_bytes_with_nul_unchecked(self.as_bytes_with_nul()) }
    }
}
```

对 CString 及 CStr 其他源代码的分析略。

9.1.4 OsString 代码分析

传入 SYSCALL 的字符串参数采用的字符串类型很可能与 C 语言及 Rust 都不同，因此需要定义 OsStr 及 OsString 作为系统字符串类型，实现对 OS 字符串类型的适配。显然，这个模块包含 OS 相关及 OS 无关两部分。

OsStr 及 OsString 的 OS 无关适配层的源代码在标准库中的路径如下：

```
/library/src/std/src/ffi/os_str.rs
```

OsStr 及 OsString 的 OS 相关适配层的源代码在标准库中的路径如下（仅提供 Linux 及 Windows 中的路径）：

```
/library/src/std/src/sys/unix/os_str.rs
/library/src/std/src/sys/windows/os_str.rs
```

对 OsStr 及 OsString 类型源代码的分析如下：

```
// Linux 的适配类型定义
pub struct Buf {  pub inner: Vec<u8>,  }
pub struct Slice {  pub inner: [u8],   }

//Windows 的适配类型定义
```

```
pub struct Wtf8Buf {  bytes: Vec<u8>,  }
pub struct Wtf8 {  bytes: [u8],    }
pub struct Buf {  pub inner: Wtf8Buf,  }
pub struct Slice {   pub inner: Wtf8,   }

//OS 无关的 OsString 及 OsStr 类型定义
pub struct OsString {   inner: Buf,   }
pub struct OsStr {  inner: Slice,  }
```

OsString 及 OsStr 在 OS 相关适配层实现的支持类型的基础上采用适配器设计模式来实现各种函数。对这些函数的源代码分析如下：

```
impl OsString {
    //此函数用于构造 OsString 类型变量
    pub fn new() -> OsString {
        //不同 OS 提供统一的 Buf 类型及函数
        OsString { inner: Buf::from_string(String::new()) }
    }
    //此函数用于消费 self，返回 String 变量
    pub fn into_string(self) -> Result<String, OsString> {
        self.inner.into_string().map_err(|buf| OsString { inner: buf })
    }
}
```

OsString 及 OsStr 在 Linux 上的结构定义与 Rust 的 String 及 Str 一致，因此代码分析在此省略。其他 OS 的代码请读者自行研究。

9.2　代码工程中的一个技巧

OsString 及 OsStr 的实现源代码包含对不同 OS 的适配。标准库在对不同的 OS 进行适配时，采用如下模块组织方式。

（1）定义 OS 无关的接口文件，并以独立的文件形式存在，一般在模块目录的 mod.rs 文件中定义，这个文件负责向其他模块提供一致的 OS 访问界面，包括模块路径、数据结构、函数名称及参数。

（2）为每种 OS 各自建立一个目录，在此目录下，放置对此特定 OS 的源代码及其他内容。

（3）利用编译参数指示编译器只能编译特定 OS 目录下的源代码。

示例源代码如下：

```
mod common;

cfg_if::cfg_if! {
```

```
    if #[cfg(unix)] {
        mod unix;
        pub use self::unix::*;
    } else if #[cfg(windows)] {
        mod windows;
        pub use self::windows::*;
    } else if #[cfg(target_os = "solid_asp3")] {
        mod solid;
        pub use self::solid::*;
    } else if #[cfg(target_os = "hermit")] {
        mod hermit;
        pub use self::hermit::*;
    } else if #[cfg(target_os = "wasi")] {
        mod wasi;
        pub use self::wasi::*;
    } else if #[cfg(target_family = "wasm")] {
        mod wasm;
        pub use self::wasm::*;
    } else if #[cfg(all(target_vendor = "fortanix", target_env = "sgx"))] {
        mod sgx;
        pub use self::sgx::*;
    } else {
        mod unsupported;
        pub use self::unsupported::*;
    }
}
```

以上源代码的存储路径为/library/std/src/sys/mod.rs，在 mod.rs 文件中，能够实现对编译目录的控制。根据要编译的目标 OS，仅编译特定的模块（目录）。

在 mod.rs 文件中，注意类似“pub use self::windows::*”的语句，使用此语句能将特定的 OS 模块重新导出为统一的“std::sys::*”，使得 OS 模块与其他模块具有统一的界面。

类似的设计方式可能会在多种场景下遇到，如对不同数据库 API 的适配、对不同 3D API 的适配等。

9.3 内存管理之 STD 库

STD 库与 CORE 库的内存管理遵循一致的接口，即 Allocator Trait 与 GlobalAlloc Trait。

STD 库内存管理模块采用 GlobalAlloc Trait 作为 OS 无关适配层及 OS 相关适配层的界面。Allocator Trait 是标准库自身的内存管理模块。标准库的其他模块调用 Allocator Trait 提供的函数申请及释放内存。Allocator Trait 的函数使用 GlobalAlloc Trait 提供的函数调用 OS 提供的内存管理函数。

在 STD 库中，System 单元类型变量能实现 GlobalAlloc Trait 及 Allocator Trait。为 System 实现 GlobalAlloc Trait 的代码属于 OS 相关适配层。本书仅分析 Linux 相关源代码，此部分源代码在标准库中的路径如下：

```
/library/std/src/sys/unix/alloc.rs
```

不同的 OS，其内存管理的 SYSCALL 不一致，因此对 GlobalAlloc Trait 的实现也不一样。Linux 使用 LIBC 库函数实现内存管理。对相关源代码的分析如下：

```
//System 既是单元类型结构体，又是内存管理的实现载体
pub struct System;

unsafe impl GlobalAlloc for System {
    unsafe fn alloc(&self, layout: Layout) -> *mut u8 {
        //利用 malloc()函数申请内存，这里适配的难点在于内存对齐属性，
        //malloc()函数不能指定内存对齐属性。
        //只有在申请的内存对齐字节小于 MIN_ALIGN 且申请的内存字节大于内存对齐字节时，
        //才能调用 malloc()函数
        if layout.align() <= MIN_ALIGN && layout.align() <= layout.size() {
            libc::malloc(layout.size()) as *mut u8
        } else {
            aligned_malloc(&layout)
        }
    }
    unsafe fn alloc_zeroed(&self, layout: Layout) -> *mut u8 {
        if layout.align() <= MIN_ALIGN && layout.align() <= layout.size() {
            //calloc()函数与 malloc()函数有同样的内存对齐问题
            libc::calloc(layout.size(), 1) as *mut u8
        } else {
            let ptr = self.alloc(layout);
            if !ptr.is_null() {
                //当不能利用 calloc()函数处理时，需要清零
                ptr::write_bytes(ptr, 0, layout.size());
            }
            ptr
        }
    }
    unsafe fn dealloc(&self, ptr: *mut u8, _layout: Layout) {
        libc::free(ptr as *mut libc::c_void) //使用 free()函数实现内存释放
    }
    unsafe fn realloc(&self, ptr: *mut u8, layout: Layout, new_size: usize) -> *mut u8 {
        if layout.align() <= MIN_ALIGN && layout.align() <= new_size {
```

```
            //realloc()函数与malloc()函数具有同样的内存对齐问题
            libc::realloc(ptr as *mut libc::c_void, new_size) as *mut u8
        } else {
            realloc_fallback(self, ptr, layout, new_size) //内存无法对齐时的处理
        }
    }
}
//此函数在因为内存对齐属性而无法使用realloc()函数时使用
pub unsafe fn realloc_fallback(
    alloc: &System,
    ptr: *mut u8,
    old_layout: Layout,
    new_size: usize,
) -> *mut u8 {
    //获取layout属性
    let new_layout = Layout::from_size_align_unchecked(new_size, old_layout. align());
    let new_ptr = GlobalAlloc::alloc(alloc, new_layout);   //申请内存
    if !new_ptr.is_null() {
        let size = cmp::min(old_layout.size(), new_size);
        //完成内存拷贝，并对内存内容的所有权进行了转移
        ptr::copy_nonoverlapping(ptr, new_ptr, size);
        GlobalAlloc::dealloc(alloc, ptr, old_layout);       //释放旧内存
    }
    new_ptr //返回新申请的内存
}
cfg_if::cfg_if! {
    if #[cfg(target_os = "wasi")] {
        //WASI提供的aligned_alloc()函数支持内存对齐属性
        unsafe fn aligned_malloc(layout: &Layout) -> *mut u8 {
            libc::aligned_alloc(layout.align(), layout.size()) as *mut u8
        }
    } else {
        //利用libc::posix_memalign()函数申请内存对齐
        unsafe fn aligned_malloc(layout: &Layout) -> *mut u8 {
            let mut out = ptr::null_mut();
            //内存对齐的大小不小于CPU字长
            let align = layout.align().max(crate::mem::size_of::<usize>());
            //申请内存
            let ret = libc::posix_memalign(&mut out, align, layout.size());
            //返回申请的内存
            if ret != 0 { ptr::null_mut() } else { out as *mut u8 }
        }
    }
}
```

Rust 处理内存对齐时使用了不常见的内存申请函数 libc::posix_memalign()。

为 System 实现 Allocator Trait 的源代码属于 OS 无关适配层。这些源代码在标准库中的路径如下：

```
/library/std/src/alloc.rs
```

对为 System 实现 Allocator Trait 的源代码的分析如下：

```
impl System {
    //此函数用于实现内存申请逻辑
    fn alloc_impl(&self, layout: Layout, zeroed: bool) -> Result<NonNull<[u8]>,
AllocError> {
        match layout.size() {
            0 => Ok(NonNull::slice_from_raw_parts(layout.dangling(), 0)),
            size => unsafe {
                let raw_ptr = if zeroed {
                    //这里直接调用了 GlobalAlloc Trait 的函数
                    GlobalAlloc::alloc_zeroed(self, layout)
                } else {
                    GlobalAlloc::alloc(self, layout)
                };
                //转换为 NonNull，并处理了 0 值
                let ptr = NonNull::new(raw_ptr).ok_or(AllocError)?;
                Ok(NonNull::slice_from_raw_parts(ptr, size)) //形成 NonNull<[u8]>
            },
        }
    }
    //此函数是对已申请的内存增加空间的操作
    unsafe fn grow_impl(
        &self,
        ptr: NonNull<u8>,
        old_layout: Layout,
        new_layout: Layout,
        zeroed: bool,
    ) -> Result<NonNull<[u8]>, AllocError> {
        debug_assert!(
            new_layout.size() >= old_layout.size(),
            "'new_layout.size()' must be greater than or equal to 'old_layout.size()'"
        );
        match old_layout.size() {
            //旧的内存空间是 0，相当于申请一个新的内存空间
            0 => self.alloc_impl(new_layout, zeroed),

            //旧内存块与新内存块的内存对齐一致
            old_size if old_layout.align() == new_layout.align() => unsafe {
```

```
                let new_size = new_layout.size(); //获取新内存空间大小
                intrinsics::assume(new_size >= old_layout.size());
                let raw_ptr = GlobalAlloc::realloc(self, ptr.as_ptr(), old_layout,
new_size);
                let ptr = NonNull::new(raw_ptr).ok_or(AllocError)?; //处理 0 值
                if zeroed {
                    //仅对新增部分清零
                    raw_ptr.add(old_size).write_bytes(0, new_size - old_size);
                }
                //形成新的 NonNull<[u8]>并返回
                Ok(NonNull::slice_from_raw_parts(ptr, new_size))
            },

            old_size => unsafe { //旧内存块与新内存块的内存对齐不一致
                //按照新内存布局参数重新申请内存
                let new_ptr = self.alloc_impl(new_layout, zeroed)?;
                //复制内存内容
                ptr::copy_nonoverlapping(ptr.as_ptr(), new_ptr.as_mut_ptr(), old_size);
                Allocator::deallocate(&self, ptr, old_layout); //释放旧内存块
                Ok(new_ptr)
            },
        }
    }
}
// 实现 Allocator Trait，STD 库后继使用它来完成内存管理操作
unsafe impl Allocator for System {
    //此函数用于申请内存块
    fn allocate(&self, layout: Layout) -> Result<NonNull<[u8]>, AllocError> {
        self.alloc_impl(layout, false)
    }
    //此函数用于申请内存块，并将内存块清零
    fn allocate_zeroed(&self, layout: Layout) -> Result<NonNull<[u8]>, AllocError> {
        self.alloc_impl(layout, true)
    }
    //此函数用于释放内存块
    unsafe fn deallocate(&self, ptr: NonNull<u8>, layout: Layout) {
        if layout.size() != 0 {
            unsafe { GlobalAlloc::dealloc(self, ptr.as_ptr(), layout) }
        }
    }
    //此函数用于对已申请内存块增加内存空间
    unsafe fn grow(
        &self,
        ptr: NonNull<u8>,
        old_layout: Layout,
```

```
        new_layout: Layout,
    ) -> Result<NonNull<[u8]>, AllocError> {
        unsafe { self.grow_impl(ptr, old_layout, new_layout, false) }
    }
    //此函数用于对已申请内存块增加内存空间，并对增加的部分进行清零
    unsafe fn grow_zeroed(
        &self,
        ptr: NonNull<u8>,
        old_layout: Layout,
        new_layout: Layout,
    ) -> Result<NonNull<[u8]>, AllocError> {
        unsafe { self.grow_impl(ptr, old_layout, new_layout, true) }
    }
    //此函数用于对已申请内存块减小内存空间
    unsafe fn shrink(
        &self,
        ptr: NonNull<u8>,
        old_layout: Layout,
        new_layout: Layout,
    ) -> Result<NonNull<[u8]>, AllocError> {
        debug_assert!(
            new_layout.size() <= old_layout.size(),
            "'new_layout.size()' must be smaller than or equal to 'old_layout.size()'"
        );
        match new_layout.size() {
            0 => unsafe { //将减小的内存空间置 0，实际上就是释放内存
                Allocator::deallocate(&self, ptr, old_layout);
                //返回一个 dangling 的悬垂指针
                Ok(NonNull::slice_from_raw_parts(new_layout.dangling(), 0))
            },
            //当内存对齐相同时，保留原内容
            new_size if old_layout.align() == new_layout.align() => unsafe {
                intrinsics::assume(new_size <= old_layout.size());
                let raw_ptr = GlobalAlloc::realloc(self, ptr.as_ptr(), old_layout,
new_size);
                let ptr = NonNull::new(raw_ptr).ok_or(AllocError)?;
                Ok(NonNull::slice_from_raw_parts(ptr, new_size))
            },
            new_size => unsafe {  //当内存对齐不同时，必须重新申请内存
                let new_ptr = Allocator::allocate(&self, new_layout)?;
                //复制内存内容
                ptr::copy_nonoverlapping(ptr.as_ptr(), new_ptr.as_mut_ptr(), new_size);
                Allocator::deallocate(&self, ptr, old_layout); //释放旧内存
                Ok(new_ptr)
```

```
            },
        }
    }
}
```

9.4 系统调用（SYSCALL）的封装

为了将 SYSCALL 的返回值适配成 Rust 的 Result<T,E>类型变量，标准库实现了统一的适配函数。Linux 的 SYSCALL 出错一般会返回-1，并用 errno 返回 SYSCALL 的系统错误码，可以根据这两个调用结果构造 Result<T,E>返回类型变量。对相关源代码的分析如下：

```
//此 Trait 实现对-1 做判断
pub trait IsMinusOne {
    fn is_minus_one(&self) -> bool;
}
macro_rules! impl_is_minus_one {
    ($($t:ident)*) => ($(impl IsMinusOne for $t {
        fn is_minus_one(&self) -> bool {
            *self == -1
        }
    })*)
}
//对 LIBC 的 SYSCALL 返回值类型实现 IsMinusOne Trait
impl_is_minus_one! { i8 i16 i32 i64 isize }
//此函数用于封装 SYSCALL 的返回值，并将该返回值转换为 Result 类型
pub fn cvt<T: IsMinusOne>(t: T) -> crate::io::Result<T> {
    //当返回正确时封装成 Ok，当返回错误时封装成 Err，并使用 last_os_error()函数返回错误描述
    if t.is_minus_one() { Err(crate::io::Error::last_os_error()) } else { Ok(t) }
}
//此函数用于处理 SYSCALL 被意外中断的情况
pub fn cvt_r<T, F>(mut f: F) -> crate::io::Result<T>
where
    T: IsMinusOne,
    F: FnMut() -> T,
{
    //如果 SYSCALL 是被信号中断的，则执行循环
    loop {
        match cvt(f()) {
            //如果 SYSCALL 的返回结果是被信号中断的，则结束循环
            Err(ref e) if e.kind() == ErrorKind::Interrupted => {}
            other => return other,
        }
```

```
    }
}
//此函数用于封装 IO SYSCALL，将错误返回值转换为 io::Result 的结果
pub fn cvt_nz(error: libc::c_int) -> crate::io::Result<()> {
    if error == 0 { Ok(()) } else { Err(crate::io::Error::from_raw_os_error
(error)) }
}
```

9.5 文件描述符及句柄

OS 资源需要通过 SYSCALL 获取、操作及释放。SYSCALL 通常使用文件描述符（fd）或句柄（Handle）标识 OS 资源。例如，Linux 的 SYSCALL 采用 fd 标识所有的 OS 资源。

为了适配 OS 资源，要对 fd 或 Handle 进行适配。本节只讨论对 fd 的适配实现。

在获取 fd 后必须将其释放（关闭），如果不满足这个要求，则会引发资源泄漏安全问题。Rust 设计了具有所有权的 fd 适配类型，以利用 drop 机制实现对 fd 资源的自动释放。

上述 fd 适配类型仅为资源安全而设计，没有实现利用 fd 进行的 OS 资源操作。为了实现系统资源的操作，标准库定义了 FileDesc 类型，由它负责 OS 资源操作的适配。

在 FileDesc 的基础上，可以实现普通文件、目录文件、Socket、Pipe、I/O 设备文件等逻辑文件类型。

本节将讨论 fd 的适配类型及 FileDesc 类型，对于其他文件类型，以后在涉及具体模块时再进行详细分析。本节讨论的内容基本都属于 OS 相关适配层。此模块的源代码在标准库中的路径如下：

```
/library/src/std/src/os/fd/raw.rs
/library/src/std/src/os/fd/owned.rs
/library/src/std/src/sys/unix/fd.rs
```

9.5.1 文件描述符所有权设计

代码调用 SYSCALL 申请系统资源后，会得到文件描述符（fd），fd 是 c_int 类型的。标准库别名类型 RawFd 作为 fd 的类型，与裸指针类型一样，RawFd 不能作为所有权的载体，但 RawFd 需要有释放逻辑，而只有拥有所有权的类型才能实现 RawFd 的自动释放。标准库为此定义类型 OwnedFd。OwnedFd 能够封装 RawFd，并拥有 RawFd 所有权。标准库同时定义类型 BorrowedFd 作为 OwnedFd 的借用类型。我们可以通过把 RawFd 类比为裸指针* const T，把 OwnedFd 类比为 T，把 BorrowedFd 类比为&T 来理解这三者的关系。对

相关源代码的分析如下：

```
//RawFd 虽然是 int 类型的，但因为表示 OS 资源，所以可以类比为裸指针，其安全性也与裸指针类似
pub type RawFd = raw::c_int;

//BorrowedFd 与 OwnedFd 的关系可类比&T 与 T 的关系
pub struct BorrowedFd<'fd> {
    fd: RawFd,
    //PhantomData 用 OwnedFd 的引用及生命周期泛型表示 BorrowedFd 与 OwnedFd 的借用关系
    _phantom: PhantomData<&'fd OwnedFd>,
}

//OwnedFd 拥有所有权
pub struct OwnedFd {
    //因为 RawFd 是 c_int 类型的，这个类型实现了 Copy Trait,
    //所以编译器无法防止 RawFd 被用于多处。
    //OwnedFd 拥有所有权，是一个代码协议，编译器无法给出保护，代码务必不能在有 OwnedFd 时，
    //直接复制并使用 RawFd，包括用 RawFd 作为 SYSCALL 的参数。
    //在调用 SYSCALL 获取 fd 后，应该第一时间用 OwnedFd 进行封装，
    //如果后继要使用 fd，则应该用 borrow()函数来借出 BorrowedFd
    fd: RawFd,
}
impl BorrowedFd<'_> {
    //直接在 RawFd 上生成 BorrowedFd,
    //如果在这些 fd 的基础上生成 OwnedFd，将会导致它们被错误关闭
    pub unsafe fn borrow_raw(fd: RawFd) -> Self {
        assert_ne!(fd, u32::MAX as RawFd);
        //PhantomData 使用 fd 的生命周期
        unsafe { Self { fd, _phantom: PhantomData } }
    }
}
impl OwnedFd {
    //此函数试图复制自身，fd 的复制需要利用 SYSCALL 由 OS 完成
    pub fn try_clone(&self) -> crate::io::Result<Self> {
        let cmd = libc::F_DUPFD_CLOEXEC; //设置复制的功能设定标志
        //调用 LIBC 库完成复制，返回新的 fd
        let fd = cvt(unsafe { libc::fcntl(self.as_raw_fd(), cmd, 0) })?;
        Ok(unsafe { Self::from_raw_fd(fd) }) //利用新的 fd 创建新的 Owned 变量
    }
}

//此 Trait 用于从封装 RawFd 的类型中获取 RawFd，此时返回的 RawFd 安全性类似于裸指针
pub trait AsRawFd {
    fn as_raw_fd(&self) -> RawFd;
}
```

```
//从 RawFd 构造一个封装类型，返回的 Self 拥有 RawFd 的所有权
pub trait FromRawFd {
    unsafe fn from_raw_fd(fd: RawFd) -> Self;
}
//将封装类型变量消费了，并返回 RawFd，此时 Rust 中没有其他变量拥有 RawFd 代表文件的所有权，
//调用此函数后继续负责释放 RawFd 代表的系统资源，
//或者将 RawFd 重新封装到另一个表示所有权的 OwnedFd
pub trait IntoRawFd {
    fn into_raw_fd(self) -> RawFd;
}

impl AsRawFd for BorrowedFd<'_> {
    //此函数应该尽量仅在需要用 fd 作为 SYSCALL 参数时使用
    fn as_raw_fd(&self) -> RawFd {  self.fd  }
}
impl AsRawFd for OwnedFd {
    //此函数应该尽量仅在需要用 fd 作为 SYSCALL 参数时使用
    fn as_raw_fd(&self) -> RawFd {  self.fd  }
}
impl IntoRawFd for OwnedFd {
    fn into_raw_fd(self) -> RawFd {
        let fd = self.fd;
        forget(self); //必须调用 forget()函数，否则会调用 close(fd)函数
        fd
    }
}
impl FromRawFd for OwnedFd {
    //此函数用于构造 OwnedFd，且 OwnedFd 的构造函数只有一个
    unsafe fn from_raw_fd(fd: RawFd) -> Self {
        assert_ne!(fd, u32::MAX as RawFd);
        unsafe { Self { fd } }
    }
}
//此函数用于释放 fd 资源，证明 OwnedFd 拥有了 OS 返回的 fd 的所有权
impl Drop for OwnedFd {
    fn drop(&mut self) {
        unsafe {  let _ = libc::close(self.fd);  } //关闭文件
    }
}
//此 Trait 用于创建 BorrowedFd
pub trait AsFd {
    fn as_fd(&self) -> BorrowedFd<'_>;
}
impl AsFd for OwnedFd {
    fn as_fd(&self) -> BorrowedFd<'_> {
```

```
        //从&self 中获取 BorrowedFd 中的 PhantomData
        unsafe { BorrowedFd::borrow_raw(self.as_raw_fd()) }
    }
}
//普通文件类型 fs::File 用于实现 AsFd Trait
impl AsFd for fs::File {
    //实质是 OwnedFd.as_fd
    fn as_fd(&self) -> BorrowedFd<'_> { self.as_inner().as_fd() }
}
//普通文件类型 fs::File 用于实现 From Trait 以获取 OwnedFd
impl From<fs::File> for OwnedFd {
    fn from(file: fs::File) -> OwnedFd {
        file.into_inner().into_inner().into_inner() //消费了 file
        //不必调用 forget()函数
    }
}
//OwnedFd 用于实现 From Trait 以生成普通文件类型 fs::File
impl From<OwnedFd> for fs::File {
    fn from(owned_fd: OwnedFd) -> Self {
        //创建 fs::File
        Self::from_inner(FromInner::from_inner(FromInner::from_inner(owned_fd)))
    }
}
```

标准库对 fd 的处理是外部资源问题的通用方案。当 Rust 代码需要调用 C 语言实现的第三方库时，会面临从第三方库获取的资源如何设计其所有权的问题。RawFd、OwnedFd、BorrowedFd 给出了解决方案，即代码从第三方库获取的资源在逻辑上类似于裸指针，可以先设计一个封装类型来封装该资源类型，作为资源类型的所有权载体，再设计另一个封装类型作为资源类型借用的载体。

标准输入/输出/错误是 3 个静态的 RawFd，它们基本不会被关闭。获取其 RawFd 的函数采用了特殊方式。对相关源代码的分析如下：

```
//标准输入单元类型用于实现 AsRawFd Trait
impl AsRawFd for io::Stdin {
    //LIBC 的标准输入文件标识宏
    fn as_raw_fd(&self) -> RawFd {  libc::STDIN_FILENO  }
}
//标准输出单元类型用于实现 AsRawFd Trait
impl AsRawFd for io::Stdout {
    //LIBC 的标准输出文件标识宏
    fn as_raw_fd(&self) -> RawFd {  libc::STDOUT_FILENO  }
}
//标准错误单元类型用于实现 AsRawFd Trait
impl AsRawFd for io::Stderr {
```

```
    //LIBC 的标准错误文件标识宏
    fn as_raw_fd(&self) -> RawFd {  libc::STDERR_FILENO  }
}
```

9.5.2　文件逻辑操作适配层

如前文所述，FileDesc 类型负责完成文件描述符的各种逻辑操作，适配 fd 相关的 SYSCALL。对相关源代码的分析如下：

```
//针对 Linux 的文件描述符类型结构
pub struct FileDesc(OwnedFd);
impl FileDesc {
    //此函数用于从文件描述符读出指定数目的字节
    pub fn read(&self, buf: &mut [u8]) -> io::Result<usize> {
        let ret = cvt(unsafe {
            libc::read(
                self.as_raw_fd(),                      //转换为 CFD 类型
                buf.as_mut_ptr() as *mut c_void,       //转换为 void *指针
                //读取的长度不能超过 buf 的长度，也不能超过一次读取的最大长度
                cmp::min(buf.len(), READ_LIMIT)
            )
        })?;
        Ok(ret as usize)
    }
    //此函数对应 LIBC 的向量(iovec)读方式
    pub fn read_vectored(&self, bufs: &mut [IoSliceMut<'_>]) -> io::Result<usize>
{
        let ret = cvt(unsafe {
            //调用 LIBC 的 readv()函数，具体请参考 LIBC 的手册
            libc::readv(self.as_raw_fd(), bufs.as_ptr() as *const libc::iovec,
                cmp::min(bufs.len(), max_iov()) as c_int )
        })?;
        Ok(ret as usize)
    }
    //此函数用于一直读到输入字节流结束
    pub fn read_to_end(&self, buf: &mut Vec<u8>) -> io::Result<usize> {
        let mut me = self;
        (&mut me).read_to_end(buf)
    }
    //此函数用于从输入字节流的某一个位置开始读
    pub fn read_at(&self, buf: &mut [u8], offset: u64) -> io::Result<usize> {
        use libc::pread64;
        unsafe {
            cvt(pread64( self.as_raw_fd(), buf.as_mut_ptr() as *mut c_void,
```

```
            cmp::min(buf.len(), READ_LIMIT), offset as i64
        ))
        .map(|n| n as usize)
    }
}
//此函数用于将输入字节流读到中继缓存中
pub fn read_buf(&self, buf: &mut ReadBuf<'_>) -> io::Result<()> {
    let ret = cvt(unsafe {
        //buf 是一块可能存在内容的缓存
        libc::read(
            self.as_raw_fd(),
            //得到缓存中未填充的内存起始点
            buf.unfilled_mut().as_mut_ptr() as *mut c_void,
            cmp::min(buf.remaining(), READ_LIMIT) //不能超过缓存的大小
        )
    })?;
    //对新读到的内容初始化，原先是 MaybeUninit，以便后继正确释放
    unsafe { buf.assume_init(ret as usize); }
    buf.add_filled(ret as usize); //更新 buf，反映 buf 中已经读到的内容
    Ok(())
}
//此函数用于向文件描述符写入字节流
pub fn write(&self, buf: &[u8]) -> io::Result<usize> {
    let ret = cvt(unsafe {
        libc::write(
            self.as_raw_fd(), buf.as_ptr() as *const c_void,
            cmp::min(buf.len(), READ_LIMIT)
        ) //调用 LIBC 的 write()函数，具体请参考 LIBC 的手册
    })?;
    Ok(ret as usize)
}
//此函数对应 LIBC 的向量(iovec)写方式
pub fn write_vectored(&self, bufs: &[IoSlice<'_>]) -> io::Result<usize> {
    let ret = cvt(unsafe {
        libc::writev(
            self.as_raw_fd(), bufs.as_ptr() as *const libc::iovec,
            cmp::min(bufs.len(), max_iov()) as c_int
        ) //调用 LIBC 的 writev()函数，具体请参考 LIBC 的手册
    })?;
    Ok(ret as usize)
}
//此函数用于在输出流的某一位置写入字节流
pub fn write_at(&self, buf: &[u8], offset: u64) -> io::Result<usize> {
    use libc::pwrite64;
    unsafe {
```

```
            cvt(pwrite64( self.as_raw_fd(), buf.as_ptr() as *const c_void,
                    cmp::min(buf.len(), READ_LIMIT), offset as i64
            )) //调用 LIBC 的 pwrite64()函数，具体请参考 LIBC 的手册
            .map(|n| n as usize)
        }
    }
    //此函数用于设置文件描述符为非阻塞
    pub fn set_nonblocking(&self, nonblocking: bool) -> io::Result<()> {
        unsafe {
            let v = nonblocking as c_int;
            //调用 LIBC 的 ioctl()函数，具体请参考 LIBC 的手册
            cvt(libc::ioctl(self.as_raw_fd(), libc::FIONBIO, &v))?;
            Ok(())
        }
    }
    //此函数用于复制文件描述符
    pub fn duplicate(&self) -> io::Result<FileDesc> { Ok(Self (self.0.try_
clone()?)) }
}
impl AsInner<OwnedFd> for FileDesc {
    fn as_inner(&self) -> &OwnedFd { &self.0 }//不用消费 self，获取内部 OwnedFd 引用
}
impl IntoInner<OwnedFd> for FileDesc {
    //消费 self，获取内部 OwnedFd，不必对其他资源进行释放操作
    fn into_inner(self) -> OwnedFd { self.0 }
}
impl FromInner<OwnedFd> for FileDesc {
    //利用参数构造 FileDesc 类型的变量
    fn from_inner(owned_fd: OwnedFd) -> Self { Self(owned_fd) }
}
impl AsFd for FileDesc {
    fn as_fd(&self) -> BorrowedFd<'_> { self.0.as_fd() } //构造 BorrowedFd
}
impl AsRawFd for FileDesc {
    fn as_raw_fd(&self) -> RawFd { self.0.as_raw_fd() } //直接获取 RawFd
}
impl IntoRawFd for FileDesc {
    fn into_raw_fd(self) -> RawFd { self.0.into_raw_fd() }
}
impl FromRawFd for FileDesc {
    unsafe fn from_raw_fd(raw_fd: RawFd) -> Self { Self(FromRawFd::
from_raw_fd(raw_fd)) }
}
```

9.6 回顾

读者通过分析 Rust 的 STD 库代码能很好地学习 OS 环境编程。想要学习 OS 环境编程就必须精通 C 语言。实际上，与 OS 打交道只能用 C 语言，因此 C 语言也成为系统程序员无法绕过的“坎”。

本章介绍了 Rust 的库如何适配多种操作系统、多种 CPU 架构；还介绍了操作系统的两大资源适配，即内存和文件描述符代表的系统资源适配。

第 10 章

进程管理

描述进程管理的功能可以从一个 Linux 的 shell 命令开始：

```
cat 序言.md | more
```

当执行 shell 命令时，做了以下工作。

（1）创建一个管道。

（2）fork 第一个子进程。

（3）指定第一个子进程的标准输入是管道的读出端。

（4）第一个子进程用 execv 执行 more 的可执行文件。

（5）fork 第二个子进程。

（6）第二个子进程用 execv 执行 cat 可执行文件，将“序言.md”作为参数。

（7）wait 两个子进程结束。

对以上工作，Rust 的实现源代码如下：

```
    let child_more = Command::new("more")
                        .stdin(Stdio::piped())
                        .spawn()
                        .expect("error more");
    let child_cat = Command::new("cat")
                       .arg("引言.md")
                       .stdout(child_more.stdin.unwrap())
                       .spawn().expect("cat error");
```

可以看到，Rust 的实现源代码相当简单且易于理解。注意，这里不要与 C 语言的 system() 函数相比较，system()函数与进程管理处于两个层面。

Rust 进程管理在 OS 相关适配层的主要内容如下。

（1）匿名管道。

（2）进程管理。

相关源代码在标准库中的路径如下：

```
/library/src/std/src/sys/unix/process/*
/library/src/std/src/os/linux/process.rs
/library/src/std/src/sys/unix/pipe.rs
```

OS 无关适配层的主要内容是标准输入/输出/错误及重定向的实现。相关源代码在标准库中的路径如下：

```
/library/src/std/src/syscommon/process.rs
```

对外接口层的主要内容是提供 Command 类型、Process 类型及它们的函数。相关源代码在标准库中的路径如下：

```
/library/src/std/src/process.rs
```

10.1　匿名管道

设计匿名管道的目的是在父子进程或同一个父进程创建的子进程之间进行通信，通常用于标准输入/输出的重定向。对匿名管道源代码的分析如下：

```
//匿名管道的资源用文件描述符表示
pub struct AnonPipe(FileDesc);

//此函数用于构造匿名管道
pub fn anon_pipe() -> io::Result<(AnonPipe, AnonPipe)> {
    let mut fds = [0; 2]; //匿名管道用于创建两个文件描述符
    unsafe {
        //LIBC 的 pipe2()函数用于创建匿名管道，O_CLOEXEC 表示后继 exec 调用时会自动关闭 fd，
        //并释放资源
        cvt(libc::pipe2(fds.as_mut_ptr(), libc::O_CLOEXEC))?;
        //返回两个匿名管道 FileDesc，当 FileDesc 生命周期终止时会关闭创建的 fd，
        //返回的第一个 FileDesc 由父进程用于读出，第二个 FileDesc 由子进程用于写入
        Ok((AnonPipe(FileDesc::from_raw_fd(fds[0])), AnonPipe(FileDesc::from_raw_fd
(fds[1]))))
    }
}
//管道读/写操作函数可以利用适配器设计模式实现
impl AnonPipe {
    pub fn read(&self, buf: &mut [u8]) -> io::Result<usize> {
        self.0.read(buf) //调用内部 FileDesc 的同名函数，后继的函数逻辑也相同
    }
    pub fn read_vectored(&self, bufs: &mut [IoSliceMut<'_>]) -> io::Result<usize>
{//略}
    pub fn is_read_vectored(&self) -> bool {//略}
    pub fn write(&self, buf: &[u8]) -> io::Result<usize> {//略}
    pub fn write_vectored(&self, bufs: &[IoSlice<'_>]) -> io::Result<usize> {//略}
    pub fn is_write_vectored(&self) -> bool {//略}
}
//此函数用于在进程管理中使用，同时在管道两端进行读操作
pub fn read2(p1: AnonPipe, v1: &mut Vec<u8>, p2: AnonPipe, v2: &mut Vec<u8>) ->
io::Result<()> {
    //获取 p1 与 p2 的 OwnedFd
    let p1 = p1.into_inner();
    let p2 = p2.into_inner();

    //需要设置为非阻塞，以便后继可以利用异步读的方式操作 p1、p2
    p1.set_nonblocking(true)?;
    p2.set_nonblocking(true)?;
```

```
    //准备 LIBC 的 poll()函数的调用参数
    let mut fds: [libc::pollfd; 2] = unsafe { mem::zeroed() };
    fds[0].fd = p1.as_raw_fd();    //此处获取的 fd 用于作为 SYSCALL 的参数
    fds[0].events = libc::POLLIN; //为调用 libc::poll()函数做准备
    fds[1].fd = p2.as_raw_fd();
    fds[1].events = libc::POLLIN;
    loop {
        //调用 poll()函数来监控 p1、p2 的可读事件
        cvt_r(|| unsafe { libc::poll(fds.as_mut_ptr(), 2, -1) })?;
        //利用 fds[0]读到 v1
        if fds[0].revents != 0 && read(&p1, v1)? {
            //p1 可读事件发生后，即可取消 p2 的非阻塞状态，并调用 p2 的 read_to_end()函数直接返回
            p2.set_nonblocking(false)?;
            //map(drop)函数用于将 Result<usize>转换为 Result<()>
            return p2.read_to_end(v2).map(drop);
        }
        if fds[1].revents != 0 && read(&p2, v2)? {
            p1.set_nonblocking(false)?;
            return p1.read_to_end(v1).map(drop);
        }
    }
    fn read(fd: &FileDesc, dst: &mut Vec<u8>) -> Result<bool, io::Error> {
        match fd.read_to_end(dst) {          //一直读完输入流
            Ok(_) => Ok(true),               //读到内容
            Err(e) => {
                if e.raw_os_error() == Some(libc::EWOULDBLOCK) || e.raw_os_error()
== Some(libc::EAGAIN) {
                    Ok(false)                //没有读到内容，但实际没有出错
                } else {
                    Err(e)                   //读出错
                }
            }
        }
    }
    //此处 p1 及 p2 的生命周期终止，关闭 fds[0]、fds[1]
}
```

10.2 重定向实现分析

在 pipe 的基础上，可以实现父进程与子进程重定向相关的类型及函数。对相关源代码的分析如下：

```
// Command 是 Rust 的进程类型
impl Command {
    //setup_io()作为创建子进程的标准输入/输出/错误的准备函数,
    //形成了父进程与子进程标准输入/输出/错误的必要管道创建及配对返回
    pub fn setup_io(
        &self,
        default: Stdio,
        needs_stdin: bool,
    //StdioPipes 表示父进程, ChildPipes 表示子进程
    ) -> io::Result<(StdioPipes, ChildPipes)> {
        let null = Stdio::Null;
        let default_stdin = if needs_stdin { &default } else { &null };

        //如果配置不存在,则使用默认配置, stdin/stdout/stderr 是 Stdio 类型的变量
        let stdin = self.stdin.as_ref().unwrap_or(default_stdin);
        let stdout = self.stdout.as_ref().unwrap_or(&default);
        let stderr = self.stderr.as_ref().unwrap_or(&default);

        //构造标准输入的文件对, their_stdin 被子进程使用, our_stdin 被父进程使用
        let (their_stdin, our_stdin) = stdin.to_child_stdio(true)?;
        //构造标准输出的文件对
        let (their_stdout, our_stdout) = stdout.to_child_stdio(false)?;
        //构造标准错误的文件对
        let (their_stderr, our_stderr) = stderr.to_child_stdio(false)?;
        //完成父进程的设置
        let ours = StdioPipes { stdin: our_stdin, stdout: our_stdout, stderr: 
our_stderr };
        //完成子进程的设置
        let theirs = ChildPipes { stdin: their_stdin, stdout: their_stdout, stderr: 
their_stderr };
        Ok((ours, theirs))
    }
}
//此 StdioPipes 类型的 setup_io()函数用于返回父进程与子进程标准输入/输出/错误对应的管道变量
pub struct StdioPipes {
    //None 表示不重定向到匿名管道, Some()表示重定向到匿名管道
    pub stdin: Option<AnonPipe>,
    pub stdout: Option<AnonPipe>,
    pub stderr: Option<AnonPipe>,
}
//此 ChildPipes 类型的 setup_io()函数用于返回子进程的标准输入/输出/错误的管道变量
pub struct ChildPipes {
    pub stdin: ChildStdio,
    pub stdout: ChildStdio,
    pub stderr: ChildStdio,
```

```
}
pub enum ChildStdio {
    Inherit,            //继承父进程的标准输入/输出/错误的 fd
    Explicit(c_int),  //将标准输入/输出/错误的 fd 设置为指定参数
    Owned(FileDesc),  //将标准输入/输出/错误的 fd 设置为指定的 FileDesc
}
//此 Stdio 是 setup_io()函数的输入参数类型,
//将子进程的标准输入/输出/错误指定为以下枚举的某种取值或类型
pub enum Stdio {
    Inherit,            //继承父进程的 fd
    Null,               //设置为 Null
    MakePipe,           //创建匿名管道作为标准输入/输出/错误
    Fd(FileDesc),       //标准输入/输出/错误使用给出的文件描述符
}
impl Stdio {
    //此函数用于准备子进程的标准输入/输出/错误，ChildStdio 应用于子进程,
    //Option<AnonPipe>用于父进程
    pub fn to_child_stdio(&self, readable: bool) -> io::Result<(ChildStdio,
Option<AnonPipe>)> {
        match *self {
            //指定为继承父进程，父子进程没有管道连接
            Stdio::Inherit => Ok((ChildStdio::Inherit, None)),
            //使用指定的文件描述符作为匿名管道
            Stdio::Fd(ref fd) => {
                if fd.as_raw_fd() >= 0 && fd.as_raw_fd() <= libc::STDERR_FILENO {
                    //如果指定的 fd 是标准输入/输出/错误，则复制后生成 Owned 标记并返回,
                    //父子进程没有管道连接
                    Ok((ChildStdio::Owned(fd.duplicate()?), None))
                } else {
                    //子进程使用指定的 fd，因为没有 FileDesc 的所有权，所以只能使用 fd,
                    //父子进程没有管道连接
                    Ok((ChildStdio::Explicit(fd.as_raw_fd()), None))
                }
            }
            //指定创建匿名管道连接父子进程
            Stdio::MakePipe => {
                let (reader, writer) = pipe::anon_pipe()?; //创建匿名管道
                //根据读/写标志设置自身管道的文件描述符，当 readable 为真时，表示子进程是读方
                let (ours, theirs) = if readable { (writer, reader) } else { (reader,
writer) };
                //返回创建的匿名管道描述符
                Ok((ChildStdio::Owned(theirs.into_inner()), Some(ours)))
            }
            //指定为 dev/null
            Stdio::Null => {
```

```
            let mut opts = OpenOptions::new();
            opts.read(readable);
            opts.write(!readable);
            let path = unsafe { CStr::from_ptr(DEV_NULL.as_ptr() as *const _) };
            let fd = File::open_c(&path, &opts)?;  //打开 dev/null，获取 fd
            Ok((ChildStdio::Owned(fd.into_inner()), None))//将输出设置为dev/null的fd
        }
    }
  }
}
```

以上完成了子进程标准输入/输出/错误的准备，如果想要重定向，则要创建匿名管道。

10.3　进程管理

使用 Rust 创建一个进程示例的代码如下：

```
use std::process::Command;
Command::new("ls")                               //进程可执行文件名
       .arg("-l")                                //进程参数
       .arg("-a")                                //第二个进程参数，可以一直增加下去
       .stdout(Stdio::piped())                   //指定进程标准输出的文件 fd
       .spawn()                                  //创建进程
       .expect("ls command failed to start");    //创建进程失败的错误输出
```

可以看到，Rust 把 C 语言中分散的进程准备及执行整体组织进了 Command 结构的实现中，并利用函数式编程的链式调用使其语法易于理解。在构造进程的语法上，Rust 的 Command 对程序员是一个巨大的福利。

10.3.1　OS 相关适配层

标准库为不同 OS 的相关适配层实现了名称与函数都相同的类型，并通过只编译特定 OS 的源文件的工程组织方式来实现 OS 相关的抽象接口，这是 C 语言常用的接口实现方式。对相关源代码的分析如下：

```
//Process 类型用于创建进程后标识进程及完成若干操作。
//各 OS 针对 Process 的结构体成员的定义可以不同，但类型名称必须是 Process 并对 Process 实现同样的函数
pub struct Process {
   pid: pid_t,                        //进程 pid
   status: Option<ExitStatus>,        //进程退出的状态
   #[cfg(target_os = "linux")]
```

```
    pidfd: Option<PidFd>,          //在 Linux 中，每个 Process 可以创建一个 pid 的 file
}
//Process 的函数
impl Process {
    //此函数用于构造 Process 类型变量，这里仅给出 Linux 中的函数，
    //此函数应在 fork SYSCALL 以后才能调用
    #[cfg(target_os = "linux")]
    unsafe fn new(pid: pid_t, pidfd: pid_t) -> Self {
        use crate::os::unix::io::FromRawFd;
        use crate::sys_common::FromInner;
        //需要对 pidfd 的正确性做出判断
        let pidfd = (pidfd >= 0).then(|| PidFd::from_inner(sys::fd::FileDesc::
from_raw_fd(pidfd)));
        Process { pid, status: None, pidfd }
    }
    //此函数被父进程调用，用于杀掉子进程
    pub fn kill(&mut self) -> io::Result<()> {
        //如果子进程已经是退出状态，则子进程的 pid 可能已经分配给其他进程使用，此时需要返回错误
        if self.status.is_some() {
            Err(io::const_io_error!(
                ErrorKind::InvalidInput,
                "invalid argument: can't kill an exited process",
            ))
        } else {
            //对 Result 调用 map(drop) 函数
            cvt(unsafe { libc::kill(self.pid, libc::SIGKILL) }).map(drop)
        }
    }
    //此函数用于被父进程调用，以便等待子进程结束，这会引发阻塞
    pub fn wait(&mut self) -> io::Result<ExitStatus> {
        use crate::sys::cvt_r;
        if let Some(status) = self.status { return Ok(status); }//判断子进程是否已经退出
        let mut status = 0 as c_int;

        //调用 LIBC 的 waitpid()函数等待子进程结束
        cvt_r(|| unsafe { libc::waitpid(self.pid, &mut status, 0) })?
        self.status = Some(ExitStatus::new(status)); //子进程已经退出，设置合适的状态
        Ok(ExitStatus::new(status))
    }
    //此函数被父进程调用，以非阻塞的方式等待子进程退出
    pub fn try_wait(&mut self) -> io::Result<Option<ExitStatus>> {
        if let Some(status) = self.status { return Ok(Some(status)); }
        let mut status = 0 as c_int;
        //Libc::WNOHANG 表示非阻塞
        let pid = cvt(unsafe { libc::waitpid(self.pid, &mut status, libc::WNOHANG) })?;
```

```
        if pid == 0 {
            Ok(None)  //子进程没有退出
        } else {
            self.status = Some(ExitStatus::new(status)); //子进程已经退出，更新状态
            Ok(Some(ExitStatus::new(status)))
        }
    }
}
```

由于 WASI 进程管理类型与 Linux 类似，因此下面列出 Windows 的源代码做一下对比。对 Windows 源代码的分析如下：

```
pub struct Process {
    handle: Handle,  //Windows 句柄
}
impl Process {
    pub fn kill(&mut self) -> io::Result<()> {
        //Windows 结束进程 SYSCALL
        cvt(unsafe { c::TerminateProcess(self.handle.as_raw_handle(), 1) })?;
        Ok(())
    }
    pub fn wait(&mut self) -> io::Result<ExitStatus> {
        unsafe {
            //等待进程退出 SYSCALL
            let res = c::WaitForSingleObject(self.handle.as_raw_handle(), c::INFINITE);
            if res != c::WAIT_OBJECT_0 {  return Err(Error::last_os_error()); }
            let mut status = 0;
            //使用额外调用来获取退出码
            cvt(c::GetExitCodeProcess(self.handle.as_raw_handle(), &mut status))?;
            Ok(ExitStatus(status))
        }
    }
    pub fn try_wait(&mut self) -> io::Result<Option<ExitStatus>> {
        unsafe {
            //第二个参数为 0，表示不等待
            match c::WaitForSingleObject(self.handle.as_raw_handle(), 0) {
                c::WAIT_OBJECT_0 => {}
                c::WAIT_TIMEOUT => {
                    return Ok(None);
                }
                _ => return Err(io::Error::last_os_error()),
            }
            let mut status = 0;
            //使用额外调用来获取退出码
            cvt(c::GetExitCodeProcess(self.handle.as_raw_handle(), &mut status))?;
            Ok(Some(ExitStatus(status)))
```

```
        }
    }
}
```

进程构造类型 Command 是 Rust 现代编程语言的标志之一。对 Command 类型源代码的分析如下：

```
//Command 负责进程的参数准备，生成进程及执行进程的可执行文件。
//OS 相关适配层及对外接口层都有 Command 类型，要注意区分两者，此处是 OS 相关适配层的实现
pub struct Command {
    program: CString,      //进程的可执行文件名
    args: Vec<CString>,    //进程的命令行参数
    //传递给 execvp 的参数，第一个参数是 program，第二个参数是 args，第三个参数是 null。
    //在修改时需要注意这 3 个参数的联动性
    argv: Argv,
    env: CommandEnv,
    cwd: Option<CString>, //当前目录
    uid: Option<uid_t>,   //UNIX 的 uid
    gid: Option<gid_t>,   //UNIX 的 gid
    saw_nul: bool,        //对 CString 参数的输入是否存在 0 做标识
    closures: Vec<Box<dyn FnMut() -> io::Result<()> + Send + Sync>>,
    groups: Option<Box<[gid_t]>>,      //进程属于的组可以有多个
    stdin: Option<Stdio>,              //标准输入配置
    stdout: Option<Stdio>,             //标准输出配置
    stderr: Option<Stdio>,             //标准错误配置
    #[cfg(target_os = "linux")]
    create_pidfd: bool,                //是否创建 pid 的 fd
    pgroup: Option<pid_t>,
}
impl Command {
    //构造函数
    pub fn new(program: &OsStr) -> Command {
        let mut saw_nul = false;
        //将 OsStr 转换为 CStr，并判断 OsStr 是否存在尾值 0
        let program = os2c(program, &mut saw_nul);
        //利用 program 创建默认的 Command 结构体
        Command {
            argv: Argv(vec![program.as_ptr(), ptr::null()]), //argv 尾部必须有一个 null 指针
            args: vec![program.clone()],
            //同名参数赋值
            program,
            env: Default::default(),
            cwd: None,
            uid: None,
            gid: None,
            saw_nul,
```

```
            closures: Vec::new(),
            groups: None,
            stdin: None,
            stdout: None,
            stderr: None,
            create_pidfd: false,
            pgroup: None,
        }
    }
    //此函数用于将设置进程的执行文件名 program 作为第一个 arg 参数
    pub fn set_arg_0(&mut self, arg: &OsStr) {
        //Set a new arg0
        let arg = os2c(arg, &mut self.saw_nul);
        debug_assert!(self.argv.0.len() > 1);
        self.argv.0[0] = arg.as_ptr();
        self.args[0] = arg;
    }
    //此函数用于增加一个进程命令参数
    pub fn arg(&mut self, arg: &OsStr) {
        let arg = os2c(arg, &mut self.saw_nul);
        //将参数添加到 argv
        self.argv.0[self.args.len()] = arg.as_ptr();
        self.argv.0.push(ptr::null());
        self.args.push(arg); //将参数添加到 args
    }
    //根据标准输入/输出/错误的配置完成动作
    pub fn setup_io(
        &self,
        default: Stdio,
        needs_stdin: bool,
    ) -> io::Result<(StdioPipes, ChildPipes)> {
        let null = Stdio::Null;
        let default_stdin = if needs_stdin { &default } else { &null };

        //如果没有配置，就使用默认配置
        let stdin = self.stdin.as_ref().unwrap_or(default_stdin);
        let stdout = self.stdout.as_ref().unwrap_or(&default);
        let stderr = self.stderr.as_ref().unwrap_or(&default);

        //创建标准输入的子进程文件对，their_stdin 被子进程使用，our_stdin 被本进程使用
        let (their_stdin, our_stdin) = stdin.to_child_stdio(true)?;
        //创建标准输出的子进程文件对
        let (their_stdout, our_stdout) = stdout.to_child_stdio(false)?;
        //创建标准错误的子进程文件对
        let (their_stderr, our_stderr) = stderr.to_child_stdio(false)?;
```

```
        //完成本进程的设置
        let ours = StdioPipes { stdin: our_stdin, stdout: our_stdout, stderr: our_stderr };
        //完成子进程的设置
        let theirs = ChildPipes { stdin: their_stdin, stdout: their_stdout, stderr:
their_stderr };
        Ok((ours, theirs))
    }
    //以下为生成进程的函数，在OS相关适配层的Rust代码与C语言代码极为类似，复杂且容易出问题
    pub fn spawn(
        &mut self,
        default: Stdio,
        needs_stdin: bool,
    ) -> io::Result<(Process, StdioPipes)> {
        const CLOEXEC_MSG_FOOTER: [u8; 4] = *b"NOEX";
        let envp = self.capture_env(); //完成环境变量的创建
        //命令行出错处理
        if self.saw_nul() {
            return Err(io::const_io_error!(
                ErrorKind::InvalidInput,
                "nul byte found in provided data",
            ));
        }
        //完成标准输入/输出/错误文件的创建与准备
        let (ours, theirs) = self.setup_io(default, needs_stdin)?;

        //利用posix标准的SYSCALL来创建进程
        if let Some(ret) = self.posix_spawn(&theirs, envp.as_ref())? {
            return Ok((ret, ours));
        }
        //创建一个匿名管道，这个匿名管道用来捕捉exec的错误
        let (input, output) = sys::pipe::anon_pipe()?;
        let env_lock = sys::os::env_read_lock(); //此时要对环境参数加锁
        //构造新的进程，使用新进程可以复制所有的老进程的参数和栈
        let (pid, pidfd) = unsafe { self.do_fork()? };

        if pid == 0 {
            //新创建的子进程
            crate::panic::always_abort(); //此进程发生异常退出时的设置
            //env_lock的资源释放由父进程处理，
            //所以此处需要调用forget()函数以规避生命周期终止时的资源释放，
            //这是Rust语法额外的安全处理
            mem::forget(env_lock);
            drop(input); //子进程不需要input，需要显式释放
            //执行二进制可执行文件，因为对output设置了FD_CLOEXEC，
            //所以，当exec执行成功时，output会被关闭，无须对output做drop
```

```
        let Err(err) = unsafe { self.do_exec(theirs, envp.as_ref()) };
        //当 exec 执行失败时，做错误处理
        let errno = err.raw_os_error().unwrap_or(libc::EINVAL) as u32;
        let errno = errno.to_be_bytes();
        let bytes = [
            errno[0], errno[1], errno[2], errno[3],
            CLOEXEC_MSG_FOOTER[0], CLOEXEC_MSG_FOOTER[1],
            CLOEXEC_MSG_FOOTER[2], CLOEXEC_MSG_FOOTER[3],
        ];
        //将 exec 的错误写入管道，使得父进程能够获取子进程的错误信息，这是一个细致的考虑
        rtassert!(output.write(&bytes).is_ok());
        unsafe { libc::_exit(1) }
    }
    //父进程
    drop(env_lock);     //释放 env_lock
    drop(output);       //父进程不需要 output，需要显式 drop
    //创建 Rust 的子进程结构
    let mut p = unsafe { Process::new(pid, pidfd) };
    let mut bytes = [0; 8];
    loop {
        //如果子进程 exec 成功，则关闭管道
        match input.read(&mut bytes) {
            Ok(0) => return Ok((p, ours)), //成功执行子进程
            //当子进程 exec 执行失败时，返回错误信息
            Ok(8) => {
                let (errno, footer) = bytes.split_at(4);
                assert_eq!(
                    CLOEXEC_MSG_FOOTER, footer,
                    "Validation on the CLOEXEC pipe failed: {:?}",
                    bytes
                );
                let errno = i32::from_be_bytes(errno.try_into().unwrap());
                //当子进程 exec 执行失败时，调用 wait()函数等待结果
                assert!(p.wait().is_ok(), "wait() should either return Ok or panic");
                return Err(Error::from_raw_os_error(errno));
            }
            //以下为其他失败情况
            Err(ref e) if e.kind() == ErrorKind::Interrupted => {}
            Err(e) => {
                assert!(p.wait().is_ok(), "wait() should either return Ok or panic");
                panic!("the CLOEXEC pipe failed: {e:?}")
            }
            Ok(..) => {
                assert!(p.wait().is_ok(), "wait() should either return Ok or panic");
                panic!("short read on the CLOEXEC pipe")
```

```
                }
            }
        }
    }
    //此函数为 fork()函数的 Rust 版本
    unsafe fn do_fork(&mut self) -> Result<(pid_t, pid_t), io::Error> {
        let mut pidfd: pid_t = -1;
        //此处省略了一些代码，仅展示调用 fork()函数构造进程的代码
        cvt(libc::fork()).map(|res| (res, pidfd))
    }
    //执行二进制文件时需要注意的是，调用 execvp()函数执行新进程，
    //此时必须仔细处理父进程已经申请的内存及 OS 资源。
    //因此，这个函数整体的安全处理与 C 语言所需的安全处理一样复杂
    unsafe fn do_exec(
        &mut self,
        stdio: ChildPipes,
        maybe_envp: Option<&CStringArray>,
    ) -> Result<!, io::Error> {
        use crate::sys::{self, cvt_r};

        //利用 dup2 设置本进程的标准输入/输出/错误
        if let Some(fd) = stdio.stdin.fd() { cvt_r(|| libc::dup2(fd, libc::STDIN_FILENO))?; }
        if let Some(fd) = stdio.stdout.fd() { cvt_r(|| libc::dup2(fd, libc::STDOUT_
FILENO))?; }
        if let Some(fd) = stdio.stderr.fd() { cvt_r(|| libc::dup2(fd, libc::STDERR_
FILENO))?; }
        //设置进程其他参数，具体请参考 LIBC 的编程手册来获取相关函数指导
        {
            if let Some(_g) = self.get_groups() {
                cvt(libc::setgroups(_g.len().try_into().unwrap(), _g.as_ptr()))?;
            }
            if let Some(u) = self.get_gid() { cvt(libc::setgid(u as gid_t))?; }
            if let Some(u) = self.get_uid() {
                if libc::getuid() == 0 && self.get_groups().is_none() {
                    cvt(libc::setgroups(0, ptr::null()))?;
                }
                cvt(libc::setuid(u as uid_t))?;
            }
        }
        if let Some(ref cwd) = *self.get_cwd() { cvt(libc::chdir(cwd.as_ptr()))?; }
        if let Some(pgroup) = self.get_pgroup() { cvt(libc::setpgid(0, pgroup))?;  }
        {
            //对进程接收的信号进行设置
            use crate::mem::MaybeUninit;
            //这里用 MaybeUninit 申请了一个栈变量，后继需要给 C 语言函数使用。
```

```
        //因为不能由 Rust 做 drop，所以用 uninit()函数来实现，这是调用 C 语言的通常用法
        let mut set = MaybeUninit::<libc::sigset_t>::uninit();
        //在调用完 execvp()函数后进行以下设置
        cvt(sigemptyset(set.as_mut_ptr()))?;
        cvt(libc::pthread_sigmask(libc::SIG_SETMASK, set.as_ptr(), ptr::null_mut()))?;
        {
            //将 PIPE 设置为默认处理
            let ret = sys::signal(libc::SIGPIPE, libc::SIG_DFL);
            if ret == libc::SIG_ERR {
                return Err(io::Error::last_os_error());
            }
        }
    }
    //在执行新代码之前做些提前设置的回调闭包操作，如统计信息和 log 日志之类
    for callback in self.get_closures().iter_mut() {  callback()?; }
    //以下代码用于在 exec 出错时恢复环境变量，这是 Rust 出于安全考虑的地方。
    //请细心体会以下利用生命周期的错误处理方式
    let mut _reset = None;
    if let Some(envp) = maybe_envp {
        struct Reset(*const *const libc::c_char);
        impl Drop for Reset {
            fn drop(&mut self) {
                unsafe { *sys::os::environ() = self.0; }
            }
        }
        _reset = Some(Reset(*sys::os::environ()));
        *sys::os::environ() = envp.as_ptr();
    }
    //调用 execvp()函数执行二进制文件
    libc::execvp(self.get_program_cstr().as_ptr(), self.get_argv().as_ptr());
    Err(io::Error::last_os_error()) //执行到此处，证明 execvp()函数出错
  }
}
```

以上是进程管理 OS 相关适配层的代码分析。

10.3.2 对外接口层

进程管理对外接口层的类型名称仍然是 Command。对对外接口层 Command 类型源代码的分析如下：

```
use crate::sys::process as imp;
//Child 的实质是上文 Process 的封装结构，
//每个子进程拥有一个 Child 类型变量标识子进程所有管理信息并支持若干操作
```

```
pub struct Child {
    pub(crate) handle: imp::Process,  //系统分配的子进程的标识句柄
    pub stdin: Option<ChildStdin>,    //父进程将信息写入 stdin，作为子进程的标准输入
    pub stdout: Option<ChildStdout>,  //父进程从 stdout 中读出子进程的标准输出信息
    pub stderr: Option<ChildStderr>,  //父进程从 stderr 中读出子进程的标准错误信息
}
//父进程保留了与子进程标准输入/输出/错误相对应的管道信息类型
pub struct ChildStdin { inner: AnonPipe, }
pub struct ChildStdout { inner: AnonPipe, }
pub struct ChildStderr { inner: AnonPipe, }

//Command 既是对外接口类型，又是其他模块对进程管理操作的界面
pub struct Command { inner: imp::Command, }
//采用适配器设计模式来实现各种函数
impl Command {
    //此函数的参数 program 是可执行文件的路径名字
    pub fn new<S: AsRef<OsStr>>(program: S) -> Command {
        Command { inner: imp::Command::new(program.as_ref()) }
    }
    //此函数用于指定进程命令行的下一个参数
    pub fn arg<S: AsRef<OsStr>>(&mut self, arg: S) -> &mut Command {
        self.inner.arg(arg.as_ref());
        self //函数式编程的习惯返回
    }
    //此函数用于指定进程命令行的若干个参数
    pub fn args<I, S>(&mut self, args: I) -> &mut Command
    where
        I: IntoIterator<Item = S>,
        S: AsRef<OsStr>,
    {
        for arg in args {  self.arg(arg.as_ref());    } //将 arg 加入进程参数列表
        self //函数式编程的习惯返回
    }
    //此函数针对进程插入或设置一个环境参数
    pub fn env<K, V>(&mut self, key: K, val: V) -> &mut Command
    where
        K: AsRef<OsStr>,
        V: AsRef<OsStr>,
    {
        self.inner.env_mut().set(key.as_ref(), val.as_ref());
        self //函数式编程的习惯返回
    }
    //此函数用于插入或设置若干个环境参数
    pub fn envs<I, K, V>(&mut self, vars: I) -> &mut Command
    where
```

```
    I: IntoIterator<Item = (K, V)>,
    K: AsRef<OsStr>,
    V: AsRef<OsStr>,
{
    for (ref key, ref val) in vars {
        self.inner.env_mut().set(key.as_ref(), val.as_ref());
    }
    self
}
//此函数用于清除一个环境参数
pub fn env_remove<K: AsRef<OsStr>>(&mut self, key: K) -> &mut Command {
    self.inner.env_mut().remove(key.as_ref());
    self
}
//此函数用于清除所有环境参数
pub fn env_clear(&mut self) -> &mut Command {
    self.inner.env_mut().clear();
    self
}
//此函数用于获取当前目录
pub fn current_dir<P: AsRef<Path>>(&mut self, dir: P) -> &mut Command {
    self.inner.cwd(dir.as_ref().as_ref());
    self
}
//此函数用于配置标准输入
pub fn stdin<T: Into<Stdio>>(&mut self, cfg: T) -> &mut Command {
    self.inner.stdin(cfg.into().0);
    self
}
//此函数用于配置标准输出
pub fn stdout<T: Into<Stdio>>(&mut self, cfg: T) -> &mut Command {
    self.inner.stdout(cfg.into().0);
    self
}
//此函数用于配置标准错误
pub fn stderr<T: Into<Stdio>>(&mut self, cfg: T) -> &mut Command {
    self.inner.stderr(cfg.into().0);
    self
}
//此函数用于正式按照Command的参数创建进程
pub fn spawn(&mut self) -> io::Result<Child> {
    self.inner.spawn(imp::Stdio::Inherit, true).map(Child::from_inner)
}
//此函数用于创建子进程，并等待子进程结束，返回Output结构体变量
pub fn output(&mut self) -> io::Result<Output> {
```

```
        self.inner
            .spawn(imp::Stdio::MakePipe, false)
            .map(Child::from_inner)
            .and_then(|p| p.wait_with_output())
    }
    //此函数用于创建子进程，等待进程结束，返回进程退出码
    pub fn status(&mut self) -> io::Result<ExitStatus> {
        self.inner
            .spawn(imp::Stdio::Inherit, true)
            .map(Child::from_inner)
            .and_then(|mut p| p.wait())
    }
}
//进程命令的参数集合类型
pub struct CommandArgs<'a> {
    inner: imp::CommandArgs<'a>,
}
//此类型用于保存子进程结束后的输出
pub struct Output {
    pub status: ExitStatus,    //子进程退出的返回码
    pub stdout: Vec<u8>,       //子进程标准输入/输出的内容
    pub stderr: Vec<u8>,       //子进程标准错误的内容
}
//此类型用于配置标准输入/输出
pub struct Stdio(imp::Stdio);
impl Stdio {
    pub fn piped() -> Stdio { Stdio(imp::Stdio::MakePipe) } //创建一个管道的标准输入/输出
    pub fn inherit() -> Stdio { Stdio(imp::Stdio::Inherit) } //继承父进程
    //使用 dev/null 作为进程标准输入/输出
    pub fn null() -> Stdio { Stdio(imp::Stdio::Null) }
}
//对子进程的操作
impl Child {
    //此函数用于杀掉子进程
    pub fn kill(&mut self) -> io::Result<()> { self.handle.kill() }
    //此函数用于获取子进程的 id 值
    pub fn id(&self) -> u32 { self.handle.id() }
    //此函数用于等待子进程结束后，提前释放子进程的标准输入，否则子进程可能不会退出
    pub fn wait(&mut self) -> io::Result<ExitStatus> {
        drop(self.stdin.take());
        self.handle.wait().map(ExitStatus)
    }
    //此函数用于尝试等待子进程退出
    pub fn try_wait(&mut self) -> io::Result<Option<ExitStatus>> {
        Ok(self.handle.try_wait()?.map(ExitStatus))
```

```
    }
    //此函数用于等待子进程退出后获取所有输出
    pub fn wait_with_output(mut self) -> io::Result<Output> {
        drop(self.stdin.take());  //需要关闭子进程的标准输入
        let (mut stdout, mut stderr) = (Vec::new(), Vec::new());  //申请缓存
        match (self.stdout.take(), self.stderr.take()) {
            (None, None) => {}
            (Some(mut out), None) => {
                let res = out.read_to_end(&mut stdout); //将子进程的标准输出信息读入缓存
                res.unwrap();
            }
            (None, Some(mut err)) => {
                let res = err.read_to_end(&mut stderr); //将子进程的标准错误信息读入缓存
                res.unwrap();
            }
            (Some(out), Some(err)) => {
                //将子进程的标准输出及标准错误信息读入缓存
                let res = read2(out.inner, &mut stdout, err.inner, &mut stderr);
                res.unwrap();
            }
        }
        let status = self.wait()?;                   //等待子进程结束
        Ok(Output { status, stdout, stderr })  //创建 Output 类型变量并将其返回
    }
}
//此函数用于从进程退出后返回一个值，父进程会获取这个值
pub fn exit(code: i32) -> ! {
    crate::rt::cleanup();
    crate::sys::os::exit(code)
}
//异常退出，与 exit 相比较，不会处理资源释放操作
pub fn abort() -> ! { crate::sys::abort_internal(); }
```

进程管理是编程中很少使用但非常重要的特性，以往的编程语言对于进程管理的 API 界面都比较差。相比较，Rust 的进程管理 API 易于上手及掌握。

10.4　回顾

Rust 提供了非常舒适的进程管理的 Command 类型及函数库，用于外部模块实现创建进程、查看进程、删除进程等工作。Command 使进程管理变成了非常简单的工作。

第 11 章

并发编程

并发编程的内容主要包括线程管理及线程间通信，熟练完成并发编程是程序员迈向高水平编程的必经之路，因此学好并发编程十分重要。

本节内容讲解的先后顺序如下。

1. 并发锁

（1）首先分析 Futex，它是实现其他并发锁的基础。

（2）然后按照 Mutex、Condvar、RwLock 的顺序进行分析，包括基于 Linux 的 OS 相关适配层、OS 无关适配层、对外接口层。

2. 线程管理

（1）线程的基本结构，线程管理系统调用（SYSCALL）的 OS 相关适配层、OS 无关适配层、对外接口层。

（2）线程局部存储的 OS 相关适配层、OS 无关适配层、对外接口层。

（3）线程同步原语的 OS 相关适配层、OS 无关适配层、对外接口层。

（4）线程间消息通信的 OS 相关适配层、OS 无关适配层、对外接口层。

11.1 Futex 分析

Futex 方案是实现并发锁的新一代基础设施，具有更高的效率，原因是它将传统分配给 OS 内核的功能在用户态完成，减少了内核态与用户态的切换。相关源代码在标准库中的路径如下：

```
/library/std/src/sys/unix/futex.rs
```

所有的并发锁都基于原子变量的检测及赋值操作。在 Futex 方案出现之前，对并发锁原子变量的操作都放在 OS 内核完成，OS 内核检测及修改原子变量能决定阻塞或唤醒线程。因为大部分场景不会发生临界区冲突，每次检测都执行一次内核态与用户态的切换导致了很低的执行效率。Futex 方案将原子变量的检测及修改放在用户态实现，减少了内核态与用户态的切换。Futex 方案的设计细节如下。

（1）OS 内核提供基于原子变量的两个 SYSCALL。第一个 SYSCALL 用于检测原子变量与输入的期望值参数是否相同，如果相同，将当前线程阻塞在原子变量等待队列。第二个 SYSCALL 用于唤醒阻塞在原子变量等待队列中的线程。

（2）在用户态声明一个原子变量，并将它定义为特定值时，需要阻塞当前线程，否则当前线程继续执行。

（3）线程运行时如果需要访问临界区，则先对原子变量进行更新操作，再检测其值，如果检测结果需要阻塞线程，则调用第一个 SYSCALL 阻塞线程。

（4）线程完成临界区访问后，再次更新原子变量，并调用第二个 SYSCALL 唤醒阻塞的其他线程。

Futex 没有 OS 无关适配层及对外接口层的实现。本节只关注 Linux 系统中的 Futex 内容。对相关源代码的分析如下：

```
//Futex 是 AtomicI32 的原子变量类型，原子变量类型都是内部可变性类型
pub fn futex_wait(futex: &AtomicI32, expected: i32, timeout: Option<Duration>) -> bool {
    use super::time::Timespec;
    use crate::ptr::null;
    use crate::sync::atomic::Ordering::Relaxed;

    //计算超时时间
    let timespec =
        timeout.and_then(|d| Some(Timespec::now(libc::CLOCK_MONOTONIC).checked_add_
duration (&d)?));
    loop {
        //判断原子变量与期望值是否相等
        if futex.load(Relaxed) != expected {
            return true; // 如果不是期望值，则可以访问临界区
        }
        //如果是期望值，则执行 SYSCALL 以阻塞线程
        let r = unsafe {
            //此 SYSCALL 用于阻塞当前线程
            libc::syscall(
                libc::SYS_futex,
                futex as *const AtomicI32,
                //FUTEX_PRIVATE_FLAG 仅在本进程中用于限制 Futex
                libc::FUTEX_WAIT_BITSET | libc::FUTEX_PRIVATE_FLAG,
                expected, //当传入的 Futex 的值与 expected 的值相同时就阻塞
                //设置阻塞超时时间
                timespec.as_ref().map_or(null(), |t| &t.t as *const libc::timespec),
                null::<u32>(),
                !0u32,
            )
        };
        //此时线程从阻塞恢复执行，来处理 SYSCALL 返回的各种情况
        match (r < 0).then(super::os::errno) {
            //当阻塞时间超时时，临界区仍然被其他线程占有，false 表示不能访问临界区
            Some(libc::ETIMEDOUT) => return false,
            Some(libc::EINTR) => continue,   //信号中断，需要重新阻塞
            _ => return true,   //其他情况，已经获取临界区访问资格，返回 true
        }
    }
```

```
}
//此函数用于唤醒一个等待 Futex 原子变量的线程
pub fn futex_wake(futex: &AtomicI32) -> bool {
    unsafe {
        //此 SYSCALL 被唤醒
        libc::syscall(
            libc::SYS_futex,
            futex as *const AtomicI32,
            libc::FUTEX_WAKE | libc::FUTEX_PRIVATE_FLAG,  //唤醒操作
            1,  //只唤醒一个线程
        ) > 0
    }
}
//此函数用于唤醒所有等待 Futex 原子变量的线程
pub fn futex_wake_all(futex: &AtomicI32) {
    unsafe {
        //直接调用 syscall()函数来操作 Futex 系统的调用
        libc::syscall(
            libc::SYS_futex,
            futex as *const AtomicI32,
            libc::FUTEX_WAKE | libc::FUTEX_PRIVATE_FLAG,
            i32::MAX,
        );
    }
}
```

11.2　Mutex<T>类型分析

Mutex 是程序员常用的并发锁。

11.2.1　OS 相关适配层

本书只关注 Linux 的内容。Linux 的 Mutex 库基于 Futex 基础设施实现。相关源代码在标准库中的路径如下：

```
/library/std/src/sys/unix/locks/mutex.rs
```

Mutex 的实现源代码考虑了很多并发编程的细节，对相关源代码的分析如下：

```
pub type MovableMutex = Mutex; //类型别名
pub struct Mutex {
    //0: unlocked
```

```
    //1: locked, no other threads waiting
    //2: locked, and other threads waiting (contended)
    //用于判断加锁的原子变量
    futex: AtomicI32,
}
impl Mutex {
    //此函数既可用于构造 Mutex 变量，又可用于构造静态变量及 const 变量
    pub const fn new() -> Self {
        Self { futex: AtomicI32::new(0) } //初始化为不加锁
    }
    pub unsafe fn init(&mut self) {}       //空操作
    pub unsafe fn destroy(&self) {}        //空操作
    //此函数用于尝试获取锁，不会阻塞当前线程。
    //在临界区操作代码很少的情况下，建议利用此函数获取锁，以规避进入内核
    pub unsafe fn try_lock(&self) -> bool {
        //利用原子操作试图加锁，如果返回 false，则说明 self.futex 不为 0，已经有其他线程占有锁；
        //如果返回 true，则获取访问资格，且已经加锁
        self.futex.compare_exchange(0, 1, Acquire, Relaxed).is_ok()
    }
    //此函数用于获取锁，可能阻塞当前线程，如果临界区操作代码较长，则建议直接调用 lock()函数
    pub unsafe fn lock(&self) {
        if self.futex.compare_exchange(0, 1, Acquire, Relaxed).is_err() {
            //如果调用失败，则说明已经有其他线程占有锁，本线程需要阻塞等待
            self.lock_contended();
        }
    }
    //此函数被调用后会阻塞当前线程
    fn lock_contended(&self) {
        //这里处理另一个线程很快结束操作临界区的情况，再次试图避免进入内核
        let mut state = self.spin();
        //自旋等待后，判断临界区是否已经可以进入内核
        if state == 0 {
            //试图再次获取锁
            match self.futex.compare_exchange(0, 1, Acquire, Relaxed) {
                Ok(_) => return, //如果成功，则不进入内核
                Err(s) => state = s, //如果不成功，则 state 应为当前的 futex
            }
        }
        //调用 SYSCALL 进入阻塞状态
        loop {
            //如果没有其他线程阻塞，将 futex 修改为 2 以通知有线程在阻塞
            if state != 2 && self.futex.swap(2, Acquire) == 0 {
                return; //已经获取了锁，无须阻塞，这个结果表明在运行代码时，另一个线程释放了锁
            }
            //如果 state 的值为 2 且 futex 的值不为 0，则需要阻塞
```

```
            futex_wait(&self.futex, 2, None);
            state = self.spin(); //阻塞被解除后，再次做自旋以规避进入阻塞
        }
    }
    //此函数用于在临界区操作非常快的情况下，不使用进入 OS 内核的方案
    fn spin(&self) -> i32 {
        let mut spin = 100;
        loop {
            let state = self.futex.load(Relaxed); //读取原子变量
            //判断循环是否结束，或者其他线程已经在等待，又或者其他线程已经退出临界区
            if state != 1 || spin == 0 {
                return state; //状态已经改变，需要返回
            }
            crate::hint::spin_loop(); //进行 CPU 自旋
            spin -= 1;
        }
    }
    //此函数用于解锁操作，当调用 lock()函数及 try_lock()函数返回为真时，在完成临界区操作后，
    //需要调用此函数，此函数在对外接口层被 drop()函数使用
    pub unsafe fn unlock(&self) {
        if self.futex.swap(0, Release) == 2 {
            self.wake(); //如果值为 2，则说明有线程通过 OS 内核等待，需要唤醒一个线程
        }
    }
    //此函数用于唤醒线程
    fn wake(&self) {
        futex_wake(&self.futex); //通知 OS 内核，唤醒一个线程
    }
}
```

OS 系统相关适配层的 Mutex 没有 drop()函数，是因为没有申请系统资源。只需要对所有的 lock 完成 unlock 即可保证安全。

11.2.2 OS 无关适配层

在 OS 系统无关适配层中，标准库按照静态变量及动态变量对 Mutex 的不同需求实现了两种类型的 Mutex。相关源代码在标准库中的路径如下：

```
/library/std/src/sys_common/mutex.rs
```

1. StaticMutex——保护静态变量的 Mutex 类型

StaticMutex 类型变量用于保护静态变量形成的临界区，其自身也是静态变量。对其源代码的分析如下：

```
// StaticMutex 用于保护静态变量临界区，imp::Mutex 即 11.2.1 节中的 Mutex
```

```
pub struct StaticMutex(imp::Mutex);
impl StaticMutex {
    //const()函数用于给静态变量赋值
    pub const fn new() -> Self { Self(imp::Mutex::new()) }
    pub unsafe fn lock(&'static self) -> StaticMutexGuard {
        self.0.lock();
        StaticMutexGuard(&self.0)
    }
}
//StaticMutexGuard是StaticMutex的lock()函数返回的变量类型，它的drop()函数可用于完成解锁
pub struct StaticMutexGuard(&'static imp::Mutex);
impl Drop for StaticMutexGuard {
    //当生命周期终止时做unlock，确保每一个lock都有unlock与之对应
    fn drop(&mut self) {
        unsafe { self.0.unlock(); }
    }
}
```

2. MovableMutex——普通 Mutex 类型

MovableMutex 类型变量用于保护普通变量形成的临界区。对其源代码的分析如下：

```
//imp::MovableMutex即11.2.1节中的MovableMutex，也就是Mutex
pub struct MovableMutex(imp::MovableMutex);
impl MovableMutex {
    //此函数用于构造一个Mutex变量
    pub fn new() -> Self {
        let mut mutex = imp::MovableMutex::new();
        //需要调用init()函数，这里与StaticMutex有区别，在使用pthread_mutex_t方案时需要初始化
        unsafe { mutex.init() };
        Self(mutex)
    }
    pub(super) fn raw(&self) -> &imp::Mutex { &self.0 }
    //此函数用于直接调用内部变量加锁操作
    pub fn raw_lock(&self) {  unsafe { self.0.lock() }  }
    //此函数用于试图获取锁，不会引发当前线程阻塞
    pub fn try_lock(&self) -> bool {  unsafe { self.0.try_lock() }  }
    //此函数用于直接调用内部变量解锁操作
    pub unsafe fn raw_unlock(&self) {  self.0.unlock()  }
}
impl Drop for MovableMutex {
    fn drop(&mut self) {
        //在使用pthread_mutex_t方案时需要调用destroy()函数
        unsafe { self.0.destroy() };
    }
}
```

OS 无关适配层针对 Rust 特有的静态变量类型实现了并发锁。

11.2.3　对外接口层

在对外接口层，标准库将 Mutex 实现为安全封装类型，此封装类型也是内部可变性类型。Mutex 对外接口层定义的类型是 Mutex<T>，此类型将临界区中的数据及并发锁融合在一起。程序员不必研究复杂的加锁、解锁，只需要使用 Mutex<T>来定义临界区中的数据类型并使用 Mutex<T>的函数对临界区中的数据进行操作即可实现临界区编程，极大地减轻了程序员的负担。相关源代码在标准库中的路径如下：

```
/library/std/src/sync/mutex.rs
```

在 Mutex 加锁时，需要考虑程序对临界区加锁保护后可能会发生 panic，这会导致并发锁在非期望位置释放锁，使用并发锁加锁操作返回值的变量类型可以指示出这个异常状态，对这个异常状态源代码的分析如下：

```
//lock()函数返回值的变量类型，利用 PoisonError 定义加锁后引发 panic
pub type LockResult<Guard> = Result<Guard, PoisonError<Guard>>;
//try_lock()函数返回值的变量类型
pub type TryLockResult<Guard> = Result<Guard, TryLockError<Guard>>;

//指示加锁后线程引发 panic
pub struct PoisonError<T> {
    guard: T,
}
impl<T> PoisonError<T> {
    //此函数用于构造一个错误变量
    pub fn new(guard: T) -> PoisonError<T> {    PoisonError { guard }    }
    pub fn into_inner(self) -> T {    self.guard    }  //此函数用于获取导致错误的变量
    pub fn get_ref(&self) -> &T {    &self.guard    }  //此函数用于获取导致错误变量的引用
    //此函数用于获取导致错误变量的可变引用
    pub fn get_mut(&mut self) -> &mut T {    &mut self.guard    }
}
//此为 TryLockError try_lock()函数的返回类型中的错误类型
pub enum TryLockError<T> {
    Poisoned(PoisonError<T>),       //线程异常返回
    WouldBlock,                     //临界区已经被锁，需要阻塞
}
```

如果程序引发了 panic，则临界区的数据即便被加锁，也不能被认为是正确的。因为 panic 会导致在未期望的代码位置解锁（panic 会调用锁的 drop()函数导致解锁）。所以，标

准库定义 Flag 类型以反映加锁期间引发的 panic。对这一类型源代码的分析如下：

```
// 此类型用于标识线程在加锁的状态下引发 panic 退出
pub struct Flag {
    failed: AtomicBool,
}
impl Flag {
    //此函数用于构造 Flag 变量，初始状态时为假
    pub const fn new() -> Flag {  Flag { failed: AtomicBool::new(false) }  }
    //此函数在加锁时被调用，如果本线程已经引发 panic，则需要返回错误
    pub fn borrow(&self) -> LockResult<Guard> {
        let ret = Guard { panicking: thread::panicking() };//获取本线程引发 panic 的状态
        //根据 self 的值返回不同变量，self 在引发 panic 时被设置
        if self.get() { Err(PoisonError::new(ret)) } else { Ok(ret) }
    }
    //此函数在释放锁时被调用，如果本线程已经引发 panic，将 Flag 的值修改为 true
    pub fn done(&self, guard: &Guard) {
        if !guard.panicking && thread::panicking() {
            self.failed.store(true, Ordering::Relaxed);
        }
    }
    //此函数用于获取 Flag 的值
    pub fn get(&self) -> bool { self.failed.load(Ordering::Relaxed) }
}
```

以上用于处理 Mutex 加锁时出现异常的情况。

Mutex<T>的设计思路与 RefCell<T>、Rc<T>、Arc<T>等类型的设计思路类似，这种设计思路的具体设计如下。

（1）使用基本类型 Mutex<T>封装临界区中的数据及锁。

（2）MutexGuard<'a, T>可以作为 Mutex<T>的借用封装类型，lock()可以作为借用函数。代码调用 Mutex<T>变量的 lock()函数会返回 MutexGuard<'a, T>变量。对 MutexGuard<'a, T>变量解引用后能获取内部临界区变量的引用/可变引用，之后即可读/写临界区变量及调用临界区变量的函数。在 MutexGuard<'a, T>的生命周期终止后，使用它的 drop()函数可以完成解锁。此操作逻辑在 RefCell<T>、Rc<T>、Arc<T>等类型中已经反复出现。

（3）实现在加锁时线程引发 panic 的安全处理，使得其他语言极少关注的安全问题在 Rust 中自然得解。

对 Mutex<T>类型定义源代码的分析如下：

```
//Mutex<T>属于内部可变性类型，因为 Mutex<T>被多线程共享，
//这会导致 Mutex<T>只能以不可变引用变量形态存在于各线程中，
//而又要提供对内部变量的修改，所以必须是内部可变性类型
pub struct Mutex<T: ?Sized> {
```

```
    inner: sys::MovableMutex,       //临界区的锁
    poison: poison::Flag,           //标识 Mutex<T>在线程引发 panic 时处于锁状态
    data: UnsafeCell<T>,            //使用内部可变性类型封装临界区中的数据
}
```

与 Mutex<T>配合的借用封装类型是 MutexGuard<T>。对此类型源代码的分析如下：

```
//MutexGuard<T>是 Mutex<T>变量调用 lock()函数的返回类型。
//对 MutexGuard<T>类型解引用后可以获取内部变量引用及 poison 标志
pub struct MutexGuard<'a, T: ?Sized + 'a> {
    lock: &'a Mutex<T>,
    poison: poison::Guard,
}
//标识 Mutex<T>在加锁时是否遇到线程引发 panic
pub struct Guard {
    panicking: bool,
}
//此函数用于闭包操作临界区变量
pub fn map_result<T, U, F>(result: LockResult<T>, f: F) -> LockResult<U>
where
    F: FnOnce(T) -> U,
{
    match result {
        Ok(t) => Ok(f(t)),
        Err(PoisonError { guard }) => Err(PoisonError::new(f(guard))),
    }
}
impl<'mutex, T: ?Sized> MutexGuard<'mutex, T> {
    //new()是构造函数
    unsafe fn new(lock: &'mutex Mutex<T>) -> LockResult<MutexGuard<'mutex, T>> {
        //如果 Mutex<T>的 poison 为假，则即使本线程已经引发 panic，也返回 Ok 类型
        //因为不是在加锁时遇到 panic 的，所以临界区中的数据一致性没有受到破坏
        poison::map_result(lock.poison.borrow(), |guard| MutexGuard { lock, poison: 
guard })
    }
}

impl<T: ?Sized> Deref for MutexGuard<'_, T> {
    type Target = T;
    fn deref(&self) -> &T {
        unsafe { &*self.lock.data.get() }       //返回内部封装临界区变量引用
    }
}
impl<T: ?Sized> DerefMut for MutexGuard<'_, T> {
    fn deref_mut(&mut self) -> &mut T {
        unsafe { &mut *self.lock.data.get() }  //返回内部封装临界区变量可变引用
```

```
    }
}

impl<T: ?Sized> Drop for MutexGuard<'_, T> {
    fn drop(&mut self) {
        unsafe {
            //修改Mutex<T>的Flag，
            //如果在上锁的状态下线程引发panic会导致对所有栈变量做drop()函数调用，
            //则此时场景self.lock.poison的值被修改为true，否则为false
            self.lock.poison.done(&self.poison);
            self.lock.inner.raw_unlock(); //解锁
        }
    }
}
//此函数用于从MutexGuard<T>中获取Mutex<T>
pub fn guard_lock<'a, T: ?Sized>(guard: &MutexGuard<'a, T>) -> &'a sys::MovableMutex
{
    &guard.lock.inner
}
//此函数用于从MutexGuard<T>中获取线程引发panic的状态
pub fn guard_poison<'a, T: ?Sized>(guard: &MutexGuard<'a, T>) -> &'a poison::Flag {
    &guard.lock.poison
}
```

上锁后线程异常退出是很少被考虑的安全问题，在其他语言中甚至是无解的问题。Rust无愧于“安全”。

对 Mutex<T>相关函数源代码的分析如下：

```
impl<T> Mutex<T> {
    //此函数用于创建一个临界区
    pub fn new(t: T) -> Mutex<T> {
        Mutex {
            inner: sys::MovableMutex::new(),    //创建系统MovableMutex类型
            poison: poison::Flag::new(),        //将poison的值设置为false
            data: UnsafeCell::new(t),           //必须使用内部可变性类型
        }
    }
}
impl<T: ?Sized> Mutex<T> {
    //此函数用于完成锁操作后获取临界区的访问资格，但是这样可能会阻塞执行流，
    //函数返回表示已经对临界区加锁并可以安全地访问临界区中的数据
    pub fn lock(&self) -> LockResult<MutexGuard<'_, T>> {
        unsafe {
            self.inner.raw_lock(); //进行锁操作
            //已经获取临界区的访问资格，创建MutexGuard<T>变量，
            //使用new()函数处理线程引发panic的问题
```

```
            MutexGuard::new(self)
        }
    }
    //此函数用于获取锁，不会阻塞执行流
    pub fn try_lock(&self) -> TryLockResult<MutexGuard<'_, T>> {
        unsafe {
            if self.inner.try_lock() {
                Ok(MutexGuard::new(self)?)       //上锁成功，生成 MutexGuard<T>
            } else {
                Err(TryLockError::WouldBlock)    //上锁失败，提示应该阻塞
            }
        }
    }
    //此函数用于立即解锁，在不希望等待 guard 的生命周期终止时使用
    pub fn unlock(guard: MutexGuard<'_, T>) {    drop(guard);    }
    //此函数用于判断是否有线程在引发 panic 时锁住了临界区
    pub fn is_poisoned(&self) -> bool {    self.poison.get()    }
    //此函数用于消费 Mutex<T>，并获取临界区中的数据
    pub fn into_inner(self) -> LockResult<T>
    where
        T: Sized,
    {
        let data = self.data.into_inner(); //获取临界区中的数据
        poison::map_result(self.poison.borrow(), |_| data) //是否有线程在引发 panic 时加锁
    }
    //此函数用于获取临界区中数据的可变引用，如果已经执行了 lock()函数，则此处会编译失败
    pub fn get_mut(&mut self) -> LockResult<&mut T> {
        let data = self.data.get_mut();
        poison::map_result(self.poison.borrow(), |_| data)
    }
}
```

Mutex<T>又是一个经典的设计，也是编程界多年的经验结晶。

11.3　Condvar 类型分析

条件变量本身是一种信号机制，通常用于在更新临界区中的数据后发送通知信号。典型的应用是生产者-消费者模型编程。

11.3.1　OS 相关适配层

条件变量 OS 相关适配层的源代码在标准库中的路径如下：

```
/library/std/src/sys/unix/locks/condvar.rs
```

条件变量需要与一个 Mutex 变量配合，来完成临界区中数据及信号自身的保护。本节中所有的 Mutex 都指 OS 相关适配层定义的 Mutex 变量。对相关源代码的分析如下：

```
pub struct Condvar {
    futex: AtomicI32, //此原子变量值的变化代表发送信号
}
impl Condvar {
    //此函数用于构造 Condvar
    pub const fn new() -> Self {    Self { futex: AtomicI32::new(0) }    }
    pub unsafe fn init(&mut self) {}
    pub unsafe fn destroy(&self) {}

    //此函数用于修改原子变量值以发送信号，通知并唤醒等待队列中的一个线程。
    //在调用此函数前，应该对关联 Mutex 加锁，调用后应该释放锁
    pub unsafe fn notify_one(&self) {
        self.futex.fetch_add(1, Relaxed); //简单地改变值，发送信号
        futex_wake(&self.futex); //使用 Futex 操作 SYSCALL 完成信号通知，仅唤醒一个线程
    }
    //此函数用于修改原子变量值以发送信号，通知并唤醒所有等待线程。
    //在调用此函数前，应该对关联 Mutex 加锁，调用后应该释放锁
    pub unsafe fn notify_all(&self) {
        self.futex.fetch_add(1, Relaxed);
        futex_wake_all(&self.futex); //唤醒所有等待线程
    }
    //此函数用于将线程加入等待队列
    pub unsafe fn wait(&self, mutex: &Mutex) {
        self.wait_optional_timeout(mutex, None);
    }
    //此函数用于将线程加入等待队列，并设置一个等待超时时间
    pub unsafe fn wait_timeout(&self, mutex: &Mutex, timeout: Duration) -> bool {
        self.wait_optional_timeout(mutex, Some(timeout))
    }
    //此函数用于等待信号，在调用此函数前，应该将关联 Mutex 上锁，以保护 self.futex 的值及其他临界区的操作;
    //在调用此函数后，应该释放锁
    unsafe fn wait_optional_timeout(&self, mutex: &Mutex, timeout: Option<Duration>)
-> bool {
        //外部应该将 Mutex 上锁，防止其他线程改变 self.futex 的值
        let futex_value = self.futex.load(Relaxed);
        mutex.unlock(); //已经获取 Futex，释放锁
        //如果没有信号，则表示当前线程被阻塞，等待信号
        let r = futex_wait(&self.futex, futex_value, timeout);
        mutex.lock(); //已经等待到信号，加锁保护 self.futex 的值及其他的临界区的操作
        r
```

```
    }
}
```

与 Mutex 类似，Condvar 不需要 drop。只要保证所有的等待都被通知即可保证安全。

11.3.2　OS 无关适配层

OS 无关适配层采用了适配器设计模式实现条件变量类型，在 OS 相关 Condvar 类型的基础上创建了 OS 无关的 Condvar 类型，并实现了对与 Condvar 变量关联的 Mutex 变量的安全检查。相关源代码在标准库中的路径如下：

```
/library/std/src/sys_common/condvar.rs
```

对条件变量类型源代码的分析如下：

```
//此类型用于对 Condvar 变量的关联 Mutex 变量做安全检查
type CondvarCheck = <imp::MovableMutex as check::CondvarCheck>::Check;
//此类型对 OS 相关的 Condvar 类型实现封装
pub struct Condvar {
    inner: imp::MovableCondvar,            //imp::MovableCondvar 就是指 imp::Condvar
    check: CondvarCheck,
}
impl Condvar {
    //此函数用于构造 Condvar 变量
    pub fn new() -> Self {
        let mut c = imp::Condvar::new();   //构造 OS 相关的 Condvar 变量
        unsafe { c.init() };
        Self { inner: c, check: CondvarCheck::new() }
    }
    //此函数用于发送信号唤醒一个等待 self 的线程
    pub fn notify_one(&self) {   unsafe { self.inner.notify_one() };   }
    //此函数用于发送信号唤醒所有等待 self 的线程
    pub fn notify_all(&self) {   unsafe { self.inner.notify_all() };   }
    //此函数用于等待 self 的信号，可能引起对当前线程的阻塞
    pub unsafe fn wait(&self, mutex: &MovableMutex) {
        self.check.verify(mutex);          //确保始终使用同一个关联的 Mutex 变量
        self.inner.wait(mutex.raw())       //当前线程被阻塞，直至等到信号
    }
    //此函数用于等待 self 信号，并设置一个超时时间
    pub unsafe fn wait_timeout(&self, mutex: &MovableMutex, dur: Duration) -> bool {
        self.check.verify(mutex);
        self.inner.wait_timeout(mutex.raw(), dur)
    }
}
impl Drop for Condvar {
    fn drop(&mut self) {
```

```
        unsafe { self.inner.destroy() };
    }
}
```

检查与 Condvar 变量关联的 Mutex 变量的唯一性，这是出于细节的安全考虑。

11.3.3 对外接口层

对外接口层将条件变量与 Mutex<T>的关联在类型定义中实现了很好的指导性，不会像其他语言那样需要读者花费大量时间理解和实践。相关源代码在标准库中的路径如下：

```
/library/std/src/sync/condvar.rs
```

对条件变量类型源代码的分析如下：

```
//只是对 OS 无关适配层 Condvar 的一个封装
pub struct Condvar {
    inner: sys::Condvar,
}
impl Condvar {
    pub fn new() -> Condvar {  Condvar { inner: sys::Condvar::new() }  }
    //此函数用于等待信号，并且当前线程可能进入阻塞，因为关联变量使用了 MutexGuard,
    //意味着关联的 Mutex<T>的加锁操作已经完成。
    //对于这个逻辑关系，读者不必通过阅读手册来学习
    pub fn wait<'a, T>(&self, guard: MutexGuard<'a, T>) -> LockResult<MutexGuard<'a, T>> {
        let poisoned = unsafe {
            let lock = mutex::guard_lock(&guard);   //获取关联的 Mutex 变量
            self.inner.wait(lock);
            mutex::guard_poison(&guard).get()       //获取关联的 Mutex 变量的 poison 状态
        };
        if poisoned { Err(PoisonError::new(guard)) } else { Ok(guard) }
    }
    //此函数能对函数式编程进行良好的支持，将对临界区的操作封装在闭包中
    pub fn wait_while<'a, T, F>(
        &self,
        mut guard: MutexGuard<'a, T>,
        mut condition: F,
    ) -> LockResult<MutexGuard<'a, T>>
    where
        F: FnMut(&mut T) -> bool,
    {
        while condition(&mut *guard) { guard = self.wait(guard)?; }
        Ok(guard)
    }
    //此函数用于实现以毫秒计数的超时等待
```

```
    pub fn wait_timeout_ms<'a, T>(
        &self,
        guard: MutexGuard<'a, T>,
        ms: u32,
    ) -> LockResult<(MutexGuard<'a, T>, bool)> {
        let res = self.wait_timeout(guard, Duration::from_millis(ms as u64));
        poison::map_result(res, |(a, b)| (a, !b.timed_out()))
    }
    //此函数是普通的超时等待
    pub fn wait_timeout<'a, T>(
        &self,
        guard: MutexGuard<'a, T>,
        dur: Duration,
    ) -> LockResult<(MutexGuard<'a, T>, WaitTimeoutResult)> {
        let (poisoned, result) = unsafe {
            let lock = mutex::guard_lock(&guard);
            let success = self.inner.wait_timeout(lock, dur);
            (mutex::guard_poison(&guard).get(), WaitTimeoutResult(!success))
        };
        if poisoned { Err(PoisonError::new((guard, result))) } else { Ok((guard, 
result)) }
    }
    //此函数是 wait_while()函数的超时等待版本
    pub fn wait_timeout_while<'a, T, F>(
        &self,
        mut guard: MutexGuard<'a, T>,
        dur: Duration,
        mut condition: F,
    ) -> LockResult<(MutexGuard<'a, T>, WaitTimeoutResult)>
    where
        F: FnMut(&mut T) -> bool,
    {
        let start = Instant::now();
        loop {
            if !condition(&mut *guard) { return Ok((guard, WaitTimeoutResult(false))); }
            let timeout = match dur.checked_sub(start.elapsed()) {
                Some(timeout) => timeout,
                None => return Ok((guard, WaitTimeoutResult(true))),
            };
            guard = self.wait_timeout(guard, timeout)?.0;
        }
    }
    //此函数用于发送信号，唤醒一个线程，此时相关的 Mutex 变量应该被锁住
    pub fn notify_one(&self) {  self.inner.notify_one()  }
    //此函数用于发送信号，唤醒所有线程，此时相关的 Mutex 变量应该被锁住
```

```
    pub fn notify_all(&self) {  self.inner.notify_all()  }
}
```

Condvar 因其复杂度而很少被使用。Rust 降低了使用它的难度。

11.4 RwLock<T>类型分析

读/写锁适用的场景：临界区允许多个线程并发读，但读/写不能并发存在。线程在读临界区时，要把读/写锁设置为读锁状态，此时其他线程可以正常进入临界区读。如果其他线程要进入临界区写，则需要阻塞等待临界区读操作结束并解锁。

线程在写临界区时，要把读/写锁设置为写锁状态，此时所有其他试图访问临界区的线程都需要被阻塞，等待临界区写操作结束并解锁。

11.4.1 OS 相关适配层

读/写锁相关源代码在标准库中的路径如下：

```
/library/std/src/sys/unix/locks/rwlock.rs
```

读/写锁的操作逻辑很复杂，尤其是对并发操作的细节处理，充分展现了系统级编程需要的功能。对读/写锁类型源代码的分析如下：

```
pub struct RwLock {
    //0 到 30 位用来作为锁的计数。
    //0: unlocked,
    //1..=0x3FFF_FFFE: 作为读线程的计数，并作为读锁状态，
    //0x3FFF_FFFF: 写锁状态，
    //Bit 30: 有其他读线程在等待，此时只可能为写锁状态，
    //Bit 31: 有其他写线程在等待，此时读锁状态及写锁状态都有可能
    state: AtomicI32,
    writer_notify: AtomicI32, //利用这个值的变化做信号通知
}
//以下均为 state 的辅助常量
const READ_LOCKED: i32 = 1;
const MASK: i32 = (1 << 30) - 1;
const WRITE_LOCKED: i32 = MASK;
const MAX_READERS: i32 = MASK - 1;
const READERS_WAITING: i32 = 1 << 30;
const WRITERS_WAITING: i32 = 1 << 31;

fn is_unlocked(state: i32) -> bool {  state & MASK == 0  }//此函数用于判断是否已经加锁
```

```
//此函数用于判断是否为写锁状态
fn is_write_locked(state: i32) -> bool {  state & MASK == WRITE_LOCKED  }
//此函数用于判断是否有线程在等待读
fn has_readers_waiting(state: i32) -> bool {  state & READERS_WAITING != 0  }
//此函数用于判断是否有线程在等待写
fn has_writers_waiting(state: i32) -> bool {  state & WRITERS_WAITING != 0  }
//此函数用于判断是否可以读临界区中的数据
fn is_read_lockable(state: i32) -> bool {
    //只有在读线程的数量小于最大值，且没有其他线程在等着读或等着写时，才可以读临界区中的数据，
    //否则需要阻塞当前线程
    state & MASK < MAX_READERS && !has_readers_waiting(state) && !has_writers_
waiting(state)
}
fn has_reached_max_readers(state: i32) -> bool {  state & MASK == MAX_READERS  }

impl RwLock {
    pub const fn new() -> Self {
        Self { state: AtomicI32::new(0), writer_notify: AtomicI32::new(0) }
    }
    pub unsafe fn destroy(&self) {}
    //此函数用于获取读锁，不会阻塞当前线程
    pub unsafe fn try_read(&self) -> bool {
        //如果判断可读，则对读锁加 1，进入临界区，否则返回失败
        self.state
            .fetch_update(Acquire, Relaxed, |s| is_read_lockable(s).then(|| s +
READ_LOCKED))
            .is_ok()
    }
    //此函数用于获取读锁，可能导致阻塞当前线程
    pub unsafe fn read(&self) {
        let state = self.state.load(Relaxed);
        //不能进入临界区或在获取锁时失败(锁的值被其他线程更改)
        if !is_read_lockable(state)
            || self
                .state
                .compare_exchange_weak(state, state + READ_LOCKED, Acquire, Relaxed)
                .is_err()
        {
            self.read_contended(); //复杂的读锁获取机制
        }
        //此时已经获取了读锁，可以读临界区中的数据
    }
    //此函数用于释放读锁
    pub unsafe fn read_unlock(&self) {
        //更新读锁计数
```

```
        let state = self.state.fetch_sub(READ_LOCKED, Release) - READ_LOCKED;
        //除非有写线程在等待，否则此时不应该有线程在等待读。写线程优先于读线程
        debug_assert!(!has_readers_waiting(state) || has_writers_waiting(state));
        //如果有线程等待写，就做唤醒操作，当释放读锁时，一定是有等待写的线程才能导致读线程被阻塞
        if is_unlocked(state) && has_writers_waiting(state) {
            self.wake_writer_or_readers(state);
        }
    }
    //此函数用于获取读锁
    fn read_contended(&self) {
        //自旋读用于处理更细致的并发冲突
        let mut state = self.spin_read();
        loop { //循环处理
            //再次尝试获取读锁
            if is_read_lockable(state) {
                //更新读锁的计数
                match self.state.compare_exchange_weak(
                                    state, state + READ_LOCKED, Acquire, Relaxed) {
                    Ok(_) => return,      //当成功更新时，获取读锁，函数返回
                    Err(s) => {           //当更新不成功时，进入下一轮循环
                        state = s;
                        continue;
                    }
                }
            }
            //此时无法获取读锁，如果读锁计数达到最大值，则可能是有线程忘记解锁了
            if has_reached_max_readers(state) {    panic!("too many active read
locks on RwLock");    }
            //以下代码确保线程等待读的标志已经被设置
            if !has_readers_waiting(state) {
                //设置线程等待读的标志
                if let Err(s) =
                    self.state.compare_exchange(state, state | READERS_WAITING, Relaxed,
Relaxed)
                {
                    //此时，不可能出现读线程修改锁的情况。
                    //如果失败，则说明写线程在修改锁，所以此时可能可以读了，应再次尝试获取读锁
                    state = s;
                    continue;
                }
            }
            //等待读的标志已经设置，调用 futex_wait()函数
            futex_wait(&self.state, state | READERS_WAITING, None);
            //此处如果线程被阻塞失败或被唤醒，则两者都要进入下一轮循环
            state = self.spin_read();
```

```
    }
}
//此函数用于获取写锁，在不希望阻塞当前线程的情况下调用，当此函数返回成功时，表示已经获取了写锁
pub unsafe fn try_write(&self) -> bool {
    self.state
        //当读时，必须处于 unlocked 状态
        .fetch_update(Acquire, Relaxed, |s| is_unlocked(s).then(|| s + WRITE_LOCKED))
        .is_ok()
}
//此函数用于获取写锁，可能阻塞当前线程
pub unsafe fn write(&self) {
    if self.state.compare_exchange_weak(0, WRITE_LOCKED, Acquire, Relaxed).is_err() {
        self.write_contended();  //进入更复杂的锁获取或等待
    }
}
//此函数用于完成临界区写锁后，解写锁
pub unsafe fn write_unlock(&self) {
    //更新值
    let state = self.state.fetch_sub(WRITE_LOCKED, Release) - WRITE_LOCKED;
    debug_assert!(is_unlocked(state));//当前线程还没有被唤醒，应该没有其他线程冲突
    //如果有等待线程，就唤醒它们
    if has_writers_waiting(state) || has_readers_waiting(state) {
        self.wake_writer_or_readers(state);
    }
}
//此函数用于写等待队列排队
fn write_contended(&self) {
    let mut state = self.spin_write();
    //是否有其他写线程的标志，如果不为 0，则说明有两个以上的线程在竞争获取写锁，
    //当设置 state 时需要同时更新写等待标志位，初始假设没有其他线程在并发写
    let mut other_writers_waiting = 0;
    loop {
        //如果处于 unlocked 状态，则试图获取写锁
        if is_unlocked(state) {
            match self.state.compare_exchange_weak(
                state,
                state | WRITE_LOCKED | other_writers_waiting,
                Acquire,
                Relaxed,
            ) {
                Ok(_) => return,       //当获取成功时，直接返回上一级函数
                Err(s) => {            //当获取失败时，更新状态并再次循环
                    state = s;
                    continue;
                }
```

```
                }
            }
            //判断是否有等待的写线程
            if !has_writers_waiting(state) {
                //没有其他写等待线程，需要更新写等待标志
                if let Err(s) =
                    self.state.compare_exchange(state, state | WRITERS_WAITING, Relaxed,
Relaxed)
                {
                    //当更新失败时，说明有其他的访问者，需要重新获取写锁
                    state = s;
                    continue;
                }
            }
            //已经设置写等待标志位，并且有其他写线程在等待
            other_writers_waiting = WRITERS_WAITING;
            //获取写锁解除的通知变量
            let seq = self.writer_notify.load(Acquire);
            let s = self.state.load(Relaxed);
            //这个地方错了，本意估计是 is_unlocked(s)，state 此时已经确定加锁。
            //作者在 GitHub 提交了 issue，目前此错误已经被修改
            if is_unlocked(state) || !has_writers_waiting(s) {
                //如果这里又有变化，则再次获取写锁
                state = s;
                continue;
            }
            futex_wait(&self.writer_notify, seq, None); //阻塞直到解锁
            state = self.spin_write(); //当阻塞失败或被唤醒时，再次试图获取写锁
        }
    }
    //此函数用于唤醒写等待的线程
    fn wake_writer_or_readers(&self, mut state: i32) {
        assert!(is_unlocked(state));
        //仅有写线程在等待
        if state == WRITERS_WAITING {
            //改变写等待标记，此时可能会形成一个冲突，
            //导致 write_contended()函数在写等待之前再做一次判断
            match self.state.compare_exchange(state, 0, Relaxed, Relaxed) {
                Ok(_) => {
                    self.wake_writer(); //唤醒写等待线程
                    return;
                }
                Err(s) => {
                    state = s; //当有冲突时，更新 state 的值，此时只有可能是读线程在更新读等待标志
                }
```

```
            }
        }
        //既有读线程在等待，又有写线程在等待
        if state == READERS_WAITING + WRITERS_WAITING {
            //写等待标志的 0 到 30 位都是 0
            if self.state.compare_exchange(state, READERS_WAITING, Relaxed, Relaxed).
is_err() {
                return;
            }
            //唤醒等待的写线程
            if self.wake_writer() {
                return;
            }
            //执行到这里，证明没有写线程在等待。此时直接修改 state 即可，
            //因为不可能有其他线程修改 state
            state = READERS_WAITING;
        }
        //唤醒等待的读线程
        if state == READERS_WAITING {
            if self.state.compare_exchange(state, 0, Relaxed, Relaxed).is_ok() {
                //读线程被唤醒后，仍然有写线程插入，但不会出现问题
                futex_wake_all(&self.state);
            }
        }
    }
    //此函数用于唤醒写线程
    fn wake_writer(&self) -> bool {
        //类似 Condvar 的处理方式，先修改唤醒标志，再唤醒该标志即可
        self.writer_notify.fetch_add(1, Release);
        futex_wake(&self.writer_notify)
    }
    //此函数为自旋处理，处理一些在很短时间内的状态修改，使得锁可以被获取，规避进入内核
    fn spin_until(&self, f: impl Fn(i32) -> bool) -> i32 {
        let mut spin = 100; // Chosen by fair dice roll.
        loop {
            let state = self.state.load(Relaxed);
            //当满足函数要求或自旋持续时间超时时，退出循环
            if f(state) || spin == 0 {
                return state;
            }
            crate::hint::spin_loop();
            spin -= 1;
        }
    }
    fn spin_write(&self) -> i32 {
```

```
        //如果为 unlock 状态或已经明确有写线程在等待并做了写等待置位，则返回上一级函数
        self.spin_until(|state| is_unlocked(state) || has_writers_waiting(state))
    }
    fn spin_read(&self) -> i32 {
        //如果没有写锁或读/写等待已经被置位，则返回上一级函数
        self.spin_until(|state| {
            !is_write_locked(state) || has_readers_waiting(state) || has_writers_waiting(state)
        })
    }
}
```

OS 相关适配层的 RwLock 类型不需要 drop，只要能够对读/写的锁都有对应的解锁即可保证安全。

11.4.2 OS 无关适配层

与 Mutex<T>类似，读/写锁在 OS 无关适配层实现了针对静态变量的读/写锁及针对普通变量的读/写锁。读/写锁相关源代码在标准库中的路径如下：

```
/library/std/src/sys_common/rwlock.rs
```

1. StaticRwLock——保护静态变量的 RwLock

与 StaticMutex 相对应，RwLock 也实现了 StaticRwLock，并用于保护静态变量形成的临界区。对此类型源代码的分析如下：

```
//StaticRwLock 用于保护静态变量临界区，imp::RwLock 即 11.4.1 节中的 RwLock
pub struct StaticRwLock(imp::RwLock);
impl StaticRwLock {
    //此函数用于初始化静态读/写锁
    pub const fn new() -> Self {    Self(imp::RwLock::new())    }
    //此函数用于获取读锁，可能阻塞当前线程
    pub fn read(&'static self) -> StaticRwLockReadGuard {
        unsafe { self.0.read() };
        StaticRwLockReadGuard(&self.0)
    }
    //此函数用于获取写锁，可能阻塞当前线程
    pub fn write(&'static self) -> StaticRwLockWriteGuard {
        unsafe { self.0.write() };
        StaticRwLockWriteGuard(&self.0)
    }
}
//以下类型是获取读锁的返回类型，提供 drop()函数以完成释放读锁的动作
pub struct StaticRwLockReadGuard(&'static imp::RwLock);
impl Drop for StaticRwLockReadGuard {
```

```
    fn drop(&mut self) {
        unsafe { self.0.read_unlock(); } //确保每一个读锁都有对应的解锁
    }
}
//以下类型是获取写锁的返回类型，提供 drop() 函数以完成释放写锁的动作
pub struct StaticRwLockWriteGuard(&'static imp::RwLock);
impl Drop for StaticRwLockWriteGuard {
    fn drop(&mut self) {
        unsafe { self.0.write_unlock(); } //确保每一个写锁都有对应的解锁
    }
}
```

2. MovableRwLock——保护普通变量的 RwLock

MovableRwLock 与 StaticRwLock 的区别是，它能保护普通变量形成的临界区。对此类型源代码的分析如下：

```
//imp::MovableRwLock 即 11.4.1 节中的 RwLock
pub struct MovableRwLock(imp::MovableRwLock);
impl MovableRwLock {
    pub fn new() -> Self {
        Self(imp::MovableRwLock::from(imp::RwLock::new()))
    }
    //以下均是对 imp::MovableRwLock 的同名函数调用适配
    pub fn read(&self) {  unsafe { self.0.read() } }
    pub fn try_read(&self) -> bool {  unsafe { self.0.try_read() } }
    pub fn write(&self) {  unsafe { self.0.write() } }
    pub fn try_write(&self) -> bool {  unsafe { self.0.try_write() }  }
    pub unsafe fn read_unlock(&self) {  self.0.read_unlock()  }
    pub unsafe fn write_unlock(&self) {  self.0.write_unlock()  }
}
impl Drop for MovableRwLock {
    fn drop(&mut self) {
        unsafe { self.0.destroy() };
    }
}
```

11.4.3　对外接口层

对外接口层用于定义临界区类型 RwLock<T>，它与 Mutex<T>采用了几乎相同的设计思路。相关源代码在标准库中的路径如下：

```
/library/std/src/sync/rwlock.rs
```

RwLock<T>针对读锁与写锁具有不同的借用封装类型。对此类型源代码的分析如下：

```
//与 Mutex<T>极其类似的结构，只不过将 MovableMutex 更换为 MovableRwLock
pub struct RwLock<T: ?Sized> {
    inner: sys::MovableRwLock,
    poison: poison::Flag,       //线程引发 panic 的指示
    data: UnsafeCell<T>,        //临界区中的数据
}
//获取读锁后返回的借用封装类型
pub struct RwLockReadGuard<'a, T: ?Sized + 'a> {
    lock: &'a RwLock<T>,
}
//获取写锁后返回的借用封装类型
pub struct RwLockWriteGuard<'a, T: ?Sized + 'a> {
    lock: &'a RwLock<T>,
    poison: poison::Guard,
}
impl<T> RwLock<T> {
    //此函数用于构造读/写锁类型变量
    pub fn new(t: T) -> RwLock<T> {
        RwLock {
            inner: sys::MovableRwLock::new(),
            poison: poison::Flag::new(),
            data: UnsafeCell::new(t),
        }
    }
}
impl<T: ?Sized> RwLock<T> {
    //此函数用于获取读锁，返回读锁的借用类型变量，可能阻塞当前线程
    pub fn read(&self) -> LockResult<RwLockReadGuard<'_, T>> {
        unsafe {
            self.inner.read();
            RwLockReadGuard::new(self)
        }
    }
    //此函数用于获取读锁，不会阻塞当前线程
    pub fn try_read(&self) -> TryLockResult<RwLockReadGuard<'_, T>> {
        unsafe {
            if self.inner.try_read() {
                Ok(RwLockReadGuard::new(self)?)
            } else {
                Err(TryLockError::WouldBlock)
            }
        }
    }
    //此函数用于获取写锁，返回写锁的借用类型变量，可能阻塞当前线程
    pub fn write(&self) -> LockResult<RwLockWriteGuard<'_, T>> {
```

```
        unsafe {
            self.inner.write();
            RwLockWriteGuard::new(self)
        }
    }
    //此函数用于获取写锁，不会阻塞当前线程
    pub fn try_write(&self) -> TryLockResult<RwLockWriteGuard<'_, T>> {
        unsafe {
            if self.inner.try_write() {
                Ok(RwLockWriteGuard::new(self)?)
            } else {
                Err(TryLockError::WouldBlock)
            }
        }
    }
    //此函数用于判断是否在加锁时引发 panic
    pub fn is_poisoned(&self) -> bool {  self.poison.get()  }
    //此函数用于消费锁，此时如果已经加锁，则编译器会告警
    pub fn into_inner(self) -> LockResult<T>
    where
        T: Sized,
    {
        let data = self.data.into_inner();
        poison::map_result(self.poison.borrow(), |_| data)
    }
    //此函数用于获取内部变量的可变引用，此时如果加锁，则编译器会告警
    pub fn get_mut(&mut self) -> LockResult<&mut T> {
        let data = self.data.get_mut();
        poison::map_result(self.poison.borrow(), |_| data)
    }
}
//此函数用于实现读锁的借用封装类型
impl<'rwlock, T: ?Sized> RwLockReadGuard<'rwlock, T> {
    //此函数用于构造读锁的借用封装类型变量
    unsafe fn new(lock: &'rwlock RwLock<T>) -> LockResult<RwLockReadGuard<'rwlock,
T>> {
        poison::map_result(lock.poison.borrow(), |_| RwLockReadGuard { lock })
    }
}
//此函数用于实现写锁的借用封装类型
impl<'rwlock, T: ?Sized> RwLockWriteGuard<'rwlock, T> {
    unsafe fn new(lock: &'rwlock RwLock<T>) -> LockResult<RwLockWriteGuard<'rwlock,
T>> {
        poison::map_result(lock.poison.borrow(), |guard| RwLockWriteGuard { lock,
poison: guard })
```

```
    }
}
//以下是对借用封装类型的解引用 Deref Trait 的实现
impl<T: ?Sized> Deref for RwLockReadGuard<'_, T> {
    type Target = T;
    fn deref(&self) -> &T {  unsafe { &*self.lock.data.get() }  }
}
impl<T: ?Sized> Deref for RwLockWriteGuard<'_, T> {
    type Target = T;
    fn deref(&self) -> &T {  unsafe { &*self.lock.data.get() }  }
}
impl<T: ?Sized> DerefMut for RwLockWriteGuard<'_, T> {
    fn deref_mut(&mut self) -> &mut T {  unsafe { &mut *self.lock.data.get() }   }
}
//以下是对借用封装类型的 Drop Trait 的实现
impl<T: ?Sized> Drop for RwLockReadGuard<'_, T> {
    fn drop(&mut self) {  unsafe { self.lock.inner.read_unlock(); }   }
}
impl<T: ?Sized> Drop for RwLockWriteGuard<'_, T> {
    fn drop(&mut self) {
        self.lock.poison.done(&self.poison);
        unsafe { self.lock.inner.write_unlock(); }
    }
}
```

RwLock<T>的代码逻辑与 Mutex<T>的代码逻辑基本一致。

11.5 Barrier 类型分析

Barrier 仅实现了对外接口层，它是使用 Condvar 解决特定需求的并发编程方案。

Barrier 建立了多个线程同步的等待点，当所有线程都到达这个点后，每个线程才能恢复执行，否则就在该点等待。

Barrier 应用场景举例：假如要求在程序初始化过程中，每个线程负责不同的初始化内容，只有所有线程都完成了初始化之后，才能继续执行，否则会出现错误。此要求可以用 Barrier 实现。

Barrier 类型相关源代码在标准库中的路径如下：

```
/library/std/src/sync/barrier.rs
```

对 Barrier 类型源代码的分析如下：

```
//Barrier 类型组合了 Mutex<T>类型及 Condvar 类型
```

```
pub struct Barrier {
    lock: Mutex<BarrierState>,    //lock 与 cvar 相配合
    cvar: Condvar,                //cvar 用于同步等待及解除等待
    num_threads: usize,           //线程计数
}
struct BarrierState {
    count: usize,                 //等待的线程数量
    generation_id: usize,         //唤醒标志
}
//此类型表明线程是否唤醒其他线程
pub struct BarrierWaitResult(bool);
impl Barrier {
    //此函数用于构造 Barrier 变量，需要指定 Barrier 变量能够同步的线程数量
    pub fn new(n: usize) -> Barrier {
        Barrier {
            lock: Mutex::new(BarrierState { count: 0, generation_id: 0 }),
            cvar: Condvar::new(),
            num_threads: n,
        }
    }
    //此函数用于将线程阻塞在 Barrier 变量构造的同步点
    pub fn wait(&self) -> BarrierWaitResult {
        let mut lock = self.lock.lock().unwrap();       //获取临界区的变量
        let local_gen = lock.generation_id;
        lock.count += 1; //等待线程计数加 1
        if lock.count < self.num_threads {              //判断是否已经有足够的线程在等待
            //如果阻塞返回且没有收到信号，则需要再次等待
            while local_gen == lock.generation_id {     //判断是否需要等待
                lock = self.cvar.wait(lock).unwrap();   //阻塞等待信号量
                //从阻塞中返回
            }
            BarrierWaitResult(false)    //已经到达预设的线程数量，继续执行当前线程
        } else {                        //等待的线程已经到达预设数量
            lock.count = 0;
            lock.generation_id = lock.generation_id.wrapping_add(1); //设置唤醒标志
            self.cvar.notify_all();     //唤醒所有其他阻塞线程
            BarrierWaitResult(true)     //本线程唤醒了其他线程
        }
    }
}
impl BarrierWaitResult {
    pub fn is_leader(&self) -> bool {  self.0  } //返回本线程后是否唤醒其他线程
}
```

Barrier 类型是一个非常方便的工具。

11.6 Once 类型分析

当全局变量的初始化必须在多个线程中（如库）竞争执行，但只能执行一次时，标准库设计了 Once 类型作为解决方案，但是 Once 类型仅有对外接口层的实现。Once 类型相关源代码在标准库中的路径如下：

```
/library/std/src/sync/once.rs
```

Once 类型的 call_once()函数用闭包的形式初始化全局变量，闭包内的代码不必考虑线程竞争，由 Once 类型确保闭包函数的线程安全且只被执行一次。对 Once 类型源代码的分析如下：

```
type Masked = ();
pub struct Once {
    //state_and_queue 作为等待队列的头节点，利用变量可以实现状态，
    //该状态由变量的最后两位来表示，共 4 个状态。
    //因为地址是 4 字节对齐的，所以最后两位在做地址指针时可以使用，故被用来指示状态。
    //这个设计技巧不值得提倡，这里是为了考虑效率
    state_and_queue: AtomicPtr<Masked>,//state_and_queue 中包含了一个等待的头节点的裸指针
    _marker: marker::PhantomData<*const Waiter>,
}

pub struct OnceState {
    poisoned: bool, //闭包执行期间引发 panic 的标识
    //给初始化闭包使用，用于标识是否中毒，或者已经顺利完成
    set_state_on_drop_to: Cell<*mut Masked>,
}
pub const ONCE_INIT: Once = Once::new(); //所有静态变量都可以使用 ONCE_INIT 进行赋值
//以下是 Once 类型中的 state_and_queue 变量的最后两位的状态取值
const INCOMPLETE: usize = 0x0;    //此状态标识闭包没有执行
const POISONED: usize = 0x1;      //此状态标识闭包执行时线程引发 panic
const RUNNING: usize = 0x2;       //此状态标识闭包正在执行
const COMPLETE: usize = 0x3;      //此状态标识初始化完成
//取此常量的最后两位，做 INCOMPLETE/POISONED/RUNNING/COMPLETE 的标志
const STATE_MASK: usize = 0x3;

#[repr(align(4))] //确保指针地址的后两位无意义，可以用来作为状态，这是一个不值得提倡的技巧
struct Waiter {
    thread: Cell<Option<Thread>>,       //标识自身线程
    signaled: AtomicBool,
    next: *const Waiter,                //等待队列的下一个节点
}
//此类型是等待线程队列类型
struct WaiterQueue<'a> {
```

```
    state_and_queue: &'a AtomicPtr<Masked>,     //Once 类型变量的 state_and_queue 的引用
    set_state_on_drop_to: *mut Masked,          //调用初始化闭包的返回值
}
impl Once {
    //此函数用于初始化 Once 类型变量
    pub const fn new() -> Once {
        Once {
            //用 invalid_mut()函数指明指针无效
            state_and_queue: AtomicPtr::new(ptr::invalid_mut(INCOMPLETE)),
            _marker: marker::PhantomData,
        }
    }
    //此函数用于完成初始化，利用 ONCE_INIT.call_once(|| {…})在闭包函数体执行初始化
    pub fn call_once<F>(&self, f: F)
    where
        F: FnOnce(),
    {
        if self.is_completed() {   return;   } //当初始化已经完成时返回
        let mut f = Some(f); //将 FnOnce()函数转换为 FnMut(state)
        self.call_inner(false, &mut |_| f.take().unwrap()()); //需要处理引发 panic 的情况
    }
    //此函数用于在不必处理 panic 时完成初始化
    pub fn call_once_force<F>(&self, f: F)
    where
        F: FnOnce(&OnceState),
    {
        if self.is_completed() {   return;   }
        let mut f = Some(f);
        self.call_inner(true, &mut |p| f.take().unwrap()(p));//无须处理引发 panic 的情况
    }
    pub fn is_completed(&self) -> bool {
        //判断初始化是否完成
        self.state_and_queue.load(Ordering::Acquire).addr() == COMPLETE
    }
    //此函数用于完成 Once 的初始化逻辑
    fn call_inner(&self, ignore_poisoning: bool, init: &mut dyn FnMut(&OnceState)) {
        let mut state_and_queue = self.state_and_queue.load(Ordering::Acquire);
        loop { //在原子变量发生并发操作时，需要重新进行判断
            match state_and_queue.addr() { //判断当前状态
                COMPLETE => break,          //初始化完成且没有线程在等待
                //如果初始化时线程引发 panic，且没有线程在等待，则 panic 必须被处理
                POISONED if !ignore_poisoning => {
                    panic!("Once instance has previously been poisoned");
                }
                //线程可能已经引发 panic，但不会影响初始化，此时没有线程在等待
                POISONED | INCOMPLETE => {
```

```
                    let exchange_result = self.state_and_queue.compare_exchange(
                        state_and_queue,
                        ptr::invalid_mut(RUNNING),
                        Ordering::Acquire,
                        Ordering::Acquire,
                    ); //将状态设置为 RUNNING
                    if let Err(old) = exchange_result {//判断是否出现竞争导致状态设置不成功
                        //如果有竞争，则导致状态设置失败，再次进行循环
                        state_and_queue = old;
                        continue;
                    }
                    //本线程获取初始化权力，后面这段代码表示不会有竞争出现，由此线程构造等待线程队列
                    let mut waiter_queue = WaiterQueue {
                        //设置 Once 的 state_and_queue 为队列头部
                        state_and_queue: &self.state_and_queue,
                        //默认值为 POISONED
                        set_state_on_drop_to: ptr::invalid_mut(POISONED),
                    };
                    //设置初始化状态
                    let init_state = OnceState {
                        poisoned: state_and_queue.addr() == POISONED,
                        //默认值为 COMPLETE
                        set_state_on_drop_to: Cell::new(ptr::invalid_mut(COMPLETE)),
                    };
                    init(&init_state); //调用初始化函数
                    //更新等待线程队列中的状态，如果初始化闭包不关心 init_state(call_once),
                    //则默认值为 COMPLETE
                    waiter_queue.set_state_on_drop_to = init_state.set_state_on_
drop_to.get();
                    break; //释放等待线程队列
                }
                _ => {
                    assert!(state_and_queue.addr() & STATE_MASK == RUNNING);
                    wait(&self.state_and_queue, state_and_queue); //正在进行初始化，需要阻塞
                    //从阻塞被唤醒后，重新获取状态
                    state_and_queue = self.state_and_queue.load(Ordering::Acquire);
                }
            }
        }
    }
}
//此函数用于设置当前线程进入等待线程队列排队
fn wait(state_and_queue: &AtomicPtr<Masked>, mut current_state: *mut Masked) {
    loop {
        //原子变量并发操作可能导致 current_state 的值被更新。
```

```
        //初始化不处于正在运行状态，直接返回
        if current_state.addr() & STATE_MASK != RUNNING {  return;  }
        //针对本线程构造等待队列节点类型变量
        let node = Waiter {
            thread: Cell::new(Some(thread::current())),
            signaled: AtomicBool::new(false),
            //将地址的最后两位清零，得到Waiter节点的地址，如果是头节点，则此处的偏移为0，next即是0
            next: current_state.with_addr(current_state.addr() & !STATE_MASK) as
*const Waiter,
        };
        //将node作为头节点
        let me = &node as *const Waiter as *const Masked as *mut Masked;
        //更新state_and_queue的值，将新创建的node作为队列头
        let exchange_result = state_and_queue.compare_exchange(
            current_state,
            //将node的地址与状态进行或操作，node的地址既是队列头，又是状态
            me.with_addr(me.addr() | RUNNING),
            Ordering::Release,
            Ordering::Relaxed,
        );
        //判断操作是否成功
        if let Err(old) = exchange_result {
            current_state = old; //如果操作不成功，则更新current_state，再次进行循环
            //此处node会被drop
            continue;
        }
        while !node.signaled.load(Ordering::Acquire) {
            thread::park();     //如果没有发送信号，则会发生阻塞，
                                //阻塞结束后进入循环，再次判断信号是否已经被接收
        }
        break;
    }
}
impl Drop for WaiterQueue<'_> {
    fn drop(&mut self) {
        //更新state_and_queue的值，并获取旧值
        let state_and_queue =
            self.state_and_queue.swap(self.set_state_on_drop_to, Ordering::AcqRel);
        //旧值只可能是RUNNING状态
        assert_eq!(state_and_queue.addr() & STATE_MASK, RUNNING);
        unsafe {
            //获取等待线程队列的头地址
            let mut queue =
                state_and_queue.with_addr(state_and_queue.addr() & !STATE_MASK) as
*const Waiter;
            while !queue.is_null() {
```

```
                let next = (*queue).next;  //保存下一个节点信息
                let thread = (*queue).thread.take().unwrap(); //获取队列中的当前头部线程
                //向当前头部线程发送唤醒信号
                (*queue).signaled.store(true, Ordering::Release);
                queue = next;
                thread.unpark(); //唤醒当前头部线程
            }
        }
    }
}
//留给初始化闭包函数使用
impl OnceState {
    pub fn is_poisoned(&self) -> bool {    self.poisoned    }
    pub(crate) fn poison(&self) {
        self.set_state_on_drop_to.set(ptr::invalid_mut(POISONED));
    }
}
```

在多核编程成为主流的今天，Once 是 Rust 必须提供的并发编程类型。

11.7 OnceLock<T>类型分析

OnceLock<T>是 OnceCell<T>在多线程下的版本，也是 Once 应用的具体示例。OnceLock<T>也只有对外接口层的实现。OnceLock<T>类型相关源代码在标准库中的路径如下：

```
/library/std/src/sync/once_lock.rs
```

OnceLock<T>是多线程场景对变量动态初始化，且只初始化一次的解决方案。对OnceLock<T>类型源代码的分析如下：

```
pub struct OnceLock<T> {
    once: Once, //保证在多线程情况下仅做一次初始化
    value: UnsafeCell<MaybeUninit<T>>, //必须保证变量只被初始化一次
    //因为 value 是 MaybeUninit<T>，所以需要 PhantomData 向编译器提示本结构具有 value 的所有权
    _marker: PhantomData<T>,
}
impl<T> OnceLock<T> {
    //此函数用于构造 OnceLock<T>变量
    pub const fn new() -> OnceLock<T> {
        OnceLock {
            once: Once::new(),
            value: UnsafeCell::new(MaybeUninit::uninit()), //获取正确的内存
```

```
        _marker: PhantomData,
    }
}
//此函数用于直接获取内部变量的引用
unsafe fn get_unchecked(&self) -> &T {
    debug_assert!(self.is_initialized());
    (&*self.value.get()).assume_init_ref()
}
//此函数用于直接获取内部变量的可变引用，调用时必须保证已经完成初始化
unsafe fn get_unchecked_mut(&mut self) -> &mut T {
    debug_assert!(self.is_initialized());
    (&mut *self.value.get()).assume_init_mut()
}
//此函数用于仅在初始化完成后才能返回内部变量的引用
pub fn get(&self) -> Option<&T> {
    if self.is_initialized() {
        Some(unsafe { self.get_unchecked() })
    } else {
        None
    }
}
//此函数用于仅在初始化完成后才能返回内部变量的可变引用
pub fn get_mut(&mut self) -> Option<&mut T> {
    if self.is_initialized() {
        Some(unsafe { self.get_unchecked_mut() })
    } else {
        None
    }
}
//此函数用于在初始化后返回内部变量的引用，否则，先调用 f 进行初始化，再返回内部变量的引用，
//可能引发阻塞
pub fn get_or_init<F>(&self, f: F) -> &T
where
    F: FnOnce() -> T,
{
    //Ok::<T,!>(f())用于将 FnOnce()->T 转换为 FnOnce()->Result<T,!>，并且只返回 Ok()的值
    match self.get_or_try_init(|| Ok::<T,!>(f())) {
        Ok(val) => val,             //编译器可以分析出不会有其他分支
    }
}
//在不希望阻塞时调用此函数
pub fn get_or_try_init<F, E>(&self, f: F) -> Result<&T, E>
where
    F: FnOnce() -> Result<T, E>,
{
```

```
    if let Some(value) = self.get() { return Ok(value); } //判断初始化是否完成

    self.initialize(f)?;
    debug_assert!(self.is_initialized());
    Ok(unsafe { self.get_unchecked() }) //再次获取内部变量的引用
}
//此函数用于实现初始化逻辑
fn initialize<F, E>(&self, f: F) -> Result<(), E>
where
    F: FnOnce() -> Result<T, E>,
{
    let mut res: Result<(), E> = Ok(());
    let slot = &self.value;
    self.once.call_once_force(|p| { //利用 Once 实现仅初始化一次
        match f() {
            Ok(value) => {
                unsafe { (&mut *slot.get()).write(value) }; //实现对 value 的赋值
            }
            Err(e) => {
                res = Err(e);
                p.poison(); //将 Once 状态设置为 POSIONED
            }
        }
    });
    res
}
//此函数用于修改内部变量的值，这个函数的编码技巧值得学习
pub fn set(&self, value: T) -> Result<(), T> {
    let mut value = Some(value);
    //此处仅当赋值成功时才会调用 value.take().unwrap()函数
    self.get_or_init(|| value.take().unwrap());
    match value {
        None => Ok(()),              //成功设置了值
        Some(value) => Err(value), //内部变量已经被初始化
    }
}
//此函数用于实现对一个 Pin<&Self>做初始化
pub(crate) fn get_or_init_pin<F, G>(self: Pin<&Self>, f: F, g: G) -> Pin<&T>
where
    F: FnOnce() -> T,
    G: FnOnce(Pin<&mut T>),
{
    //判断初始化是否完成
    if let Some(value) = self.get_ref().get() {
        return unsafe { Pin::new_unchecked(value) };//初始化完成后，创建一个 Pin 并返回
```

```
        }
        let slot = &self.value;
        self.once.call_once_force(|_| {
            let value = f();
            let value: &mut T = unsafe { (&mut *slot.get()).write(value) };
            //初始化成功后，调用回调函数 g()，完成进一步初始化
            g(unsafe { Pin::new_unchecked(value) });
        });
        unsafe { Pin::new_unchecked(self.get_ref().get_unchecked()) } //创建 Pin 并返回
    }
    //消费 self 后，返回内部变量
    pub fn into_inner(mut self) -> Option<T> {  self.take()  }
    pub fn take(&mut self) -> Option<T> {
        if self.is_initialized() {
            self.once = Once::new(); //重新创建一个 Once
            //将内部变量读出并返回
            unsafe { Some((&mut *self.value.get()).assume_init_read()) }
        } else {
            None
        }
    }
    fn is_initialized(&self) -> bool {  self.once.is_completed()  }
}
```

11.8　LazyLock<T>类型分析

LazyLock<T>是 Lazy<T>在多线程下的版本，也是 OnceLock<T>的应用示例。LazyLock<T>类型相关源代码在标准库中的路径如下：

```
/library/std/src/sync/lazy_lock.rs
```

对 LazyLock<T>类型源代码的分析如下：

```
//惰性类型，在解引用时才进行初始化
pub struct LazyLock<T, F = fn() -> T> {
    cell: OnceLock<T>,          //初始化的目的类型
    init: Cell<Option<F>>,      //保存初始化闭包
}
impl<T, F> LazyLock<T, F> {
    pub const fn new(f: F) -> LazyLock<T, F> {
        LazyLock { cell: OnceLock::new(), init: Cell::new(Some(f)) }
    }
}
```

```
impl<T, F: FnOnce() -> T> LazyLock<T, F> {
    //此函数用于实现初始化逻辑
    pub fn force(this: &LazyLock<T, F>) -> &T {
        //利用 OnceLock<T>类型及闭包进行初始化
        this.cell.get_or_init(|| match this.init.take() {
            Some(f) => f(),
            None => panic!("Lazy instance has previously been poisoned"),
        })
    }
}
//在解引用时进行初始化
impl<T, F: FnOnce() -> T> Deref for LazyLock<T, F> {
    type Target = T;
    fn deref(&self) -> &T {   LazyLock::force(self)    }
}
```

11.9 线程分析

标准库线程管理模块主要由以下几部分组成。

（1）线程创建包括属性设置、启动、等待结束（join）、销毁等，是 OS 属性在 Rust 的延伸。

（2）线程局部存储是 OS 属性在 Rust 的延伸。

（3）线程运行及 panic 管理是 Rust 线程安全方案的一部分。

（4）在线程中借用变量的 Scope 方案是 Rust 自身的特性。

一个 Rust 线程的示例代码如下：

```
use std::thread;
let thread_join_handle = thread::spawn(move || {    // 线程函数代码
});
// 等待子线程结束
let res = thread_join_handle.join();
```

将以上源代码与其他语言的源代码对比就可以发现，标准库的线程 API 干脆、利索，没有任何多余的内容且比较容易使用。

11.9.1 OS 相关适配层

1. 线程类型

线程类型的 OS 相关适配层均只分析 Linux。OS 相关适配层线程模块整合了 OS 的线程 SYSCALL，向其他模块提供了更精简的线程管理函数，并使用 drop()函数释放线程资源。相关源代码在标准库中的路径如下：

```
/library/std/src/unix/thread.rs
```

对线程类型源代码的分析如下：

```
//利用 Thread 结构封装了 OS 的线程句柄，也实现了 Drop Trait 释放申请的 OS 线程资源
pub struct Thread {
    id: libc::pthread_t, //用来作为 LIBC 的 pthread() 函数调用参数，id 的所有权归此类型所有
}
impl Thread {
    //此函数用于创建 pthread 线程
    pub unsafe fn new(stack: usize, p: Box<dyn FnOnce()>) -> io::Result<Thread> {
        //申请堆内存来存放 Box<dyn FnOnce()>，并调用函数获取堆内存
        let p = Box::into_raw(box p);
        //等同于 C 语言的 pthread_t native = 0
        let mut native: libc::pthread_t = mem::zeroed();
        //等同于 C 语言的 pthread_attr_t attr = 0
        let mut attr: libc::pthread_attr_t = mem::zeroed();
        //pthread_attr_init() 函数有可能出错，此处标准库“偷懒了”
        assert_eq!(libc::pthread_attr_init(&mut attr), 0);
        {
            //线程的栈空间不能小于允许的最小值
            let stack_size = cmp::max(stack, min_stack_size(&attr));
            //设置线程的栈空间大小
            match libc::pthread_attr_setstacksize(&mut attr, stack_size) {
                0 => {} //设置线程的栈空间成功
                n => {
                    assert_eq!(n, libc::EINVAL); //stack_size 不是内存页的整数倍
                    let page_size = os::page_size(); //获取内存页大小
                    //调整 stack_size 为内存页的整数倍
                    let stack_size =
                        (stack_size + page_size - 1) & (-(page_size as isize - 1) as
 usize - 1);
                    assert_eq!(libc::pthread_attr_setstacksize(&mut attr, stack_size),0);
                }
            };
        }
        //创建线程，thread_start() 是线程的主函数，
        //将输入的闭包 p 作为 thread_start() 函数的参数，attr 在此处只处理栈空间，
        //成功后，native 会被赋值
        let ret = libc::pthread_create(&mut native, &attr, thread_start, p as *mut _);
        //释放 attr 申请的资源，这是容易被忽略的操作
        assert_eq!(libc::pthread_attr_destroy(&mut attr), 0);
        return if ret != 0 {
```

```
            drop(Box::from_raw(p)); //如果创建线程失败，则重新建立 Box 以便释放申请的堆内存
            Err(io::Error::from_raw_os_error(ret)) //获取 OS 的错误
        } else {
            Ok(Thread { id: native }) //如果创建线程成功，则构造并返回 Thread 变量
        };
        //实现了栈溢出安全防护措施，
        //将 thread_start()函数作为线程函数的参数传递给 C 语言的 pthread_create()函数
        extern "C" fn thread_start(main: *mut libc::c_void) -> *mut libc::c_void {
            unsafe {
                //如果线程出现栈溢出，则可以用线程保护机制探测到，
                //这是从 C 语言编程获得的经验
                let _handler = stack_overflow::Handler::new();
                //先将传入的堆内存指针重组为 Box，再自动解引用消费掉两个 Box 并运行真正的线程函数
                Box::from_raw(main as *mut Box<dyn FnOnce()>)();
            }
            ptr::null_mut() //构造 C 语言的 void*指针
        }
    }
    pub fn yield_now() {
        let ret = unsafe { libc::sched_yield() }; //调用 LIBC 库函数释放 CPU
        debug_assert_eq!(ret, 0);
    }
    pub fn set_name(name: &CStr) {
        const PR_SET_NAME: libc::c_int = 15;
        unsafe {
            libc::prctl(PR_SET_NAME, name.as_ptr(), 0 as libc::c_ulong, 0 as
libc::c_ulong,
                0 as libc::c_ulong,
            ); //更改线程名字
        }
    }

    pub fn sleep(dur: Duration) {
        let mut secs = dur.as_secs();
        let mut nsecs = dur.subsec_nanos() as _;
        unsafe {
            //因为 sleep 有可能在时间未到的情况下被信号中断，所以用循环来解决此问题，
            //以确定 sleep 到达要求的时间
            while secs > 0 || nsecs > 0 {
                let mut ts = libc::timespec {
                    tv_sec: cmp::min(libc::time_t::MAX as u64, secs) as libc::time_t,
                    tv_nsec: nsecs,
                }; //准备时间变量
                secs -= ts.tv_sec as u64;
                let ts_ptr = &mut ts as *mut _;
```

```
            if libc::nanosleep(ts_ptr, ts_ptr) == -1 {
                assert_eq!(os::errno(), libc::EINTR);
                //如果中途被打断，则使用 ts_ptr 来设置剩余的时间，因此要重新加入时间，
                //计算出余下的 sleep 时间
                //当 nanosleep 返回-1 时，很容易被忽视而不处理
                secs += ts.tv_sec as u64;
                nsecs = ts.tv_nsec;
            } else {
                nsecs = 0; //重新设置纳秒值
            }
        }
    }
}
//此函数用于调用其他线程以等待 self 线程结束
pub fn join(self) {
    unsafe {
        let ret = libc::pthread_join(self.id, ptr::null_mut());
        //此处的作用是取消 drop() 函数导致的 pthread_detach() 函数调用
        mem::forget(self);
        assert!(ret == 0, "failed to join thread: {}", io::Error::from_raw_os_
error(ret));
    }
}
pub fn id(&self) -> libc::pthread_t {
    //此处所有权没有转移。一般用于做 pthread 的 SYSCALL 临时使用，
    //但不能用这个返回的 id 调用 pthread_detach() 函数或 pthread_join() 函数
    //及类似功能的 pthread() 函数
    self.id
}
pub fn into_id(self) -> libc::pthread_t {
    let id = self.id;
    mem::forget(self); //pthread_detach() 函数应该由调用此函数的代码负责，所有权已经转移
    id
}
}
impl Drop for Thread {
    fn drop(&mut self) {
        //pthread_detach() 函数用于释放资源，且不能重复调用
        let ret = unsafe { libc::pthread_detach(self.id) };
        debug_assert_eq!(ret, 0);
    }
}
```

2. Thread Park 分析

Thread Park 是线程希望阻塞自身，等待别的线程唤醒以继续执行的机制。它是一种比

较简单的线程间同步机制，通常用于多线程执行中有顺序要求且不需要临界区的场景。对相关源代码的分析如下：

```
const PARKED: i32 = -1;
const EMPTY: i32 = 0;
const NOTIFIED: i32 = 1;

pub struct Parker {
    state: AtomicI32,
}
//Parker 利用原子变量操作中的内存顺序规则完成
impl Parker {
    #[inline]
    pub const fn new() -> Self {  Parker { state: AtomicI32::new(EMPTY) }   }

    //只被本线程调用
    pub unsafe fn park(&self) {
        //利用 Acquire 顺序获取当前状态
        if self.state.fetch_sub(1, Acquire) == NOTIFIED { return; }
        loop {
            //如果 state 是 PARKED，则阻塞等待
            futex_wait(&self.state, PARKED, None);
            //被唤醒，将状态重新置为 EMPTY，并检测是否为 NOTIFIED.
            If self.state.compare_exchange(NOTIFIED, EMPTY, Acquire, Acquire).
is_ok() {
                return;
            } else {//这是语法要求，逻辑上不应该进入此分支，因为不应该有其他线程调用 park
            }
        }
    }
    //超时的 park
    pub unsafe fn park_timeout(&self, timeout: Duration) {
        if self.state.fetch_sub(1, Acquire) == NOTIFIED {
            return;
        }
        //直接等待，设置超时时间，此时不再进行循环，因为循环会导致超时时间不准
        Futex_wait(&self.state, PARKED, Some(timeout));
        if self.state.swap(EMPTY, Acquire) == NOTIFIED {
            //被 unpark()函数唤醒
        } else {
            //超时或其他唤醒
        }
    }
    pub fn unpark(&self) {
        //将 state 更换到 NOTIFIED
```

```
        if self.state.swap(NOTIFIED, Release) == PARKED {
            futex_wake(&self.state);  //唤醒阻塞的线程
        }
    }
}
```

3. 线程栈溢出守卫

标准库基于 OS 线程库，实现了线程栈溢出守卫的特性。线程调用栈底内存页被设置为保护，之后一旦访问栈底的内存页就会触发程序异常，此异常可以被程序的信号（signal）处理函数捕获，从而在第一现场捕获线程栈溢出错误。

Linux 的线程库支持线程栈溢出守卫功能，此功能被 Rust 标准库用来实现线程栈溢出守卫。

程序可以配置信号处理函数的栈独立于线程栈，此独立的栈也需要实现栈溢出守卫。

相关源代码在标准库中的路径如下：

```
/library/std/src/unix/thread.rs
/library/std/src/unix/stack_overflow.rs
```

对相关源代码的分析如下：

```
//线程栈溢出守卫模块
pub mod guard {
    static PAGE_SIZE: AtomicUsize = AtomicUsize::new(0); //存储系统内存页大小
    pub type Guard = Range<usize>; //线程栈溢出检查的守护内存页地址范围
    //此函数用于完成初始化
    pub unsafe fn init() -> Option<Guard> {
        let page_size = os::page_size();                     //获取系统内存页大小
        PAGE_SIZE.store(page_size, Ordering::Relaxed); //存储系统内存页大小
        {
            let stackptr = get_stack_start_aligned()?;  //获取栈内存的栈底地址
            let stackaddr = stackptr.addr();            //存储栈底地址
            //Linux 的栈内存守卫地址是栈底地址减去内存页地址
            Some(stackaddr - page_size..stackaddr)
        }
    }
    //此函数用于获取从栈底地址开始的首个内存页对齐地址
    unsafe fn get_stack_start_aligned() -> Option<*mut libc::c_void> {
        let page_size = PAGE_SIZE.load(Ordering::Relaxed); //获取内存页
        assert!(page_size != 0);
        let stackptr = get_stack_start()?;
        let stackaddr = stackptr.addr();
        //从栈底向栈顶方向找到第一个内存页对齐地址
        let remainder = stackaddr % page_size;
        Some(if remainder == 0 {
            Stackptr //此时内存页已经满足对齐
```

```
        } else {
            stackptr.with_addr(stackaddr + page_size - remainder)//计算内存页对齐的地址
        })
    }
    //此函数用于获取线程栈的栈底内存页地址
    unsafe fn get_stack_start() -> Option<*mut libc::c_void> {
        //利用 pthread 库函数获取栈内存页的典型代码
        let mut ret = None;
        let mut attr: libc::pthread_attr_t = crate::mem::zeroed();
        let e = libc::pthread_getattr_np(libc::pthread_self(), &mut attr);
        if e == 0 {
            let mut stackaddr = crate::ptr::null_mut();
            let mut stacksize = 0;
            assert_eq!(libc::pthread_attr_getstack(&attr, &mut stackaddr, &mut stacksize),
0);
            ret = Some(stackaddr);
        }
        //释放资源
        if e == 0 { assert_eq!(libc::pthread_attr_destroy(&mut attr), 0); }
        ret
    }
    //此函数用于获取当前栈守护内存页的确切地址范围
    pub unsafe fn current() -> Option<Guard> {
        let mut ret = None;
        let mut attr: libc::pthread_attr_t = crate::mem::zeroed();
        let e = libc::pthread_getattr_np(libc::pthread_self(), &mut attr);
        if e == 0 {
            let mut guardsize = 0;
            //Linux 内核已经实现了线程栈保护，因此调用 assert_eq!宏确保正确
            assert_eq!(libc::pthread_attr_getguardsize(&attr, &mut guardsize), 0);
            if guardsize == 0 {
                    panic!("there is no guard page");
            }
            let mut stackptr = crate::ptr::null_mut::<libc::c_void>();
            let mut size = 0;
            assert_eq!(libc::pthread_attr_getstack(&attr, &mut stackptr, &mut size), 0);
            let stackaddr = stackptr.addr();
            ret = {
                //此处考虑兼容性,对于没有线程栈保护的系统,需要用从栈底地址开始的一个内存页做保护。
                //Linux 本身对栈底的前一个内存页设置了访问保护,
                //此处又设置了访问保护栈底的一个内存页，因此返回栈底的前后两个内存页
                Some(stackaddr - guardsize..stackaddr + guardsize)
            }
        }
        ret
```

```
    }
}
fn min_stack_size(attr: *const libc::pthread_attr_t) -> usize {
    //由于此函数没有定义在 h 文件中，因此直接从动态链接库获取库函数后再调用
    dlsym!(fn __pthread_get_minstack(*const libc::pthread_attr_t) -> libc::size_t);
    match __pthread_get_minstack.get() {
        None => libc::PTHREAD_STACK_MIN,
        Some(f) => unsafe { f(attr) },
    }
}
//以上代码对于 C 语言程序员是比较容易理解的，因为涉及大量的 pthread 库函数

//以下是针对信号(signal)处理的线程栈溢出处理，因为信号处理的栈有时是独立于线程栈的
mod imp {
    //signal_handler()是对 SIGSEGV 及 SIGBUS 的信号处理函数。
    //这两个函数会在线程出现栈溢出时被触发
    unsafe extern "C" fn signal_handler(
        signum: libc::c_int,
        info: *mut libc::siginfo_t,
        _data: *mut libc::c_void,
    ) {
        let guard = thread_info::stack_guard().unwrap_or(0..0);
        let addr = (*info).si_addr() as usize;
        //判断是否访问了线程栈溢出写保护的地址，如果是，则输出告警信息
        if guard.start <= addr && addr < guard.end {
            rtprintpanic!(
                "\nthread '{}' has overflowed its stack\n",
                thread::current().name().unwrap_or("<unknown>")
            );
            rtabort!("stack overflow");
        } else {
            //否则执行默认操作，与线程栈溢出无关
            let mut action: sigaction = mem::zeroed();
            action.sa_sigaction = SIG_DFL;
            sigaction(signum, &action, ptr::null_mut());
        }
    }

    //信号处理函数的栈可能独立于线程，MAIN_ALTSTACK 变量表示信号处理的线程栈地址，
    //NEED_ALTSTACK 变量表示信号处理是否有独立栈
    static MAIN_ALTSTACK: AtomicPtr<libc::c_void> = AtomicPtr::new(ptr::null_mut());
    static NEED_ALTSTACK: AtomicBool = AtomicBool::new(false);

    //此函数用于初始化线程栈溢出检查的信号处理函数，此函数在 sys::init()函数中被调用
    pub unsafe fn init() {
```

```
    let mut action: sigaction = mem::zeroed();
    for &signal in &[SIGSEGV, SIGBUS] {
        sigaction(signal, ptr::null_mut(), &mut action);
        //配置线程栈溢出检查的信号处理函数
        if action.sa_sigaction == SIG_DFL {
            //如果是默认信号处理函数，将其修改为增加线程栈溢出处理的信号处理函数
            action.sa_flags = SA_SIGINFO | SA_ONSTACK;
            action.sa_sigaction = signal_handler as sighandler_t;
            sigaction(signal, &action, ptr::null_mut());
            //当 NEED_ALTSTACK 的值为 true 时，表示信号处理使用独立栈
            NEED_ALTSTACK.store(true, Ordering::Relaxed);
        }
    }
    let handler = make_handler(); //设置信号处理函数使用独立栈
    //handler.data 是线程栈信息
    MAIN_ALTSTACK.store(handler.data, Ordering::Relaxed);
    mem::forget(handler); //所有权已经转移到 MAIN_ALTSTACK
}
pub unsafe fn cleanup() {
    //清理创建的用于信号处理的线程栈
    drop_handler(MAIN_ALTSTACK.load(Ordering::Relaxed));
}
//此函数用于设置线程栈溢出检查的信号处理函数的专有栈
pub unsafe fn make_handler() -> Handler {
    if !NEED_ALTSTACK.load(Ordering::Relaxed) {
        return Handler::null(); //信号处理不需要使用独立栈
    }
    let mut stack = mem::zeroed();
    sigaltstack(ptr::null(), &mut stack); //利用 SYSCALL 获取信号处理的线程栈结构
    if stack.ss_flags & SS_DISABLE != 0 {
        stack = get_stack(); //重新获取一块新的内存，以便对信号处理进行线程栈保护

        sigaltstack(&stack, ptr::null_mut()); //重新设置线程栈的长度为 SIGSTKSZ
        Handler { data: stack.ss_sp as *mut libc::c_void }
    } else {
        Handler::null()
    }
}
//此函数用于取消线程栈溢出检查信号处理函数的专有栈
pub unsafe fn drop_handler(data: *mut libc::c_void) {
    if !data.is_null() {
        let stack = libc::stack_t {
            ss_sp: ptr::null_mut(),
            ss_flags: SS_DISABLE,
            ss_size: SIGSTKSZ,
        };
```

```
            sigaltstack(&stack, ptr::null_mut()); //删除信号处理函数专用栈
            //munmap()函数用于设置信号处理线程栈的内存
            munmap(data.sub(page_size()), SIGSTKSZ + page_size());
        }
    }
    unsafe fn get_stack() -> libc::stack_t {
        libc::stack_t { ss_sp: get_stackp(), ss_flags: 0, ss_size: SIGSTKSZ }
    }
    //此函数是对信号处理函数的栈设置线程栈溢出保护内存页
    unsafe fn get_stackp() -> *mut libc::c_void {
        let flags = MAP_PRIVATE | MAP_ANON | libc::MAP_STACK;
        //mmap 内存作为信号处理函数的栈，其中额外一页用作线程栈溢出保护页
        let stackp =
            mmap(ptr::null_mut(), SIGSTKSZ + page_size(), PROT_READ | PROT_WRITE,
flags, -1, 0);
        if stackp == MAP_FAILED {
            panic!("failed to allocate an alternative stack: {}", io::Error::last_
os_error());
        }
        //设置内存页的访问保护，一旦访问将会引发异常
        let guard_result = libc::mprotect(stackp, page_size(), PROT_NONE);
        if guard_result != 0 {
            panic!("failed to set up alternative stack guard page: {}",
                   io::Error::last_os_error());
        }
        stackp.add(page_size())  //真正的线程栈从底部向上一个 page 开始
    }
}
//用于处理线程栈溢出的类型结构及实现
pub struct Handler {
    data: *mut libc::c_void,
}
impl Handler {
    pub unsafe fn new() -> Handler {  make_handler()  }//用于完成溢出处理函数的线程栈处置
    fn null() -> Handler {  Handler { data: crate::ptr::null_mut() }  }
}
impl Drop for Handler {
    fn drop(&mut self) {
        unsafe { drop_handler(self.data); }
    }
}
```

线程栈溢出检查处理属于系统编程高级领域。Rust 将之实现在标准库中，并提供了额外的线程安全检测。从以上代码也可以看出不安全的 Rust 与 C 语言可以完成相同的系统编程工作。

4．线程本地存储变量类型

使用线程本地存储变量类型可以解决以下问题。

程序希望多个线程共享同一个变量名的全局变量，以简化代码。但希望这个变量在不同的线程有各自的复制功能，彼此互不影响。典型的示例就是前文的线程栈溢出守卫。如果每个线程都共享同一个变量名，就会大幅简化代码。

Linux 系统提供了 pthread_key_t 类型，实现了线程本地存储变量功能。Rust 实现了 pthread_key_t 的适配层。线程本地存储变量相关源代码在标准库中的路径如下：

```
/library/std/src/unix/thread_local_key.rs
/library/std/src/unix/thread_local_dtor.rs
```

对线程本地存储源代码的分析如下：

```
//关于 pthread_key_t 的介绍，请参考 libc 的 pthread 编程手册
pub type Key = libc::pthread_key_t;

//此函数用于构造 key 变量，此 key 变量可被所有线程共享。
//回调函数 dtor()用于释放申请的 key 变量，并被 pthread_key_destroy()函数调用
pub unsafe fn create(dtor: Option<unsafe extern "C" fn(*mut u8)>) -> Key {
    let mut key = 0;
    assert_eq!(libc::pthread_key_create(&mut key, mem::transmute(dtor)), 0);
    key
}
//此函数用于各线程将 key 变量与线程的专属内存块关联，
//这些线程的专属内存块会在调用 pthread_key_destroy()函数时释放
pub unsafe fn set(key: Key, value: *mut u8) {
    let r = libc::pthread_setspecific(key, value as *mut _);
    debug_assert_eq!(r, 0);
}
//此函数用于获取 key 变量关联的线程专属内存块
pub unsafe fn get(key: Key) -> *mut u8 {
    libc::pthread_getspecific(key) as *mut u8
}
//此函数用于释放所有线程的 key 变量，以及导致对回调函数 dtor()的调用
pub unsafe fn destroy(key: Key) {
    let r = libc::pthread_key_delete(key);
    debug_assert_eq!(r, 0);
}
```

由于线程本地存储的操作系统方案直观程度很差，因此为程序员执行跟踪程序带来了较大的不便。

11.9.2　OS 无关适配层

线程的 OS 无关适配层的主要内容是实现线程本地存储。相关源代码在标准库中的路径如下：

```
/library/std/src/sys_common/thread.rs
/library/std/src/sys_common/thread_local.rs
/library/std/src/sys_common/thread_info.rs
```

1. StaticKey——静态线程本地存储类型

StaticKey 类型用于定义线程本地存储的静态变量。对 StaticKey 类型源代码的分析如下：

```
//thread_local_key 即 sys/unix/thread_local_key 文件
use crate::sys::thread_local_key as imp;

//适用于作为静态变量的 thread_local_key 结构
pub struct StaticKey {
    key: AtomicUsize,  //key 是一个原子变量，当值为 0 时，表示此时无意义，每个线程的 key 不同
    dtor: Option<unsafe extern "C" fn(*mut u8)>,  //对 key 的析构函数
}
pub const INIT: StaticKey = StaticKey::new(None);  //通常作为 StaticKey 的初始化赋值
impl StaticKey {
    pub const fn new(dtor: Option<unsafe extern "C" fn(*mut u8)>) -> StaticKey {
        //当 key 的值为 0 时，表示此时没有构造 key
        StaticKey { key: atomic::AtomicUsize::new(0), dtor }
    }
    //此函数在没有 thread_local_key 时构造一个 key
    pub unsafe fn get(&self) -> *mut u8 {
        //获取 key 的指针，调用 self.key()函数会在无 thread_local_key 时构造一个 key
        imp::get(self.key())
    }
    //此函数用于设置与 key 联系的内存块
    pub unsafe fn set(&self, val: *mut u8) {
        imp::set(self.key(), val)
    }
    //此函数用于获取与 self 关联的 key
    unsafe fn key(&self) -> imp::Key {
        match self.key.load(Ordering::Relaxed) {
            0 => self.lazy_init() as imp::Key, //没有创建 thread_local_key，需要完成创建
            n => n as imp::Key, //已经存在，返回 key
        }
    }
    //构造一个 thread_local_key
    unsafe fn lazy_init(&self) -> usize {
```

```
        //为特殊的 OS 准备
        if imp::requires_synchronized_create() {
            //此处 INIT_LOCK 被所有线程共享，作为静态锁实现并发保护
            static INIT_LOCK: StaticMutex = StaticMutex::new();
            let _guard = INIT_LOCK.lock();
            let mut key = self.key.load(Ordering::SeqCst);
            if key == 0 {
                key = imp::create(self.dtor) as usize; //构造 key
                self.key.store(key, Ordering::SeqCst); //更新 key
            }
            rtassert!(key != 0);
            return key;
            //let_guard 的生命周期终止后会释放 INIT_LOCK
        }

        let key1 = imp::create(self.dtor); //构造 key
        //Linux 有可能分配 0 值的 thread_local_key
        let key = if key1 != 0 {
            key1 //如果 key 的值不是 0，将 key1 的值赋给 key
        } else {
            //如果 key 的值是 0，则需要重新申请一个新的 key
            let key2 = imp::create(self.dtor);
            imp::destroy(key1);
            key2
        };
        rtassert!(key != 0);
        match self.key.compare_exchange(0, key as usize, Ordering::SeqCst,
Ordering::SeqCst) {
            Ok(_) => key as usize,
            Err(n) => {
                imp::destroy(key);
                n //如果 key 的值不是 0，则使用获取的值
            }
        }
    }
}
```

与 OS 提供的方案相比，StaticKey 实际上没有提高可用性，仍然难以使用。

2. Key——普通的 thread_local_key

Key 类型用于定义普通变量的线程本地存储类型。对相关源代码的分析如下：

```
//非静态变量的 thread_local_key
pub struct Key {
    key: imp::Key,
}
```

```
impl Key {
    //此函数用于构造一个 thread_local_key
    pub fn new(dtor: Option<unsafe extern "C" fn(*mut u8)>) -> Key {
        Key { key: unsafe { imp::create(dtor) } }
    }
    //此函数用于获取 key 相关的内存，可能为空
    pub fn get(&self) -> *mut u8 {  unsafe { imp::get(self.key) }   }
    //此函数用于设置 key 相关的内存
    pub fn set(&self, val: *mut u8) {  unsafe { imp::set(self.key, val) }  }
}
impl Drop for Key {
    fn drop(&mut self) {
        //目前，Windows 不支持线程局部 key 的解构，此处将 key 泄漏，不做回收
    }
}
```

OS 无关适配层对线程本地存储变量的支持并不理想，因此程序员要掌握复杂的知识才能使用。

11.9.3　对外接口层

1. 线程

标准库实现了符合现代编程语言易于使用的线程类型。对线程创建源代码的分析如下：

```
//此函数用于构造一个线程，只需指定闭包作为线程主函数
pub fn spawn<F, T>(f: F) -> JoinHandle<T>
where
    F: FnOnce() -> T,
    F: Send + 'static,
    T: Send + 'static,
{
    Builder::new().spawn(f).expect("failed to spawn thread")
}
```

以上线程构造函数已经实现了最简化，没有任何多余的元素。下面将逐步分析标准库是如何做到这一点的。

对线程类型及实现线程类型操作函数源代码的分析如下：

```
//线程构造函数返回类型 JoinHandle 分析，此类型是 JoinHandle 内部的等价类型
struct JoinInner<'scope, T> {
    native: imp::Thread,        //OS 相关适配层提供的线程类型变量用于调用 OS 相关适配层代码
    thread: Thread,             //对外接口层的线程类型变量
    packet: Arc<Packet<'scope, T>>,  //线程退出后的返回值类型变量
}
```

```
impl<'scope, T> JoinInner<'scope, T> {
    //此函数用于阻塞当前线程，等待 self 代表的线程退出
    fn join(mut self) -> Result<T> {
        self.native.join(); //等待线程退出
        //获取线程退出的结果
        Arc::get_mut(&mut self.packet).unwrap().result.get_mut().take().unwrap();
    }
}
//调用 spawn()函数后返回 JoinHandle，JoinHandle 作为线程外部对该线程操作的标识类型结构，
//被 join()函数、park()函数等应用
pub struct JoinHandle<T>(JoinInner<'static, T>);
impl<T> JoinHandle<T> {
    //此函数用于获取线程的 Thread 结构引用
    pub fn thread(&self) -> &Thread {  &self.0.thread  }
    //此函数用于等待线程结束
    pub fn join(self) -> Result<T> {  self.0.join()  }
    //此函数用于判断线程是否已经终止
    pub fn is_finished(&self) -> bool {
        Arc::strong_count(&self.0.packet) == 1
    }
}

//Rust 构造线程的执行者类型 Builder
pub struct Builder {
    name: Option<String>,          //线程名字，但是线程默认没有名字
    stack_size: Option<usize>,     //线程的堆栈空间，默认堆栈空间为 2MB
}
impl Builder {
    //此函数用于创建一个默认的 Builder
    pub fn new() -> Builder {
        Builder { name: None, stack_size: None }
    }
    //此函数用于设置线程的名字，目前仅用于线程引发 panic 时的信息输出
    pub fn name(mut self, name: String) -> Builder {
        self.name = Some(name);
        self
    }
    //此函数用于设置线程的堆栈空间
    pub fn stack_size(mut self, size: usize) -> Builder {
        self.stack_size = Some(size);
        self
    }
    //利用 Builder 属性参数创建一个新线程。
    //在创建新线程时可以使用 JoinHandle 来等待新线程结束
    pub fn spawn<F, T>(self, f: F) -> io::Result<JoinHandle<T>>
```

```
where
    F: FnOnce() -> T,
    F: Send + 'static,
    T: Send + 'static,
{
    unsafe { self.spawn_unchecked(f) }
}
//此函数名说明了 spawn()函数的不安全性
pub unsafe fn spawn_unchecked<'a, F, T>(self, f: F) -> io::Result<JoinHandle<T>>
where
    F: FnOnce() -> T,
    F: Send + 'a,
    T: Send + 'a,
{
    //利用返回结构来构造 JoinHandle 类型变量
    Ok(JoinHandle(unsafe { self.spawn_unchecked_(f, None) }?))
}
//利用此函数执行真正线程来创建逻辑，此处与进程的 spawn()函数有些类似
unsafe fn spawn_unchecked_<'a, 'scope, F, T>(
    self,
    f: F,
    scope_data: Option<&'scope scoped::ScopeData>,
) -> io::Result<JoinInner<'scope, T>>
where
    F: FnOnce() -> T,
    F: Send + 'a,
    T: Send + 'a,
    'scope: 'a, //'a 是'scope 的基类，表示闭包函数的生命周期应该位于'scope 之内
{
    let Builder { name, stack_size } = self; //解绑定
    //不能小于规定的最小堆栈空间
    let stack_size = stack_size.unwrap_or_else(thread::min_stack);

    //创建一个 Thread 的变量，使用父线程来保存即将创建的子线程信息
    let my_thread = Thread::new(name.map(|name| {
        CString::new(name).expect("thread name may not contain interior null
bytes")
    }));

    //将 their_thread 传递给子线程并保存在 thread_info 中
    let their_thread = my_thread.clone();
    //my_packet 用于接收子线程的出错信息，用 Arc 实现信息共享
    let my_packet: Arc<Packet<'scope, T>> =
        Arc::new(Packet { scope: scope_data, result: UnsafeCell::new(None) });
    //将 their_packet 传递给子线程，供其写入出错信息
```

```
        let their_packet = my_packet.clone();
        //output_capture 用于捕获 panic 的输出
        let output_capture = crate::io::set_output_capture(None);
        crate::io::set_output_capture(output_capture.clone());

        let main = move || {
            if let Some(name) = their_thread.cname() {
                imp::Thread::set_name(name);  //设置线程的名字
            }
            crate::io::set_output_capture(output_capture);//设置线程的 panic 捕获空间
            //将线程信息设置到 thread_info 中
            thread_info::set(unsafe { imp::guard::current() }, their_thread);

            //用 catch_unwind()函数调用 f()函数，如果 f()函数内部引发 panic，则输出调用栈，
            //并返回错误信息
            let try_result = panic::catch_unwind(panic::AssertUnwindSafe(|| {
                crate::sys_common::backtrace::__rust_begin_short_backtrace(f)
            }));
            //可以从 my_packet 中获取 try_result
            unsafe { *their_packet.result.get() = Some(try_result) };
        };
        if let Some(scope_data) = scope_data {
            scope_data.increment_num_running_threads();
        }
        //调用 OS 适配层创建线程
        Ok(JoinInner {
            native: unsafe {
                imp::Thread::new(
                    stack_size,
                    mem::transmute::<Box<dyn FnOnce() + 'a>, Box<dyn FnOnce()
                                                  + 'static>>(Box::new(main), ),
                )? //使用 OS 适配层线程构造函数
            },
            thread: my_thread, //存储子线程的信息
            packet: my_packet, //存储子线程退出后的信息
        })
    }
}
//此函数用于获取 thread_info
pub fn current() -> Thread {
    thread_info::current_thread().expect(
        "use of std::thread::current() is not possible \
         after the thread's local data has been destroyed",
    ) //利用 thread_info 获取线程信息
}
```

```
//此函数用于使当前线程释放 CPU
pub fn yield_now() {  imp::Thread::yield_now()  }
//此函数用于判断当前线程是否已经引发 panic
pub fn panicking() -> bool {  panicking::panicking()  }
//此函数用于阻塞当前线程，等待唤醒其他线程
pub fn park() {
    unsafe { current().inner.parker.park(); }
}
//此函数用于阻塞当前线程，并设置一个超时时间
pub fn park_timeout(dur: Duration) {
    unsafe { current().inner.parker.park_timeout(dur); }
}
```

对线程管理类型源代码的分析如下：

```
//此类型用于存储线程管理信息
struct Inner {
    name: Option<CString>,      //需要与 C 语言库交互
    id: ThreadId,
    parker: Parker,             //此成员用于支持线程同步的 park 操作
}
//对外接口层 Thread 的管理类型
pub struct Thread {
    inner: Arc<Inner>,          //需要被本线程及创建本线程的线程共享
}
impl Thread {
    //此函数用于构造 Thread 变量，此时没有真正创建线程
    pub(crate) fn new(name: Option<CString>) -> Thread {
        Thread { inner: Arc::new(Inner { name, id: ThreadId::new(), parker:
Parker::new() }) }
    }
    //此函数用于结束 Thread 变量的线程阻塞
    pub fn unpark(&self) {  self.inner.parker.unpark();  }
    pub fn id(&self) -> ThreadId {  self.inner.id  } //此函数用于获取线程的 ID
    pub fn name(&self) -> Option<&str> {
        self.cname().map(|s| unsafe { str::from_utf8_unchecked(s.to_bytes()) })
    }//此函数用于获取线程的名字
    //此函数用于获取线程名字的字符串
    fn cname(&self) -> Option<&CStr> {  self.inner.name.as_deref()  }
}

//线程标识 ThreadId 类型及函数。ThreadId 是非零的 64 位整数
pub struct ThreadId(NonZeroU64);
impl ThreadId {
    //此函数用于构造一个新的线程 ID
    fn new() -> ThreadId {
```

```
        //线程 ID 计数变量是一个静态全局变量，且是临界区，需要用 StaticMutex 保护
        static GUARD: mutex::StaticMutex = mutex::StaticMutex::new();
        //COUNTER 是用于对线程计数的静态全局变量，在函数内部声明保证仅本函数能操作此静态全局变量，
        //初始值为 1
        static mut COUNTER: u64 = 1;
        unsafe {
            let guard = GUARD.lock(); //线程 ID 是临界区，需要加锁防护
            //当达到最大值时，对线程 panic 处理。这里默认一个进程不可能创建超过 u64::MAX 的线程。
            //这样处理实际上有问题，因为理论上是可以达到最大值的
            if COUNTER == u64::MAX {
                drop(guard); //引发 panic 之前显式调用 drop() 函数，以避免影响其他线程
                //利用 panic!宏通知错误
                panic!("failed to generate unique thread ID: bitspace exhausted");
            }
            let id = COUNTER; //分配新线程 ID
            COUNTER += 1;
            ThreadId(NonZeroU64::new(id).unwrap())
        }
    }
    …
}

//ThreadInfo 是利用线程本地存储类型将线程管理信息存储在线程本地，
//提高线程获取自身信息的方便性和效率的机制;
//ThreadInfo 也是线程存储自身管理信息的类型
struct ThreadInfo {
    stack_guard: Option<Guard>,        //线程栈溢出守护地址
    thread: Thread,                    //本线程管理类型变量
}
//利用 thread_local!宏定义 THREAD_INFO 为线程本地存储变量
thread_local! { static THREAD_INFO: RefCell<Option<ThreadInfo>> = const
{ RefCell::new(None) } }
impl ThreadInfo {
    fn with<R, F>(f: F) -> Option<R>
    where
        F: FnOnce(&mut ThreadInfo) -> R,
    {
        //对线程本地存储的 ThreadInfo 变量进行操作
        THREAD_INFO
            .try_with(move |thread_info| {
                //闭包内部针对线程本地存储变量的操作与普通变量操作没有差别
                let mut thread_info = thread_info.borrow_mut();
                //如果线程本地存储变量没有初始化，则要进行初始化
                let thread_info = thread_info.get_or_insert_with(|| ThreadInfo {
                    stack_guard: None,
```

```
                thread: Thread::new(None),
            });
            f(thread_info)
        })
        .ok()
    }
}
//此函数用于获取线程自身的管理类型变量
pub fn current_thread() -> Option<Thread> {
    ThreadInfo::with(|info| info.thread.clone())
}
//此函数用于获取线程自身的栈溢出守护地址
pub fn stack_guard() -> Option<Guard> {
    ThreadInfo::with(|info| info.stack_guard.clone()).and_then(|o| o)
}
//此函数用于设置线程本地存储类型变量 thread_info 内容
pub fn set(stack_guard: Option<Guard>, thread: Thread) {
    THREAD_INFO.with(move |thread_info| {
        let mut thread_info = thread_info.borrow_mut();
        rtassert!(thread_info.is_none());
        *thread_info = Some(ThreadInfo { stack_guard, thread });
    });
}
```

2．线程本地存储变量类型（thread_local_key）

线程本地存储类型巧妙地利用宏、静态变量、闭包三者的配合实现了外部接口，大幅降低了编程的难度。

对一个线程本地存储变量类型的源代码分析如下：

```
use std::cell::RefCell;
//利用 thread_local!宏区间所定义的成员即可成为 thread_local_key 变量
thread_local! {
    pub static FOO: RefCell<u32> = RefCell::new(1); //线程本地存储变量需要使用静态变量
    static BAR: RefCell<f32> = RefCell::new(1.0);
}
//必须使用 with+闭包的形式操作线程本地存储变量的内部变量
fn main() {  FOO.with(|f|{*f.borrow_mut() = 2})  }
```

通过 thread_local!宏可以将普通类型变量转换为线程本地存储变量。线程本地存储变量提供了 with()函数，与此函数配合使用的闭包可以直接操作线程本地存储变量的内部变量。可以说，线程本地存储变量与普通变量在使用上基本做到了一致。对 thread_local!宏源代码的分析如下：

```
//thread_local!声明宏
```

```
macro_rules! thread_local {
    …
    //init 是一个用 const 修饰的代码块
    ($(#[$attr:meta])* $vis:vis static $name:ident: $t:ty = const { $init:expr }) => (
        $crate::__thread_local_inner!($(#[$attr])* $vis $name, $t, const $init);
    );
    …
    //init 是普通表达式
    ($(#[$attr:meta])* $vis:vis static $name:ident: $t:ty = $init:expr) => (
        $crate::__thread_local_inner!($(#[$attr])* $vis $name, $t, $init);
    );
}
//内部宏
macro_rules! __thread_local_inner {
    ($(#[$attr:meta])* $vis:vis $name:ident, $t:ty, $($init:tt)*) => {
        //定义一个 LocalKey 变量
        $(#[$attr])* $vis const $name: $crate::thread::LocalKey<$t> =
            $crate::__thread_local_inner!(@key $t, $($init)*);
    }
    //init 是 const 表达式
    (@key $t:ty, const $init:expr) => {{
        //此函数用于构造 LocalKey 变量
        unsafe fn __getit(
            _init: $crate::option::Option<&mut $crate::option::Option<$t>>,
        ) -> $crate::option::Option<&'static $t> {
            //使用 const 变量
            const INIT_EXPR: $t = $init;
            {
                #[thread_local] //此属性是 llvm 的属性，表明此处定义的变量是线程本地存储变量
                //静态全局变量即 Local Key 对应的线程本地存储变量
                static mut VAL: $t = INIT_EXPR;
                //判断变量类型是否必须实现 drop() 函数，
                //对于实现 Copy Trait 的变量类型不需要实现 drop() 函数
                if !$crate::mem::needs_drop::<$t>() {
                    //如果变量类型不需要实现 drop() 函数，则返回 VAL 的引用
                    unsafe { return $crate::option::Option::Some(&VAL) }
                }
                //如果变量类型需要实现 drop() 函数，则需要注册与 Key 关联的回调函数，
                //用于在释放 Key 时调用以释放资源
                //0 == dtor not registered
                //1 == dtor registered, dtor not run
                //2 == dtor registered and is running or has run
                #[thread_local]
                static mut STATE: $crate::primitive::u8 = 0;
                //此函数用于释放与 Key 绑定的变量
```

```
        unsafe extern "C" fn destroy(ptr: *mut $crate::primitive::u8) {
            let ptr = ptr as *mut $t;
            unsafe {
                $crate::debug_assert_eq!(STATE, 1);
                STATE = 2;
                $crate::ptr::drop_in_place(ptr);//触发对ptr所指变量的drop()函数调用
            }
        }
        unsafe {
            match STATE {
                0 => {
                    //此函数用于完成Key与回调函数的关联
                    $crate::thread::__FastLocalKeyInner::<$t>::register_dtor(
                        $crate::ptr::addr_of_mut!(VAL) as *mut
                        $crate::primitive::u8,destroy,
                    );
                    STATE = 1;
                    $crate::option::Option::Some(&VAL)
                } //注册回调函数
                //在注册完回调函数后，直接返回Key
                1 => $crate::option::Option::Some(&VAL),
                _ => $crate::option::Option::None, //回调函数已经运行
            }
        }
    }
}
unsafe {
    $crate::thread::LocalKey::new(__getit)
}
}};
//非const的init的处理
(@key $t:ty, $init:expr) => {
    {
        fn __init() -> $t { $init }
        //此函数用于构造LocalKey变量
        unsafe fn __getit(
            init: $crate::option::Option<&mut $crate::option::Option<$t>>,
        ) -> $crate::option::Option<&'static $t> {
            //利用llvm编译器属性定义的变量为线程本地存储变量，这里是出于兼容及效率考虑。
            //针对每个thread会创建新的变量
            #[thread_local]
            static __KEY: $crate::thread::__FastLocalKeyInner<$t> =
                $crate::thread::__FastLocalKeyInner::new();
            //初始化Key
            unsafe {
```

```
                __KEY.get(move || {
                    if let $crate::option::Option::Some(init) = init {
                        if let $crate::option::Option::Some(value) = init.take() {
                            return value;
                        } else if $crate::cfg!(debug_assertions) {
                            $crate::unreachable!("missing default value");
                        }
                    }
                    __init()
                })
            }
        }
        unsafe {
            $crate::thread::LocalKey::new(__getit)
        }
    }
  };
}
```

以上 thread_local!宏的实现代码中包含了较多线程本地存储的数据类型及其函数。

对 thread_local!宏涉及的数据类型源代码的分析如下：

```
//LocalKey是只用于静态变量的线程本地存储类型
pub struct LocalKey<T: 'static> {
    //此函数用于初始化线程本地存储变量
    inner: unsafe fn(Option<&mut Option<T>>) -> Option<&'static T>,
}
pub struct AccessError;
impl Error for AccessError {}

impl<T: 'static> LocalKey<T> {
    //此函数用于构造一个新的LocalKey变量
    pub const unsafe fn new(
        inner: unsafe fn(Option<&mut Option<T>>) -> Option<&'static T>,
    ) -> LocalKey<T> {
        LocalKey { inner }
    }
    //此函数用于实现对线程本地存储变量的操作，所有操作都由作为参数的闭包实现
    pub fn with<F, R>(&'static self, f: F) -> R
    where
        F: FnOnce(&T) -> R,
    {
        self.try_with(f).expect(
            "cannot access a Thread Local Storage value \
             during or after destruction",
        )
```

```
    }
    pub fn try_with<F, R>(&'static self, f: F) -> Result<R, AccessError>
    where
        F: FnOnce(&T) -> R,
    {
        unsafe {
            //LocalKey 是惰性的，如果 try_with()函数是第一次被调用，
            //则线程局部变量在这个时候才真正被构造，
            //inner()函数用于构造线程本地存储变量的关联变量，并把关联变量的内存指针返回。
            //每次都调用 inner()函数，保证了不同线程仅构造与本线程相关的变量
            let thread_local = (self.inner)(None).ok_or(AccessError)?;
            Ok(f(thread_local))
        }
    }
    //此函数用于初始化线程本地存储变量的关联变量，并使用闭包操作关联变量
    fn initialize_with<F, R>(&'static self, init: T, f: F) -> R
    where
        F: FnOnce(Option<T>, &T) -> R,
    {
        unsafe {
            let mut init = Some(init);
            //这里将线程局部变量赋值为 init
            let reference = (self.inner)(Some(&mut init)).expect(
                "cannot access a Thread Local Storage value \
                 during or after destruction",
            );
            f(init, reference)
        }
    }
}
//线程本地存储变量 LocalKey 通常是 RefCell<T>类型的，可以直接使用函数来简化代码
impl<T: 'static> LocalKey<RefCell<T>> {
    //此函数用于集成 with 与 borrow
    pub fn with_borrow<F, R>(&'static self, f: F) -> R
    where
        F: FnOnce(&T) -> R,
    {
        self.with(|cell| f(&cell.borrow()))
    }
    //此函数用于集成 with 与 borrow_mut
    pub fn with_borrow_mut<F, R>(&'static self, f: F) -> R
    where
        F: FnOnce(&mut T) -> R,
    {
        self.with(|cell| f(&mut cell.borrow_mut()))
```

```
    }
    //此函数用于修改 RefCell<T>的内部变量
    pub fn set(&'static self, value: T) {
        self.initialize_with(RefCell::new(value), |value, cell| {
            if let Some(value) = value {
                *cell.borrow_mut() = value.into_inner();
            }
        });
    }
    //此函数用于实现 take()函数的逻辑
    pub fn take(&'static self) -> T
    where
        T: Default,
    {
        self.with(|cell| cell.take())
    }
    //此函数用于实现 replace()函数的逻辑
    pub fn replace(&'static self, value: T) -> T {
        self.with(|cell| cell.replace(value))
    }
}

//基于 llvm 编译器的 Thread Local 方案实现了线程本地存储变量
pub mod fast {
    use super::lazy::LazyKeyInner;
    use crate::cell::Cell;
    use crate::fmt;
    use crate::mem;
    use crate::sys::thread_local_dtor::register_dtor;

    //线程局部变量相关的释放回调函数 dtor()的状态类型
    enum DtorState {
        Unregistered,      //没有注册与线程局部变量相关的回调函数
        Registered,        //已经注册回调函数
        RunningOrHasRun,   //已经调用回调函数
    }
    pub struct Key<T> {
        inner: LazyKeyInner<T>,          //放置 Key 存储的变量，线程局部变量是惰性的
        dtor_state: Cell<DtorState>,   //Local Key 的 destroy()函数状态
    }
    impl<T> Key<T> {
        pub const fn new() -> Key<T> {
            //在初始化时仅完成了内存占位
            Key { inner: LazyKeyInner::new(), dtor_state: Cell::new(DtorState::
Unregistered) }
```

```
    }
    //此函数用于注册回调函数，以供释放线程本地存储变量使用。
    //基于编译器实现的线程本地存储变量需要利用 OS 的线程与本地存储变量的释放机制来实现 drop
    pub unsafe fn register_dtor(a: *mut u8, dtor: unsafe extern "C" fn(*mut u8)) {
        unsafe {
            //将所有的线程本地存储变量用一个 OS 的 pthread_key 聚合后进行统一释放
            register_dtor(a, dtor);
        }
    }
    pub unsafe fn get<F: FnOnce() -> T>(&self, init: F) -> Option<&'static T> {
        //如果已经初始化，则取用值；如果没有初始化，则进行初始化
        unsafe {
            match self.inner.get() {
                Some(val) => Some(val),
                None => self.try_initialize(init),
            }
        }
    }
    unsafe fn try_initialize<F: FnOnce() -> T>(&self, init: F) -> Option
<&'static T> {
        if !mem::needs_drop::<T>() || unsafe { self.try_register_dtor() } {
            //只有在变量不需要 drop 或成功注册 destroy()函数的情况下才进行初始化
            Some(unsafe { self.inner.initialize(init) })
        } else {
            None
        }
    }
    unsafe fn try_register_dtor(&self) -> bool {
        match self.dtor_state.get() {
            DtorState::Unregistered => {
                //注册 dtor()函数，这里所有的释放回调函数都是 destroy_value()
                unsafe { register_dtor(self as *const _ as *mut u8, destroy_value::
<T>) };
                self.dtor_state.set(DtorState::Registered);
                true
            }
            DtorState::Registered => {   true    } //递归初始化
            DtorState::RunningOrHasRun => false,
        }
    }
}
//此函数被 C 语言的代码调用
unsafe extern "C" fn destroy_value<T>(ptr: *mut u8) {
    let ptr = ptr as *mut Key<T>;
    unsafe {
```

```
            let value = (*ptr).inner.take();                    //获取变量所有权
            //设置 destroy()函数的状态
            (*ptr).dtor_state.set(DtorState::RunningOrHasRun);
            drop(value);
        }
    }
}
//LazyKeyInner<T>的实现
mod lazy {
    use crate::cell::UnsafeCell;
    use crate::hint;
    use crate::mem;

    pub struct LazyKeyInner<T> {
        inner: UnsafeCell<Option<T>>, //一般使用 None 进行初始化，达到惰性目的
    }
    impl<T> LazyKeyInner<T> {
        //此函数用于构造一个未初始化变量
        pub const fn new() -> LazyKeyInner<T> {
            LazyKeyInner { inner: UnsafeCell::new(None) }
        }
        //此函数用于获取内部变量的引用
        pub unsafe fn get(&self) -> Option<&'static T> {
            unsafe { (*self.inner.get()).as_ref() } //返回内部变量的引用
        }
        //此函数用于调用闭包函数来初始化 self
        pub unsafe fn initialize<F: FnOnce() -> T>(&self, init: F) -> &'static T {
            let value = init();
            let ptr = self.inner.get();
            unsafe {
                //只能用 replace 这种方式，如果直接用*ptr=，则编译器需要调用原变量的 drop()函数，
                //此处最好避免编译器陷入这种复杂情况
                let _ = mem::replace(&mut *ptr, Some(value));
                //替换出来的变量的生命周期在此终止，此时编译器处理就简单了
            }
            unsafe {
                match *ptr {
                    Some(ref x) => x,
                    None => hint::unreachable_unchecked(),
                }
            }
        }
        //此函数用于实现 take()函数的逻辑
        pub unsafe fn take(&mut self) -> Option<T> {
            unsafe { (*self.inner.get()).take() }
```

```
        }
    }
}

//以下代码利用 OS 的 StaticKey 实现线程局部存储静态变量
pub mod os {
    use super::lazy::LazyKeyInner;
    use crate::cell::Cell;
    use crate::fmt;
    use crate::marker;
    use crate::ptr;
    use crate::sys_common::thread_local_key::StaticKey as OsStaticKey;

    pub struct Key<T> {
        os: OsStaticKey,
        marker: marker::PhantomData<Cell<T>>,  //指示本结构有一个 Cell<T>的所有权
    }
    unsafe impl<T> Sync for Key<T> {}
    struct Value<T: 'static> {
        inner: LazyKeyInner<T>,
        key: &'static Key<T>,
    }
    impl<T: 'static> Key<T> {
        pub const fn new() -> Key<T> {
            //创建一个 StaticKey
            Key { os: OsStaticKey::new(Some(destroy_value::<T>)), marker: marker::
PhantomData }
        }
        pub unsafe fn get(&'static self, init: impl FnOnce() -> T) -> Option
<&'static T> {
            //获取 OS 的 StaticKey 的内部变量裸指针
            let ptr = unsafe { self.os.get() as *mut Value<T> };
            if ptr.addr() > 1 {
                //如果是 Some 类型的值
                if let Some(ref value) = unsafe { (*ptr).inner.get() } {
                    return Some(value); //则返回内部变量的引用
                }
            }
            //当没有值时，需要进行初始化
            unsafe { self.try_initialize(init) }
        }
        unsafe fn try_initialize(&'static self, init: impl FnOnce() -> T) ->
Option<&'static T> {
            let ptr = unsafe { self.os.get() as *mut Value<T> };
            if ptr.addr() == 1 {
```

```
                return None;
            }
            let ptr = if ptr.is_null() {
                let ptr: Box<Value<T>> = box Value { inner: LazyKeyInner::new(), key:
self }; //申请堆内存
                let ptr = Box::into_raw(ptr);                   //获取申请的堆内存地址
                unsafe {   self.os.set(ptr as *mut u8);   }//将堆内存地址与OS的Key相关联
                ptr
            } else {
                ptr //使用当前的ptr
            };
            unsafe { Some((*ptr).inner.initialize(init)) }  //初始化变量
        }
    }
    unsafe extern "C" fn destroy_value<T: 'static>(ptr: *mut u8) {
        unsafe {
            let ptr = Box::from_raw(ptr as *mut Value<T>);  //恢复Box以便释放堆内存
            let key = ptr.key;
            key.os.set(ptr::invalid_mut(1));                //将thread_local_key设置为1
            drop(ptr);                                      //释放堆内存
            key.os.set(ptr::null_mut());                    //Key可以重新用于与新的内存相关
        }
    }
}
//使用llvm特性实现的线程本地存储变量类型
pub use self::local::fast::Key as __FastLocalKeyInner;
//使用OS的线程本地存储变量实现的线程本地存储变量类型
pub use self::local::os::Key as __OsLocalKeyInner;
```

标准库对线程本地存储的实现十分复杂，但标准库提供的 thread_local!宏及 with()函数简便易用，让程序员极为舒适。

3. 线程环境变量借用

如果线程闭包函数要借用环境变量，即使代码可以保证线程的生命周期符合要求，那么也会因为生命周期问题导致编译失败。为了让线程闭包函数能够借用环境变量，标准库设计了 scope 机制，让编译器了解线程的生命周期符合要求。

一个线程环境变量借用的示例代码如下：

```
#![feature(scoped_threads)]
use std::thread;
let mut a = vec![1, 2, 3];
let mut x = 0;

thread::scope(|s| {
```

```
    s.spawn(|| {
        println!("hello from the first scoped thread");
        dbg!(&a);              //使用了 a 的借用
    });
    s.spawn(|| {
        println!("hello from the second scoped thread");
        x += a[0] + a[2]; //使用了新的可变借用及 a 的不可变借用
    });
    println!("hello from the main thread");
});
//当线程结束后，仍然可以使用 a 的可变借用
a.push(4);
assert_eq!(x, a.len());
```

在 scope()函数内部创建线程后，可以在线程闭包函数内借用环境变量。

scope 机制的设计思路很简单，即利用生命周期标识，定义线程主函数的生命周期位于环境变量的生命周期之内，以便通过编译器编译。对相关源代码的分析如下：

```
//此类型使用 scope()函数创建，env 是环境变量的生命周期，scope 是线程主函数的生命周期，
//确保线程函数可以借用环境变量，
//此处明确定义线程主函数的生命周期是环境变量的生命周期的基类
pub struct Scope<'scope, 'env: 'scope> {
    data: ScopeData, //保证生命周期
    scope: PhantomData<&'scope mut &'scope ()>,    //指示函数的生命周期
    env: PhantomData<&'env mut &'env ()>,          //指示环境变量的生命周期
}
//JoinHandle 的 scoped 版本
pub struct ScopedJoinHandle<'scope, T>(JoinInner<'scope, T>);
pub(super) struct ScopeData {
    num_running_threads: AtomicUsize,              //运行的线程数量
    a_thread_panicked: AtomicBool,                 //某线程已经引发 panic
    main_thread: Thread,                           //主线程拥有所有权的线程
}

//此函数的生命周期较为复杂，将线程 spawn()函数放在参数的闭包内，线程闭包即可以借用环境变量
pub fn scope<'env, F, T>(f: F) -> T
where
    //F 会在 scope 内部调用，其生命周期不应长于 scope()函数的生命周期，
    //F 参数的生命周期也不能长于 scope()函数的生命周期。
    //在将一个带参数的闭包作为函数参数时，会出现如下复杂的生命周期声明
    F: for<'scope> FnOnce(&'scope Scope<'scope, 'env>) -> T,
{
    let scope = Scope {
        data: ScopeData {
            num_running_threads: AtomicUsize::new(0),
```

```
            main_thread: current(),
            a_thread_panicked: AtomicBool::new(false),
        },
        env: PhantomData,           //可认为 env 是 scope()函数的生命周期
        scope: PhantomData,         //可认为 scope 是 F 的生命周期
    };
    //用捕获 panic 的方式执行 F，保证即使 F 异常退出，也仍然运行在 scope()函数内，
    //F 通常调用 scope.spawn 创建线程
    let result = catch_unwind(AssertUnwindSafe(|| f(&scope)));
    //等待所有的线程都退出，保证线程的生命周期短于 scope()函数的生命周期
    while scope.data.num_running_threads.load(Ordering::Acquire) != 0 {
        park();
    }
    match result {
        Err€ => resume_unw€(e),  //当使用 scope()函数创建的线程引发 panic 时，返回错误
        Ok(_) if scope.data.a_thread_panicked.load(Ordering::Relaxed) => {
            p"nic!("a scoped thread panicked")
        } //如果其他线程引发 panic，则返回相关信息
        Ok(result) => result,
    }
}

impl ScopeData {
    //此函数用于在 Scope::spawn 后增加线程计数
    pub(super) fn increment_num_running_threads(&self) {
        //当创建线程时，增加的计数不能超过线程的最大数量
        if self.num_running_threads.fetch_add(1, Ordering::Relaxed) > usize::MAX / 2 {
            self.decrement_num_running_threads(false);
            panic!("too many running threads in thread scope");
        }
    }
    //此函数用于在线程结束时减少线程计数
    pub(super) fn decrement_num_running_threads(&self, panic: bool) {
        if panic {
            //对于引发 panic 的线程更新 panic 标识
            self.a_thread_panicked.store(true, Ordering::Relaxed);
        }
        //减少线程计数
        if self.num_running_threads.fetch_sub(1, Ordering::Release) == 1 {
            self.main_thread.unpark(); //唤醒主线程
        }
    }
}
//定义 scope 是 env 的基类
impl<'scope, 'env> Scope<'scope, 'env> {
```

```
    //此函数用于创建新线程，F 返回值的生命周期为 scope，F 的生命周期应短于 scope()函数的生命周期
    pub fn spawn<F, T>(&'scope self, f: F) -> ScopedJoinHandle<'scope, T>
    where
        F: FnOnce() -> T + Send + 'scope,
        T: Send + 'scope,
    {
        //基于 scope 创建线程
        Builder::new()
            .spawn_scoped(self, f)
            .expect("failed to spawn thread")
    }
}
impl Builder {
    pub fn spawn_scoped<'scope, 'env, F, T>(
        self,
        scope: &'scope Scope<'scope, 'env>,
        f: F,
    ) -> io::Result<ScopedJoinHandle<'scope, T>>
    where
        //因为 scope 是 env 的基类，所以保证了 F 可以使用环境变量的引用
        F: FnOnce() -> T + Send + 'scope,
        T: Send + 'scope,
    {
        Ok(ScopedJoinHandle(unsafe {
            //使用 spawn_unchecked_()函数定义生命闭包 F 的生命周期应该在 scope.data 的生命周期内部，
            //而 scope.data 的生命周期又在 env 的生命周期内部，故而 F 可以使用环境变量
            self.spawn_unchecked_(f, Some(&scope.data))
        }?))
    }
}
//利用生命周期的标注来使用环境变量的引用
impl<'scope, T> ScopedJoinHandle<'scope, T> {
    pub fn thread(&self) -> &Thread {  &self.0.thread  }
    pub fn join(self) -> Result<T> {  self.0.join()  }
    pub fn is_finished(&self) -> bool {
        Arc::strong_count(&self.0.packet) == 1
    }
}

//父线程与子线程之间的通信类型为 Packet<T>
pub type Result<T> = crate::result::Result<T, Box<dyn Any + Send + 'static>>;
//此类型用于获取线程的退出值，需要在线程间共享
struct Packet<'scope, T> {
    scope: Option<&'scope scoped::ScopeData>,  //scope 用于记录线程 panic
    result: UnsafeCell<Option<Result<T>>>,
```

```
}
impl<'scope, T> Drop for Packet<'scope, T> {
    fn drop(&mut self) {
        //self 会被 scope()函数内部创建的若干线程所读/写，如果某线程引发 panic，则要确认下面代码
        let unhandled_panic = matches!(self.result.get_mut(), Some(Err(_)));
        if let Err(_) = panic::catch_unwind(panic::AssertUnwindSafe(|| {
            *self.result.get_mut() = None;
        })) {
            rtabort!("thread result panicked on drop");
        }
        if let Some(scope) = self.scope {
            //当以 scope 的方式创建线程时，此处要保证唤醒 park 的主线程
            scope.decrement_num_running_threads(unhandled_panic);
        }
    }
}
```

标准库的线程模型使用很简单，但内部处理的概念比较复杂，尤其是 scope，因此读者需要认真理解。

11.10 线程消息通信——MPSC

早期网络 OS（类似华为的 VRP）广泛采用线程消息通信作为并发编程方案，甚至线程间通信仅使用消息机制，以减少临界区，降低程序的并发复杂度。线程消息通信常用的方案是，每个线程创建一个消息队列，线程自身是消息队列的消费者，其他线程是消息队列的生产者。线程消息通信需要尽量规避过长的消息内容。相关源代码在标准库中的路径如下：

```
/library/std/src/sync/mpsc/*.*
```

本节只讨论 MPSC（多生产者，单消费者）这种机制，将对 SPSC（单生产者，单消费者）的分析留给读者。

线程消息通信通常分为以下 3 个阶段。

（1）当最初建立连接时，默认仅做一次发送、接收，即 Oneshot 通道形式。

（2）如果向消息队列发送的消息包多于一个，但收线程及发线程都固定为同一个，则升级为 Stream 通道形式。

（3）如果向消息队列发送的消息线程多于一个，则升级为 Shared 通道形式。

采用如此复杂的设计，虽然有合理的原因，但标准库的代码给人一种炫技的感觉，只使用 Shared 通道形式既可靠又简单。图 12-1 所示为 MPSC 关系图。

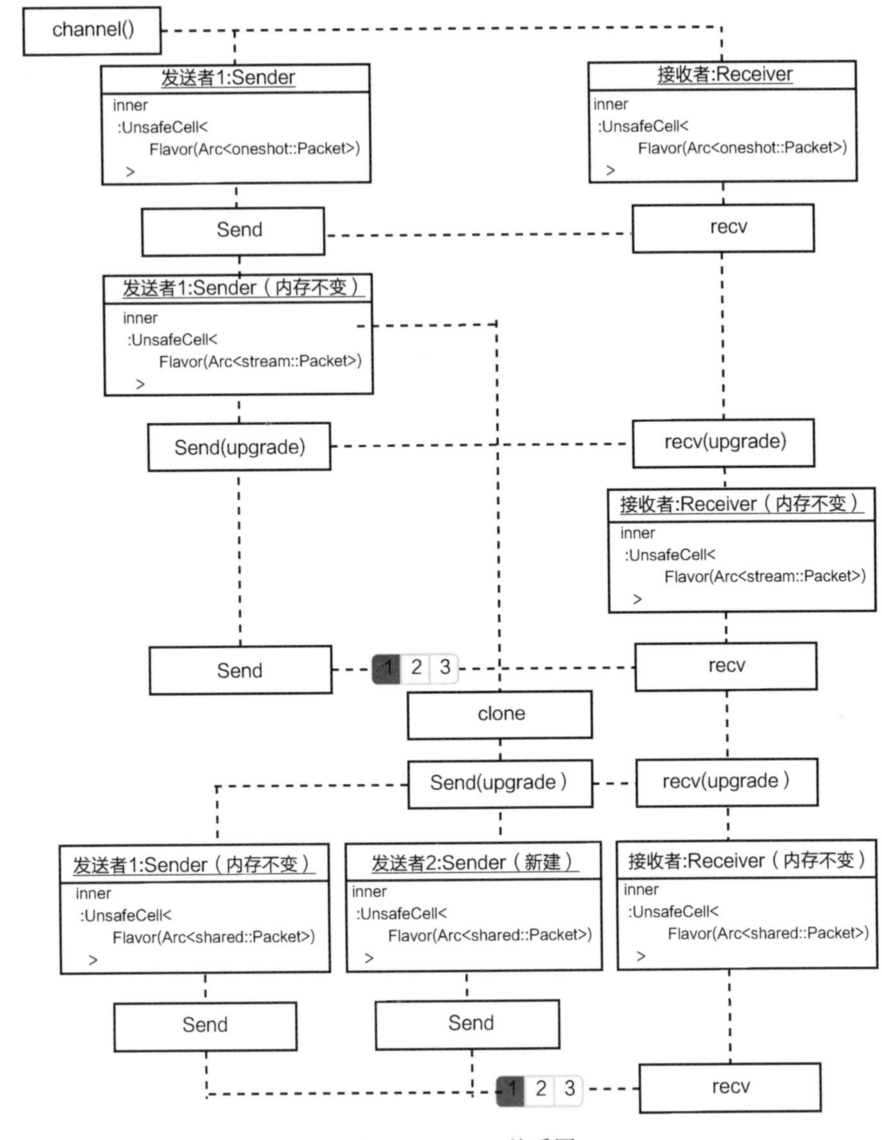

图 12-1　MPSC 关系图

模块中的主要类型如下。

（1）Queue<T>类型用于消费者及接收者之间存储消息的队列。

（2）SignalToken/WaitToken 类型用于解除接收线程的阻塞信号。

（3）oneshot::Packet<T>类型是 Oneshot 类型的 channel 机制。

（4）shared::Packet<T>类型是 Shared 类型的 channel 机制。

（5）Sender<Flavor<T>>类型及 Receiver<Flavor<T>>类型是发送及接收的端口机制。

11.10.1 消息队列类型——Queue<T>

当线程之间交互的消息包多于一个时，需要采用队列方案，标准库设计了无锁的、无阻塞的临界区队列。此队列的设计与实现非常值得学习，充分体现了标准库开发人员高超的编程技巧。对 Queue<T>类型源代码的分析如下：

```
//从队列获取成员的返回类型
pub enum PopResult<T> {
    Data(T),        //返回队列成员
    Empty,          //队列为空
    Inconsistent,//在有些时刻会出现瞬间不一致情况
}
//队列中的节点类型
struct Node<T> {
    //队列下一个节点的指针
    next: AtomicPtr<Node<T>>,
    value: Option<T>,
}
//能够被多个线程操作的队列
pub struct Queue<T> {
    head: AtomicPtr<Node<T>>,       //利用原子指针操作实现多线程的临界区包含，极大地简化了代码
    tail: UnsafeCell<*mut Node<T>>, //尾部成员，因为需要修改，所以使用内部可变性类型
}
unsafe impl<T: Send> Send for Queue<T> {}
unsafe impl<T: Send> Sync for Queue<T> {}

impl<T> Node<T> {
    unsafe fn new(v: Option<T>) -> *mut Node<T> {
        //申请堆内存后，将堆内存的指针提取出来
        Box::into_raw(box Node { next: AtomicPtr::new(ptr::null_mut()), value: v })
    }
}
impl<T> Queue<T> {
    pub fn new() -> Queue<T> {
        let stub = unsafe { Node::new(None) };
        //生成一个空的队列
        Queue { head: AtomicPtr::new(stub), tail: UnsafeCell::new(stub) }
    }
    //在队尾加入一个节点
    pub fn push(&self, t: T) {
        unsafe {
            let n = Node::new(Some(t));
            //如果以下代码使用 C 语言来编写，则为 head->next = n; self.head = n。
            //如果队列空，则 self.tail 被赋值为 head。
```

```
            //因此，self.tail 实际上是队列头部，而 self.head 是队列尾部，
            //self.tail.next 是第一个队列成员。
            //利用原子操作将 self.head 更新到 prev，并将 self.head 更换为 n
            let prev = self.head.swap(n, Ordering::AcqRel);

            //要考虑在两个赋值语句中间加入了其他线程的操作是否会出现问题，
            //假设原队列为 head，有两个线程分别插入新节点 n、m，
            //当执行完上面的语句，而 m 在这个代码位置被插入时，
            //在插入 m 前，prev_n = pre_head, head = n;
            //在插入 m 后，prev_m = n, head = m。
            //如果先执行 n，执行完后，
            //pre_head->next = n, n->next = null；再执行 m，执行完后，
            //pre_head->next = n, n->next = m, head = m，则队列是正确的。
            //如果先执行 m，执行完后，pre_head->next = null, n->next = m, head = m;
            //再执行 n，执行完成后，pre_head->next = n, n->next = m, head =m，则队列是正确的。
            //从两个线程换成多个线程实际上也一样是正确的。这个地方处理得十分巧妙，
            //这是系统级编程语言的特征，当然，在这个过程中会出现不一致，但不会影响最后的正确性
            (*prev).next.store(n, Ordering::Release);
        }
    }
    //MPSC 队列只有一个线程在取队列
    pub fn pop(&self) -> PopResult<T> {
        unsafe {
            let tail = *self.tail.get(); //将队列中的 tail 取出
            //tail 的 next 是第一个有意义的成员
            let next = (*tail).next.load(Ordering::Acquire);
            //如果 next 为空，则说明是空队列
            if !next.is_null() {
                //此处队列 tail 的原值会被 drop,tail 被赋为新值 next,因为 push 操作不可能更改 tail,
                //所以这里不会有线程冲突问题，这个语句完成后，队列是完整且一致的
                *self.tail.get() = next;
                assert!((*tail).value.is_none());
                assert!((*next).value.is_some());
                //用 take 取值，并将*next 的 value 设置为 None
                let ret = (*next).value.take().unwrap();
                let _: Box<Node<T>> = Box::from_raw(tail); //恢复 Box，以释放堆内存
                return Data(ret);
                //释放 tail
            }
            //如果 head 不是 tail，则说明有线程正在 push，出现了不一致的情况，
            //但这个不一致会随着另一个线程插入的结束而重新一致
            if self.head.load(Ordering::Acquire) == tail { Empty } else { Inconsistent }
        }
    }
}
```

```
impl<T> Drop for Queue<T> {
    fn drop(&mut self) {
        unsafe {
            //需要释放队列资源
            let mut cur = *self.tail.get();
            while !cur.is_null() {
                let next = (*cur).next.load(Ordering::Relaxed);
                let _: Box<Node<T>> = Box::from_raw(cur); //恢复 Box，以释放堆内存
                cur = next;
            }
        }
    }
}
```

11.10.2 阻塞及唤醒信号机制

消息通信需要生产者线程通知消费者线程消息已经发出。Condvar 可以完成这项工作，但 MPSC 决定采用无锁设计，所以做了新的实现。

下面的设计具有通用性，其基本思路如下。

（1）设计多个线程间的信号结构，只允许一个线程在信号上等待，可以有多个线程触发信号解锁。

（2）利用原子变量的变化来做信号等待。

对相关源代码的分析如下：

```
//线程间共享的信号结构
struct Inner {
    thread: Thread,        //指明执行信号等待的线程
    woken: AtomicBool,     //标志解除等待信号发送
}
unsafe impl Send for Inner {}
unsafe impl Sync for Inner {}

//信号发送端结构
pub struct SignalToken {
    inner: Arc<Inner>,
}
//信号接收端结构
pub struct WaitToken {
    inner: Arc<Inner>,
}
impl !Send for WaitToken {}
impl !Sync for WaitToken {}
```

```
//使用 tokens()函数创建的信号通常由消费者线程调用
pub fn tokens() -> (WaitToken, SignalToken) {
    //初始为无信号
    let inner = Arc::new(Inner { thread: thread::current(), woken: AtomicBool::
new(false) });
    let wait_token = WaitToken { inner: inner.clone() }; //wait 由消费者线程本身使用
    let signal_token = SignalToken { inner }; //signal 由生产者线程使用
    (wait_token, signal_token)
}
impl SignalToken {
    //此函数用于发送信号以便唤醒等待线程
    pub fn signal(&self) -> bool {
        //更改原子变量，并判断是否处于等待信号状态
        let wake = self.inner.woken
            .compare_exchange(false, true, Ordering::SeqCst, Ordering::SeqCst)
            .is_ok();
        if wake {
            self.inner.thread.unpark();  //更改成功后，调用 unpark()函数解除接收线程阻塞
        }
        wake
    }
    //此函数用于生成裸指针，以传递给其他线程构造 SignalToken。
    //因为传递的是堆内存指针，所以此处只能用裸指针
    pub unsafe fn to_raw(self) -> *mut u8 {
        Arc::into_raw(self.inner) as *mut u8
    }
    //此函数用于从内存指针恢复为 SignalToken，由生产者线程完成
    pub unsafe fn from_raw(signal_ptr: *mut u8) -> SignalToken {
        SignalToken { inner: Arc::from_raw(signal_ptr as *mut Inner) }
    }
}
impl WaitToken {
    //此函数被消费者线程调用等待发送端信号
    pub fn wait(self) {
        //必须对 woken 做过设置
        while !self.inner.woken.load(Ordering::SeqCst) { thread::park() }
    }
    //此函数被消费者线程调用，设置超时的等待
    pub fn wait_max_until(self, end: Instant) -> bool {
        while !self.inner.woken.load(Ordering::SeqCst) {
            let now = Instant::now();
            if now >= end { return false; }
            thread::park_timeout(end - now)
        }
```

```
        true
    }
}
```

11.10.3 一次性通信通道机制

一次性通信机制 Oneshot 是仅收发一次消息包而实现的类型。对相关源代码的分析如下：

```
//以下代码用于标识通道的状态
const EMPTY: *mut u8 = ptr::invalid_mut::<u8>(0);         //没有数据包
const DATA: *mut u8 = ptr::invalid_mut::<u8>(1);          //有数据包等待被接收
const DISCONNECTED: *mut u8 = ptr::invalid_mut::<u8>(2);  //中断
//其他值(ptr)是消费者线程信号结构体变量的指针，说明有消费者线程在等待接收

//消息包结构，因为只有一次接收及一次发送，所以结构中除 state 外其他不涉及数据竞争
pub struct Packet<T> {
    state: AtomicPtr<u8>, //通道状态，取值分别为 EMPTY/DATA/DISCONNECTED/ptr
    //通道内的数据，此数据需要从发送者复制到此处，再复制到接收者，因为仅有一个包，所以性能不是关注要点
    data: UnsafeCell<Option<T>>,
    //当发送第二个包或复制 Sender 时，需要进行升级，
    //此处防止新的通道接收 Receiver 结构拥有所有权
    upgrade: UnsafeCell<MyUpgrade<T>>,
}
//接收时发生的错误类型结构
pub enum Failure<T> {
    Empty,                        //此枚举值表示通道为空的错误
    Disconnected,                 //连接中断
    Upgraded(Receiver<T>),        //升级中，当发送线程时，会把 Receiver<T>发送过来
}
pub enum UpgradeResult {
    UpSuccess,                    //已经成功升级为其他类型的通道
    UpDisconnected,               //当升级时，通道中断
    UpWoke(SignalToken),          //接收线程阻塞及期望接收的信号
}
enum MyUpgrade<T> {
    NothingSent,                  //通道内没有包，可以不升级
    SendUsed,                     //通道内已经发送过包，需要考虑升级
    GoUp(Receiver<T>),            //通道已经被通知需要升级，升级后的端口在参数中
}
impl<T> Packet<T> {
    //此函数用于创建一个通道，所有的内容都是初始化值
    pub fn new() -> Packet<T> {
        Packet {
            data: UnsafeCell::new(None),
```

```
        upgrade: UnsafeCell::new(NothingSent),
        state: AtomicPtr::new(EMPTY),
    }
}
//此函数被生产者线程用于通过 Sender 端口发送包，生产者线程应保证只调用一次此函数
pub fn send(&self, t: T) -> Result<(), T> {
    unsafe {
        //检查是否已经发送过包
        match *self.upgrade.get() {
            NothingSent => {}          //如果没有发送包，则不做操作
            //此处应该先升级再发送
            _ => panic!("sending on a oneshot that's already sent on "),
        }
        assert!((*self.data.get()).is_none());
        ptr::write(self.data.get(), Some(t));        //复制消息包内容
        ptr::write(self.upgrade.get(), SendUsed);   //将 upgrade 设置为已经发送过包
        //更新 state
        match self.state.swap(DATA, Ordering::SeqCst) {
            EMPTY => Ok(()),           //此时可以正常发送，state 被设置为有数据状态
            DISCONNECTED => {          //表明接收端已经删除了通道
                self.state.swap(DISCONNECTED, Ordering::SeqCst); //将状态设置为中断
                ptr::write(self.upgrade.get(), NothingSent);     //恢复 upgrade
                //将消息包数据回收，并返回发送出错
                Err((&mut *self.data.get()).take().unwrap())
            }
            DATA => unreachable!(), //代码不应该执行此处
            ptr => {                   //有线程等待接收
                SignalToken::from_raw(ptr).signal(); //通知接收线程解除阻塞
                Ok(())
            }
        }
    }
}
//此函数用于检查是否已经发过消息包
pub fn sent(&self) -> bool {
    unsafe { !matches!(*self.upgrade.get(), NothingSent) }
}
//此函数被消费者线程用于通过 Receiver 接收消息包
pub fn recv(&self, deadline: Option<Instant>) -> Result<T, Failure<T>> {
    //尽量不阻塞线程
    if self.state.load(Ordering::SeqCst) == EMPTY {
        //当消息为空时，需要阻塞，生成信号对
        let (wait_token, signal_token) = blocking::tokens();
        let ptr = unsafe { signal_token.to_raw() };  //获取生产者线程堆内存
        //设置状态为有线程在等待接收
```

```
        if self.state.compare_exchange(EMPTY, ptr, Ordering::SeqCst,
            Ordering::SeqCst).is_ok() {
            if let Some(deadline) = deadline {   //设置成功，判断是否超时
                //调用超时等待函数可能会导致执行流阻塞
                let timed_out = !wait_token.wait_max_until(deadline);
                if timed_out {                         //判断是否超时
                    //此处进行超时清理；如果发送端通知升级，则形成 Upgraded(Receiver<T>)变量，
                    //Upgraded(Receiver<T>)可由 map_err(Upgraded)函数来构建
                    self.abort_selection().map_err(Upgraded)?;
                }
                //被接收线程唤醒
            } else {
                wait_token.wait(); //当没有超时时，一直阻塞等待
                debug_assert!(self.state.load(Ordering::SeqCst) != EMPTY);
            }
        } else {
            drop(unsafe { SignalToken::from_raw(ptr) }); //如果失败，则清理信号
        }
        //wait_token 及 signal_token 的生命周期终止
    }
    self.try_recv() //此时已经有数据了
}
//此函数被消费者线程用于接收消息
pub fn try_recv(&self) -> Result<T, Failure<T>> {
    unsafe {
        match self.state.load(Ordering::SeqCst) {
            EMPTY => Err(Empty),     //当数据为空时，返回错误
            DATA => {                     //发现数据
                let _ = self.state.compare_exchange(  //将 state 的状态修改为 EMPTY
                    DATA,
                    EMPTY,
                    Ordering::SeqCst,
                    Ordering::SeqCst,
                );
                match (&mut *self.data.get()).take() {    //读出数据
                    Some(data) => Ok(data),              //返回数据
                    None => unreachable!(),
                }
            }
            //当处于中断状态时，可能此通道已经被升级，此时检查是否还有数据
            DISCONNECTED => match (&mut *self.data.get()).take() {
                Some(data) => Ok(data), //如果有数据，则读出数据
                //如果没有数据，则更新 upgrade 状态
                None => match ptr::replace(self.upgrade.get(), SendUsed) {
                    //发送端已经关闭，返回 Disconnected 信息
                    SendUsed | NothingSent => Err(Disconnected),
                    //通知升级，将 Receiver<T>包装到返回变量中返回
```

```
                GoUp(upgrade) => Err(Upgraded(upgrade)),
            },
        },
        _ => unreachable!(), //代码不应该执行此处
    }
  }
}
//当发送包多于一个时，
//生产者线程调用此函数将 Oneshot 类型的管道升级为 Shared 类型或 Stream 类型
pub fn upgrade(&self, up: Receiver<T>) -> UpgradeResult {
    unsafe {
        let prev = match *self.upgrade.get() {
            NothingSent => NothingSent,      //可正常升级
            SendUsed => SendUsed,            //可正常升级
            _ => panic!("upgrading again"), //其他状态表示已经完成升级
        };
        //将 GoUp(up)浅拷贝到 self，达到不消费 self 完成升级的目的，
        //self 原有内容的资源会在之前代码的 prev 变量的生命周期终止时释放
        ptr::write(self.upgrade.get(), GoUp(up));
        //self 失效，更新状态为 DISCONNECTED
        match self.state.swap(DISCONNECTED, Ordering::SeqCst) {
            //原状态为 DATA 及 EMPTY，返回升级成功，此时有可能消息还没有被接收，
            //返回后，发送端端口 Sender 的生命周期会终止
            DATA | EMPTY => UpSuccess,
            DISCONNECTED => { //如果更新状态为 DISCONNECTED，则需要撤回本次请求
                //此处不应该进行升级操作，需要将原有内容重新写入 self
                ptr::replace(self.upgrade.get(), prev);
                UpDisconnected //当升级时，通道已经中断
            }
            //如果有线程在等待接收，则需要将唤醒信号返回
            ptr => UpWoke(SignalToken::from_raw(ptr)),
        }
    }
}
//此函数被生产者线程用于删除通道
pub fn drop_chan(&self) {
    match self.state.swap(DISCONNECTED, Ordering::SeqCst) { //更新状态
        DATA | DISCONNECTED | EMPTY => {}
        //如果有等待线程，则发送信号唤醒
        ptr => unsafe {  SignalToken::from_raw(ptr).signal();  },
    }
}
//此函数被消费者线程用于删除端口
pub fn drop_port(&self) {
    match self.state.swap(DISCONNECTED, Ordering::SeqCst) { //更新状态
        DISCONNECTED | EMPTY => {}
        DATA => unsafe { //如果有数据，则删除它们
            (&mut *self.data.get()).take().unwrap();
```

```
                //通过上一行代码获取的生命周期终止
            },
            _ => unreachable!(), //接收线程才能调用这个函数
        }
    }
    //此函数被消费者线程用于阻塞超时处理
    pub fn abort_selection(&self) -> Result<bool, Receiver<T>> {
        let state = match self.state.load(Ordering::SeqCst) {   //获取 state
            s @ (EMPTY | DATA | DISCONNECTED) => s,             //这些状态不用处理
            ptr => self
                .state
                .compare_exchange(ptr, EMPTY, Ordering::SeqCst, Ordering::SeqCst)
                //ptr 是由本线程设置的，切换回 EMPTY 状态，并返回信号指针
                .unwrap_or_else(|x| x),
        };
        match state {
            EMPTY => unreachable!(),
            DATA => Ok(true),                              //有数据
            DISCONNECTED => unsafe {                       //发送端中断
                if (*self.data.get()).is_some() {          //接收数据
                    Ok(true)
                } else {
                    //判断是否需要升级
                    match ptr::replace(self.upgrade.get(), SendUsed) {
                        //升级调用，返回升级到的端口 Receiver<T>
                        GoUp(port) => Err(port),
                        _ => Ok(true),
                    }
                }
            },
            ptr => unsafe {                                //没有其他线程发送数据
                drop(SignalToken::from_raw(ptr));          //删除信号
                Ok(false)                                  //没有接收数据
            },
        }
    }
}
impl<T> Drop for Packet<T> {
    fn drop(&mut self) {
        assert_eq!(self.state.load(Ordering::SeqCst), DISCONNECTED);
    }
}
```

11.10.4 Shared 类型通道

当消费者线程有多个时，需要对 Oneshot 类型通道进行复制操作，将 Oneshot 类型通道

升级到 Shared 类型通道。对相关源代码的分析如下：

```
//用发送包的计数表示通道状态
const DISCONNECTED: isize = isize::MIN;  //通道中断标志
const FUDGE: isize = 1024;               //能支持的最大通道数
const MAX_REFCOUNT: usize = (isize::MAX) as usize;
const MAX_STEALS: isize = 1 << 20;       //当信道不阻塞时，每次最大接收包数量
const EMPTY: *mut u8 = ptr::null_mut();  //既没有数据，又没有阻塞的接收线程

pub struct Packet<T> {
    queue: mpsc::Queue<T>,  //消息包队列
    //发送的包总数，当每次阻塞或接收包数量到达限值时，将此字段设置为-1 (-1 表示有阻塞),
    //需要发送信号的标记
    cnt: AtomicIsize,
    steals: UnsafeCell<isize>,     //接收的包总数，当每次阻塞或接收包数量达到限值时会清零
    to_wake: AtomicPtr<u8>,        //使用 SingleToken 指针接收线程阻塞时期待的信号量
    channels: AtomicUsize,    //信道使用者计数，初始最少有两个使用者，每添加一个发送线程就加 1
    port_dropped: AtomicBool,      //接收端关闭通道的标志
    sender_drain: AtomicIsize,     //发送端发现接收端中断，确定清理线程的辅助结构
    //使用单元类型的 Mutex，不包含临界区，仅提供锁机制，通常用于保护一段代码
    select_lock: Mutex<()>,
}
pub enum Failure {
    Empty,
    Disconnected,
}
enum StartResult {
    Installed,
    Abort,
}
impl<T> Packet<T> {
    //调用 new()函数后，必须马上调用 postinit_lock()函数及 inherit_blocker()函数才能执行其他操作
    pub fn new() -> Packet<T> {
        Packet {
            queue: mpsc::Queue::new(), //初始化为空包队列
            cnt: AtomicIsize::new(0),  //当每次阻塞或接收包数量达到限值时会清零
            steals: UnsafeCell::new(0),//当每次阻塞或接收包数量达到限值时会清零
            to_wake: AtomicPtr::new(EMPTY),//初始化为空
            channels: AtomicUsize::new(2), //初始最少有两个使用者，每添加一个发送线程就加 1
            port_dropped: AtomicBool::new(false),
            sender_drain: AtomicIsize::new(0),       //初始化为 0 表示没有中断
            select_lock: Mutex::new(()),
        }
    }
    //self 一般是 Arc 类型变量，在没有进行复制前要调用 postinit_lock()函数
```

```
    pub fn postinit_lock(&self) -> MutexGuard<'_, ()> {
        self.select_lock.lock().unwrap()
    }
    //此函数用于处理升级前的通道遗留有阻塞线程的场景，guard 是调用 postinit_lock()函数的返回值
    pub fn inherit_blocker(&self, token: Option<SignalToken>, guard: MutexGuard<'_,
()>) {
        if let Some(token) = token { //判断是否有接收线程阻塞
            assert_eq!(self.cnt.load(Ordering::SeqCst), 0);
            assert_eq!(self.to_wake.load(Ordering::SeqCst), EMPTY);
            //将阻塞信号设置到 to_wake 中
            self.to_wake.store(unsafe { token.to_raw() }, Ordering::SeqCst);
            //在通道发第一个包时，才会唤醒接收线程，但是接收线程可能需要进行升级，
            //才能接收数据包。
            //所以使用-1 作为接收线程阻塞的标志，这种设计方式过于复杂，并不是好的设计
            self.cnt.store(-1, Ordering::SeqCst);
            unsafe { *self.steals.get() = -1; }     //将 steals 设置为-1
        }
        drop(guard);                                //解锁
    }
    //此函数用于发送消息
    pub fn send(&self, t: T) -> Result<(), T> {
        if self.port_dropped.load(Ordering::SeqCst) { //判断接收端口 Receiver 是否已经关闭
            return Err(t);                            //如果关闭，则返回错误
        }
        //判断通道是否中断，因为每个线程发送都可能会造成计数加 1，
        //所以 DISCONNECTED..=DISCONNECTED+FUDGE，
        //这个范围的计数是通道被设置为中断的计数
        if self.cnt.load(Ordering::SeqCst) < DISCONNECTED + FUDGE { return Err(t); }
        //将消息发送到队列中
        self.queue.push(t);
        //增加发包计数，每次 push 队列都要对 cnt 增加值来反映此操作
        match self.cnt.fetch_add(1, Ordering::SeqCst) {
            //获取的原值为-1，表示此包是第一个包，且接收线程在等待信号，
            //只有将 cnt 设置为-1 的发送线程才能执行此代码
            -1 => {
                //发信号通知接收线程退出阻塞，这个机制有些复杂
                self.take_to_wake().signal();
            }
            //如果将消息发送到队列后，通道被中断，则此时需要撤回数据包
            n if n < DISCONNECTED + FUDGE => {
                self.cnt.store(DISCONNECTED, Ordering::SeqCst); //重新将 cnt 设置为中断状态
                //判断是否是第一个 sender_drain
                if self.sender_drain.fetch_add(1, Ordering::SeqCst) == 0 {
                    //如果是，则负责删除队列中的所有消息包
                    loop {
```

```
                    loop { //循环直到 queue 为空
                        match self.queue.pop() {
                            mpsc::Data(..) => {}
                            mpsc::Empty => break,
                            mpsc::Inconsistent => thread::yield_now(),
                        }
                    }
                    if self.sender_drain.fetch_sub(1, Ordering::SeqCst) == 1 {
                        //确定所有线程都已经被处理
                        break;
                    }
                }
            }
        }
        _ => {}
    }
    Ok(())
}
//此函数用于接收消息
pub fn recv(&self, deadline: Option<Instant>) -> Result<T, Failure> {
    //尽量不要阻塞
    match self.try_recv() {
        Err(Empty) => {}
        data => return data,
    }
    //此时需要阻塞当前线程，生成通知信号
    let (wait_token, signal_token) = blocking::tokens();
    //在调用 try_recv()函数接收包前，需要做些处理，判断是否需要阻塞
    if self.decrement(signal_token) == Installed {
        //确定要阻塞
        if let Some(deadline) = deadline {
            //如果有超时要求，则需要做超时阻塞
            let timed_out = !wait_token.wait_max_until(deadline);
            if timed_out {
                self.abort_selection(false);      //如果超时，则需要做清理工作
            }
        } else {
            wait_token.wait();                    //如果没有超时,则一直阻塞到收到消息包
        }
    }
    //当前已经收到消息包
    match self.try_recv() {
        data @ Ok(..) => unsafe {
            //以下代码用于修正阻塞收包统计计数。因为调用 try_recv()函数后，
            //阻塞收包统计计数会加 1，代码运行到这里证明没有阻塞，所以要减去这个计数。
            //这个计数也被用来判断队列是否阻塞。
```

```
                *self.steals.get() -= 1;
                data
            },
            data => data,
        }
    }
    //判断是否应该阻塞
    fn decrement(&self, token: SignalToken) -> StartResult {
        unsafe {
            assert_eq!(
                self.to_wake.load(Ordering::SeqCst),
                EMPTY,
                "This is a known bug in the Rust standard library.
                  See
            );
            //设置接收线程阻塞信号
            let ptr = token.to_raw();
            self.to_wake.store(ptr, Ordering::SeqCst);
            //当进行阻塞时，对 steals 进行清零
            let steals = ptr::replace(self.steals.get(), 0);
            //cnt 需要先把上次阻塞到本次阻塞之间的收包数量减去，再减 1，以便 cnt 成为-1
            match self.cnt.fetch_sub(1 + steals, Ordering::SeqCst) {
                DISCONNECTED => {
                    //将 cnt 恢复为中断的计数
                    self.cnt.store(DISCONNECTED, Ordering::SeqCst);
                }
                n => { //不是中断，原来至少应该发送过一个包，cnt 应该不小于 0
                    assert!(n >= 0);
                    //此时其他线程可能已经向通道发送包，因此需要再做一次检测
                    if n - steals <= 0 { return Installed; } //正常阻塞
                }
            }
            //此时队列已经有包或通道已经中断，不需要阻塞
            self.to_wake.store(EMPTY, Ordering::SeqCst);
            drop(SignalToken::from_raw(ptr));
            Abort
        }
    }
    //接收数据包
    pub fn try_recv(&self) -> Result<T, Failure> {
        //从队列取得一个包
        let ret = match self.queue.pop() {
            mpsc::Data(t) => Some(t),    //成功
            mpsc::Empty => None,         //不成功
            mpsc::Inconsistent => {      //此时处于一个临界状态
```

```
            let data;
            //获取数据
            loop {
                //这里等待一个 OS 调度周期，试图让发送线程工作，等待时间不定
                thread::yield_now();
                match self.queue.pop() {
                    mpsc::Data(t) => { //接收到数据
                        data = t;
                        break;
                    }
                    //代码不应该执行到此处
                    mpsc::Empty => panic!("inconsistent => empty"),
                    mpsc::Inconsistent => {} //继续等待
                }
            }
            Some(data)
        }
    };
    match ret {
        Some(data) => unsafe {                    //接收到数据
            if *self.steals.get() > MAX_STEALS { //如果非阻塞收包已经大于 MAX_STEALS
                match self.cnt.swap(0, Ordering::SeqCst) { //将 cnt 清零
                    DISCONNECTED => {             //cnt 的原值为 DISCONNECTED
                        //将 cnt 重新设置为 DISCONNECTED 状态
                        self.cnt.store(DISCONNECTED, Ordering::SeqCst);
                    }
                    n => {
                        //cnt 及 steals 两者取值小者
                        let m = cmp::min(n, *self.steals.get());
                        *self.steals.get() -= m;  //steals 减去最小值 m
                        self.bump(n - m);         //实际上是原 cnt 减去 m
                    }
                }
                assert!(*self.steals.get() >= 0);
            }
            *self.steals.get() += 1;
            Ok(data)
        },

        None => { //没有接收到数据
            match self.cnt.load(Ordering::SeqCst) {
                //如果通道没有中断，则返回队列空的异常
                n if n != DISCONNECTED => Err(Empty),
                _ => {
                    match self.queue.pop() {       //再接收一次
```

```
                    mpsc::Data(t) => Ok(t),    //没有对 self.steals 做操作
                    mpsc::Empty => Err(Disconnected),      //空表示为已经中断
                    mpsc::Inconsistent => unreachable!(), //代码不应该执行到此处
                } //数据包的生命周期终止，释放资源
            }
        }
    }
}
}
//此函数用于支持 Sender<T>的复制操作
pub fn clone_chan(&self) {
    //channel 数量增加
    let old_count = self.channels.fetch_add(1, Ordering::SeqCst);
    if old_count > MAX_REFCOUNT { abort(); }
}
//发送线程关闭通道
pub fn drop_chan(&self) {
    match self.channels.fetch_sub(1, Ordering::SeqCst) { //减少 channel 数量
        1 => {} //需要进行清理操作
        n if n > 1 => return, //还有其他发送线程，不必处理
        n => panic!("bad number of channels left {n}"), //不应该发生这种情况
    }
    //所有发送线程均已关闭，将发送端设置为中断状态
    match self.cnt.swap(DISCONNECTED, Ordering::SeqCst) {
        -1 => {                                   //有接收线程阻塞
            self.take_to_wake().signal();    //发送信号解除阻塞
        }
        DISCONNECTED => {}
        n => {
            assert!(n >= 0);
        }
    }
}
//接收线程关闭通道
pub fn drop_port(&self) {
    self.port_dropped.store(true, Ordering::SeqCst); //重置标志
    let mut steals = unsafe { *self.steals.get() }; //获取上次阻塞以来接收的数据包
    while {
        //block 是 while 的条件语句，当发送数据包与接收数据包相同时，设置中断
        match self.cnt.compare_exchange(
            steals,
            DISCONNECTED,
            Ordering::SeqCst,
            Ordering::SeqCst,
```

```
        ) {
            Ok(_) => false, //当成功时，退出循环
            //当 old 是 DISCONNECTED 时，退出循环，否则进入循环
            Err(old) => old != DISCONNECTED,
        }
    } {
        //利用这个循环把队列清空
        loop {
            match self.queue.pop() { //收包
                mpsc::Data(..) => { steals += 1; }
                mpsc::Empty | mpsc::Inconsistent => break,
            } //数据包的生命周期终止，释放资源
        }
    }
}
//重组阻塞信号结构
fn take_to_wake(&self) -> SignalToken {
    let ptr = self.to_wake.load(Ordering::SeqCst);
    self.to_wake.store(EMPTY, Ordering::SeqCst);
    assert!(ptr != EMPTY);
    unsafe { SignalToken::from_raw(ptr) }
}
//一次性给 cnt 增加若干值
fn bump(&self, amt: isize) -> isize {
    match self.cnt.fetch_add(amt, Ordering::SeqCst) { //一次性给 cnt 增加输入参数
        DISCONNECTED => { //如果原值是 DISCONNECTED
            //将 cnt 设置为 DISCONNECTED
            self.cnt.store(DISCONNECTED, Ordering::SeqCst);
            DISCONNECTED
        }
        n => n,
    }
}
//接收线程阻塞超时处理
pub fn abort_selection(&self, _was_upgrade: bool) -> bool {
    { let _guard = self.select_lock.lock().unwrap(); } //加锁，保护下面的临界区代码
    let steals = {
        let cnt = self.cnt.load(Ordering::SeqCst); //利用 block 作为表达式结果获取 cnt
        //发送端没有中断，cnt 阻塞超时次数只能是-1 或 0
        if cnt < 0 && cnt != DISCONNECTED { -cnt } else { 0 }
    };
    let prev = self.bump(steals + 1);    //cnt 增加，清除超时，如果有包，则 steals 加 1
    if prev == DISCONNECTED {            //发送端已经中断
        assert_eq!(self.to_wake.load(Ordering::SeqCst), EMPTY); //更新等待信号为空
        true                             //后继退出收包
```

```
        } else {
            let cur = prev + steals + 1;    //当前的发包计数
            assert!(cur >= 0);
            if prev < 0 {
                //如果没有发包，则主动对接收等待信号调用 drop()函数以释放资源
                drop(self.take_to_wake());
            } else {
                //发送端发送信号，放弃 CPU 以等待信号
                while self.to_wake.load(Ordering::SeqCst) != EMPTY {
                    thread::yield_now();
                }
            }
            unsafe {
                let old = self.steals.get();
                assert!(*old == 0 || *old == -1); //steals 只可能是 0 或-1
                *old = steals; //更新 self.steals，实际上是 steals 加 1
                prev >= 0
            }
        }
    }
}
impl<T> Drop for Packet<T> {
    fn drop(&mut self) {
        //确保 Packet 已经清理完成
        assert_eq!(self.cnt.load(Ordering::SeqCst), DISCONNECTED);
        assert_eq!(self.to_wake.load(Ordering::SeqCst), EMPTY);
        assert_eq!(self.channels.load(Ordering::SeqCst), 0);
    }
}
```

Shared 类型通道设计最奇怪的地方是用复杂的发包计数作为阻塞标记，导致该处代码不易理解。

11.10.5 对外接口层

MPSC 的对外接口提供了创建、复制、发包、收包操作，十分简练且易于使用。对相关源代码的分析如下：

```
//此函数用于构造 MPSC 通道，返回值中的 Sender 用于发送消息，Receiver 用于接收消息
pub fn channel<T>() -> (Sender<T>, Receiver<T>) {
    let a = Arc::new(oneshot::Packet::new()); //初始时创建 Oneshot 类型通道
    //创建 Sender 及 Receiver
    (Sender::new(Flavor::Oneshot(a.clone())), Receiver::new(Flavor::Oneshot(a)))
}
```

```
//发送端的端口类型
pub struct Sender<T> {
   inner: UnsafeCell<Flavor<T>>,
}
//接收端的端口类型
pub struct Receiver<T> {
   inner: UnsafeCell<Flavor<T>>,
}
//此枚举类型用来实现可升级的通道，没有使用 dyn Trait 方式，在认为以后通道类型不会再扩张时，
//采用 enum 的设计方式更容易控制。
//如果预计后继还会有更多通道方式，则应该采用 dyn Packet<T>的设计方式
enum Flavor<T> {
   Oneshot(Arc<oneshot::Packet<T>>), //只发送单一通信包的通道
   //一对一的多通信包的通道，当发送第二个包时，要创建并切换到这个通道
   Stream(Arc<stream::Packet<T>>),
   //多对一的通信包的通道，当复制发送端操作时，要创建并切换到这个通道
   Shared(Arc<shared::Packet<T>>),
   Sync(Arc<sync::Packet<T>>),
}
//此 Trait 用于支持 Sender 及 Receiver 内部变量的访问
trait UnsafeFlavor<T> {
   fn inner_unsafe(&self) -> &UnsafeCell<Flavor<T>>;
   unsafe fn inner_mut(&self) -> &mut Flavor<T> {  &mut *self.inner_unsafe().
get()  }
   unsafe fn inner(&self) -> &Flavor<T> {  &*self.inner_unsafe().get()  }
}
impl<T> UnsafeFlavor<T> for Sender<T> {
   fn inner_unsafe(&self) -> &UnsafeCell<Flavor<T>> {  &self.inner  }
}
impl<T> UnsafeFlavor<T> for Receiver<T> {
   fn inner_unsafe(&self) -> &UnsafeCell<Flavor<T>> {  &self.inner  }
}

impl<T> Sender<T> {
   //此函数用于构造包含通道的 Sender
   fn new(inner: Flavor<T>) -> Sender<T> {
      Sender { inner: UnsafeCell::new(inner) }
   }
   //此函数用于发送数据包
   pub fn send(&self, t: T) -> Result<(), SendError<T>> {
      //相当于新创建了一个 Flavor 的变量，此时要注意是否发生了两次 drop。
      //这里没有对解引用的 match 进行赋值，不会导致所有权转移
      let (new_inner, ret) = match *unsafe { self.inner() } {
         Flavor::Oneshot(ref p) => {      //此处只能使用引用，否则会导致所有权转移
            if !p.sent() {               //判断是否还能发送包，此时只能发一个包
```

```
                return p.send(t).map_err(SendError);
            } else {
                //当多于一个包时，对创建的 Stream 通道进行升级
                let a = Arc::new(stream::packet::new());
                //基于新的通道创建新的 Receiver
                let rx = Receiver::new(Flavor::Stream(a.clone()));
                match p.upgrade(rx) {          //通知 rx 端进行升级操作
                    oneshot::UpSuccess => {    //升级成功
                      let ret = a.send(t);     //发送报文
                       (a, ret)                //将新的通道赋值
                    }
                    //此时接收方已经中断，将数据包及新通道共同返回
                    oneshot::UpDisconnected => (a, Err(t)),
                    oneshot::UpWoke(token) => {   //接收线程阻塞，需要做唤醒操作
                        a.send(t).ok().unwrap();  //发送包
                        token.signal();           //唤醒接收线程
                        (a, Ok(()))               //返回新通道
                    }
                }
            }
        }
        //如果是 Stream，则正常发送包，不用修改 self
        Flavor::Stream(ref p) => return p.send(t).map_err(SendError),
        //如果是 Shared，则正常发送包，不用修改 self
        Flavor::Shared(ref p) => return p.send(t).map_err(SendError),
        Flavor::Sync(..) => unreachable!(), //代码不应该执行到此处
    };
    unsafe {
        //只有 Oneshot 会进入此处，需要构造新的 Sender,
        //并将新的 Sender 及旧的 Sender 进行内存替换
        let tmp = Sender::new(Flavor::Stream(new_inner));
        mem::swap(self.inner_mut(), tmp.inner_mut());        //tmp 的生命周期终止
    }
    ret.map_err(SendError)
  }
}
impl<T> Clone for Sender<T> {
   //此函数用于复制一个 Sender，执行此函数代表进入了多发一收的模式，需要升级到 Shared 类型通道
   fn clone(&self) -> Sender<T> {
       let packet = match *unsafe { self.inner() } {
           //Oneshot 类型通道处理
           Flavor::Oneshot(ref p) => {
               let a = Arc::new(shared::Packet::new()); //创建 Shared 类型通道
               {
                   let guard = a.postinit_lock();        //创建后马上加锁
```

```
                let rx = Receiver::new(Flavor::Shared(a.clone())); //构造 Receiver
                let sleeper = match p.upgrade(rx) {  //进行升级
                    oneshot::UpSuccess | oneshot::UpDisconnected => None,
                    oneshot::UpWoke(task) => Some(task),
                };
                a.inherit_blocker(sleeper, guard);   //完成通道设置
            }
        }
        //一对一的多包发送处理
        Flavor::Stream(ref p) => {
            let a = Arc::new(shared::Packet::new());//构造 Shared 类型通道
            {
                let guard = a.postinit_lock();          //创建后马上加锁
                let rx = Receiver::new(Flavor::Shared(a.clone())); //创建 Receiver
                let sleeper = match p.upgrade(rx) {  //进行升级
                    stream::UpSuccess | stream::UpDisconnected => None,
                    stream::UpWoke(task) => Some(task),
                };
                a.inherit_blocker(sleeper, guard);   //完成通道设置
            }
        }
        //Shared 类型通道处理
        Flavor::Shared(ref p) => {
            p.clone_chan();                             //复制通道
            return Sender::new(Flavor::Shared(p.clone())); //创建新的 Sender 类型通道
        }
        Flavor::Sync(..) => unreachable!(),
    };
    unsafe {
        //创建新的 Sender 类型通道
        let tmp = Sender::new(Flavor::Shared(packet.clone()));
        mem::swap(self.inner_mut(), tmp.inner_mut()); //替换现有的 Sender 类型通道
        //原有的 Flavor 的生命周期终止后，调用 drop()函数
    }
    Sender::new(Flavor::Shared(packet))              //创建新的 Sender 类型通道
  }
}
impl<T> Drop for Sender<T> {
    fn drop(&mut self) {
        //行为一致，都是中断通道
        match *unsafe { self.inner() } {
            Flavor::Oneshot(ref p) => p.drop_chan(),
            Flavor::Stream(ref p) => p.drop_chan(),
```

```
            Flavor::Shared(ref p) => p.drop_chan(),
            Flavor::Sync(..) => unreachable!(),
        }
    }
}

impl<T> Receiver<T> {
    //此函数用于构造 Receiver<T>
    fn new(inner: Flavor<T>) -> Receiver<T> {
        Receiver { inner: UnsafeCell::new(inner) }
    }
    //此函数用于收包，不会阻塞当前线程
    pub fn try_recv(&self) -> Result<T, TryRecvError> {
        loop {
            let new_port = match *unsafe { self.inner() } {
                //Oneshot 类型通道
                Flavor::Oneshot(ref p) => match p.try_recv() {
                    //如果使用 p.try_recv()函数返回的结果不是通道升级的情况，则直接返回相关结果
                    Ok(t) => return Ok(t),
                    Err(oneshot::Empty) => return Err(TryRecvError::Empty),
                    Err(oneshot::Disconnected) => return Err(TryRecvError::Disconnected),
                    //如果返回结果表明通道升级，将 new_port 设置为 rx
                    Err(oneshot::Upgraded(rx)) => rx,
                },
                //Stream 是一个消费者对一个接收者交互多个消息包的通道
                Flavor::Stream(ref p) => match p.try_recv() {
                    //如果使用 p.try_recv()函数返回的结果不是通道升级的情况，则直接返回相关结果
                    Ok(t) => return Ok(t),
                    Err(stream::Empty) => return Err(TryRecvError::Empty),
                    Err(stream::Disconnected) => return Err(TryRecvError::Disconnected),
                    //如果返回结果表明通道升级，将 new_port 设置为 rx
                    Err(stream::Upgraded(rx)) => rx,
                },
                //Shared 类型通道
                Flavor::Shared(ref p) => match p.try_recv() {
                    Ok(t) => return Ok(t),
                    Err(shared::Empty) => return Err(TryRecvError::Empty),
                    Err(shared::Disconnected) => return Err(TryRecvError::Disconnected),
                    //不应该出现升级的情况
                },
                Flavor::Sync(ref p) => match p.try_recv() {
                    Ok(t) => return Ok(t),
                    Err(sync::Empty) => return Err(TryRecvError::Empty),
```

```
                Err(sync::Disconnected) => return Err(TryRecvError::Disconnected),
            },
        };
        //直接用 new_port 替换原来的 Flavor
        unsafe { mem::swap(self.inner_mut(), new_port.inner_mut()); }
        //new_port 的生命周期终止后，调用 drop()函数
    }
}
//此函数用于收包，可能引发当前线程阻塞
pub fn recv(&self) -> Result<T, RecvError> {
    loop {
        //以下处理与 try_receive 的处理相同
        let new_port = match *unsafe { self.inner() } {
            Flavor::Oneshot(ref p) => match p.recv(None) {
                Ok(t) => return Ok(t),
                Err(oneshot::Disconnected) => return Err(RecvError),
                Err(oneshot::Upgraded(rx)) => rx,
                Err(oneshot::Empty) => unreachable!(),
            },
            Flavor::Stream(ref p) => match p.recv(None) {
                Ok(t) => return Ok(t),
                Err(stream::Disconnected) => return Err(RecvError),
                Err(stream::Upgraded(rx)) => rx,
                Err(stream::Empty) => unreachable!(),
            },
            Flavor::Shared(ref p) => match p.recv(None) {
                Ok(t) => return Ok(t),
                Err(shared::Disconnected) => return Err(RecvError),
                Err(shared::Empty) => unreachable!(),
            },
            Flavor::Sync(ref p) => return p.recv(None).map_err(|_| RecvError),
        };
        unsafe {
            mem::swap(self.inner_mut(), new_port.inner_mut());
        }
    }
}
//此函数用于收包，可能阻塞当前线程
pub fn recv_timeout(&self, timeout: Duration) -> Result<T, RecvTimeoutError> {
    match self.try_recv() {
        Ok(result) => Ok(result),
        Err(TryRecvError::Disconnected) => Err(RecvTimeoutError::Disconnected),
        //当没有包时才进入超时
```

```
            Err(TryRecvError::Empty) => match Instant::now().checked_add(timeout) {
                Some(deadline) => self.recv_deadline(deadline),
                None => self.recv().map_err(RecvTimeoutError::from), //无超时接收
            },
        }
    }
    pub fn recv_deadline(&self, deadline: Instant) -> Result<T, RecvTimeoutError> {
        use self::RecvTimeoutError::*;
        loop {
            let port_or_empty = match *unsafe { self.inner() } {
                Flavor::Oneshot(ref p) => match p.recv(Some(deadline)) {
                    Ok(t) => return Ok(t),
                    Err(oneshot::Disconnected) => return Err(Disconnected),
                    Err(oneshot::Upgraded(rx)) => Some(rx),
                    Err(oneshot::Empty) => None,
                },
                Flavor::Stream(ref p) => match p.recv(Some(deadline)) { //与Oneshot代
码相同，略 },
                Flavor::Shared(ref p) => match p.recv(Some(deadline)) { //与Oneshot
代码相同，略 },
                Flavor::Sync(ref p) => match p.recv(Some(deadline)) { //与Oneshot代
码相同，略 },
            };
            if let Some(new_port) = port_or_empty {
                //做升级替换
                unsafe { mem::swap(self.inner_mut(), new_port.inner_mut()); }
            }
            //当超时时，返回超时错误
            if Instant::now() >= deadline { return Err(Timeout); }
        }
    }
    //此函数用于创建Iterator，可简化rx的动作
    pub fn iter(&self) -> Iter<'_, T> {  Iter { rx: self }  }
    //此函数用于创建Iterator，不会出现收包阻塞
    pub fn try_iter(&self) -> TryIter<'_, T> {  TryIter { rx: self }  }
}

//针对Receiver的迭代器举例：以下的Iterator主要支持函数式编程及利用Iterator的基础设施
pub struct Iter<'a, T: 'a> {
    rx: &'a Receiver<T>,
}
impl<'a, T> Iterator for Iter<'a, T> {
    type Item = T;
    fn next(&mut self) -> Option<T> {  self.rx.recv().ok()  }
}
```

11.11　Rust 的 RUNTIME

RUNTIME 是编程语言自动生成的，用于构建程序运行环境的代码，RUNTIME 通常在进入 main()函数之前运行。相关源代码在标准库中的路径如下：

```
/library/std/src/rt.rs:
/library/std/src/unix/mod.rs
/library/std/src/panic.rs
/library/std/src/panicking.rs
/library/std/src/panic/*.rs
```

在 Linux 中，Rust 程序的二进制可执行文件首先被 execv 系统调用并载入内存，然后跳转到程序入口开始执行。Rust 程序入口是 std::rt::lang_start()函数，对此函数及相关源代码的分析如下：

```
//Rust 应用的代码入口点
fn lang_start<T: crate::process::Termination + 'static>(
    main: fn() -> T,
    argc: isize,
    argv: *const *const u8,
) -> isize {
    let Ok(v) = lang_start_internal(
        //__rust_begin_short_backtrace(main)函数用于标识栈顶，并调用 main()函数
        &move || crate::sys_common::backtrace::__rust_begin_short_backtrace(main)
.report().to_i32(),
        argc,
        argv,
    );
    v
}
fn lang_start_internal(
    main: &(dyn Fn() -> i32 + Sync + crate::panic::RefUnwindSafe),
    argc: isize,
    argv: *const *const u8,
) -> Result<isize, !> {
    use crate::{mem, panic};
    let rt_abort = move |e| {
        mem::forget(e);
        rtabort!("initialization or cleanup bug");
    }; //定义异常退出的闭包
    //执行 main()函数之前的准备，此处用 catch_unwind()函数捕获 init()函数执行中的 panic 信息
    panic::catch_unwind(move || unsafe { init(argc, argv) }).map_err(rt_abort)?;
    //执行 main()函数，用 catch_unwind()函数捕获所有可能的 panic 信息
    let ret_code = panic::catch_unwind(move || panic::catch_unwind(main).unwrap_or(101)
as isize)
```

```
        .map_err(move |e| {
            mem::forget(e);
            rtabort!("drop of the panic payload panicked");
        });
    panic::catch_unwind(cleanup).map_err(rt_abort)?; //完成所有的清理工作
    ret_code
}
```

以上代码的逻辑主要是用 catch_unwind()函数捕获 panic 及输出 panic 的栈信息。

初始化 init()函数能实现进入 main()函数之前的初始化，对 init()函数源代码的分析如下：

```
//此函数在 main()函数之前被调用，完成标准输入/输出/错误、线程栈保护等设置
unsafe fn init(argc: isize, argv: *const *const u8) {
    unsafe {
        sys::init(argc, argv); //完成进入 main()函数的各项初始化
        let main_guard = sys::thread::guard::init(); //初始化进程中主线程的栈溢出守卫变量
        //设置当前线程为主线程
        let thread = Thread::new(Some(rtunwrap!(Ok, CString::new("main"))));
        thread_info::set(main_guard, thread); //设置主线程的线程本地存储变量 thread_info
    }
}
//此函数是在 Linux 上的实现，属于 OS 相关适配层
pub unsafe fn init(argc: isize, argv: *const *const u8) {
    reset_sigpipe(); //将 SIGPIPE 处理设置为 ignore
    stack_overflow::init(); //进程栈溢出守卫初始化，此函数对进程的所有线程生效
    args::init(argc, argv); //完成命令参数设置，并将其转换为 Rust 的参数类型
    unsafe fn sanitize_standard_fds() {
        { //以下代码仅运行在 Linux 上
            {
                //为调用 poll()函数准备 stdin、stdout、stderr 的文件描述符
                let pfds: &mut [_] = &mut [
                    libc::pollfd { fd: 0, events: 0, revents: 0 },
                    libc::pollfd { fd: 1, events: 0, revents: 0 },
                    libc::pollfd { fd: 2, events: 0, revents: 0 },
                ];
                //从调用 poll()函数的结果中判断文件描述符是否已经关闭
                while libc::poll(pfds.as_mut_ptr(), 3, 0) == -1 {
                    if errno() == libc::EINTR { continue; } //如果是可恢复中断，则继续循环
                    libc::abort(); //此处遇到未知错误，程序异常退出
                }
                for pfd in pfds {
                    //文件描述符已经打开
                    if pfd.revents & libc::POLLNVAL == 0 { continue; }
                    //如果文件描述符关闭，则用/dev/null 作为文件描述符，
                    //注意下面直接将 str 转换为 CStr 的代码，
                    //因为此循环的 fd 已经是最小值，所以如果成功调用 open()函数，
                    //则返回的 fd 即当前被关闭的 fd。
```

```
                //从而达到重新将标准输入/输出/错误文件描述符打开的目的
                if libc::open("/dev/null\0".as_ptr().cast(), libc::O_RDWR, 0) == -1 {
                    libc::abort(); //如果无法打开文件描述符，则退出程序
                }
            }
        }
    }
  }
  //设置对 SIGPIPE 的处理为 IGNORE
  unsafe fn reset_sigpipe() {  rtassert!(signal(libc::SIGPIPE, libc::SIG_IGN) !=
libc::SIG_ERR);  }
}
```

对 panic 的捕获函数源代码的分析如下：

```
pub fn catch_unwind<F: FnOnce() -> R + UnwindSafe, R>(f: F) -> Result<R> {
    unsafe { panicking::r#try(f) } //编译器的 try catch 机制
}
//在打印调用栈后，继续进行 panic 处理
pub fn resume_unwind(payload: Box<dyn Any + Send>) -> ! {  panicking::rust_panic_
without_hook(payload)  }
```

RUNTIME 主要是完成一些安全机制及异常处理机制。了解 RUNTIME 可以使我们对如何构建一个强健的、易于排查错误的应用有更深的了解。

11.12 回顾

熟练无错地进行并发编程是程序员成为一门语言专家的标志。Rust 标准库降低了并发编程的难度。Rust 的并发编程并不比使用智能指针、内部可变性类型更困难。

本章分析了并发编程需要的各种并发锁实现，了解原子变量及系统阻塞后，并发锁实际上并不难理解。

本章还分析了建立在并发锁基础上的一些常用并发编程类型及其示例。

线程管理中线程栈溢出守卫、线程 panic 捕获都是 Rust 为编程安全做出的努力，但这些努力是为了在第一现场捕获错误，提高定位错误的效率。

线程本地存储变量 thread_info 是线程本地存储类型应用的良好示例。

MPSC 实现了线程间的消息通信。

第 12 章

文件系统

本章主要介绍了 OS 相关适配层与对外接口层两部分内容。其中，OS 相关适配层主要包括路径名类型分析、普通文件操作分析、目录操作分析。

一个文件操作的示例代码如下：

```
use std::fs::OpenOptions;
let file = OpenOptions::new()
            .read(true)        //设置文件可读
            .write(true)       //设置文件可写
            .create(true)      //当文件不存在时进行创建
            .open("foo.txt"); //打开文件
```

与 C 语言相比，Rust 提供了更符合人体工程的文件属性设置函数。

12.1　OS 相关适配层

本节分析 Linux 适配层提供的文件操作 API。相关源代码在标准库中的路径如下：

```
/library/std/src/unix/fs.rs
```

12.1.1　路径名类型分析

如果想要操作文件，则要实现路径名类型及相关函数。对相关源代码的分析如下：

```
//路径名类型，路径名必须用 OsStr 来实现，此处没有 repr(transparent)，
//但 Path 的内存布局与 OsStr 是一致的
pub struct Path {
    inner: OsStr,
}
impl Path {
    //此函数用于构造 Path 引用，如果输入参数可被转换为 OsStr，就可用于构造 Path 的引用
    pub fn new<S: AsRef<OsStr> + ?Sized>(s: &S) -> &Path {
        unsafe { &*(s.as_ref() as *const OsStr as *const Path) }
    }
}
//Path 与 PathBuf 的关系就像 OsStr 与 OsString 的关系
pub struct PathBuf {
    inner: OsString,
}
impl PathBuf {
    //此函数用于构造一个空的 PathBuf 变量
    pub fn new() -> PathBuf {
        PathBuf { inner: OsString::new() }
```

```
    }
    …
}
```

路径名类型是典型的 OsStr 与 OsString 的应用实例。

12.1.2 普通文件操作分析

File 类型基于 OS 的 FileDesc 实现，表明 File 是一种操作系统资源。Rust 没有提供创建文件的操作，仅提供了 open()函数，而用户可以用 open()函数创建文件。File 类型也没有构造函数。对 File 类型源代码的分析如下：

```
pub struct File(FileDesc); //File 需要用 FileDesc 标识自身是系统资源的一种
impl File {
    //此函数用于打开文件或创建新文件
    pub fn open(path: &Path, opts: &OpenOptions) -> io::Result<File> {
        let path = cstr(path)?;  //Linux 中，需要把 Path 转换为 C 语言的字符串
        File::open_c(&path, opts)
    }
    //利用 libc 的函数打开或创建文件
    pub fn open_c(path: &CStr, opts: &OpenOptions) -> io::Result<File> {
        //创建文件时最复杂的是 flags 的生成
        let flags = libc::O_CLOEXEC
            | opts.get_access_mode()?
            | opts.get_creation_mode()?
            | (opts.custom_flags as c_int & !libc::O_ACCMODE);
        //不同的 OS 会有一些区别，但不必关注这个细节
        let fd = cvt_r(|| unsafe { open64(path.as_ptr(), flags, opts.mode as c_int) })?;
        //创建 File 变量，unsafe 表明 fd 是不安全的变量
        Ok(File(unsafe { FileDesc::from_raw_fd(fd) }))
    }
}
```

使用 OpenOptions 类型能实现文件打开的属性设置。OpenOptions 在细节上体现了对程序员的友好，程序员不必像调用 libc 文件函数那样，每次打开文件都要查找属性参数如何设置。对 OpenOptions 类型源代码的分析如下：

```
//此类型主要用于设置打开文件的选项，
//还对调用 libc 文件函数打开文件的属性参数做了总结，能更友好地生成打开文件的属性参数
pub struct OpenOptions {
    read: bool,         //是否可读
    write: bool,        //是否可写
    append: bool,       //是否将新增内容添加到尾部
    truncate: bool,     //是否删除文件内容
```

```
    create: bool,      //是否创建文件
    create_new: bool,//是否创建新文件
    custom_flags: i32,
    mode: mode_t,
}
impl OpenOptions {
    //此函数用于构造默认的 OpenOptions 变量
    pub fn new() -> OpenOptions {
        //默认的属性
        OpenOptions {
            read: false, write: false,  append: false, truncate: false,
            create: false,    create_new: false,
            custom_flags: 0,    //此成员是适配 Linux 的特定文件属性
            mode: 0o666,        //默认为读/写，Linux 的文件属性
        }
    }
    //以下函数用于设置文件的打开属性
    pub fn read(&mut self, read: bool) {  self.read = read; } //文件是否以可读方式打开
    //文件是否以可写方式打开
    pub fn write(&mut self, write: bool) {  self.write = write; }
    //是否将文件添加到现有文件末尾
    pub fn append(&mut self, append: bool) {  self.append = append;  }
    //是否删除文件现有内容
    pub fn truncate(&mut self, truncate: bool) {  self.truncate = truncate;  }
    pub fn create(&mut self, create: bool) {  self.create = create;  } //是否创建文件
    //是否创建新文件
    pub fn create_new(&mut self, create_new: bool) {  self.create_new = create_new;  }
    pub fn custom_flags(&mut self, flags: i32) {  self.custom_flags = flags;  }
    //直接设置 mode
    pub fn mode(&mut self, mode: u32) {  self.mode = mode as mode_t;  }

    //此函数用于将文件属性映射为 libc::open()函数的文件访问模式参数，
    //将易于理解的属性转化为 SYSCALL 的复杂属性
    fn get_access_mode(&self) -> io::Result<c_int> {
        match (self.read, self.write, self.append) {
            (true, false, false) => Ok(libc::O_RDONLY),
            (false, true, false) => Ok(libc::O_WRONLY),
            (true, true, false) => Ok(libc::O_RDWR),
            (false, _, true) => Ok(libc::O_WRONLY | libc::O_APPEND),
            (true, _, true) => Ok(libc::O_RDWR | libc::O_APPEND),
            (false, false, false) => Err(Error::from_raw_os_error(libc::EINVAL)),
        }
    }
    //此函数用于将文件属性映射为 libc::open()函数的文件创建模式参数
    fn get_creation_mode(&self) -> io::Result<c_int> {
```

```
        //矛盾判断
        match (self.write, self.append) {
            (true, false) => {}
            (false, false) => { //不允许写，即不允许创建文件
                if self.truncate || self.create || self.create_new {
                    return Err(Error::from_raw_os_error(libc::EINVAL));
                }
            }
            (_, true) => {
                if self.truncate && !self.create_new { //判断是否与truncate产生矛盾
                    return Err(Error::from_raw_os_error(libc::EINVAL));
                }
            }
        }
        Ok(match (self.create, self.truncate, self.create_new) {
            (false, false, false) => 0,
            (true, false, false) => libc::O_CREAT, //创建文件
            (false, true, false) => libc::O_TRUNC, //原有文件内容清零
            //如果没有文件，就创建文件；如果文件存在，就清零
            (true, true, false) => libc::O_CREAT | libc::O_TRUNC,
            //如果没有文件，就创建文件；如果文件存在，就返回失败
            (_, _, true) => libc::O_CREAT | libc::O_EXCL,
        })
    }
}
```

文件类型实现了一些其他操作，如文件属性、文件内存与磁盘写入、描述符复制、设置文件权限等。对文件类型操作函数集合源代码的分析如下：

```
//File类型实现了适合用文件描述符完成的操作
impl File {
    //此函数用于获取文件属性
    pub fn file_attr(&self) -> io::Result<FileAttr> {
        let fd = self.as_raw_fd();

            if let Some(ret) = unsafe { try_statx(
                fd,
                b"\0" as *const _ as *const c_char,
                libc::AT_EMPTY_PATH | libc::AT_STATX_SYNC_AS_STAT,
                libc::STATX_ALL,
            ) } {
                return ret;
            }

        let mut stat: stat64 = unsafe { mem::zeroed() };
        cvt(unsafe { fstat64(fd, &mut stat) })?;
```

```
        Ok(FileAttr::from_stat64(stat))
    }
    //此函数用于实现文件内存与磁盘同步
    pub fn fsync(&self) -> io::Result<()> {
        cvt_r(|| unsafe { os_fsync(self.as_raw_fd()) })?;
        return Ok(());
        unsafe fn os_fsync(fd: c_int) -> c_int {  libc::fsync(fd)  }
    }
    //此函数仅用于实现文件中的数据与磁盘同步，不包括文件属性
    pub fn datasync(&self) -> io::Result<()> {
        cvt_r(|| unsafe { os_datasync(self.as_raw_fd()) })?;
        return Ok(());
        unsafe fn os_datasync(fd: c_int) -> c_int {  libc::fdatasync(fd)  }
    }
    //此函数用于删除文件内容
    pub fn truncate(&self, size: u64) -> io::Result<()> {
        use crate::convert::TryInto;
        let size: off64_t =
            size.try_into().map_err(|e| io::Error::new(io::ErrorKind::InvalidInput, e))?;
        cvt_r(|| unsafe { ftruncate64(self.as_raw_fd(), size) }).map(drop)
    }
    //此函数用于复制 fd，并形成新文件
    pub fn duplicate(&self) -> io::Result<File> {  self.0.duplicate().map(File)   }
    //此函数用于设置文件权限
    pub fn set_permissions(&self, perm: FilePermissions) -> io::Result<()> {
        cvt_r(|| unsafe { libc::fchmod(self.as_raw_fd(), perm.mode) })?;
        Ok(())
    }
}
```

文件属性与文件权限是程序员较少关注的内容，但对某些系统编程非常重要。对文件属性相关源代码的分析如下：

```
//此类型是文件权限类型
pub struct FilePermissions {
    mode: mode_t,  //C 语言函数的文件模式
}
//文件权限函数的实现
impl FilePermissions {
    pub fn readonly(&self) -> bool {
        self.mode & 0o222 == 0     //检查是否设置了文件写属性
    }
    pub fn set_readonly(&mut self, readonly: bool) {
        if readonly {
            self.mode &= !0o222;   //删除文件的写属性设置
        } else {
```

```
            self.mode |= 0o222;     //添加文件的写属性设置
        }
    }
    pub fn mode(&self) -> u32 {   self.mode as u32   }
}

//此类型是文件类型
pub struct FileType {
    mode: mode_t,                        //Linux 文件的读/写 mode
}
impl FileType {
    pub fn is_dir(&self) -> bool {  self.is(libc::S_IFDIR)  }        //文件是目录
    pub fn is_file(&self) -> bool {  self.is(libc::S_IFREG)   }     //文件是普通文件
    pub fn is_symlink(&self) -> bool {  self.is(libc::S_IFLNK)   } //文件是链接
    pub fn is(&self, mode: mode_t) -> bool {  self.mode & libc::S_IFMT == mode   }
}

//此类型是文件属性类型
pub struct FileAttr {
    stat: stat64,                       //文件统计数据
    statx_extra_fields: Option<StatxExtraFields>,
}
//此函数用于获取文件属性
pub fn stat(p: &Path) -> io::Result<FileAttr> {
    let p = cstr(p)?;
        if let Some(ret) = unsafe { try_statx(
            libc::AT_FDCWD, p.as_ptr(), libc::AT_STATX_SYNC_AS_STAT, libc::STATX_ALL,
        ) } {
            return ret; //如果成功，则表示使用 statx()函数获取文件属性
        }
    //否则，使用 stat64()函数获取文件属性
    let mut stat: stat64 = unsafe { mem::zeroed() };
    cvt(unsafe { stat64(p.as_ptr(), &mut stat) })?;
    Ok(FileAttr::from_stat64(stat))
}
impl FileAttr {
    fn from_stat64(stat: stat64) -> Self {  Self { stat, statx_extra_fields: None }  }
    pub fn size(&self) -> u64 {  self.stat.st_size as u64   }
    pub fn perm(&self) -> FilePermissions {  FilePermissions { mode: (self.stat.st_mode
as mode_t) }  }
    pub fn file_type(&self) -> FileType {  FileType { mode: self.stat.st_mode as
mode_t }  }
}
impl FileAttr {
    //此函数用于修改文件时间
```

```
    pub fn modified(&self) -> io::Result<SystemTime> {
        Ok(SystemTime::from(libc::timespec {
            tv_sec: self.stat.st_mtime as libc::time_t,
            tv_nsec: self.stat.st_mtime_nsec as _,
        }))
    }
    //此函数用于创建文件时间
    pub fn created(&self) -> io::Result<SystemTime> {
            if let Some(ext) = &self.statx_extra_fields {
                return if (ext.stx_mask & libc::STATX_BTIME) != 0 {
                    Ok(SystemTime::from(libc::timespec {
                        tv_sec: ext.stx_btime.tv_sec as libc::time_t,
                        tv_nsec: ext.stx_btime.tv_nsec as _,
                    }))
                } else {
                    Err(io::const_io_error!(
                        io::ErrorKind::Uncategorized,
                        "creation time is not available for the filesystem",
                    ))
                };
            }
        Err(io::const_io_error!(
            io::ErrorKind::Unsupported,
            "creation time is not available on this platform \
                            currently",
        ))
    }
}
struct StatxExtraFields {
    stx_mask: u32,
    stx_btime: libc::statx_timestamp,
}
//此函数在 Linux 系统调用的基础上构造 FileAttr
unsafe fn try_statx(
    fd: c_int,
    path: *const c_char,
    flags: i32,
    mask: u32,
) -> Option<io::Result<FileAttr>> {
    use crate::sync::atomic::{AtomicU8, Ordering};

    syscall! {
        fn statx(
            fd: c_int,  pathname: *const c_char,   flags: c_int,
            mask: libc::c_uint,  statxbuf: *mut libc::statx
```

```
        ) -> c_int
    } //系统调用函数声明
    let mut buf: libc::statx = mem::zeroed();
    if let Err(err) = cvt(statx(fd, path, flags, mask, &mut buf)) {
        return Some(Err(err));
    }
    //使用stat64类型变量作为返回值，以下代码的功能是将libc:statx类型变量转换为stat64类型变量
    let mut stat: stat64 = mem::zeroed();
    //'c_ulong' on gnu-mips, 'dev_t' otherwise
    stat.st_dev = libc::makedev(buf.stx_dev_major, buf.stx_dev_minor) as _;
    stat.st_ino = buf.stx_ino as libc::ino64_t;
    stat.st_nlink = buf.stx_nlink as libc::nlink_t;
    stat.st_mode = buf.stx_mode as libc::mode_t;
    stat.st_uid = buf.stx_uid as libc::uid_t;
    stat.st_gid = buf.stx_gid as libc::gid_t;
    stat.st_rdev = libc::makedev(buf.stx_rdev_major, buf.stx_rdev_minor) as _;
    stat.st_size = buf.stx_size as off64_t;
    stat.st_blksize = buf.stx_blksize as libc::blksize_t;
    stat.st_blocks = buf.stx_blocks as libc::blkcnt64_t;
    stat.st_atime = buf.stx_atime.tv_sec as libc::time_t;
    //'i64' on gnu-x86_64-x32, 'c_ulong' otherwise.
    stat.st_atime_nsec = buf.stx_atime.tv_nsec as _;
    stat.st_mtime = buf.stx_mtime.tv_sec as libc::time_t;
    stat.st_mtime_nsec = buf.stx_mtime.tv_nsec as _;
    stat.st_ctime = buf.stx_ctime.tv_sec as libc::time_t;
    stat.st_ctime_nsec = buf.stx_ctime.tv_nsec as _;
    let extra = StatxExtraFields {
        stx_mask: buf.stx_mask,
        stx_btime: buf.stx_btime,
    };
    Some(Ok(FileAttr { stat, statx_extra_fields: Some(extra) }))
}

//此函数用于获取link的属性，并构造FileAttr
pub fn lstat(p: &Path) -> io::Result<FileAttr> {
    let p = cstr(p)?;
        if let Some(ret) = unsafe { try_statx(
            libc::AT_FDCWD,   p.as_ptr(),
            libc::AT_SYMLINK_NOFOLLOW | libc::AT_STATX_SYNC_AS_STAT,
            libc::STATX_ALL,
        ) } {
            return ret;
        }
    let mut stat: stat64 = unsafe { mem::zeroed() };
    cvt(unsafe { lstat64(p.as_ptr(), &mut stat) })?;
```

```
    Ok(FileAttr::from_stat64(stat))
}
```

标准库实现了 libc 风格的文件操作函数，是因为使用这些函数操作文件最为方便，仅需要一个 Path 类型即可。

对标准库一些 Path 操作函数源代码的分析如下：

```
//此函数用于实现文件复制
pub fn copy(from: &Path, to: &Path) -> io::Result<u64> {
    let (mut reader, reader_metadata) = open_from(from)?;
    let max_len = u64::MAX;
    //注意这个文件属性的传递
    let (mut writer, _) = open_to_and_set_permissions(to, reader_metadata)?;

use super::kernel_copy::{copy_regular_files, CopyResult}; //使用内核提供的文件复制功能
    match copy_regular_files(reader.as_raw_fd(), writer.as_raw_fd(), max_len) {
        CopyResult::Ended(bytes) => Ok(bytes),
        CopyResult::Error(e, _) => Err(e),
        CopyResult::Fallback(written) => match io::copy::generic_copy(&mut reader,
&mut writer) {
            Ok(bytes) => Ok(bytes + written),
            Err(e) => Err(e),
        },
    }
}
//此函数用于删除文件
pub fn unlink(p: &Path) -> io::Result<()> {
    let p = cstr(p)?;
    cvt(unsafe { libc::unlink(p.as_ptr()) })?;
    Ok(())
}
//此函数用于重命名文件
pub fn rename(old: &Path, new: &Path) -> io::Result<()> {
    let old = cstr(old)?;
    let new = cstr(new)?;
    cvt(unsafe { libc::rename(old.as_ptr(), new.as_ptr()) })?;
    Ok(())
}
//此函数用于创建文件链接
pub fn symlink(original: &Path, link: &Path) -> io::Result<()> {
    let original = cstr(original)?;
    let link = cstr(link)?;
    cvt(unsafe { libc::symlink(original.as_ptr(), link.as_ptr()) })?;
    Ok(())
}
```

```
//此函数用于改变文件所属用户及组
pub fn chown(path: &Path, uid: u32, gid: u32) -> io::Result<()> {
    let path = cstr(path)?;
    cvt(unsafe { libc::chown(path.as_ptr(), uid as libc::uid_t, gid as libc::gid_t) })?;
    Ok(())
}
//此函数用于临时将根目录映射到其他目录
pub fn chroot(dir: &Path) -> io::Result<()> {
    let dir = cstr(dir)?;
    cvt(unsafe { libc::chroot(dir.as_ptr()) })?;
    Ok(())
}
//此函数用于创建一个文件链接
pub fn link(original: &Path, link: &Path) -> io::Result<()> {
    let original = cstr(original)?;
    let link = cstr(link)?;
        { cvt(unsafe { libc::linkat(libc::AT_FDCWD, original.as_ptr(),
                                        libc::AT_FDCWD, link.as_ptr(), 0) })?; }
    Ok(())
}
//此函数用于设置文件权限
pub fn set_perm(p: &Path, perm: FilePermissions) -> io::Result<()> {
    let p = cstr(p)?;
    cvt_r(|| unsafe { libc::chmod(p.as_ptr(), perm.mode) })?;
    Ok(())
}
//此函数用于读取文件链接的路径
pub fn readlink(p: &Path) -> io::Result<PathBuf> {
    let c_path = cstr(p)?;
    let p = c_path.as_ptr();
    //因为需要用C语言的字符串存储读取的内容，所以用Vec来申请内存
    let mut buf = Vec::with_capacity(256);
    loop {
        //将链接路径读到buf，在此限制了读的长度
        let buf_read =
            cvt(unsafe { libc::readlink(p, buf.as_mut_ptr() as *mut _, buf.capacity()) })?
as usize;
        //在读到数据后，需要对Vec的len成员进行设置，以反映相关的数据已经被初始化。
        //此处是Rust与C语言交互的额外的设置内容，很容易出错
        unsafe { buf.set_len(buf_read); } //直接用set_len()函数完成Vec的len初始化
        //将Vec转化为OsString
        if buf_read != buf.capacity() {
            buf.shrink_to_fit();                               //不能有额外的容量
            return Ok(PathBuf::from(OsString::from_vec(buf))); //创建PathBuf
        }
```

```
        //如果正好是 Vec 的容量，则说明 link 的内容可能大于 Vec 的容量，再次读取 reserve(1)
        buf.reserve(1);
    }
}
//此函数用于返回绝对路径
pub fn canonicalize(p: &Path) -> io::Result<PathBuf> {
    //这里需要自行申请内存，防止不安全
    let path = CString::new(p.as_os_str().as_bytes())?;
    let buf;
    unsafe {
        let r = libc::realpath(path.as_ptr(), ptr::null_mut()); //返回绝对路径
        if r.is_null() { return Err(io::Error::last_os_error()); }
        buf = CStr::from_ptr(r).to_bytes().to_vec();    //将返回的 C 语言字符串生成 Vec
        libc::free(r as *mut _);                         //释放内存
    }
    Ok(PathBuf::from(OsString::from_vec(buf)))           //生成 PathBuf
}
```

12.1.3 目录操作分析

因为 libc 的目录具有独立类型，所以虽然目录是一个特殊文件，但标准库还是直接在 libc 的基础上对目录实现了 OS 适配层，提供类似文件描述符（fd）的所有权解决方案，并针对目录实现了 Iterator 以简化目录的读操作。对目录类型相关源代码的分析如下：

```
//此类型封装的 libc::DIR 变量是与 libc:DIR 匹配的拥有所有权的 Rust 类型
struct Dir(*mut libc::DIR);
//将目录类型与路径字符串相联系
struct InnerReadDir {
    dirp: Dir,          //C 语言函数返回的目录句柄
    root: PathBuf,      //路径字符串
}
//多线程安全的目录封装类型
pub struct ReadDir {
    inner: Arc<InnerReadDir>,
}
//此类型应用于目录下的每个条目
pub struct DirEntry {
    dir: Arc<InnerReadDir>,
    entry: dirent64_min,
    name: CString, //用于存储每次调用 readdir()函数读到的目录名
}
//此类型用于映射对 C 语言的类型 dirent 感兴趣的内容
struct dirent64_min {
```

```
    d_ino: u64,
    d_type: u8,
}

pub fn readdir(p: &Path) -> io::Result<ReadDir> {
    let root = p.to_path_buf();
    let p = cstr(p)?; //转换为C语言的字符串
    unsafe {
        let ptr = libc::opendir(p.as_ptr()); //调用libc()函数获取libc::DIR的指针
        if ptr.is_null() {
            Err(Error::last_os_error())
        } else {
            //构造Rust与C语言类型对应的类型变量
            let inner = InnerReadDir { dirp: Dir(ptr), root };
            //构造多线程安全的目录读类型ReadDir的变量
            Ok(ReadDir {inner: Arc::new(inner), })
        }
    }
}

//对目录类型实现Iterator以简化读操作
impl Iterator for ReadDir {
    type Item = io::Result<DirEntry>;
    //将复杂的C语言操作用next()函数自然呈现
    fn next(&mut self) -> Option<io::Result<DirEntry>> {
        unsafe {
            loop {
                //Linux已经保证了readdir的线程安全性，
                //利用readdir64()函数可以读取当前目录的下一个目录
                super::os::set_errno(0);
                let entry_ptr = readdir64(self.inner.dirp.0);
                if entry_ptr.is_null() {
                    //SYSCALL出错处理
                    return match super::os::errno() {
                        0 => None, //读完
                        e => Some(Err(Error::from_raw_os_error(e))), //OS错误转换
                    };
                }
                //以下从C语言调用返回的结构创建DirEntry结构。
                //此结构细节请参考相关的C语言的dirent64类型指南。
                //因为不能直接对entry_ptr做解引用，所以用一个局部变量将需要的内容复制出来。
                //以下可认为是C语言的Rust映射
                let mut copy: dirent64 = mem::zeroed();  //申请局部变量并清零
                let copy_bytes = &mut copy as *mut _ as *mut u8; //为复制做准备，获取指针
                let copy_name = &mut copy.d_name as *mut _ as *mut u8; //获取指针
```

```
            //复制的内存大小
            let name_offset = copy_name.offset_from(copy_bytes) as usize;
            let entry_bytes = entry_ptr as *const u8;
            let entry_name = entry_bytes.add(name_offset);
            //完成复制操作
            ptr::copy_nonoverlapping(entry_bytes, copy_bytes, name_offset);
            //获取需要的值
            let entry = dirent64_min {
                d_ino: copy.d_ino as u64,
                d_type: copy.d_type as u8,
            };
            let ret = DirEntry {
                entry,
                //以下代码表示将entry_name复制后，赋值给name，完成备份
                name: CStr::from_ptr(entry_name as *const _).to_owned(),
                dir: Arc::clone(&self.inner),
            };
            //去掉目录中的“./”及“../”
            if ret.name_bytes() != b"." && ret.name_bytes() != b".." {
                return Some(Ok(ret));
            }
        }
    }
  }
}
//对目录类型进行资源释放，即实现对目录的关闭
impl Drop for Dir {
    fn drop(&mut self) {
        let r = unsafe { libc::closedir(self.0) };
        debug_assert_eq!(r, 0);
    }
}
//实现对目录下每个条目的操作
impl DirEntry {
    //此函数用目录名及entry的名字连接形成新的路径字符串
    pub fn path(&self) -> PathBuf {
        self.dir.root.join(self.file_name_os_str())
    }
    //此函数用于获取entry的名称字符串
    pub fn file_name(&self) -> OsString {
        self.file_name_os_str().to_os_string()
    }
    //此函数利用文件属性操作获取entry的属性数据
    pub fn metadata(&self) -> io::Result<FileAttr> {
        let fd = cvt(unsafe { dirfd(self.dir.dirp.0) })?;
```

```
        let name = self.name_cstr().as_ptr();
            if let Some(ret) = unsafe { try_statx(
                fd,  name,
                libc::AT_SYMLINK_NOFOLLOW | libc::AT_STATX_SYNC_AS_STAT,
                libc::STATX_ALL,
            ) } {
                return ret;
            }
        let mut stat: stat64 = unsafe { mem::zeroed() };
        cvt(unsafe { fstatat64(fd, name, &mut stat, libc::AT_SYMLINK_NOFOLLOW) })?;
        Ok(FileAttr::from_stat64(stat))
    }
    //此函数用于获取文件类型
    pub fn file_type(&self) -> io::Result<FileType> {
        match self.entry.d_type {
            //以下是设备文件
            libc::DT_CHR => Ok(FileType { mode: libc::S_IFCHR }),
            libc::DT_FIFO => Ok(FileType { mode: libc::S_IFIFO }),
            libc::DT_LNK => Ok(FileType { mode: libc::S_IFLNK }),
            libc::DT_REG => Ok(FileType { mode: libc::S_IFREG }),
            libc::DT_SOCK => Ok(FileType { mode: libc::S_IFSOCK }),
            libc::DT_DIR => Ok(FileType { mode: libc::S_IFDIR }),
            libc::DT_BLK => Ok(FileType { mode: libc::S_IFBLK }),
            //DirEntry的文件类型
            _ => self.metadata().map(|m| m.file_type()),
        }
    }

    //此函数用于获取其他目录的文件属性
    pub fn ino(&self) -> u64 {  self.entry.d_ino as u64  }
    fn name_bytes(&self) -> &[u8] {  self.name_cstr().to_bytes()  }
    fn name_cstr(&self) -> &CStr {  &self.name   }
    pub  fn  file_name_os_str(&self)  ->  &OsStr  {    OsStr::from_bytes(self.name_
bytes())  }
}//没有实现对DirEntry的Drop Trait

//此模块用于删除目录下的所有条目
pub use remove_dir_impl::remove_dir_all;
mod remove_dir_impl {
    use super::{cstr, lstat, Dir, DirEntry, InnerReadDir, ReadDir};
    use crate::ffi::CStr;
    use crate::io;
    use crate::os::unix::io::{AsRawFd, FromRawFd, IntoRawFd};
    use crate::os::unix::prelude::{OwnedFd, RawFd};
    use crate::path::{Path, PathBuf};
```

```
    use crate::sync::Arc;
    use crate::sys::{cvt, cvt_r};
    use libc::{fdopendir, openat, unlinkat};

    //使用此函数以文件方式打开目录
    pub  fn  openat_nofollow_dironly(parent_fd:  Option<RawFd>,  p:  &CStr)  ->
io::Result<OwnedFd> {
        let fd = cvt_r(|| unsafe {
            openat(
                parent_fd.unwrap_or(libc::AT_FDCWD),
                p.as_ptr(),
                libc::O_CLOEXEC   |   libc::O_RDONLY   |   libc::O_NOFOLLOW   |
libc::O_DIRECTORY,
            )
        })?;
        //返回一个文件描述符
        Ok(unsafe { OwnedFd::from_raw_fd(fd) })
    }
    //使用此函数以文件描述符方式打开目录
    fn fdreaddir(dir_fd: OwnedFd) -> io::Result<(ReadDir, RawFd)> {
        let ptr = unsafe { fdopendir(dir_fd.as_raw_fd()) };
        if ptr.is_null() { return Err(io::Error::last_os_error()); }
        //以下是形成 Rust 的目录类型结构
        let dirp = Dir(ptr);
        //这里容易出错，因为 Dir 会关闭 fd，所以此次 OwnedFd 不应再存在，
        //否则其生命周期终止后，会调用 fd 的关闭操作。
        //这里是 Rust 底层编程
        let new_parent_fd = dir_fd.into_raw_fd();
        //此函数不能用于获取完整的目录
        let dummy_root = PathBuf::new();
        Ok((
            ReadDir { inner: Arc::new(InnerReadDir { dirp, root: dummy_root }), },
            new_parent_fd,
        ))
    }
    //此函数用于判断目录下的条目是否为目录
    fn is_dir(ent: &DirEntry) -> Option<bool> {
        match ent.entry.d_type {
            libc::DT_UNKNOWN => None,
            libc::DT_DIR => Some(true),
            _ => Some(false),
        }
    }
    //此函数用于递归地删除目录下的所有条目
```

```
    fn remove_dir_all_recursive(parent_fd: Option<RawFd>, path: &CStr) -> io::Result
<()> {
        //利用文件描述符打开目录
        let fd = match openat_nofollow_dironly(parent_fd, &path) {
            Err(err) if err.raw_os_error() == Some(libc::ENOTDIR) => {
                return match parent_fd {
                    //删除文件
                    Some(parent_fd) => { cvt(unsafe { unlinkat(parent_fd, path.as_ptr(),
0) }).map(drop) }
                    None => Err(err),
                };
            }
            result => result?,
        };

        let (dir, fd) = fdreaddir(fd)?; //打开目录
        //利用 Iterator 进行遍历操作
        for child in dir {
            let child = child?;
            let child_name = child.name_cstr();
            //判断 child 是否为目录
            match is_dir(&child) {
                //递归调用删除文件
                Some(true) => { remove_dir_all_recursive(Some(fd), child_name)?; }
                //删除文件
                Some(false) => { cvt(unsafe { unlinkat(fd, child_name.as_ptr(), 0) })?; }
                //不是所有的操作系统都支持 None 的取值
                None => { remove_dir_all_recursive(Some(fd), child_name)?; }
            }
        }
        //删除动作
        cvt(unsafe { unlinkat(parent_fd.unwrap_or(libc::AT_FDCWD), path.as_ptr(),
libc::AT_REMOVEDIR) })?;
        Ok(())
    }
    fn remove_dir_all_modern(p: &Path) -> io::Result<()> {
        let attr = lstat(p)?;
        //判断路径是否是链接文件
        if attr.file_type().is_symlink() {
            crate::fs::remove_file(p)
        } else {
            remove_dir_all_recursive(None, &cstr(p)?) //能够满足文件及目录需求
        }
    }
    pub fn remove_dir_all(p: &Path) -> io::Result<()> { remove_dir_all_modern(p) }
```

```
}
//此类型用于创建目录
pub struct DirBuilder {
    mode: mode_t,
}
impl DirBuilder {
    //构造一个默认变量
    pub fn new() -> DirBuilder {  DirBuilder { mode: 0o777 }   }
    //此函数用于在文件系统中创建一个目录
    pub fn mkdir(&self, p: &Path) -> io::Result<()> {
        let p = cstr(p)?;
        cvt(unsafe { libc::mkdir(p.as_ptr(), self.mode) })?;
        Ok(())
    }
    //此函数用于设置目录的权限
    pub fn set_mode(&mut self, mode: u32) {  self.mode = mode as mode_t;   }
}
```

OS 的每一个资源都是文件，这些资源既能满足文件的统一操作，又具有独特性。

12.2 对外接口层

初学者必须掌握文件类型及操作才能真正做一些有用的工作。标准库提供了易于使用的文件接口。相关源代码在标准库中的路径如下：

```
/library/std/src/fs.rs
```

对文件相关类型源代码的分析如下：

```
//引入 OS 相关适配层的 fs 类型结构
use crate::sys::fs as fs_imp;

//对外接口层的 File 类型是对 OS 适配层的 File 类型的封装
pub struct File {
    inner: fs_imp::File,
}
pub struct Metadata(fs_imp::FileAttr);    //文件元数据，即 FileAttr 的封装
pub struct ReadDir(fs_imp::ReadDir);      //打开的目录类型结构，即 OS 适配层同名类型的封装
pub struct DirEntry(fs_imp::DirEntry); //目录中的项目类型结构，即 OS 适配层同名类型的封装
//创建/打开文件的执行者类型结构，即 OS 适配层同名类型的封装
pub struct OpenOptions(fs_imp::OpenOptions);
//文件权限，即 OS 适配层 FilePermissions 类型的封装
pub struct Permissions(fs_imp::FilePermissions);
pub struct FileType(fs_imp::FileType);    //文件类型
```

```
//利用目录创建执行类型结构
pub struct DirBuilder {
    inner: fs_imp::DirBuilder,    //OS 适配层同名类型
    recursive: bool,              //是否为多级目录
}
//实现文件类型的函数
impl File {
    //此函数用于打开只读文件
    pub fn open<P: AsRef<Path>>(path: P) -> io::Result<File> {
        OpenOptions::new().read(true).open(path.as_ref())
    }
    //此函数用于创建一个文件
    pub fn create<P: AsRef<Path>>(path: P) -> io::Result<File> {
        //将文件设置为可写。如果文件存在，则删除内容；如果文件不存在，则创建新文件
        OpenOptions::new().write(true).create(true).truncate(true).open(path.as_ref())
    }
    //此函数用于构造文件打开选项变量
    pub fn options() -> OpenOptions {  OpenOptions::new()  }
    //此函数用于将文件同步到磁盘
    pub fn sync_all(&self) -> io::Result<()> {  self.inner.fsync()  }
    //此函数用于将文件数据同步到磁盘
    pub fn sync_data(&self) -> io::Result<()> {  self.inner.datasync()  }
    //此函数用于将文件设置为指定大小
    pub fn set_len(&self, size: u64) -> io::Result<()> {   self.inner.truncate
(size)  }
    //此函数用于获取文件属性
    pub fn metadata(&self) -> io::Result<Metadata> {   self.inner.file_attr().
map(Metadata)  }
    //此函数用于复制文件描述符，生成新的 File 变量
    pub fn try_clone(&self) -> io::Result<File> {  Ok(File { inner: self.inner.
duplicate()? })  }
    //此函数用于设置文件权限
    pub fn set_permissions(&self, perm: Permissions) -> io::Result<()> {
        self.inner.set_permissions(perm.0)
    }
}
//文件创建/打开的执行类型结构
impl OpenOptions {
    //对 OS 相关的同名结构的 Adapter
    pub fn new() -> Self {  OpenOptions(fs_imp::OpenOptions::new())  }
    pub fn read(&mut self, read: bool) -> &mut Self {
        self.0.read(read);
        self
    }
    pub fn write(&mut self, write: bool) -> &mut Self { //以下函数的实现与 read()函数
的实现类似，略}
```

```
    pub fn append(&mut self, append: bool) -> &mut Self { //以下函数的实现与 read()函数的实现类似，略}
    pub fn truncate(&mut self, truncate: bool) -> &mut Self { //以下函数的实现与 read()函数的实现类似，略}
    pub fn create(&mut self, create: bool) -> &mut Self { //以下函数的实现与 read()函数的实现类似，略}
    pub fn create_new(&mut self, create_new: bool) -> &mut Self { //以下函数的实现与read()函数的实现类似，略}
    //打开文件的各种选项，并在 self 类型中统一管理
    pub fn open<P: AsRef<Path>>(&self, path: P) -> io::Result<File> {
        self._open(path.as_ref())
    }
    fn _open(&self, path: &Path) -> io::Result<File> {
        fs_imp::File::open(path, &self.0).map(|inner| File { inner })
    }
}
//用适配器设计模式实现 ReadDir 的 Iterator
impl Iterator for ReadDir {
    type Item = io::Result<DirEntry>;

    fn next(&mut self) -> Option<io::Result<DirEntry>> {
        self.0.next().map(|entry| entry.map(DirEntry))
    }
}

impl DirBuilder {
    pub fn new() -> DirBuilder {
        DirBuilder { inner: fs_imp::DirBuilder::new(), recursive: false }
    }
    pub fn recursive(&mut self, recursive: bool) -> &mut Self {
        self.recursive = recursive;
        self
    }
    //此函数用于创建一个目录
    pub fn create<P: AsRef<Path>>(&self, path: P) -> io::Result<()> {
        self._create(path.as_ref())
    }
    fn _create(&self, path: &Path) -> io::Result<()> {
        //如果是多级目录，则进入下一级目录，否则创建新目录
        if self.recursive { self.create_dir_all(path) } else { self.inner.mkdir(path) }
    }
    //创建多级目录
    fn create_dir_all(&self, path: &Path) -> io::Result<()> {
        if path == Path::new("") {
```

```
            return Ok(());
        }
        match self.inner.mkdir(path) {
            Ok(()) => return Ok(()),
            Err(ref e) if e.kind() == io::ErrorKind::NotFound => {}
            Err(_) if path.is_dir() => return Ok(()),
            Err(e) => return Err(e),
        }
        match path.parent() {
            Some(p) => self.create_dir_all(p)?,
            None => {
                return Err(io::const_io_error!(
                    io::ErrorKind::Uncategorized,
                    "failed to create whole tree",
                ));
            }
        }
        match self.inner.mkdir(path) {
            Ok(()) => Ok(()),
            Err(_) if path.is_dir() => Ok(()),
            Err(e) => Err(e),
        }
    }
}
//此函数用于删除文件
pub fn remove_file<P: AsRef<Path>>(path: P) -> io::Result<()> {
    fs_imp::unlink(path.as_ref())
}
//此函数用于获取文件属性
pub fn metadata<P: AsRef<Path>>(path: P) -> io::Result<Metadata> {
    fs_imp::stat(path.as_ref()).map(Metadata)
}
//此函数用于获取链接属性
pub fn symlink_metadata<P: AsRef<Path>>(path: P) -> io::Result<Metadata> {
    fs_imp::lstat(path.as_ref()).map(Metadata)
}
//此函数用于重命名文件
pub fn rename<P: AsRef<Path>, Q: AsRef<Path>>(from: P, to: Q) -> io::Result<()> {
    fs_imp::rename(from.as_ref(), to.as_ref())
}
//此函数用于创建硬链接
pub  fn  hard_link<P:  AsRef<Path>,  Q:  AsRef<Path>>(original:  P,  link:  Q)  ->
io::Result<()> {
    fs_imp::link(original.as_ref(), link.as_ref())
}
```

```
//此函数用于创建软链接
pub fn soft_link<P: AsRef<Path>, Q: AsRef<Path>>(original: P, link: Q) ->
io::Result<()> {
    fs_imp::symlink(original.as_ref(), link.as_ref())
}
//此函数用于读取链接内容
pub fn read_link<P: AsRef<Path>>(path: P) -> io::Result<PathBuf> {
    fs_imp::readlink(path.as_ref())
}
//此函数用于生成绝对路径
pub fn canonicalize<P: AsRef<Path>>(path: P) -> io::Result<PathBuf> {
    fs_imp::canonicalize(path.as_ref())
}
//此函数用于创建一个目录
pub fn create_dir<P: AsRef<Path>>(path: P) -> io::Result<()> {
    DirBuilder::new().create(path.as_ref())
}
//此函数用于创建多级目录
pub fn create_dir_all<P: AsRef<Path>>(path: P) -> io::Result<()> {
    DirBuilder::new().recursive(true).create(path.as_ref())
}
//此函数用于删除空目录
pub fn remove_dir<P: AsRef<Path>>(path: P) -> io::Result<()> {
    fs_imp::rmdir(path.as_ref())
}
//此函数用于删除整个目录
pub fn remove_dir_all<P: AsRef<Path>>(path: P) -> io::Result<()> {
    fs_imp::remove_dir_all(path.as_ref())
}
//此函数用于打开目录
pub fn read_dir<P: AsRef<Path>>(path: P) -> io::Result<ReadDir> {
    fs_imp::readdir(path.as_ref()).map(ReadDir)
}
//此函数用于设置文件权限
pub fn set_permissions<P: AsRef<Path>>(path: P, perm: Permissions) -> io::Result
<()> {
    fs_imp::set_perm(path.as_ref(), perm.0)
}
```

12.3　回顾

本章分析了文件相关的类型及函数。Rust 在文件模块的实现使用了较多的函数作为 API。

第 13 章

I/O 系统

在标准库中，系统 I/O 模块是内容最多、最繁杂的一个模块，其主要内容如下。

（1）文件同步 I/O 操作。

（2）网络/设备同步 I/O 操作。

（3）多路异步 I/O 操作，包括文件、设备、网络。

（4）采用一套编程模型抽象与 I/O 相关的缓存操作。

（5）程序不同模块间通信采取与（4）相同的抽象接口。

在后端服务编程中，采用多路异步 I/O 是高性能的标准实现方式。

在标准库中，系统 I/O 模块仅包括同步 I/O 的实现。同步 I/O 可以作为基本组件来简化异步 I/O 的工作。

在同步 I/O 设计中，符合自然视角的 I/O 对象设计、线程安全设计、缓存设计是难点。

I/O 对象设计：最自然的 I/O 对象设计是针对每一个不同的 I/O 分类设计不同的 I/O 对象类型，为不同的 I/O 对象实现相同的 I/O 操作 Trait，并在每种 I/O 分类的独特之处进行函数扩充。I/O 对象类型包括磁盘文件、网络、USB 口、显卡等。

线程安全设计：每一个 I/O 对象实际上都存在被多线程并发操作的可能，I/O 对象的类型结构应该是一个线程安全类型结构。

缓存设计：每一个 I/O 对象类型都可能需要缓存，设计缓存的作用如下。

（1）可以将一些底层的 I/O 操作封装在缓存实现中，简化上层模块的 I/O 实现。

（2）提升 I/O 效率，对于某些非实时 I/O 操作，在达到一定数量后进行批量写入或读出。

（3）更好的模块性可以将缓存作为不同模块的 I/O 管道，重用已有模块，如重用压缩/解压缩模块。

（4）用作数据序列化格式转换的执行类型，或者将数据序列化到内存，以便更好地兼容及适配。

缓存设计的需求如下。

（1）缓存自身应该作为一种 I/O 对象。

（2）缓存封装原始 I/O 对象，使用 Adapter 模式完成对原始 I/O 对象的 I/O 操作。

（3）针对不同的 I/O 对象的缓存基础设施结构，支持不同的 I/O 对象的缓存设计。

（4）设计迭代器以便更好地支持函数式编程。

以标准的 I/O 对象设计来阐明 Rust 同步 I/O 的实现。

13.1 标准输入 Stdin 类型分析

标准输入 Stdin 类型实现了线程安全，这一点正是程序员需要的，没有人希望看到混乱的输入。但 Stdin 类型并不是所有语言都能提供的。Stdin 类型相关源代码在标准库中的路径如下：

```
/library/std/src/io/stdio.rs
```

一个标准输入应用的示例代码如下：

```
let stdin = stdio::stdin();                          //获取标准输入
let mut first_string = read_to_string(stdin); //读入字符串
let line = stdin.read_line(first_string);      //从字符串读入一行
```

对对外接口层标准输入 Stdin 类型定义源代码的分析如下：

```
pub struct Stdin {
    inner: &'static Mutex<BufReader<StdinRaw>>,  //标准输入是静态的
}
```

对 OS 相关适配层标准输入 Stdin 类型定义源代码的分析如下：

```
//Linux 系统的标准输入的类型结构，因为标准输入的文件描述符不必关闭，所以此处用了单元类型
//路径:/library/std/src/sys/unix/stdio.rs
pub struct Stdin(());
impl Stdin {
    //创建函数
    pub const fn new() -> Stdin {  Stdin(())  }
}
//通过标准输入/输出/错误不能生成 OwnedFd，但可以通过借用生成 BorrowedFd
impl AsFd for io::Stdin {
    fn as_fd(&self) -> BorrowedFd<'_> {  unsafe { BorrowedFd::borrow_raw
(libc::STDIN_FILENO) }  }
}
impl<'a> AsFd for io::StdinLock<'a> {
    fn as_fd(&self) -> BorrowedFd<'_> {  unsafe { BorrowedFd::borrow_raw
(libc::STDIN_FILENO) }  }
}
```

对 OS 无关适配层标准输入 StdinRaw 类型定义源代码的分析如下：

```
//路径:/library/std/src/io/stdio.rs
struct StdinRaw(stdio::Stdin); //此处 stdio 是 sys::stdio
//StdinRaw 类型的工厂函数
const fn stdin_raw() -> StdinRaw {  StdinRaw(stdio::Stdin::new())  }
```

13.1.1 Read Trait

所有的输入 I/O 对象类型都需要实现 Read Trait。对 Read Trait 源代码的分析如下：

```
//路径:/library/std/src/io/mod.rs
```

```
//在异步 I/O 实现时，也会使用此 Trait
pub trait Read {
    //此函数用于从输入 I/O 对象类型中将数据读到 buf 中，如果成功，则返回读到的长度，否则返回 I/O 错误。
    //读到的数据不能超过 buf 的大小，在 I/O 错误的情况下，buf 中一定没有数据，此函数可能会被阻塞。
    //返回 0 一般表示已经读到文件尾部或已经关闭 fd，抑或 buf 空间为 0
    fn read(&mut self, buf: &mut [u8]) -> Result<usize>;
    //利用向量读的方式读
    fn read_vectored(&mut self, bufs: &mut [IoSliceMut<'_>]) -> Result<usize> {
        //默认不支持 iovec 的方式，使用 read 来模拟实现
        default_read_vectored(|b| self.read(b), bufs)
    }
    //此函数用于判断是否实现向量读的方式，一般应优选向量读
    fn is_read_vectored(&self) -> bool {  false  }
    //使用此函数会循环调用 read()函数直至读到文件尾(EOF)，因为使用了可变 Vec，
    //所以此函数内部可以申请堆内存增加 Vec 的长度，
    //Vec 中的有效内容代表已经读到的数据。遇到错误会立刻返回，已经读到的数据仍然在 Vec 中
    fn read_to_end(&mut self, buf: &mut Vec<u8>) -> Result<usize> {
        default_read_to_end(self, buf)
    }
    //此函数类似于 read_to_end()函数，但这里确定读到的是字符串，且符合 UTF-8 的编码
    fn read_to_string(&mut self, buf: &mut String) -> Result<usize> {
        default_read_to_string(self, buf)
    }
    //此函数用于精确读与 buf 长度相同的字节数，否则返回错误，如果长度不够且到达尾部，则返回错误
    fn read_exact(&mut self, buf: &mut [u8]) -> Result<()> {
        default_read_exact(self, buf)
    }
    //此函数以 BufReader<R>变量为基础创建 ReadBuf，将输入读入的缓存，
    //并正确处理已有内容与新读入内容的关系。
    // ReadBuf<T>专门为复杂的缓存类型（如 BufReader<R>）而设计
    fn read_buf(&mut self, buf: &mut ReadBuf<'_>) -> Result<()> {
        default_read_buf(|b| self.read(b), buf)
    }
    //此函数用于精确读入 ReadBuf 能承载的字节数
    fn read_buf_exact(&mut self, buf: &mut ReadBuf<'_>) -> Result<()> {
        while buf.remaining() > 0 {                    //只能读入 buf 提供的未用空间字节数
            let prev_filled = buf.filled().len();   //buf 中已经读入的字节数量
            match self.read_buf(buf) {
                Ok(()) => {}
                //可恢复的中断，继续读入即可
                Err(e) if e.kind() == ErrorKind::Interrupted => continue,
                Err(e) => return Err(e),                //如果出错，则返回错误
            }
            if buf.filled().len() == prev_filled {  //表示本次循环没有读到内容
                //此时没有读到要求的字节数量
```

```
                return Err(Error::new(ErrorKind::UnexpectedEof, "failed to fill buffer"));
            }
        }
        Ok(())
    }
    //此函数用于获取引用
    fn by_ref(&mut self) -> &mut Self
    where
        Self: Sized,
    {  self   }
    //此函数被调用后，会将 self 转换为字节流迭代器，后继即可利用迭代器的 next 完成读操作
    fn bytes(self) -> Bytes<Self>
    where
        Self: Sized,
    {  Bytes { inner: self }   }
    //此函数用于串连两个读的源
    fn chain<R: Read>(self, next: R) -> Chain<Self, R>
    where
        Self: Sized,
    {  Chain { first: self, second: next, done_first: false }  }
    //此函数以 self 为基础生成一个字节数有限制的输入源
    fn take(self, limit: u64) -> Take<Self>
    where
        Self: Sized,
    {  Take { inner: self, limit }   }
}
//此函数是 Read Trait 精确读若干字节的默认实现
pub(crate) fn default_read_exact<R: Read + ?Sized>(this: &mut R, mut buf: &mut [u8]
) -> Result<()> {
    //循环直到读到要求的字节数量
    while !buf.is_empty() {
        match this.read(buf) {
            Ok(0) => break,     //输入源已经没有内容
            Ok(n) => {          //根据读到的内容更新 buf
                //这个交换是比较经典的编码技巧
                let tmp = buf;
                buf = &mut tmp[n..];
            }
            Err(ref e) if e.kind() == ErrorKind::Interrupted => {} //可恢复的中断，继续循环
            Err(e) => return Err(e),  //返回其他错误
        }
    }
    if !buf.is_empty() {  //判断是否读到字节数量
        //没有读到字节数量是因为输入源已经没有内容错误
        Err(error::const_io_error!(ErrorKind::UnexpectedEof, "failed to fill whole
buffer"))
```

```
    } else {
        Ok(())
    }
}
```

Read Trait 会在 OS 相关适配层、OS 无关适配层、对外接口层的所有 I/O 对象上实现。在 OS 适配层及对外接口层的实现通常采用适配器设计模式重用 OS 相关适配层的实现。

对为 OS 相关适配层 Stdin 类型实现 Read Trait 的源代码的分析如下：

```
//路径：/library/std/src/sys/unix/stdio.rs
impl io::Read for Stdin {
    fn read(&mut self, buf: &mut [u8]) -> io::Result<usize> {
        //不必关闭标准输入,因此这里生成的 OwnedFd 无须 drop,可以使用 ManuallyDrop 方案来实现。
        //read()是 FileDesc::read 的函数，ManuallyDrop 能自动解引用得到 FileDesc 类型变量
        unsafe { ManuallyDrop::new(FileDesc::from_raw_fd(libc::STDIN_FILENO)).read(buf) }
    }
    fn read_vectored(&mut self, bufs: &mut [IoSliceMut<'_>]) -> io::Result<usize> {
        unsafe  {  ManuallyDrop::new(FileDesc::from_raw_fd(libc::STDIN_FILENO)).read_
vectored(bufs) }
    }
    fn is_read_vectored(&self) -> bool {  true  }
}
```

对为 OS 无关适配层 StdinRaw 类型实现 Read Trait 的源代码的分析如下：

```
//路径：/library/std/src/io/stdio.rs
//此函数用于处理输入/输出的错误
fn handle_ebadf<T>(r: io::Result<T>, default: T) -> io::Result<T> {
    match r {
        Err(ref e) if stdio::is_ebadf(e) => Ok(default), //如果错误是 fd 无效，则返回默认值
        r => r,
    }
}
//Rust 的 I/O 对象类型通常是一个逐级封装的结构，StdinRaw 采用了 Adapter 模式实现 Read Trait
impl Read for StdinRaw {
    fn read(&mut self, buf: &mut [u8]) -> io::Result<usize> {
        handle_ebadf(self.0.read(buf), 0) //直接调用内部封装的 sys::Stdin 同名函数
    }
    fn read_vectored(&mut self, bufs: &mut [IoSliceMut<'_>]) -> io::Result<usize>
    fn is_read_vectored(&self) -> bool
    fn read_to_end(&mut self, buf: &mut Vec<u8>) -> io::Result<usize>
    fn read_to_string(&mut self, buf: &mut String) -> io::Result<usize>
}
```

13.1.2 向量读/写类型分析

向量读/写模式主要用于提高 I/O 的效率，如果缓存区被分隔成不连续的多段，则使用向量读/写只调用一次 SYSCALL 即可完成读/写的工作。

对 OS 相关适配层向量读/写类型源代码的分析如下：

```
//路径：/library/std/src/sys/unix/io.rs。
//libc 中 iovec 的 Rust 封装，iovec 用于在多个缓存中一次完成读/写操作，
//减少将多个缓存移动到一个缓存造成的性能下降
//IoSlice 通常用于写操作，内存中的 IoSlice 等同于 iovec
#[repr(transparent)]
pub struct IoSlice<'a> {
    vec: iovec,                        //libc 中用于 I/O 读/写的结构
    _p: PhantomData<&'a [u8]>,     //拥有读/写的 buf 的所有权
}
impl<'a> IoSlice<'a> {
    //此函数用于构造 IoSlice，并简化 libc 中 iovec 的结构
    pub fn new(buf: &'a [u8]) -> IoSlice<'a> {
        IoSlice {
            vec: iovec { iov_base: buf.as_ptr() as *mut u8 as *mut c_void, iov_len:
            buf.len() },_p: PhantomData,
        }
    }
    pub fn advance(&mut self, n: usize) {
        if self.vec.iov_len < n {
            panic!("advancing IoSlice beyond its length");
        }
        unsafe {
            //调整 iovec 参数
            self.vec.iov_len -= n;
            self.vec.iov_base = self.vec.iov_base.add(n);
        }
    }
    //此函数用于生成读/写的缓存
    pub fn as_slice(&self) -> &[u8] {
        unsafe { slice::from_raw_parts(self.vec.iov_base as *mut u8, self.vec.iov_len) }
    }
}
//此类型一般在读入操作中使用
pub struct IoSliceMut<'a> {
    vec: iovec,
    _p: PhantomData<&'a mut [u8]>,
}
```

```
//以下与 IoSlice 的相关结构类似，分析略
impl<'a> IoSliceMut<'a> {
    pub fn new(buf: &'a mut [u8]) -> IoSliceMut<'a> {
        IoSliceMut {
            vec: iovec { iov_base: buf.as_mut_ptr() as *mut c_void, iov_len:
            buf.len() }, _p: PhantomData,
        }
    }
    //以下与 IoSlice 完全相同，代码略
    pub fn advance(&mut self, n: usize)
    pub fn as_slice(&self) -> &[u8]
    pub fn as_mut_slice(&mut self) -> &mut [u8] {
        unsafe   {   slice::from_raw_parts_mut(self.vec.iov_base   as   *mut   u8,
self.vec.iov_len) }
    }
}
impl FileDesc {
    …
    //此函数用于一次读入多个 buf
    pub fn read_vectored(&self, bufs: &mut [IoSliceMut<'_>]) -> io::Result<usize> {
        let ret = cvt(unsafe {
            libc::readv(self.as_raw_fd(),  bufs.as_ptr() as *const libc::iovec,
                cmp::min(bufs.len(), max_iov()) as c_int,
            )
        })?;
        Ok(ret as usize)
    }
    //此函数用于一次写入多个 buf
    pub fn write_vectored(&self, bufs: &[IoSlice<'_>]) -> io::Result<usize> {
        let ret = cvt(unsafe {
            libc::writev(self.as_raw_fd(), bufs.as_ptr() as *const libc::iovec,
                cmp::min(bufs.len(), max_iov()) as c_int,
            )
        })?;
        Ok(ret as usize)
    }
    …
}
```

对 OS 无关适配层向量读/写类型源代码的分析如下：

```
//Rust 对 Linux 向量读/写的适配类型，直接封装了 OS 相关适配层的类型
pub struct IoSliceMut<'a>(sys::io::IoSliceMut<'a>);
unsafe impl<'a> Send for IoSliceMut<'a> {}
unsafe impl<'a> Sync for IoSliceMut<'a> {}
impl<'a> IoSliceMut<'a> {
```

```
    //此函数用于构造 IoSliceMut 类型
    pub fn new(buf: &'a mut [u8]) -> IoSliceMut<'a> {
        IoSliceMut(sys::io::IoSliceMut::new(buf))
    }
    //此函数采用了适配器设计模式
    pub fn advance(&mut self, n: usize) {  self.0.advance(n)  }
    //此函数用于获取第 n 个字节的切片成员
    pub fn advance_slices(bufs: &mut &mut [IoSliceMut<'a>], n: usize) {
        let mut remove = 0;          //需要前移的 IoSliceMut 成员数量
        //计算前移的总字节数
        let mut accumulated_len = 0;
        for buf in bufs.iter() {
            if accumulated_len + buf.len() > n {    //是否应该前移到此成员
                break;                  //此成员符合要求
            } else {
                //此成员不符合要求，需要继续查找
                accumulated_len += buf.len();
                remove += 1;
            }
        }
        //此处的逻辑是，必须获得&mut [IoSliceMut]的所有权，但不能用 = *bufs 的方式实现，
        //此时只能用 replace()函数来实现
        *bufs = &mut replace(bufs, &mut [])[remove..];
        if !bufs.is_empty() {
            bufs[0].advance(n - accumulated_len)
        }
    }
}
impl<'a> Deref for IoSliceMut<'a> {
    type Target = [u8];
    fn deref(&self) -> &[u8] {  self.0.as_slice()   }
}
impl<'a> DerefMut for IoSliceMut<'a> {
    fn deref_mut(&mut self) -> &mut [u8] {  self.0.as_mut_slice()    }
}
```

13.1.3 对外接口层

对外接口层极大扩充了 I/O 对象类型的种类，除了设备、文件等 I/O 对象，还增加了各种缓存，甚至字节切片也可以作为 I/O 对象类型。

对外接口层设计的标准输入 Stdin 类型基于 BufReader<R>读入缓存类型。对 BufReader<R>类型源代码的分析如下：

```
//路径:/library/std/src/io/buffer/bufreader.rs。
//此类型给 I/O 对象类型增加读缓存功能
pub struct BufReader<R> {
    inner: R,                          //输入 I/O 对象类型，BufReader 拥有其所有权
    buf: Box<[MaybeUninit<u8>]>,       //存放读入内容的缓存，不用考虑对内容的释放
    pos: usize,                        //buf 中未被读取的数据起始偏移量
    cap: usize,                        //从输入源已经读入 buf 的数据终止偏移量
    //buf 中已经初始化过的数据的终止偏移量，buf 是 MaybeUninit 类型的，
    //所以需要使用 init 来指示已经初始化的内容。
    //此值需要大于 cap，已经读入的数据长度一定小于已经初始化的数据长度
    init: usize,
}

//函数实现
impl<R: Read> BufReader<R> {
    //此函数用于构造一个默认大小的缓存类型
    pub fn new(inner: R) -> BufReader<R> {
        //DEFAULT_BUF_SIZE RUST 当前定义为 8*1024
        BufReader::with_capacity(DEFAULT_BUF_SIZE, inner)
    }
    //此函数用于构造指定大小的缓存类型
    pub fn with_capacity(capacity: usize, inner: R) -> BufReader<R> {
        let buf = Box::new_uninit_slice(capacity);        //从堆内栈中申请相应空间的内存
        BufReader { inner, buf, pos: 0, cap: 0, init: 0 }  //创建 BufReader 类型变量
    }

    //此函数用于获取内部的输入 I/O 对象引用
    pub fn get_ref(&self) -> &R {  &self.inner   }
    //此函数用于获取内部的输入 I/O 对象可变引用
    pub fn get_mut(&mut self) -> &mut R {  &mut self.inner   }
    //此函数用于获取内部的缓存切片，切片由缓存中有效的部分组成
    pub fn buffer(&self) -> &[u8] {
        //将已经读入缓存，但未从缓存读出的内容以切片返回，且完成初始化操作
        unsafe { MaybeUninit::slice_assume_init_ref(&self.buf[self.pos..self.cap]) }
    }
    //此函数用于获取内部缓存空间大小
    pub fn capacity(&self) -> usize {  self.buf.len()   }
    //此函数用于消费 self 并取出内部输入源
    pub fn into_inner(self) -> R {  self.inner   }
    //此函数用于清除缓存内容，无须对清除的缓存内容调用 drop()函数
    fn discard_buffer(&mut self) {
        self.pos = 0;
        self.cap = 0;
    }
}
```

使用 BufReader 能将一块[MaybeUninit<[u8]>]的内部缓存空间与 I/O 对象相连接。但是，将数据从 I/O 对象读入内部缓存空间应该是一类通用需求，在 BufReader 内部实现抽象性不够好。为此，标准库设计 ReadBuf 类型以实现把数据从 I/O 对象读入[MaybeUninit<[u8]>]缓存。对 ReadBuf 类型源代码的分析如下：

```
//路径：/library/std/src/io/readbuf.rs
pub struct ReadBuf<'a> {
    buf: &'a mut [MaybeUninit<u8>],     //存储读入的内容，此缓存从外部传入
    filled: usize,                      //buf[0..filled]是读入的数据
    //buf[0..initialized]是已经完成初始化并形成所有权的数据，filled 应该小于 initialized
    initialized: usize,
}
impl<'a> ReadBuf<'a> {
    //此函数用缓存内存块构造 ReadBuf 变量，虽然该变量采用了 mut [u8]的引用类型，
    //但可认为此缓存内存块实际上未初始化
    pub fn new(buf: &'a mut [u8]) -> ReadBuf<'a> {
        let len = buf.len();
        ReadBuf {
            //转换为[MaybeUninit<u8>]类型
            buf: unsafe { (buf as *mut [u8]).as_uninit_slice_mut().unwrap() },
            filled: 0,          //没有读入数据
            initialized: len,  //此 buf 实际上已经初始化
        }
    }
    //此函数用未初始化的内存块构造 ReadBuf 变量
    pub fn uninit(buf: &'a mut [MaybeUninit<u8>]) -> ReadBuf<'a> {
        ReadBuf { buf, filled: 0, initialized: 0 }
    }
    pub fn capacity(&self) -> usize {  self.buf.len()  }//此函数用于获取 ReadBuf 变量的容量
    //此函数用于将已经读入缓存的内容以字节切片引用返回
    pub fn filled(&self) -> &[u8] {
        unsafe { MaybeUninit::slice_assume_init_ref(&self.buf[0..self.filled]) }
    }
    //此函数用于将已经读入缓存的内容以可变字节切片引用返回
    pub fn filled_mut(&mut self) -> &mut [u8] {
        unsafe { MaybeUninit::slice_assume_init_mut(&mut self.buf[0..self.filled]) }
    }
    //此函数用于将已经初始化并形成所有权的内容以字节切片引用返回
    pub fn initialized(&self) -> &[u8] {
        unsafe { MaybeUninit::slice_assume_init_ref(&self.buf[0..self.initialized]) }
    }
    //此函数用于将已经初始化并形成所有权的内容以可变字节切片引用返回
    pub fn initialized_mut(&mut self) -> &mut [u8] {
        unsafe { MaybeUninit::slice_assume_init_mut(&mut self.buf[0..self.initialized]) }
```

```
}
//此函数用于返回空闲部分的可变引用切片
pub unsafe fn unfilled_mut(&mut self) -> &mut [MaybeUninit<u8>] {
    &mut self.buf[self.filled..]
}
//此函数用于返回没有初始化部分的可变引用切片
pub fn uninitialized_mut(&mut self) -> &mut [MaybeUninit<u8>] {
    &mut self.buf[self.initialized..]
}
//此函数用于对所有的空闲部分进行初始化并形成所有权
pub fn initialize_unfilled(&mut self) -> &mut [u8] {
    self.initialize_unfilled_to(self.remaining())
}
//此函数用于将空闲部分前若干字节进行初始化并形成所有权
pub fn initialize_unfilled_to(&mut self, n: usize) -> &mut [u8] {
    assert!(self.remaining() >= n);
    //获取没有读入内容却已经初始化的字节数
    let extra_init = self.initialized - self.filled;

    if n > extra_init {                         //判断是否需要额外做初始化
        let uninit = n - extra_init;            //获取需要初始化的字节数
        //获取需要初始化的字节切片
        let unfilled = &mut self.uninitialized_mut()[0..uninit];
        for byte in unfilled.iter_mut() {
            byte.write(0);                      //初始化为0
        }
        unsafe { self.assume_init(n); }         //设置为已经初始化

    }
    let filled = self.filled;
    //返回初始化但没有读到内容的字节切片
    &mut self.initialized_mut()[filled..filled + n]
}
//此函数用于获取空闲的字节数量
pub fn remaining(&self) -> usize {  self.capacity() - self.filled  }
//此函数用于清除已读的内容，仅需要设置filled数值即可
pub fn clear(&mut self) {  self.set_filled(0);  }
//此函数用于增加已读内容字节数量
pub fn add_filled(&mut self, n: usize) {
    self.set_filled(self.filled + n);
}
//此函数用于设置已经读入内容的字节数量
pub fn set_filled(&mut self, n: usize) {
    assert!(n <= self.initialized);
    self.filled = n;
```

```
    }
    //此函数用于设置已经初始化的字节数量
    pub unsafe fn assume_init(&mut self, n: usize) {
        self.initialized = cmp::max(self.initialized, self.filled + n);
    }
    //此函数用于将内容复制到已读内容之后作为新读入的内容
    pub fn append(&mut self, buf: &[u8]) {
        assert!(self.remaining() >= buf.len());
        unsafe {
            //需要用 MaybeUninit::write_slice()函数来完成内容更新
            MaybeUninit::write_slice(&mut self.unfilled_mut()[..buf.len()], buf);
        }
        unsafe { self.assume_init(buf.len()) }      //更新初始化的字节数量
        self.add_filled(buf.len());                 //更新已经读入的字节数量
    }
    pub fn filled_len(&self) -> usize {  self.filled  } //此函数用于获取 filled 参数
    //此函数用于获取初始化的参数
    pub fn initialized_len(&self) -> usize {  self.initialized  }
}

//以下是 Read Trait 使用的一些默认函数，都涉及 ReadBuf
pub(crate) fn default_read_buf<F>(read: F, buf: &mut ReadBuf<'_>) -> Result<()>
where
    F: FnOnce(&mut [u8]) -> Result<usize>,
{
    //首先对 buf 中没读入的空间全部初始化，然后做读操作
    let n = read(buf.initialize_unfilled())?;
    buf.add_filled(n); //根据读入字节更新 ReadBuf 参数
    Ok(())
}
//此函数是 Read Trait 中默认的 read_to_end()函数
pub(crate) fn default_read_to_end<R: Read + ?Sized>(r: &mut R, buf: &mut Vec<u8>
) -> Result<usize> {
    let start_len = buf.len();
    let start_cap = buf.capacity();
    //初始化但没有读入内容的字节数为 0
    let mut initialized = 0; // Extra initialized bytes from previous loop iteration
    loop {
        if buf.len() == buf.capacity() {
            buf.reserve(32); //buf 已经没有空间，对 buf 进行扩充
        }
        //将 buf 中没有填充内容的部分生成切片，并创建 ReadBuf
        let mut read_buf = ReadBuf::uninit(buf.spare_capacity_mut());
        unsafe { read_buf.assume_init(initialized); } //设置 ReadBuf 的初始化字节数量
        match r.read_buf(&mut read_buf) { //调用输入源的 read_buf()函数读入内容
```

```
                Ok(()) => {}
                //可恢复中断，继续循环
                Err(e) if e.kind() == ErrorKind::Interrupted => continue,
                Err(e) => return Err(e), //如果出错，则返回错误
            }
            //判断输入源是否已经全部读入
            if read_buf.filled_len() == 0 {
                return Ok(buf.len() - start_len); //如果已经全部读入，则返回读到的字节数量
            }
            //输入源仍然可能有数据没有读入，
            //根据 ReadBuf 更新已经初始化但没有读入内容的字节数量
            initialized = read_buf.initialized_len() - read_buf.filled_len();
            //根据读入字节的数量修改 Vec 的参数
            let new_len = read_buf.filled_len() + buf.len();
            unsafe { buf.set_len(new_len); } //设置 Vec 的参数反映已经读入的内容

            //判断初始传入的 buf 是否已经读满
            if buf.len() == buf.capacity() && buf.capacity() == start_cap {
                let mut probe = [0u8; 32];
                loop {
                    //每次循环最多读取 32 字节的额外内容
                    match r.read(&mut probe) {
                        Ok(0) => return Ok(buf.len() - start_len), //输入源已经没有内容
                        Ok(n) => { //输入源还有内容没有读入
                            buf.extend_from_slice(&probe[..n]); //对 buf 做扩展并放置新的内容
                            break; //重新进入上级循环
                        }
                        Err(ref e) if e.kind() == ErrorKind::Interrupted => continue,
                        Err(e) => return Err(e),
                    }
                }
            }
        }
    }
}
//此函数是 Read Trait 的默认 read_to_string()函数
pub(crate) fn default_read_to_string<R: Read + ?Sized>(
    r: &mut R,
    buf: &mut String,
) -> Result<usize> {
    //对读入做是否为字符的判断，并且在判断为非字符时将 String 恢复为初始值
    unsafe { append_to_string(buf, |b| default_read_to_end(r, b)) }
}
//此函数是 default_read_to_string 的支持函数
pub(crate) unsafe fn append_to_string<F>(buf: &mut String, f: F) -> Result<usize>
where
```

```
    F: FnOnce(&mut Vec<u8>) -> Result<usize>,
{
    //利用 Guard 保证错误处理
    let mut g = Guard { len: buf.len(), buf: buf.as_mut_vec() };
    let ret = f(g.buf); //对 g.buf 进行更新
    if str::from_utf8(&g.buf[g.len..]).is_err() { //判断 g.buf 新增的内容是否为字符串
        //如果不是字符串，则返回错误
        ret.and_then(|_| {
            Err(error::const_io_error!(
                ErrorKind::InvalidData,
                "stream did not contain valid UTF-8"
            ))
        })
        //此处用 Guard 的结构保证了 g.buf 会被恢复为输入时的状态
    } else {
        g.len = g.buf.len(); //如果是字符串，则对 g.buf 进行更新，返回读到的字节数量
        ret
    }
    //Guard 保证了 buf 中内容的正确，但有些不够直接
}
//Guard 相关内容，这个类型能提供 drop()函数
struct Guard<'a> {
    buf: &'a mut Vec<u8>,
    len: usize,
}
impl Drop for Guard<'_> {
    fn drop(&mut self) {
        unsafe { self.buf.set_len(self.len); } //对 buf 的 len 做修改
    }
}
//此函数直接从输入源内容创建 String
pub fn read_to_string<R: Read>(mut reader: R) -> Result<String> {
    let mut buf = String::new();
    reader.read_to_string(&mut buf)?;
    Ok(buf)
}
//此函数在 OS 不支持向量读的方式时实现向量读，是向量读的默认实现
pub(crate) fn default_read_vectored<F>(read: F, bufs: &mut [IoSliceMut<'_>]) ->
Result<usize>
where
    F: FnOnce(&mut [u8]) -> Result<usize>,
{
    //[]实际上是[u8;0]
    let buf = bufs.iter_mut().find(|b| !b.is_empty()).map_or(&mut [][..], |b| &mut **b);
    read(buf)
```

```
}
```

从缓存 I/O 对象读出数据也被抽象为 BufRead Trait。对 BufRead Trait 定义源代码的分析如下：

```
//路径:/library/std/src/io/mod.rs
pub trait BufRead: Read {
    //此函数用于从 I/O 对象读入数据并填充缓存，并将缓存以字节切片引用返回
    fn fill_buf(&mut self) -> Result<&[u8]>;
    //此函数用于从缓存读取 amt 的字节，并对这些字节的所有权进行处理
    fn consume(&mut self, amt: usize);
    //此函数用于判断缓存是否还存在未被读取的数据
    fn has_data_left(&mut self) -> Result<bool> {
        self.fill_buf().map(|b| !b.is_empty())
    }
    //此函数用于将 self 读到 buf 中，直到有数据匹配特定字节
    fn read_until(&mut self, byte: u8, buf: &mut Vec<u8>) -> Result<usize> {
        read_until(self, byte, buf)
    }
    //此函数用于从缓存中读取一行数据
    fn read_line(&mut self, buf: &mut String) -> Result<usize> {
        unsafe { append_to_string(buf, |b| read_until(self, b'\n', b)) }
    }
    //此函数用于返回一个迭代器，将 buf 按输入的参数进行分离
    fn split(self, byte: u8) -> Split<Self>
    where
        Self: Sized,
    {  Split { buf: self, delim: byte }  }
    //此函数用于返回一个迭代器，将 buf 按行进行迭代
    fn lines(self) -> Lines<Self>
    where
        Self: Sized,
    {  Lines { buf: self }  }
}
//此函数用于判断读到字节匹配预定的内容时，终止读
fn read_until<R: BufRead + ?Sized>(r: &mut R, delim: u8, buf: &mut Vec<u8>) ->
Result<usize> {
    let mut read = 0;
    loop {
        let (done, used) = {
            //将数据读入 r 的缓存中，available 是新读入的内容
            let available = match r.fill_buf() {
                Ok(n) => n,
                Err(ref e) if e.kind() == ErrorKind::Interrupted => continue,
                Err(e) => return Err(e),
            };
```

```
            //在 buf 中定位第一个分隔符
            match memchr::memchr(delim, available) {
                Some(i) => {    //当找到时，将分隔符之前的内容置入 buf 中
                    buf.extend_from_slice(&available[..=i]);
                    (true, i + 1)
                }
                None => {       //当未找到时，将所有内容置入 buf 中
                    buf.extend_from_slice(available);
                    (false, available.len())
                }
            }
        };
        r.consume(used);              //更新 r 以反映已经读取的内容
        read += used;                 //得到读到的字节总数
        if done || used == 0 {        //判断是否已经读到分隔符，或者内容已经读空
            return Ok(read);          //返回读到的字节总数
        }
    }
}
pub struct Lines<B> {
    buf: B,
}
impl<B: BufRead> Iterator for Lines<B> {
    type Item = Result<String>;
    fn next(&mut self) -> Option<Result<String>> { //next()函数用于读取下一行数据
        let mut buf = String::new();
        match self.buf.read_line(&mut buf) {
            Ok(0) => None,
            Ok(_n) => {
                if buf.ends_with('\n') {
                    buf.pop(); //将'\n'删除
                    if buf.ends_with('\r') {
                        buf.pop(); //将'\r'删除
                    }
                }
                Some(Ok(buf))
            }
            Err(e) => Some(Err(e)),
        }
    }
}

//BufReader<R>实现 BufRead Trait，只需要实现 fill_buf()函数及 consume()函数即可
impl<R: Read> BufRead for BufReader<R> {
    //此函数用于填充缓存，即实现读
```

```
    fn fill_buf(&mut self) -> io::Result<&[u8]> {
        if self.pos >= self.cap {  //判断缓存中是否还有未读的内容
            //如果没有，则清理缓存，并从输入源读入新的内容
            debug_assert!(self.pos == self.cap);
            //利用 self.buf 创建 ReadBuf 类型结构体变量完成读
            let mut readbuf = ReadBuf::uninit(&mut self.buf);
            //传递 buf 中已经初始化的字节数
            unsafe { readbuf.assume_init(self.init); }
            //调用输入源 I/O 对象的 read_buf()函数完成缓存读
            self.inner.read_buf(&mut readbuf)?;
            self.cap = readbuf.filled_len();  //根据 readbuf 的参数修改 self 的 cap
            //根据 readbuf 的参数修改 self 的初始化字节数
            self.init = readbuf.initialized_len();
            self.pos = 0; //更新初始位置
        }
        Ok(self.buffer())  //返回缓存中的有效内容
    }
    //此函数用于对已经从缓存读取的数据完成参数调整
    fn consume(&mut self, amt: usize) {
        self.pos = cmp::min(self.pos + amt, self.cap);
    }
}
```

作为 I/O 对象类型，BufReader 实现了 Read Trait，并利用了 BufRead 的函数。对相关源代码的分析如下：

```
impl<R: Read> Read for BufReader<R> {
    //此函数用于将数据从 BufReader 读到 buf 中
    fn read(&mut self, buf: &mut [u8]) -> io::Result<usize> {
        //判断缓存是否为空且要读出的数据长度是否大于缓存容量
        if self.pos == self.cap && buf.len() >= self.buf.len() {
            self.discard_buffer();          //将缓存参数复位
            return self.inner.read(buf);    //旁路缓存，直接将数据读入参数的 buf 中
        }
        //缓存中有数据，或者要读出的数据长度小于缓存容量
        let nread = {
            let mut rem = self.fill_buf()?;  //填充缓存
            rem.read(buf)?      //此行代码实质是&[u8] as Read::read(buf)
        };
        self.consume(nread);  //调整参数反映已经从缓存读出的字节数
        Ok(nread)
    }
    //此函数用于将数据从 self 读到 ReadBuf 中
    fn read_buf(&mut self, buf: &mut ReadBuf<'_>) -> io::Result<()> {
        if self.pos == self.cap && buf.remaining() >= self.buf.len() {
            self.discard_buffer();
```

```
            return self.inner.read_buf(buf);
        }
        let prev = buf.filled_len();                //获取原有的已读字节
        let mut rem = self.fill_buf()?;             //填充缓存
        rem.read_buf(buf)?;                         //调用&[u8] as Read::read_buf()函数
        self.consume(buf.filled_len() - prev); //获得本次读取的字节数，更新参数
        Ok(())
    }
    //此函数用于精确读取给定长度的内容
    fn read_exact(&mut self, buf: &mut [u8]) -> io::Result<()> {
        if self.buffer().len() >= buf.len() {  //判断缓存中是否有足够的已读字节
            buf.copy_from_slice(&self.buffer()[..buf.len()]); //从缓存复制到 buf 中
            self.consume(buf.len());            //调整本身参数
            return Ok(());
        }
        crate::io::default_read_exact(self, buf)    //采用默认精确读
    }
    //此函数用于实现向量读
    fn read_vectored(&mut self, bufs: &mut [IoSliceMut<'_>]) -> io::Result<usize> {
        //获取总体要读取的字节数量
        let total_len = bufs.iter().map(|b| b.len()).sum::<usize>();
        //判断缓存是否为空，且读取总字节数量大于缓存长度
        if self.pos == self.cap && total_len >= self.buf.len() {
            self.discard_buffer();                  //清空缓存
            return self.inner.read_vectored(bufs);  //直接读入参数给出的 buf
        }
        //缓存不为空或读取总长度小于缓存长度
        let nread = {
            let mut rem = self.fill_buf()?;         //填充缓存
            rem.read_vectored(bufs)?                //调用&[u8]::read_vectored()函数
        };
        self.consume(nread);                        //更新缓存参数
        Ok(nread)
    }
    fn is_read_vectored(&self) -> bool { self.inner.is_read_vectored() }
    //此函数用于一直读完 self
    fn read_to_end(&mut self, buf: &mut Vec<u8>) -> io::Result<usize> {
        //先将缓存内容读到 buf 中
        let nread = self.cap - self.pos;
        buf.extend_from_slice(&self.buffer());
        self.discard_buffer();
        //再将内部输入源的内容全部输入 buf 中，返回本次操作的总长度
        Ok(nread + self.inner.read_to_end(buf)?)
    }
    //此函数用于将数据从 self 读到一个字符串中
```

```
    fn read_to_string(&mut self, buf: &mut String) -> io::Result<usize> {
        if buf.is_empty() { //判断是否为空字符串
            //如果是空字符串，则直接用 append_to_string()函数完成即可
            unsafe { crate::io::append_to_string(buf, |b| self.read_to_end(b)) }
        } else {
            let mut bytes = Vec::new(); //将内容读入创建的缓存中
            self.read_to_end(&mut bytes)?;
            let string = crate::str::from_utf8(&bytes).map_err(|_| {
                io::const_io_error!(
                    io::ErrorKind::InvalidData,
                    "stream did not contain valid UTF-8",
                )
            })?;    //从缓存生成字符串，并连接到输入字符串尾部
            *buf += string;
            Ok(string.len())
        }
    }
}
```

以上代码使用了&[u8]的 Read Trait 函数。在标准库中，&[u8]、Vec<u8>、VecDeque<u8, A>都被认为是 I/O 对象类型。对&[u8]类型实现 Read Trait 源代码的分析如下：

```
//路径：/library/std/src/io/impls.rs
impl Read for &[u8] {
    //此函数本质上是完成两个字节数组的复制，需要处理字节数组的长度。
    //执行此函数后，self 会更新以反映内容已经读出
    fn read(&mut self, buf: &mut [u8]) -> io::Result<usize> {
        let amt = cmp::min(buf.len(), self.len()); //长度小的作为复制长度
        let (a, b) = self.split_at(amt);          //将本身依据复制长度分成两部分
        if amt == 1 {
            buf[0] = a[0];
        } else {
            buf[..amt].copy_from_slice(a);        //将 self 复制到 buf 中
        }
        *self = b;                                //更新 self，此处易忽略
        Ok(amt)
    }
    …
}
```

当以缓存方式读入时，需要实现 I/O 流中偏移量定位的 Seek Trait。对 Seek Trait 定义源代码的分析如下：

```
//路径:/library/std/src/io/mod.rs
pub enum SeekFrom {
    Start(u64),        //从流头部（如文件头部）开始向尾部偏移字节数
```

```
    End(i64),          //从尾部开始向头部偏移字节数
    Current(i64),      //从当前位置开始向尾部偏移字节数
}
pub trait Seek {
    //此函数用于定位到 I/O 流的指定偏移位置。如果需要从当前位置向流头部偏移，则返回错误。
    //如果成功，则返回从流头部计算的偏移字节数
    fn seek(&mut self, pos: SeekFrom) -> Result<u64>;
    //此函数用于重新定位到流头部
    fn rewind(&mut self) -> Result<()> {
        self.seek(SeekFrom::Start(0))?;
        Ok(())
    }
    //此函数用于返回 I/O 流的总长度
    fn stream_len(&mut self) -> Result<u64> {
        let old_pos = self.stream_position()?;       //保存当前位置
        let len = self.seek(SeekFrom::End(0))?;      //重定位到尾部
        if old_pos != len {
            self.seek(SeekFrom::Start(old_pos))?;    //返回当前位置
        }
        Ok(len)
    }
    //此函数用于返回当前位置
    fn stream_position(&mut self) -> Result<u64> {
        self.seek(SeekFrom::Current(0))
    }
}
//在 BufReader 中实现 Seek Trait
impl<R: Seek> Seek for BufReader<R> {
    fn seek(&mut self, pos: SeekFrom) -> io::Result<u64> {
        let result: u64;
        if let SeekFrom::Current(n) = pos {
            //从当前位置偏移
            let remainder = (self.cap - self.pos) as i64; //获取剩余未读出的字节数
            //如果偏移字节大于缓存内未读出的字节，则需要对输入源进行偏移
            if let Some(offset) = n.checked_sub(remainder) {
                result = self.inner.seek(SeekFrom::Current(offset))?;
            } else {
                //偏移字节小于缓存内未读出的字节
                self.inner.seek(SeekFrom::Current(-remainder))?;
                self.discard_buffer();        //此时清空缓存内已读出的字节
                result = self.inner.seek(SeekFrom::Current(n))?; //将输入源偏移到新的位置
            }
        } else {
            result = self.inner.seek(pos)?; //如果不是从当前位置偏移，则直接在输入源上做偏移
        }
```

```
        self.discard_buffer(); //偏移后需要清空缓存
        Ok(result)
    }
    fn stream_position(&mut self) -> io::Result<u64> {
        let remainder = (self.cap - self.pos) as u64; //获取未被读出的字节数
        //先从底层 I/O 对象获取当前位置，再减去未被读出的字节
        self.inner.stream_position().map(|pos| {
            pos.checked_sub(remainder).expect(
                "overflow when subtracting remaining buffer size from inner stream
position",
            )
        })
    }
}
```

对外接口层的 Stdin 类型在 BufReader 基础上增加了多线程保护。对对外接口层 Stdin 类型源代码的分析如下：

```
//路径:/library/std/src/io/stdio.rs
//对外接口层的标准输入结构
pub struct Stdin {
    inner: &'static Mutex<BufReader<StdinRaw>>,
}
//Stdin 的 Mutex.lock 返回的借用类型结构
pub struct StdinLock<'a> {
    inner: MutexGuard<'a, BufReader<StdinRaw>>,
}
//此函数用于获取标准输入
pub fn stdin() -> Stdin {
    //SyncOnceCell 已经被修改为 OnceLock,
    //但内容基本没有变化，SyncOnceCell 是适配在多线程的情况下只完成一次初始化的类型结构,
    //也是 OnceCell 的线程安全版本。
    //INSTANCE 能保证一个进程内只有一个 Stdin 变量被初始化
    static INSTANCE: SyncOnceCell<Mutex<BufReader<StdinRaw>>> = SyncOnceCell::new();
    Stdin {
        //如果未初始化，则进行初始化；如果已经初始化，则获取 Mutex 的引用,
        //并返回基于此引用创建的 Stdin 变量
        inner: INSTANCE.get_or_init(|| {
            Mutex::new(BufReader::with_capacity(stdio::STDIN_BUF_SIZE, stdin_raw()))
        }),
    }
}
impl Stdin {
    pub fn lock(&self) -> StdinLock<'static> {
        //对标准输入上锁，并获取临界变量
        StdinLock { inner: self.inner.lock().unwrap_or_else(|e| e.into_inner()) }
```

```
    }
    //此函数是使用适配器设计模式在 StdinLock 基础上实现的
    pub fn read_line(&self, buf: &mut String) -> io::Result<usize> {
        self.lock().read_line(buf)
    }
    //此函数是使用适配器设计模式在 StdinLock 基础上实现的
    pub fn lines(self) -> Lines<StdinLock<'static>> {
        self.lock().lines()
    }
}
//Read Trait 是使用适配器设计模式在 StdinLock 实现的基础上实现的
impl Read for Stdin {
    fn read(&mut self, buf: &mut [u8]) -> io::Result<usize> {
        self.lock().read(buf)
    }
    //以下函数的实现形式与 read()函数的实现形式基本类似，函数体略
    fn read_vectored(&mut self, bufs: &mut [IoSliceMut<'_>]) -> io::Result<usize>;
    fn is_read_vectored(&self) -> bool;
    fn read_to_end(&mut self, buf: &mut Vec<u8>) -> io::Result<usize>;
    fn read_to_string(&mut self, buf: &mut String) -> io::Result<usize> ;
    fn read_exact(&mut self, buf: &mut [u8]) -> io::Result<()> ;
}
//Stdin 的 Lock 调用的返回类型
impl StdinLock<'_> {
    pub(crate) fn as_mut_buf(&mut self) -> &mut BufReader<impl Read> {
        &mut self.inner
    }
}
//StdinLock 的函数是使用适配器设计模式在 BufReader 基础上实现的
impl Read for StdinLock<'_> {
    fn read(&mut self, buf: &mut [u8]) -> io::Result<usize> {
        self.inner.read(buf) //使用 BufReader::read
    }

    //以下函数的实现形式与 read()函数的实现形式基本类似，函数体略
    fn read_vectored(&mut self, bufs: &mut [IoSliceMut<'_>]) -> io::Result<usize>;
    fn is_read_vectored(&self) -> bool;
    fn read_to_end(&mut self, buf: &mut Vec<u8>) -> io::Result<usize> ;
    fn read_to_string(&mut self, buf: &mut String) -> io::Result<usize> ;
    fn read_exact(&mut self, buf: &mut [u8]) -> io::Result<()> ;
}
//BufRead Trait 也是使用适配器设计模式在 BufReader 基础上实现的
impl BufRead for StdinLock<'_> {
    //以下函数体略
    fn fill_buf(&mut self) -> io::Result<&[u8]> ;
```

```
    fn consume(&mut self, n: usize) ;
    fn read_until(&mut self, byte: u8, buf: &mut Vec<u8>) -> io::Result<usize> ;
    fn read_line(&mut self, buf: &mut String) -> io::Result<usize> ;
}

//此函数是 I/O 对象类型的常用函数
pub fn read_to_string<R: Read>(mut reader: R) -> Result<String> {
    let mut buf = String::new();
    reader.read_to_string(&mut buf)?;
    Ok(buf)
}
```

Stdin 类型的实现基本包含了 I/O 对象类型在读方面的所有操作。在设计 I/O 对象类型时，要采用合适的并发锁以实现并发防护，并利用缓存方式提升读的效率。BufReader 也适合读/写普通的文件，可以参考 Stdin 类型的设计来实现其他普通文件的缓存读/写。

13.2　标准输出 Stdout 类型分析

标准输出 Stdout 类型也同样实现了线程安全。标准输出 Stdout 类型相关源代码在标准库中的路径如下：

```
/library/std/src/io/stdio.rs
```

对对外接口层标准输出 Stdout 类型定义源代码的分析如下：

```
//路径：/library/std/src/io/stdio.rs
pub struct Stdout {
    //可重入的内部可变性类型，LineWriter 是输出缓存类型，
    //ReentrantMutex 因为代码库后继版本进行了较大改动，但它能完成与 Mutex 同样的工作
    inner: Pin<&'static ReentrantMutex<RefCell<LineWriter<StdoutRaw>>>>,
}
```

对 OS 相关适配层标准输出 Stdout 类型定义源代码的分析如下：

```
//Linux 的标准输出类型结构，因为不必关闭标准输出的文件描述符，所以此处用了单元类型
//路径:/library/std/src/sys/unix/stdio.rs
pub struct Stdout(());
impl Stdout {
    //创建 new()函数
    pub const fn new() -> Stdout {  Stdout(())  }
}
```

对 OS 无关适配层标准输出 StdoutRaw 类型定义源代码的分析如下：

```
//路径:/library/std/src/io/stdio.rs
```

```
struct StdoutRaw(stdio::Stdout);  //此处的 stdio 模块即 sys::stdio 模块
//StdoutRaw()工厂函数
const fn stdout_raw() -> StdoutRaw {  StdoutRaw(stdio::Stdout::new())  }
```

标准库为行输出设计了缓存 I/O 对象类型 LineWriter<W>。对此类型相关源代码的分析如下：

```
//LineWriter 是 BufWriter 的适配器，针对行输出做出优化
pub struct LineWriter<W: Write> {
    inner: BufWriter<W>,
}
//输出缓存类型。BufWriter 对于 Stdout 相当于 BufReader 对于 Stdin
pub struct BufWriter<W: Write> {
    inner: W,               //I/O 输出对象类型变量，本结构体拥有其所有权
    buf: Vec<u8>,           //缓存
    panicked: bool,         //线程是否在输出过程中引发 panic
}
//BufWriter 的函数实现
impl<W: Write> BufWriter<W> {
    //此函数基于输出目的 I/O 对象变量构造 BufWriter 变量
    pub fn new(inner: W) -> BufWriter<W> {
        BufWriter::with_capacity(DEFAULT_BUF_SIZE, inner)
    }
    //此函数用于构造指定容量的 BufWriter 变量
    pub fn with_capacity(capacity: usize, inner: W) -> BufWriter<W> {
        BufWriter { inner, buf: Vec::with_capacity(capacity), panicked: false }

    //此函数用于将缓存中的内容写入 I/O 输出对象变量中，
    //flush_buf()函数用于真正地操作 I/O 输出对象
    pub(in crate::io) fn flush_buf(&mut self) -> io::Result<()> {
        //此类型用于保证正确释放已经写完的 buf
        struct BufGuard<'a> {
            buffer: &'a mut Vec<u8>,    //BufWriter 中的 buf
            written: usize,             //已经写入 I/O 输出对象的字节数
        }
        impl<'a> BufGuard<'a> {
            fn new(buffer: &'a mut Vec<u8>) -> Self {  Self { buffer, written: 0 }  }
            //buffer 中没有写入 I/O 输出对象的内容
            fn remaining(&self) -> &[u8] {   &self.buffer[self.written..]  }
            //记录已经输出的字节数
            fn consume(&mut self, amt: usize) {  self.written += amt;  }
            //判断是否所有的缓存数据都已经输出
            fn done(&self) -> bool {  self.written >= self.buffer.len()  }
        }
        impl Drop for BufGuard<'_> {
            fn drop(&mut self) {
```

```
            if self.written > 0 {
                //删除已经写入 I/O 输出对象的内容，并生成 Drain
                self.buffer.drain(..self.written); //Drain 的生命周期终止，并释放资源
            }
        }
    }
    let mut guard = BufGuard::new(&mut self.buf); //利用 BufGuard 更新 self.buf
    while !guard.done() { //如果缓存中还有数据，则一直循环
        //此处做标记，如果写的过程线程引发 panic 会利用这个标记来做判断，则可以正确释放资源
        self.panicked = true;
        //调用 I/O 输出对象的写函数写入待写内容
        let r = self.inner.write(guard.remaining());
        self.panicked = false;      //清除 panic 标记
        match r {
            Ok(0) => {              //没有输出内容
                return Err(io::const_io_error!(
                    ErrorKind::WriteZero,
                    "failed to write the buffered data",
                )); //必须返回 I/O 出错，因为缓存的内容已经被认为写成功
            }
            Ok(n) => guard.consume(n), //buffer 用于将已经写出的内容释放所有权
            Err(ref e) if e.kind() == io::ErrorKind::Interrupted => {}
            Err(e) => return Err(e),
        }
    }
    Ok(())
}
//此函数用于将字节切片写入缓存
pub(super) fn write_to_buf(&mut self, buf: &[u8]) -> usize {
    let available = self.spare_capacity();          //获取缓存空闲空间
    let amt_to_buffer = available.min(buf.len());//获取缓存空闲空间与切片长度中的较小者
    //将字节切片写入缓存
    unsafe { self.write_to_buffer_unchecked(&buf[..amt_to_buffer]); }
    amt_to_buffer //返回写入字节
}
//此函数用于获取 I/O 输出对象的引用
pub fn get_ref(&self) -> &W {  &self.inner  }
//此函数用于获取 I/O 输出对象的可变引用
pub fn get_mut(&mut self) -> &mut W {  &mut self.inner  }
//此函数用于获取内部缓存的字节切片引用
pub fn buffer(&self) -> &[u8] {  &self.buf  }
//此函数用于获取内部缓存的字节切片可变引用
pub(in crate::io) fn buffer_mut(&mut self) -> &mut Vec<u8> {  &mut self.buf  }
//此函数用于获取缓存总容量
pub fn capacity(&self) -> usize {  self.buf.capacity()  }
```

```
//此函数用于消费 self，获取内部的 I/O 输出对象及 buf
pub fn into_inner(mut self) -> Result<W, IntoInnerError<BufWriter<W>>> {
    match self.flush_buf() { //需要将缓存内容全部写入 I/O 输出对象中
        Err(e) => Err(IntoInnerError::new(self, e)),
        //获取 self.buf 的所有权，并终止 self 的生命周期
        Ok(()) => Ok(self.into_parts().0),
    }
}
//此函数是 into_inner 的支持函数，用于处理 panic
pub fn into_parts(mut self) -> (W, Result<Vec<u8>, WriterPanicked>) {
    let buf = mem::take(&mut self.buf); //获取 self.buf 的所有权
    //返回 self.buf 的所有权
    let buf = if !self.panicked { Ok(buf) } else { Err(WriterPanicked { buf }) };
    let inner = unsafe { ptr::read(&mut self.inner) }; //获取 I/O 输出对象的所有权
    mem::forget(self); //无须调用 self 的 drop()函数，以防止调用 self.inner 的 drop()函数
    (inner, buf)
}
//此函数不使用 CPU 内存，每次都要从内存读取写函数
fn write_cold(&mut self, buf: &[u8]) -> io::Result<usize> {
    if buf.len() > self.spare_capacity() {      //判断输出内容是否大于缓存空闲空间
        self.flush_buf()?;                       //如果大于，则将缓存输出
    }
    if buf.len() >= self.buf.capacity() {       //再次判断输出内容是否大于缓存空闲空间
        //如果大于，则直接写入 I/O 输出对象中
        self.panicked = true;
        let r = self.get_mut().write(buf);
        self.panicked = false;
        r
    } else {
        //如果小于或等于，则输入内部的缓存中
        unsafe { self.write_to_buffer_unchecked(buf); }
        Ok(buf.len())
    }
}
//此函数与 write_cold 的关系类似 write_all()函数与 write 的关系
fn write_all_cold(&mut self, buf: &[u8]) -> io::Result<()> {
    if buf.len() > self.spare_capacity() {
        self.flush_buf()?;
    }
    if buf.len() >= self.buf.capacity() {
        self.panicked = true;
        let r = self.get_mut().write_all(buf);//在直接调用情况下必须使用 write_all()函数
        self.panicked = false;
        r
    } else {
```

```
            unsafe { self.write_to_buffer_unchecked(buf); }
            Ok(())
        }
    }
    unsafe fn write_to_buffer_unchecked(&mut self, buf: &[u8]) {
        debug_assert!(buf.len() <= self.spare_capacity());
        //直接进行复制
        let old_len = self.buf.len();
        let buf_len = buf.len();
        let src = buf.as_ptr();
        let dst = self.buf.as_mut_ptr().add(old_len);
        ptr::copy_nonoverlapping(src, dst, buf_len);
        self.buf.set_len(old_len + buf_len); //复制完成后设置内部的 buf 参数
    }
    fn spare_capacity(&self) -> usize {
        self.buf.capacity() - self.buf.len()  //获取内部可用空间
    }
}
//LineWriter 的函数实现
impl<W: Write> LineWriter<W> {
    //此函数用于构造 1024 字节缓存容量的 LineWriter，规定一行最大输出是 1024 字节
    pub fn new(inner: W) -> LineWriter<W> {
        LineWriter::with_capacity(1024, inner) //创建一个缓存为 1024 字节的 LineWriter
    }
    //此函数用于构造指定容量的 LineWriter
    pub fn with_capacity(capacity: usize, inner: W) -> LineWriter<W> {
        //指定内部的 BufWriter 的容量
        LineWriter { inner: BufWriter::with_capacity(capacity, inner) }
    }
    …
}
```

所有 I/O 输出对象类型都必须实现 Write Trait。对 Write Trait 定义源代码的分析如下：

```
pub trait Write {
    //此函数用于将 buf 写入输出目的，返回写入的字节数，此写操作可能引发阻塞，
    //此函数完成后，输出对象可能保存在 OS 的缓存中，需要调用 flush 才能确保真正完成输出
    fn write(&mut self, buf: &[u8]) -> Result<usize>;
    //此函数以向量的形式写
    fn write_vectored(&mut self, bufs: &[IoSlice<'_>]) -> Result<usize> {
        //默认不支持向量，使用 write() 函数进行模拟
        default_write_vectored(|b| self.write(b), bufs)
    }
    //此函数用于判断是否支持向量写
    fn is_write_vectored(&self) -> bool {   false   }
    //此函数用于确保缓存内的内容写入输出目的对象
```

```
fn flush(&mut self) -> Result<()>;
//此函数用于确保缓存内的所有内容都已经写入输出目的对象
fn write_all(&mut self, mut buf: &[u8]) -> Result<()> {
    //因为单次写入可能会在没有写完时返回，所以利用循环以确保写完后再返回
    while !buf.is_empty() {
        match self.write(buf) {
            Ok(0) => {  //写入 0 字节代表无法再写入
                return Err(error::const_io_error!(
                    ErrorKind::WriteZero,
                    "failed to write whole buffer",
                ));
            }
            Ok(n) => buf = &buf[n..], //写入 n 字节，调整未写入的缓存
            //可恢复中断，继续做循环
            Err(ref e) if e.kind() == ErrorKind::Interrupted => {}
            Err(e) => return Err(e), //返回其他错误
        }
    }
    Ok(()) //已经写入了缓存的所有内容
}
//此函数与 write_vectored 的关系类似 write_all()函数与 write 的关系
fn write_all_vectored(&mut self, mut bufs: &mut [IoSlice<'_>]) -> Result<()> {
    IoSlice::advance_slices(&mut bufs, 0); //确保 vector 中有内容
    while !bufs.is_empty() {   //利用循环防止单次写入被中断
        match self.write_vectored(bufs) {
            Ok(0) => {              //0 字节表示已经无法再写入
                return Err(error::const_io_error!(
                    ErrorKind::WriteZero,
                    "failed to write whole buffer",
                ));
            }
            //调整未写入的 vector 反映已写入字节数量
            Ok(n) => IoSlice::advance_slices(&mut bufs, n),
            Err(ref e) if e.kind() == ErrorKind::Interrupted => {}
            Err(e) => return Err(e),
        }
    }
    Ok(())  //已经完全写入
}
//此函数用于写入格式化的内容
fn write_fmt(&mut self, fmt: fmt::Arguments<'_>) -> Result<()> {
    struct Adapter<'a, T: ?Sized + 'a> {
        inner: &'a mut T,
        error: Result<()>,
    }
```

```
    impl<T: Write + ?Sized> fmt::Write for Adapter<'_, T> {
        fn write_str(&mut self, s: &str) -> fmt::Result {
            match self.inner.write_all(s.as_bytes()) {
                Ok(()) => Ok(()),
                Err(e) => {
                    self.error = Err(e);
                    Err(fmt::Error)
                }
            }
        }
    }
    let mut output = Adapter { inner: self, error: Ok(()) };
    match fmt::write(&mut output, fmt) {
        Ok(()) => Ok(()),
        Err(..) => {
            if output.error.is_err() {
                output.error
            } else {
                Err(error::const_io_error!(ErrorKind::Uncategorized, "formatter error"))
            }
        }
    }
  }
  //此函数用于获取输入目的类型变量的引用
  fn by_ref(&mut self) -> &mut Self
  where
      Self: Sized,
  {  self  }
}
```

标准库为 OS 相关适配层 Stdout 类型实现了 Write Trait。对相关源代码的分析如下：

```
//路径：/library/std/src/sys/unix/stdio.rs
impl io::Write for Stdout {
    fn write(&mut self, buf: &[u8]) -> io::Result<usize> {
        //不必关闭标准输出文件，因此不能调用 FileDesc 的 drop()函数，并利用 ManuallyDrop 封装
        unsafe  {  ManuallyDrop::new(FileDesc::from_raw_fd(libc::STDOUT_FILENO)).
write(buf) }
    }
    fn write_vectored(&mut self, bufs: &[IoSlice<'_>]) -> io::Result<usize> {
        unsafe {   ManuallyDrop::new(FileDesc::from_raw_fd(libc::STDOUT_FILENO)).
write_vectored(bufs)  }
    }
    fn is_write_vectored(&self) -> bool {  true  }
    fn flush(&mut self) -> io::Result<()> {  Ok(())  }
}
```

标准库为 OS 无关适配层 StdoutRaw 类型实现了 Write Trait。对相关源代码的分析如下：

```
//即 sys::Stdout 的 Write Trait 的 Adapter
impl Write for StdoutRaw {
    fn write(&mut self, buf: &[u8]) -> io::Result<usize> {
        //handle_ebadf 见 StdinRaw 的 Read Trait 实现部分
        handle_ebadf(self.0.write(buf), buf.len())
    }
    fn write_vectored(&mut self, bufs: &[IoSlice<'_>]) -> io::Result<usize> {
        let total = bufs.iter().map(|b| b.len()).sum();
        handle_ebadf(self.0.write_vectored(bufs), total)
    }
    //以下函数的实现形式与 write()函数的实现形式类似，代码略
    fn is_write_vectored(&self) -> bool
    fn flush(&mut self) -> io::Result<()>
    fn write_all(&mut self, buf: &[u8]) -> io::Result<()>
    fn write_all_vectored(&mut self, bufs: &mut [IoSlice<'_>]) -> io::Result<()>
    fn write_fmt(&mut self, fmt: fmt::Arguments<'_>) -> io::Result<()>
}
```

标准库为 BufWriter 类型实现了 Write Trait。对相关源代码的分析如下：

```
impl<W: Write> Write for BufWriter<W> {
    fn write(&mut self, buf: &[u8]) -> io::Result<usize> {
        if buf.len() < self.spare_capacity() { //判断输出的字符切片长度是否小于缓存空间
            unsafe { self.write_to_buffer_unchecked(buf); } //如果小于，则直接写入缓存
            Ok(buf.len())
        } else {
            self.write_cold(buf) //如果大于，则不能使用 CPU 缓存
        }
    }
    fn write_all(&mut self, buf: &[u8]) -> io::Result<()> {
        if buf.len() < self.spare_capacity() {
            unsafe {   self.write_to_buffer_unchecked(buf);    }
            Ok(())
        } else {
            self.write_all_cold(buf)
        }
    }
    fn write_vectored(&mut self, bufs: &[IoSlice<'_>]) -> io::Result<usize> {
        if self.get_ref().is_write_vectored() { //判断内部 I/O 对象是否支持向量写
            //如果支持，则获取总字节长度
            let saturated_total_len =
                bufs.iter().fold(0usize, |acc, b| acc.saturating_add(b.len()));
            //判断总字节长度是否大于可用空间
            if saturated_total_len > self.spare_capacity() {
```

```
            self.flush_buf()?;
        }
        //再次判断是否能使用缓存，
        //如果不能，则直接使用 write_vectored()函数输出
        if saturated_total_len >= self.buf.capacity() {
            self.panicked = true;
            let r = self.get_mut().write_vectored(bufs);
            self.panicked = false;
            r
        } else {
            //否则，将内容写入缓存
            unsafe { bufs.iter().for_each(|b| self.write_to_buffer_unchecked(b)); };
            Ok(saturated_total_len)
        }
    } else {
        //不支持向量写
        let mut iter = bufs.iter();
        //找到第一个不为空的 IoSlice
        let mut total_written = if let Some(buf) = iter.by_ref().find
(|&buf| !buf.is_empty()) {
            if buf.len() > self.spare_capacity() {
                self.flush_buf()?;
            }
            if buf.len() >= self.buf.capacity() {
                self.panicked = true;
                let r = self.get_mut().write(buf);
                self.panicked = false;
                return r;
            } else {
                unsafe { self.write_to_buffer_unchecked(buf); } //写入 buf

                buf.len()
            }
        } else {
            return Ok(0);
        };
        debug_assert!(total_written != 0);
        //iter 位置已经移动
        for buf in iter {
            if buf.len() <= self.spare_capacity() { //判断 buf 是否有足够的空间
                unsafe {
                    self.write_to_buffer_unchecked(buf);
                }
                total_written += buf.len();
            } else {
```

```
                    break;
                }
            }
            Ok(total_written)  //返回已经写入的总长度
        }
    }
    fn is_write_vectored(&self) -> bool {  true  }
    fn flush(&mut self) -> io::Result<()> {
        //在 buf 中写入输出对象后，调用输出对象的 flush() 函数
        self.flush_buf().and_then(|()| self.get_mut().flush())
    }
}
```

标准库为 BufWriter 实现了 Seek Trait 及 Drop Trait。对相关源代码的分析如下：

```
impl<W: Write + Seek> Seek for BufWriter<W> {
    fn seek(&mut self, pos: SeekFrom) -> io::Result<u64> {
        self.flush_buf()?;              //先写入缓存内容
        self.get_mut().seek(pos)        //再调用底层 I/O 对象的 seek() 函数
    }
}

impl<W: Write> Drop for BufWriter<W> {
    fn drop(&mut self) {
        if !self.panicked {
            let _r = self.flush_buf(); //当生命周期终止时，将 buf 写入内部输出 I/O 对象
        }
    }
}
```

标准库采用适配器设计模式实现了 LineWriter 类型的函数。对相关源代码的分析如下：

```
impl<W: Write> LineWriter<W> {
    //获取 I/O 输出对象的引用
    pub fn get_ref(&self) -> &W {  self.inner.get_ref()  }
    //获取 I/O 输出对象的可变引用
    pub fn get_mut(&mut self) -> &mut W {  self.inner.get_mut()  }
    //在消费 self 后，获取 I/O 输出对象的引用及 buf
    pub fn into_inner(self) -> Result<W, IntoInnerError<LineWriter<W>>> {
        self.inner.into_inner().map_err(|err|  err.new_wrapped(|inner|  LineWriter
{ inner }))
    }
}
//以下为 LineWriter 实现 Write Trait，并在 LineWriterShim 类型基础上采用适配器设计模式实现
impl<W: Write> Write for LineWriter<W> {
    fn write(&mut self, buf: &[u8]) -> io::Result<usize> {
        LineWriterShim::new(&mut self.inner).write(buf)
```

```
    }
    fn flush(&mut self) -> io::Result<()> {  self.inner.flush()   }

    fn write_vectored(&mut self, bufs: &[IoSlice<'_>]) -> io::Result<usize> {
        LineWriterShim::new(&mut self.inner).write_vectored(bufs)
    }
    fn is_write_vectored(&self) -> bool {
        self.inner.is_write_vectored()
    }
    fn write_all(&mut self, buf: &[u8]) -> io::Result<()> {
        LineWriterShim::new(&mut self.inner).write_all(buf)
    }
    fn write_all_vectored(&mut self, bufs: &mut [IoSlice<'_>]) -> io::Result<()> {
        LineWriterShim::new(&mut self.inner).write_all_vectored(bufs)
    }
    fn write_fmt(&mut self, fmt: fmt::Arguments<'_>) -> io::Result<()> {
        LineWriterShim::new(&mut self.inner).write_fmt(fmt)
    }
}
//支持 LineWriterShim<T>类型
pub struct LineWriterShim<'a, W: Write> {
    buffer: &'a mut BufWriter<W>,
}
impl<'a, W: Write> LineWriterShim<'a, W> {
    pub fn new(buffer: &'a mut BufWriter<W>) -> Self {  Self { buffer }  }
    fn inner(&self) -> &W {  self.buffer.get_ref()  }
    fn inner_mut(&mut self) -> &mut W {  self.buffer.get_mut()  }
    fn buffered(&self) -> &[u8] {  self.buffer.buffer()  }

    fn flush_if_completed_line(&mut self) -> io::Result<()> {
        match self.buffered().last().copied() {     //判断 buf 的尾部字符
            Some(b'\n') => self.buffer.flush_buf(), //如果是行结束符，将缓存输出
            _ => Ok(()),
        }
    }
}
impl<'a, W: Write> Write for LineWriterShim<'a, W> {
    fn write(&mut self, buf: &[u8]) -> io::Result<usize> {
        let newline_idx = match memchr::memrchr(b'\n', buf) { //查找 buf 中的分行符
            None => { //没有找到 buf 中的分行符
                self.flush_if_completed_line()?;     //将 buf 中可能的行输出
                return self.buffer.write(buf);       //将内容写入缓存
            }
            Some(newline_idx) => newline_idx + 1,   //设置新行的启动位置
        };
```

```
        self.buffer.flush_buf()?;            //输出缓存内容
        let lines = &buf[..newline_idx];    //获取本行的内容
        let flushed = self.inner_mut().write(lines)?; //将本行内容直接写入底层的 I/O 对象
        if flushed == 0 {  return Ok(0); } //如果没有写入内容，则返回 0

        //判断本行是否完全输出，tail 为需要写入缓存的字节切片
        let tail = if flushed >= newline_idx {
            &buf[flushed..] //完全输出，tail 为没有输出的字节切片
        } else if newline_idx - flushed <= self.buffer.capacity() {
            //没有完全输出，且未输出的内容小于缓存容量，tail 为本行没有输出的内容
            &buf[flushed..newline_idx]
        } else {
            //没有完全输出，且未输出的内容大于缓存容量，tail 为本行缓存容量的字节切片
            let scan_area = &buf[flushed..];
            let scan_area = &scan_area[..self.buffer.capacity()];
            match memchr::memrchr(b'\n', scan_area) {
                Some(newline_idx) => &scan_area[..newline_idx + 1],
                None => scan_area,
            }
        };
        let buffered = self.buffer.write_to_buf(tail); //将 tail 写入缓存
        Ok(flushed + buffered)
    }

    fn flush(&mut self) -> io::Result<()> {  self.buffer.flush()  }

    fn write_vectored(&mut self, bufs: &[IoSlice<'_>]) -> io::Result<usize> {
        if !self.is_write_vectored() { //判断是否支持向量读/写
            //如果不支持，将第一个向量写入 self 并返回
            return match bufs.iter().find(|buf| !buf.is_empty()) {
                Some(buf) => self.write(buf),
                None => Ok(0),
            };
        }
        //找到 buf 中最后一个换行符，如果最后一个换行符前的数据都可以输出，则表示符合行输出的规则
        let last_newline_buf_idx = bufs
            .iter()
            .enumerate()
            .rev()
            .find_map(|(i, buf)| memchr::memchr(b'\n', buf).map(|_| i));
        let last_newline_buf_idx = match last_newline_buf_idx {
            None => { //没有换行符
                self.flush_if_completed_line()?;           //输出可能的行
                return self.buffer.write_vectored(bufs);   //将 bufs 写入内部缓存
            }
```

```
            Some(i) => i,                    //如果有，则获取切片下标
        };
        self.buffer.flush_buf()?;        //将缓存中已有的内容输出
        //将切片分为输出及存入缓存两部分
        let (lines, tail) = bufs.split_at(last_newline_buf_idx + 1);
        //直接调用底层 I/O 对象将内容输出，此处认为换行应该在 IoSlice 的尾部
        let flushed = self.inner_mut().write_vectored(lines)?;
        if flushed == 0 {                    //如果无法输出，则通知调用者
            return Ok(0);
        }

        let lines_len = lines.iter().map(|buf| buf.len()).sum();
        if flushed < lines_len {   //判断是否已经全部输出切片
            return Ok(flushed);     //如果没有，则返回输出长度
        }
        //将剩余的内容写入缓存
        let buffered: usize = tail
            .iter()
            .filter(|buf| !buf.is_empty())
            .map(|buf| self.buffer.write_to_buf(buf))
            .take_while(|&n| n > 0)
            .sum();
        Ok(flushed + buffered)
    }
    fn is_write_vectored(&self) -> bool {
        self.inner().is_write_vectored()
    }
    fn write_all(&mut self, buf: &[u8]) -> io::Result<()> {
        match memchr::memrchr(b'\n', buf) {
            None => { //没有换行符
                //先将 buffer 的行输出，再将内容写入缓存
                self.flush_if_completed_line()?;
                self.buffer.write_all(buf)
            }
            Some(newline_idx) => { //有换行符
                //先将换行符前面的内容输出，再将换行符后面的内容写入缓存
                let (lines, tail) = buf.split_at(newline_idx + 1);
                if self.buffered().is_empty() {
                    self.inner_mut().write_all(lines)?;
                } else {
                    self.buffer.write_all(lines)?;
                    self.buffer.flush_buf()?;
                }
                self.buffer.write_all(tail)
            }
```

```
        }
    }
}
```

标准输出对外接口层 Stdout 类型利用 ReentrantMutex 能够实现多线程保护。对相关源代码的分析如下：

```
//路径:/library/std/src/io/stdio.rs
pub struct Stdout {
    //可重入的内部可变性类型，用 Pin 保证内存不被移动
    inner: Pin<&'static ReentrantMutex<RefCell<LineWriter<StdoutRaw>>>>,
}
//ReentrantMutex 用于返回借用封装类型
pub struct StdoutLock<'a> {
    inner: ReentrantMutexGuard<'a, RefCell<LineWriter<StdoutRaw>>>,
}
//保证 Stdout 在一个进程中只初始化一次
static  STDOUT:  SyncOnceCell<ReentrantMutex<RefCell<LineWriter<StdoutRaw>>>>  =
SyncOnceCell::new();
//此函数用于获取 Stdout 变量
pub fn stdout() -> Stdout {
    Stdout {
        //如果没有初始化，则进行初始化；如果已经初始化，则加锁，获取引用并构建 Stdout 变量
        inner: Pin::static_ref(&STDOUT).get_or_init_pin(
            ||  unsafe  {  ReentrantMutex::new(RefCell::new(LineWriter::new(stdout_
raw()))) },
            |mutex| unsafe { mutex.init() },
        ),
    }
}
//此函数用于清理 Stdout 变量
pub fn cleanup() {
    if let Some(instance) = STDOUT.get() {
        if let Some(lock) = Pin::static_ref(instance).try_lock() {
            //调用原变量的 drop()函数，生成一个缓存空间为 0 的 LineWriter
            *lock.borrow_mut() = LineWriter::with_capacity(0, stdout_raw());
        }
    }
}
impl Stdout {
    //获取一个 StdoutLock 借用
    pub fn lock(&self) -> StdoutLock<'static> { StdoutLock { inner: self.inner.
lock() } }
}
//以下为 Stdout 实现 Write Trait
impl Write for &Stdout {
```

```
    fn write(&mut self, buf: &[u8]) -> io::Result<usize> {
        self.lock().write(buf)
    }
    //以下函数的实现形式与 write()函数的实现形式类似，代码略
    fn write_vectored(&mut self, bufs: &[IoSlice<'_>]) -> io::Result<usize> ;
    fn is_write_vectored(&self) -> bool ;
    fn flush(&mut self) -> io::Result<()> ;
    fn write_all(&mut self, buf: &[u8]) -> io::Result<()> ;
    fn write_all_vectored(&mut self, bufs: &mut [IoSlice<'_>]) -> io::Result<()> ;
    fn write_fmt(&mut self, args: fmt::Arguments<'_>) -> io::Result<()> ;
}
//StdoutLock 能用于实现 Write Trait，它是基于 LineWriter 并使用适配器设计模式实现的
impl Write for StdoutLock<'_> {
    fn     write(&mut     self,     buf:     &[u8])     ->     io::Result<usize>
{  self.inner.borrow_mut().write(buf)  }
    fn write_vectored(&mut self, bufs: &[IoSlice<'_>]) -> io::Result<usize> ; //略
    fn is_write_vectored(&self) -> bool ;                              //略
    fn flush(&mut self) -> io::Result<()> ;                            //略
    fn write_all(&mut self, buf: &[u8]) -> io::Result<()> ;    //略
    fn write_all_vectored(&mut self, bufs: &mut [IoSlice<'_>]) -> io::Result<()> ; //略
}
```

Stderr 类型分析与 Stdout 类型分析类似，此处不再赘述，请读者自行分析。

试举一个应用 Stdout 类型的代码示例，该示例实现线程本地存储的信息输出流。对相关源代码的分析如下：

```
//定义类型别名用于简化对线程本地存储输出流缓存的定义
type LocalStream = Arc<Mutex<Vec<u8>>>;
//声明线程本地存储变量，此变量缓存输出信息流
thread_local! {
    static OUTPUT_CAPTURE: Cell<Option<LocalStream>> = { Cell::new(None) }
}
//当 OUTPUT_CAPTURE 不为 None 时，此变量需要被设置为 true
static OUTPUT_CAPTURE_USED: AtomicBool = AtomicBool::new(false);
//此函数用于将输出流设置到线程本地存储缓存中
pub fn set_output_capture(sink: Option<LocalStream>) -> Option<LocalStream> {
    if sink.is_none() && !OUTPUT_CAPTURE_USED.load(Ordering::Relaxed) {
        // OUTPUT_CAPTURE is definitely None since OUTPUT_CAPTURE_USED is false.
        return None;
    }
    OUTPUT_CAPTURE_USED.store(true, Ordering::Relaxed);
    OUTPUT_CAPTURE.with(move |slot| slot.replace(sink))
}
//此函数用于输出线程本地存储缓存信息
fn print_to<T>(args: fmt::Arguments<'_>, global_s: fn() -> T, label: &str)
```

```
where
    T: Write,
{
    if OUTPUT_CAPTURE_USED.load(Ordering::Relaxed)
        && OUTPUT_CAPTURE.try_with(|s| {
            s.take().map(|w| {
                let _ = w.lock().unwrap_or_else(|e| e.into_inner()).write_fmt(args);
                s.set(Some(w));
            })
        }) == Ok(Some(())) { return; } //信息被成功地写入线程本地存储缓存
    if let Err(e) = global_s().write_fmt(args) {
        panic!("failed printing to {label}: {e}");
    }
}
//向标准输出打印
pub fn _print(args: fmt::Arguments<'_>) {  print_to(args, stdout, "stdout");  }
//向标准错误打印
pub fn _eprint(args: fmt::Arguments<'_>) {  print_to(args, stderr, "stderr");  }
```

13.3 网络 I/O

因为异步编程已成为网络 I/O 的共识，而异步框架（如 Tokio 等）对网络 I/O 库做了重写，所以标准库中的网络 I/O 显得不再那么重要。本书省略了网络 I/O 的分析，有兴趣的读者可以自行查阅资料。

13.4 回顾

本章以 Stdin、Stdout 为主体分析了 I/O 模块的代码。在一个语言的标准库中，因为 I/O 库与性能、框架密切相关，所以其是最容易被除标准库外的框架改写的部分。

如果一个类型支持 Read Trait 及 Write Trait，它就可以被认为是一个 I/O 对象类型，如 &[u8]、Vec<u8>、VecDeque<u8,A>等。

读/写缓存在 I/O 中十分重要，面向非标准库代码的输入/输出类型往往就是读/写缓存类型。这一点从 BufReader、BufWriter、LineWriter 的实现中可以发现。

标准库的 I/O 模块还包含很多其他类型，由于篇幅所限，本书无法进行详细介绍。读者可以以本章所涉及的内容为基础分析自己感兴趣的内容。

第 14 章

异步编程

目前，基于协程的异步编程已经成为高并发、高性能编程的共识方案。语言及语言库对协程的支持使程序员在编写多路 I/O 程序时不必去学习复杂的 I/O 多路复用编程知识，能够以一种自然的直线思维方式完成代码编写，但在运行时又能达到 I/O 多路复用程序的高效率。协程将线程方案下的简单逻辑与 I/O 多路复用的高性能巧妙融合在了一起。

Rust 支持协程语法，但仅包括最关键的底层基础语法，如 async、await、Future Trait 等。

14.1 Rust 协程框架简析

14.1.1 协程概述

由于标准库没有实现协程，因此以流行的 Tokio 开源框架的使用实例作为协程编程的示例。对示例源代码的分析如下：

```
use tokio::net::TcpListener;
use tokio::io::{AsyncReadExt, AsyncWriteExt};

#[tokio::main]
async fn main() -> Result<(), Box<dyn std::error::Error>> {
    let listener = TcpListener::bind("127.0.0.1:8080").await?;
    loop {
        let (mut socket, _) = listener.accept().await?;

        tokio::spawn(async move { //Tokio 的 async()函数要求参数必须是异步函数
            let mut buf = [0; 1024];
            loop {
                let n = match socket.read(&mut buf).await { //利用.await 实现异步处理
                    // socket closed
                    Ok(n) if n == 0 => return,
                    Ok(n) => n,
                    Err(e) => {
                        eprintln!("failed to read from socket; err = {:?}", e);
                        return;
                    }
                };
                //将从 socket 读取的内容写回 socket
                if let Err(e) = socket.write_all(&buf[0..n]).await {
                    eprintln!("failed to write to socket; err = {:?}", e);
                    return;
                }
            }
```

```
        });
    }
}
```

如上代码针对每个 TCP 连接都形成一个 Tokio 的协程任务，实现此任务的代码几乎与同步 I/O 的代码相同，只多了几个“.await”，这个代码形式与 I/O 多路复用相比，更具有直线思维、更易编写和理解。

14.1.2 Rust 的 I/O 多路复用

协程的基础仍然是 I/O 多路复用，因此本章仍然以示例进行简略的说明。同样，标准库没有实现 I/O 多路复用框架，这里给出使用 MIO 库的示例，对示例源代码的分析如下：

```
const MAXEVENTS = 32;
fn main() {
    let events = Events::with_capacity(MAXEVENTS);     //多路复用的事件集合
    let pool = Selector::new()?;                       //多路复用的选择器

    //注册标准读的读事件
    pool.register(stdin().as_raw_fd(), Token::from(0), Interest::READABLE)?
    //注册标准写的写事件
    pool.register(stdout().as_raw_fd(), Token::from(1), Interest::WRITABLE)?
    //注册标准错误的写事件
    pool.register(stderr().as_raw_fd(), Token::from(3), Interest::WRITABLE)?
    loop {
        pool.select(&events, None)?    //检查注册的事件是否发生
        for(event in events.iter()) {  //查找事件
            match event.token() {
                Token::from(0) => {…},  //根据事件执行相关代码
                Token::from(1) => {…},
                Token::from(2) => {…}
            }
        }
    }
}
```

I/O 多路复用需要把一个完整的交互逻辑分成多个不同的任务，每一个任务从处理一个 I/O 事件起始，到发起一个 I/O 请求终止。当要在 I/O 多路复用的任务之间实现一些交互时，有时甚至会出现无解的情况。I/O 多路复用编程模式给程序员带来了较大的心理负担。

I/O 多路复用编程模式基于 OS 的 I/O 多路复用 SYSCALL。Linux 提供 select、poll、epoll 等 SYSCALL。I/O 多路复用的另一个基础是 SYSCALL 支持非阻塞调用模式，即在调

用 SYSCALL 没有达到期望时，不会阻塞当前线程，而是直接返回一个错误标志。

I/O 多路复用 SYSCALL 提供了注册机制，可以注册感兴趣的 fd 事件（如读和写），通常会涉及多个 fd。注册完成后，程序调用 SYSCALL 监控注册的事件是否发生，通常也会添加一个超时时间。对注册事件的监控会将当前线程阻塞，当注册的事件发生或已经超时时，SYSCALL 会解除阻塞，并返回结果，程序即可对发生的事件或超时进行处理。

I/O 多路复用的程序效率比每个 I/O 任务一个线程的方式有了显著提升，因为节省了线程切换的开销。但将多个 I/O 任务集成到一个执行流中，程序明显更为复杂。另外，I/O 多路复用为了提高程序的可移植性、可扩充性，往往会实现复杂的程序框架，这就使得程序更为复杂。对从 MIO 库中摘取源代码的分析如下：

```
//路径：src/sys/unix/selector.rs
//此结构的本质是一个文件描述符，此文件描述符会作为 epoll()函数的参数
pub struct Selector {
    ep: RawFd,
}
impl Selector {
    //此函数用于构造 I/O 多路复用的 fd
    pub fn new() -> io::Result<Selector> {
        //执行 exec 需要主动关闭此文件
        let flag = libc::EPOLL_CLOEXEC;
        //详细请参考 epoll()函数的相关指南，此系统调用创建了一个文件描述符，
        //进而构造 Selector 类型变量
        syscall!(epoll_create1(flag)).map(|ep| Selector {
            ep,
        })
    }
    //此函数用于实现 I/O 多路复用的阻塞调用，等待多个 I/O 事件，并给定等待的超时时间
    pub fn select(&self, events: &mut Events, timeout: Option<Duration>) -> io::
Result<()> {
        const MAX_SAFE_TIMEOUT: u128 = libc::c_int::max_value() as u128;
        let timeout = timeout
            .map(|to| cmp::min(to.as_millis(), MAX_SAFE_TIMEOUT) as libc::c_int)
            .unwrap_or(-1);
        //清除所有的事件
        events.clear();
        syscall!(epoll_wait(
            self.ep,
            events.as_mut_ptr(),        //当调用返回时，OS 会填充此结构
            events.capacity() as i32,   //一次最多能接收的事件数量
            timeout,
        ))
```

```
        .map(|n_events| {
            //设置 events 为正确长度
            unsafe { events.set_len(n_events as usize) };
        })
    }
    //此函数用于向多路复用注册一个感兴趣的事件
    pub fn register(&self, fd: RawFd, token: Token, interests: Interest) ->
io::Result<()> {
        //以下代码用于 epoll_event 变量
        let mut event = libc::epoll_event {
            events: interests_to_epoll(interests),
            //此成员用于做事件的唯一标识，此标识被设置到 OS，事件发生后，OS 会返回此标识
            u64: usize::from(token) as u64,
        };
        //将事件注册到 epoll 等待的事件中
        syscall!(epoll_ctl(self.ep, libc::EPOLL_CTL_ADD, fd, &mut event)).map(|_| ())
    }
    …
}
impl Drop for Selector {
    fn drop(&mut self) {
        if let Err(err) = syscall!(close(self.ep)) {
            error!("error closing epoll: {}", err);
        }
    }
}

//对于某些 OS，多路复用的 SYSCALL 需要对每个事件设置唯一标识，以便应用程序与系统能够彼此确定唯一的事件
pub struct Token(pub usize);
impl From<Token> for usize {
    fn from(val: Token) -> usize {
        val.0
    }
}
//此类型用于表示对读/写异常事件的兴趣。此处使用了一个独立的数据结构是 Rust 出于安全考虑的习惯
pub struct Interest(NonZeroU8);
//读事件及写事件的位
const READABLE: u8 = 0b0_001;
const WRITABLE: u8 = 0b0_010;

impl Interest {
    pub const READABLE: Interest = Interest(unsafe { NonZeroU8::new_unchecked
(READABLE) }); //读事件
```

```
    pub const WRITABLE: Interest = Interest(unsafe { NonZeroU8::new_unchecked
(WRITABLE) }); //写事件
    //此函数用于增加希望处理的事件
    pub const fn add(self, other: Interest) -> Interest {
        Interest(unsafe { NonZeroU8::new_unchecked(self.0.get() | other.0.get()) })
    }
    //此函数用于移除不希望处理的事件
    pub fn remove(self, other: Interest) -> Option<Interest> {
        NonZeroU8::new(self.0.get() & !other.0.get()).map(Interest)
    }
    //此函数用于判断是否希望处理读
    pub const fn is_readable(self) -> bool {
        (self.0.get() & READABLE) != 0
    }
    //此函数用于判断是否希望处理写
    pub const fn is_writable(self) -> bool {
        (self.0.get() & WRITABLE) != 0
    }
}
impl ops::BitOr for Interest {
    type Output = Self;
    fn bitor(self, other: Self) -> Self {
        self.add(other)
    }
}
impl ops::BitOrAssign for Interest {
    fn bitor_assign(&mut self, other: Self) {
        self.0 = (*self | other).0;
    }
}
//此函数用于将 Interest 转化为 epoll 的对应事件
fn interests_to_epoll(interests: Interest) -> u32 {
    let mut kind = EPOLLET;

    if interests.is_readable() {
        kind = kind | EPOLLIN | EPOLLRDHUP;
    }
    if interests.is_writable() {
        kind |= EPOLLOUT;
    }
    kind as u32
}
//epoll 返回后的事件集
```

```
pub type Event = libc::epoll_event;
pub type Events = Vec<Event>;

pub mod event {
    use std::fmt;
    use crate::sys::Event;
    use crate::Token;

    //此函数由 Event 获得 Token，用于比较确定唯一的事件，此 Token 应该在注册时设置
    pub fn token(event: &Event) -> Token {
        Token(event.u64 as usize)
    }
    //此函数用于判断 Event 是否是读事件
    pub fn is_readable(event: &Event) -> bool {
        (event.events as libc::c_int & libc::EPOLLIN) != 0
            || (event.events as libc::c_int & libc::EPOLLPRI) != 0
    }
    //此函数用于判断 Event 是否是写事件
    pub fn is_writable(event: &Event) -> bool {
        (event.events as libc::c_int & libc::EPOLLOUT) != 0
    }
    //此函数用于判断 Event 是否是异常事件
    pub fn is_error(event: &Event) -> bool {
        (event.events as libc::c_int & libc::EPOLLERR) != 0
    }
    //此函数用于判断 Event 是否是输入 fd 关闭事件
    pub fn is_read_closed(event: &Event) -> bool {
        event.events as libc::c_int & libc::EPOLLHUP != 0
            || (event.events as libc::c_int & libc::EPOLLIN != 0
                && event.events as libc::c_int & libc::EPOLLRDHUP != 0)
    }
    //此函数用于判断 Event 是否是输出 fd 关闭事件
    pub fn is_write_closed(event: &Event) -> bool {
        event.events as libc::c_int & libc::EPOLLHUP != 0
            || (event.events as libc::c_int & libc::EPOLLOUT != 0
                && event.events as libc::c_int & libc::EPOLLERR != 0)
            || event.events as libc::c_int == libc::EPOLLERR
    }
    //此函数用于判断是否有优先级
    pub fn is_priority(event: &Event) -> bool {
        (event.events as libc::c_int & libc::EPOLLPRI) != 0
    }
}
```

在通常情况下，如果 I/O 设备有很多，则针对不同类型的设备，需要设计更合理的类型、函数来实现 I/O 多路复用，但以上代码已经能够说明 I/O 多路复用的基本处理框架。

14.2 Rust 协程支持类型简析

14.2.1 Rust 协程管理

为了帮助读者理解标准库支持协程的相关设计方案，先要分析协程管理的需求，以便理解标准库协程支持类型的作用。

协程管理与进程管理、线程管理在需求上是相通的。协程管理的关键点是实现执行流状态保存与切换，有些语言使用用户态的栈来保存执行流状态，每个协程都拥有独立的栈。Rust 使用可重入的函数+异步函数退出点状态的设计方案来实现执行流状态保存与执行流可重入。

对可重入函数示例源代码的分析如下：

```
//除完全可重入的函数外，其他所有可能导致协程退出执行、等待调用的函数都会编译成以下形式
fn poll(&self, cx: &Context) {
    match(self) {
        Start: {
            //这个区间的代码都是同步代码，不会出现协程退出
            …
            //同步代码结束
            generate Await1;        //生成状态并退出
        }
        //第一个异步函数做.await 的调用位置
        Await1: {
            self.state = Await1;
            //这个区间的代码都是同步代码，不会出现协程退出
            …
            //同步代码结束
            generate Await2;        //生成状态并退出
        }
        //第二个异步函数做.await 的调用位置
        Await2: {
            self.state = Await2;
            //这个区间的代码都是同步代码，不会出现协程退出
            …
        }
        …
```

```
    }
}
```

显然，如上所述的可重入函数不应该由程序员来实现。Rust 使用 async 关键字定义的函数或代码块会自动被编译器编译成如上的可重入函数。在使用 async 关键字定义的异步函数或代码块时，需要使用“.await”形式调用可重入异步函数，编译器才会对“.await”自动生成 Await*N* 状态。

协程入口函数是可重入函数调用链的第一级可重入函数，代码会依据状态逐级进入可重入函数调用链，直到进入最后一级可完全重入的、无状态的 poll()函数（通常指使用 async 实现的对 SYSCALL 的异步化封装函数）。在执行 poll()函数时，如果不满足系统资源，则先记录状态，再一路退出可重入函数调用链直到退出协程入口函数，这样就在用户态实现了协程执行流的可重入。

协程管理需要设计协程调度器，以及协程任务类型、协程任务集合类型与相关的函数。

协程操作的 OS 资源需要定义封装类型，该封装类型应该缓存正在等待此资源的协程信息及资源事件，通常会使用 I/O 多路复用监控这些 OS 资源事件。当 OS 资源事件发生并使某协程满足继续运行条件时，I/O 多路复用监控线程会向调度器发送唤醒协程的通知。

调度器不停地轮询或等待唤醒协程通知，在接收到唤醒协程通知后，调用协程入口可重入异步函数执行协程。此时可以获取导致协程退出的 OS 资源，协程会继续执行，直到下一个协程退出点。

Rust 在标准库中没有实现统一的异步框架，只实现了基础的支持。

（1）Future Trait：定义了可重入异步代码编译后的对外形态。

（2）async 关键字：其定义的函数或代码块被编译器自动编译为实现 Future Trait 的类型，编译器也将这些代码编译成了具有状态的可重入 poll()函数。

（3）.await 关键字：用于调用 async 代码块或 async()函数，编译器会将 await 编译成 Future 类型的状态。

（4）Poll<T>、Ready<T>、Waker/Context<'a>/RawWaker：是 Future Trait 的支持结构，并抽象了唤醒协程所使用的基本机制。

当异步编程封装 OS 系统调用时，需要自行实现无状态的、可完全重入的 Poll Fn。

14.2.2 Future Trait 分析

所有可重入函数以 Future Trait 作为统一的接口。对此类型相关源代码的分析如下：

```
pub trait Future {
    //是可重入的 poll 函数返回的类型，对于 async block，编译器会根据表达式的值来确定 Output。
```

```
    //对于 async fn，Output 是函数返回值类型
    type Output;

    //实现 Future Trait 的类型结构会保存退出时的状态，以便重入时找到正确的代码执行位置。
    //如果返回 Poll::Pending，则对类型结构的退出状态进行正确赋值。
    //这样，再重入 poll() 函数后，就可以根据 self 的状态及附带的参数回到上一次代码执行的位置。
    //此处，使用 Pin 是编译器内部要求，大致上，self 由于要在中断时保存执行状态，
    //因此需要定义一些内部变量，而有些内部变量很可能会引用其他的内部变量，
    //这就必须用 Pin 来防止 self 内存发生移动。
    //Context 用于存放唤醒调用本 Future Trait 协程的所有信息及操作。
    //当 poll() 函数被阻塞时，可以将这个信息缓存到 OS 资源类型变量中，
    //以便在 OS 资源满足时对协程进行唤醒
    fn poll(self: Pin<&mut Self>, cx: &mut Context<'_>) -> Poll<Self::Output>;
}
//Future Trait 的支持类型结构
pub enum Poll<T> {
    Ready(T),     //表示可重入函数成功执行，并返回成功执行的返回值
    //当可重入函数条件不满足时，需要暂时中止程序的执行；当可重入函数条件满足时，再次执行程序
    Pending,
}

//Context 由调度器实现，在调用协程入口 Future 前，根据该协程的信息及调度需求生成，
//并传入协程入口的可重入 poll() 函数，以及后继的每一个 Future 的可重入 poll() 函数，
//通过 poll() 函数从传入的 Context 变量获取唤醒本协程的实体，
//将之缓存到导致协程 Pending 的 OS 资源封装类型变量中。
//当处理该 OS 资源事件时，便可利用此变量获取协程信息
pub struct Context<'a> {
    //当协程被挂起时，waker 被复制并缓存在相关资源类型变量中，
    //在满足协程运行条件时，调度器会利用缓存的 waker 唤醒协程
    waker: &'a Waker,
    //满足生命周期限制
    _marker: PhantomData<fn(&'a ()) -> &'a ()>,
}
//Context 的支持结构
pub struct Waker {
    waker: RawWaker,
}
//RawWaker 保存了与某一协程调度相关的信息及唤醒协程需要的函数指针列表。
//RawWaker 实际上完全是一个 C 语言的类型定义，由此可见，Rust 的类型完全兼容 C 语言的类型
pub struct RawWaker {
    //通过 data 可以获取协程的信息，调度器唤醒协程需要的其他信息。
    //可以认为这个 data 类似于 C 语言的 void*
    data: *const (),
    //waker 实现的函数列表类似一个 Trait。因为这里没有办法采用 Trait，所以使用了函数列表来实现接口
    vtable: &'static RawWakerVTable,
```

```
}
impl RawWaker {
    //由调度器根据自身设计的需要创建 RawWaker
    pub const fn new(data: *const (), vtable: &'static RawWakerVTable) -> RawWaker {
        RawWaker { data, vtable }
    }

    pub fn data(&self) -> *const () { self.data }

    pub fn vtable(&self) -> &'static RawWakerVTable {  self.vtable  }
}

//唤醒协程需要的接口函数列表
pub struct RawWakerVTable {
    //此函数用于复制操作。由调度器实现如何根据已有的数据复制一个 RawWaker
    clone: unsafe fn(*const ()) -> RawWaker,
    wake: unsafe fn(*const ()),               //唤醒协程，可以消费传入的指针
    wake_by_ref: unsafe fn(*const ()),        //唤醒协程，不能消费传入的指针
    drop: unsafe fn(*const ()),               //释放传入的指针
}
//创建一个函数指针列表
impl RawWakerVTable {
    pub const fn new(
        clone: unsafe fn(*const ()) -> RawWaker,
        wake: unsafe fn(*const ()),
        wake_by_ref: unsafe fn(*const ()),
        drop: unsafe fn(*const ()),
    ) -> Self {
        Self { clone, wake, wake_by_ref, drop }
    }
}
impl<'a> Context<'a> {
    //创建 Context
    pub fn from_waker(waker: &'a Waker) -> Self {
        Context { waker, _marker: PhantomData }
    }
    pub fn waker(&self) -> &'a Waker {
        &self.waker
    }
}
impl Waker {
    pub fn wake(self) {
        let wake = self.waker.vtable.wake;
        let data = self.waker.data;
        //data 会被后继的 wake()函数释放，不能再调用 self 的 drop()函数，否则会导致重复释放
```

```
        crate::mem::forget(self);
        unsafe { (wake)(data) };
    }
    pub fn wake_by_ref(&self) {
        unsafe { (self.waker.vtable.wake_by_ref)(self.waker.data) }
    }
    //如果两者相等，则表示两者唤醒同一个协程
    pub fn will_wake(&self, other: &Waker) -> bool {
        self.waker == other.waker
    }
    pub unsafe fn from_raw(waker: RawWaker) -> Waker {
        Waker { waker }
    }
    pub fn as_raw(&self) -> &RawWaker {
        &self.waker
    }
}
impl Clone for Waker {
    fn clone(&self) -> Self {
        Waker {
            //依赖传入的clone()函数来完成操作
            waker: unsafe { (self.waker.vtable.clone)(self.waker.data) },
        }
    }
}
impl Drop for Waker {
    fn drop(&mut self) {
        //需要释放内部的data
        unsafe { (self.waker.vtable.drop)(self.waker.data) }
    }
}
```

Future Trait 的实现有以下两种方式。

第一种方式。在代码中明确实现，这种情况一般发生在调用 SYSCALL 时，此时 Future Trait 中的 poll()函数是没有状态的，可以反复重入。对 Tokio 中一个实现示例源代码的分析如下：

```
//ScheduledIo 是 I/O 资源的类型结构
impl ScheduledIo {
    …
    //此函数由 Future 的 poll()函数调用，并传入 cx。此函数是没有状态的，完全可重入，
    //反复执行该函数不会对当前流程造成影响
    pub(super) fn poll_readiness(
        &self,
        cx: &mut Context<'_>,
```

```
    direction: Direction,
) -> Poll<ReadyEvent> {
    let curr = self.readiness.load(Acquire);
    let ready = direction.mask() & Ready::from_usize(READINESS.unpack(curr));

    if ready.is_empty() {
        //这里 waiters 保存了 cx 的 waker
        let mut waiters = self.waiters.lock();
        let slot = match direction {
            Direction::Read => &mut waiters.reader,
            Direction::Write => &mut waiters.writer,
        };
        //从 cx 中复制一个 waker，放入 self.waiters 中
        match slot {
            Some(existing) => {
                if !existing.will_wake(cx.waker()) {
                    *existing = cx.waker().clone();
                }
            }
            None => {
                *slot = Some(cx.waker().clone());
            }
        }
        let curr = self.readiness.load(Acquire);
        let ready = direction.mask() & Ready::from_usize(READINESS.unpack(curr));

        if waiters.is_shutdown {
            Poll::Ready(ReadyEvent {
                tick: TICK.unpack(curr) as u8,
                ready: direction.mask(),
            })
        } else if ready.is_empty() {
            Poll::Pending
        } else {
            Poll::Ready(ReadyEvent {
                tick: TICK.unpack(curr) as u8,
                ready,
            })
        }
    } else {
        Poll::Ready(ReadyEvent {
            tick: TICK.unpack(curr) as u8,
            ready,
        })
    }
```

```
    }
    ...
}
```

第二种方式。通过 async 语法，由编译器自动实现。编译器以 async 包含的代码为基础，生成 Future Trait 的 poll()函数及实现 Future Trait 的状态机类型。

虽然建议每一个程序员都要掌握异步编程框架，但是它超出了本书的范围，请大家参考相应的开源项目（如 Tokio）自行分析。

14.3 回顾

基于协程的异步编程是每个程序员必须面对的。本章主要介绍了协程的特征、I/O 多路复用、协程管理与 Future Trait 的实现方式。